U0231215

高等学校土木工程专业"十四五"系列教材

高等学校土木工程专业融媒体新业态系列教材

装配式混凝土结构概论

黄 炜 主编

熊 峰 肖 明 王世斌 副主编

中国建筑工业出版社

图书在版编目（CIP）数据

装配式混凝土结构概论 / 黄炜主编；熊峰，肖明，王世斌副主编. -- 北京：中国建筑工业出版社，2024.9. --（高等学校土木工程专业"十四五"系列教材）（高等学校土木工程专业融媒体新业态系列教材）.

ISBN 978-7-112-30271-0

Ⅰ. TU37

中国国家版本馆 CIP 数据核字第 2024W5W257 号

本书是土木工程、智能建造及相关专业高年级本科生及研究生的装配式混凝土结构教材，系统介绍了装配式混凝土结构的相关知识点及工程应用案例；内容包括装配式混凝土结构材料、装配式建筑设计的基本概念、装配式混凝土结构设计概述、装配式混凝土楼盖设计、装配式混凝土框架结构设计、装配整体式混凝土剪力墙结构设计、其他装配式混凝土构件设计、装配式混凝土结构预制构件生产、装配式混凝土结构施工、新型装配式混凝土结构体系、基于 BIM 技术的装配式建筑设计、装配式建筑碳排放计算与碳减排、装配率的概念与计算方法及装配式建筑的前景等。本教材配备了丰富的二维码资源。本教材可供土木工程、智能建造及相关专业的高年级本科生及研究生使用。

为支持教学，本书作者制作了多媒体教学课件，选用此教材的教师可通过以下方式获取：1. 邮箱：jckj@cabp.com.cn；2. 电话：(010) 58337285。

责任编辑：赵　莉　吉万旺
责任校对：芦欣甜

高等学校土木工程专业"十四五"系列教材
高等学校土木工程专业融媒体新业态系列教材
装配式混凝土结构概论
黄　炜　主编
熊　峰　肖　明　王世斌　副主编

*

中国建筑工业出版社出版、发行（北京海淀三里河路 9 号）
各地新华书店、建筑书店经销
北京红光制版公司制版
北京市密东印刷有限公司印刷

*

开本：787 毫米×1092 毫米　1/16　印张：23¼　字数：576 千字
2024 年 9 月第一版　2024 年 9 月第一次印刷
定价：72.00 元（赠教师课件、数字资源）
ISBN 978-7-112-30271-0
(43660)

序

我国建筑业是劳动密集型行业，存在手工作业较多、工业化程度较低、劳动强度高、作业环境差等突出问题。装配式建筑采用构配件工厂化预制，有条件实现自动化流水线生产和构件、部件及配件的精细化制造，可大量减少施工现场的工作量，对减轻劳动强度、改善作业条件、实现精确施工、减少废弃物排放、促进绿色建造和智能建造具有重要促进作用。

目前，我国政府主管部门高度重视装配式建筑发展。《"十四五"建筑业发展规划》中指出，到2025年，我国装配式建筑占新建建筑的比例将达到30％以上，装配式建筑将成为建筑业绿色化转型升级的重要抓手。在此背景下，我国装配式建筑产业日新月异，逐步实现了研发设计、构件生产、施工装配的一体化建造，充分发挥了企业、高校及研究院所在建筑产业中的资源优化配置作用，并形成了成熟多样的技术体系，取得了系列科技成果，实施了大规模的工程示范应用。随着建筑技术的不断进步，数字化技术的应用也将进一步提高装配式建筑的设计、生产和管理效率，未来建筑业的建造体系与产业化必将超越现有模式与工业形式的范畴，将逐步进入数字建造、智慧建造时代。

该书探讨了装配式混凝土结构的全产业链实现环节的技术内容，覆盖装配式混凝土结构的概念、设计、生产、施工及未来发展等方面。1～10章为基础篇，主要介绍装配式混凝土结构的相关基础内容，并结合实际工程案例，便于读者系统性学习和理解，打好基础；11～15章为提升篇，主要内容包括目前我国多种新型装配式混凝土结构体系、基于BIM技术的装配式建筑设计、装配式建筑碳排放计算与碳减排、装配率的概念与计算方法及装配式建筑发展等。

该书的出版将有助于读者全面理解装配式混凝土结构知识体系，开阔视野并提高相关专业综合能力，促进装配式建筑领域人才培养，对提升我国建筑工业化科技创新力，推动我国建筑业实现绿色可持续发展，具有积极作用。

中国工程院院士
中国建筑股份有限公司首席专家

前　言

随着现代工业化的发展，装配式建筑技术凭借其自主化创造、精细化设计、绿色化建造等优点得到广泛的发展与应用。装配式建筑通过"标准化设计、工厂化生产、装配化施工、信息化管理及智能化应用"，可实现全面提升建筑品质、建筑节能减排和可持续发展的目标，符合工业化的发展趋势。2022年住房和城乡建设部发布《"十四五"建筑业发展规划》，明确我国要初步形成建筑业高质量发展体系框架，大幅提升建筑工业化、数字化、智能化水平，建立智能建造与新型建筑工业化协同发展的政策体系和产业体系，加速建造方式绿色转型；到2035年，实现建筑业发展质量和效益大幅提升，全面实现建筑工业化，产业整体优势明显增强，迈入智能建造世界强国行列。

本教材结合行业发展规划，紧紧围绕装配式结构全产业链开展论述，涵盖基础概念、设计及施工，使读者建立对装配式结构的完整认识，并融入新型装配式结构体系、BIM技术、建筑碳排放计算、装配式建筑评价等相关内容，培养读者对专业知识的综合学习及应用能力。教材共分15章，主要涵盖绪论、装配式混凝土结构材料、装配式建筑设计的基本概念、装配式混凝土结构设计概述、装配式混凝土楼盖设计、装配式混凝土框架结构设计、装配整体式混凝土剪力墙结构设计、其他装配式混凝土构件设计、装配式混凝土结构预制构件生产、装配式混凝土结构施工、新型装配式混凝土结构体系、基于BIM技术的装配式建筑设计、装配式建筑碳排放计算与碳减排、装配率的概念与计算方法及装配式建筑的前景。其中，装配式混凝土框架结构、装配式混凝土剪力墙结构、叠合楼盖、装配式楼梯、装配式建筑评价等章节给出了典型案例，进行了全过程设计计算与施工图表述，使读者能更加系统、深入地理解相关知识体系。

本教材由黄炜担任主编，提出编制大纲、编写核心章节，并最终完成修改定稿。绪论、第1章、第2章、第4章、第5章、第9章、第10章、第14章由黄炜、肖明（中国建筑标准设计研究院）、熊峰（四川大学）、王世斌（中国建筑西北设计研究院）、杨森（中天西北建设投资集团）、苗欣蔚、罗斌（兰州理工大学）、侯莉娜（西安工业大学）、张程华（西安科技大学）、石安仁、安永健男、文波、陈江（四川大学）、张家瑞等编写；第3章由胡冗冗、职建民（中国建筑西北设计研究院）、赵琛（陕西建工集团）编写；第6章由李楄（温州大学）、黄炜、苗欣蔚编写，第7章由蒋庆（合肥工业大学）、黄炜、苗欣蔚编写，第8章由陈国新（嘉兴大学）、黄炜、苗欣蔚编写，第11章由国内17所高校、研究院及企业联合编写；第12章由王茹、苗欣蔚编写；第13章由罗智星、杨增科（河南理工大学）编写；第15章由黄炜、职建民、刘超、于军琪、刘乃飞、信任编写；第5～8章中的工程案例由刘凯（陕西建工集团）、杨森、黄炜、赵琛等编写；全书由苗欣蔚、魏荣汇总、整理。上述未标注单位的人员均隶属西安建筑科技大学。

感谢以下专家对第11章各新型装配式结构体系提供的编写内容（按小节顺序排序）：四川大学熊峰教授、北京工业大学曹万林教授、中国建筑标准设计研究院肖明副总工程师、西安建筑科技大学黄炜教授、合肥工业大学蒋庆教授、中国建筑股份有限公司肖绪文院士、三一筑工科技股份有限公司张猛教授级高级工程师、中国建筑科学研究院田春雨研究员、北京建筑大学初明进教授、中国建筑西北设计研究院王世斌副总工程师、邯郸市宗楼建筑有限公司张宗楼董事长、哈尔滨鸿盛集团林国海董事长、中国建筑一局（集团）有限公司郭海山总工程师、南京大地建设集团有限公司诸国政总工程师、天津大学张锡治教授、模块科技（北京）有限公司周圣勇董事长、中建海龙科技有限公司张宗军董事长等。

感谢中国建筑股份有限公司肖绪文院士、同济大学薛伟辰教授、北京工业大学曹万林教授、中国建筑标准设计研究院肖明副总工程师、西安建筑科技大学薛建阳教授、陕西省建筑设计研究院刘卫辉总工程师、中国建筑西北设计研究院王世斌副总工程师、西安建筑科技大学设计研究总院燕练武总工程师、陕西建工集团有限公司时炜总工程师等对全书的审核与建议。

本书在修改过程中还得到北京工业大学杨兆源，中国标准院徐小童及徐传阳，北京市住宅产业化集团股份有限公司杨思忠及刘洋，中国建筑第八工程局亓立刚、张士前及刘亚男，北京建筑大学刘继良，北京峰筑工程技术研究院姚攀峰，中建科技集团李黎明，鸿盛建筑科学研究院翟洪远及穆林森，中建海龙科技有限公司王琼及严辰，西安市住房和城乡建设局刘鸿，中联西北工程设计研究院刘涛及刘挺，中国启源工程设计研究院有限公司邢启民，陕建产业投资集团有限公司佀伟，陕西建工第五建设集团有限公司梁保真，陕西凝远新材料科技股份有限公司刘振丰及李军奇，陕西投资远大建筑工业有限公司孙涛，西安建构实业有限责任公司刘浩强，基准方中建筑设计股份有限公司王晓梅，西建大建筑工程新技术研究所陈建仓等专家，以及西安建筑科技大学、四川大学、天津大学等硕博士研究生马相、张皓、权文立、吴朝安、毛路、封元、任文、李泽亮、范珍辉、孟庆哲、贺诗琪、李欣雨、毛文桢、李琛阳、李前等同学的帮助，在此向他们表示感谢。

由于编者水平有限，书中若存在不当之处，敬请各位读者谅解！

目　　录

第1章 绪 论

建筑行业作为国民经济的支柱产业，在我国经济发展中扮演着至关重要的角色。长期以来，我国混凝土建筑仍主要采用现场支模、浇筑的传统生产方式，工业化程度低、建造方式粗放低效、建筑材料损耗及建筑垃圾量大、建筑质量不稳定、建筑全寿命周期能耗高，与新型城镇化、工业化、信息化发展的要求相差甚远，并与国家的节能、环保政策不匹配，已不符合社会、科技及整个建筑行业的发展需求。

据统计，作为我国碳排放重点行业之一的建筑业，建筑的全生命周期包含建筑材料生产、建设施工、运行维护三个环节的全过程能耗占全国能源消费总量的45%，碳排放量占全国排放总量的50.6%，而随着城镇化快速推进和产业结构深度调整，城乡建设领域碳排放量及其占全社会碳排放总量比例可能会进一步提高。因此，2022年6月30日，住房和城乡建设部、国家发展改革委印发《城乡建设领域碳达峰实施方案》，提出了建筑减碳的重要目标："2030年前，城乡建设领域碳排放达到峰值……力争到2060年前，城乡建设方式全面实现绿色低碳转型，系统性变革全面实现，美好人居环境全面建成，城乡建设领域碳排放治理现代化全面实现，人民生活更加幸福。"

自改革开放以来，国内GDP飞速上涨源于庞大的廉价劳动力与国家采取的人口红利，建筑行业作为影响最明显的产业，大量的劳动力为推动整个产业链的发展作出了不可或缺的贡献。但现阶段随着人口红利的淡出，一方面，劳动力供求关系将发生改变，建筑行业"用工难""用工荒"现象已经出现，而且在不断加剧；另一方面，劳动力成本持续上涨，原来依靠廉价劳动力或者劳动密集型的建筑行业将面临劳动力成本上涨的状况。

基于以上背景，建筑业迫切需要更高效、集约的建筑生产方式。建筑工业化是通过引入工业化、规模化和标准化原则，在整个建造过程中采用以标准化设计、工厂化生产、装配化施工、一体化装修和信息化管理为主要特征的工业生产方式；这一理念是为通过引入工业化、规模化和标准化原则，提高建筑生产效率、降低成本、提高质量和可持续性。作为实现建筑工业化重要手段之一的装配式建筑，强调在工厂中生产标准化、模块化的建筑构件，在现场通过装配化组装，加速施工过程并减少对传统施工方式的依赖。这种方法不仅提高了建筑制造的效率和质量，还推动了建筑业朝着更数字化、自动化和智能化的方向发展，为未来建筑业的可持续发展开辟了新的方向。

智能建造是在建造过程中充分利用信息化技术，借助智能化系统，将先进技术与建筑业结合，以提高建造过程的智能化水平，减少全产业过程中对人的依赖，在达到安全建造的前提下，提高建筑的性价比和质量。随着技术的发展、市场的需求和政策的指引，智能建造已经成为建筑领域开始探索和尝试的热点；结合装配式建筑，二者形成了建筑业转型的关键动力；其中，装配式建筑强调生产过程的工业化和规模化，而智能建造注重数字技术的应用，包括BIM、虚拟现实和人工智能，以提高设计和施工的智能化水平。二者的结合点在于数字化技术的支持，数字设计和智能化制造的相互融合，使得建筑行业更具效率和创新性。因此，装配式建筑和智能建造共同构筑了一个数字化、智能化的建筑未来，推动建筑业朝着更高效、创新和可持续的方向发展。

1.1　装配式建筑的概念和优势

1.1.1　概念

装配式建筑（图1-1）是一个系统工程，由结构系统、外围护系统、设备与管线系统、内装系统四大系统组成，是将预制部品部件通过模数协调、模块组合、构件连接和施工工法等集成装配而成，在工地高效、可靠装配并做到主体结构、建筑围护、机电装修一体化的建筑。具有标准化设计、工厂化生产、装配化施工、一体化装修、信息化管理、智能化应用等特色。

 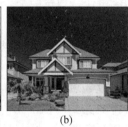 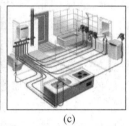 

(a)　　　　　　　　(b)　　　　　　　　(c)　　　　　　　　(d)

图1-1　装配式建筑

(a) 结构系统；(b) 外围护系统；(c) 设备与管线系统；(d) 内装系统

结构系统（Structure system）（图1-2）：由结构构件通过可靠的连接方式装配而成，以承受或传递荷载的整体。依据受力构件的不同可分为装配式框架结构、装配式剪力墙结构及装配式框架-剪力墙结构，依据施工工艺的不同可分为装配整体式结构体系和全装配式结构体系。

 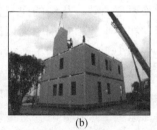 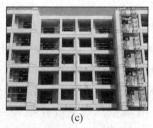

(a)　　　　　　　　　(b)　　　　　　　　　(c)

图1-2　结构系统

(a) 框架结构；(b) 剪力墙结构；(c) 框架-剪力墙结构

外围护系统（Envelope system）（图1-3）：是由建筑外墙、屋面、外门窗及其他部品部件等组合而成，用于分隔建筑室内外环境的部品部件的整体。包括外围护结构及其他部品部件。

设备与管线系统（Facility and pipeline system）（图1-4）：是由给水排水、供暖通风空调、电气和智

图1-3　外围护系统

能化、燃气等设备与管线组合而成，满足建筑使用功能的整体。

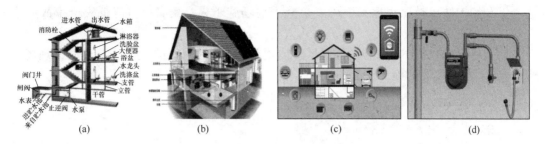

图 1-4 设备与管线系统

（a）给水排水；（b）供暖通风空调；（c）电气和智能化；（d）燃气设备

内装系统（Interior decoration system）（图 1-5）：是由楼地面、墙面、轻质隔墙、吊顶、内门窗、厨房和卫生间等组合而成，满足建筑空间使用要求的整体。

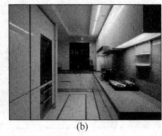
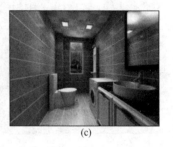

图 1-5 内装系统

（a）客厅；（b）厨房；（c）卫生间

1.1.2 优势

装配式混凝土结构较传统现浇混凝土结构有以下优势：提升建筑质量品质、提升建造和施工效率、节约材料和保护环境、减少劳动力并改善劳动条件、方便冬期施工等。具体优势如下（图 1-6）：

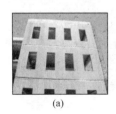
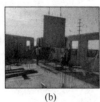

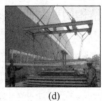

图 1-6 装配式混凝土结构的优势

（a）流水线生产；（b）提升品质；（c）减少现场湿作业；（d）减少人员配备；（e）简化工艺

1. 预制构件尺寸及特性的标准化能显著加快安装速度和建筑工程进度。

2. 预制构件在工厂采用机械化生产，产品质量高，构件外观质量、耐久性好。构件表面质量品质高，可取消传统构件的表面抹灰作业。

3. 可大幅减少施工现场湿作业量，减少施工现场水泥、砂石、模板及支撑料具使用量，有利于节约材料和保护环境，减少粉尘和噪声等污染。

4. 预制构件机械化程度高，可大幅减少现场施工人员配备。可降低安全事故的发生率。

5. 可将保温、装饰部分与构件进行整体预制，可较大减少现场工作量，简化现场的施工工艺，提高工程的施工质量。

1.2 装配式混凝土结构的分类

装配式建筑按高度分为：低层装配式建筑、多层装配式建筑、高层装配式建筑和超高层装配式建筑。

装配式建筑按结构材料的不同分为：装配式混凝土结构、装配式钢结构、装配式木结构及装配式组合结构等。其中，组合结构是指结构由两种及两种以上的结构材料组合而成的装配式结构，如图1-7中组合结构由钢骨和混凝土组合而成。

（a）　　　　　　　（b）　　　　　　　（c）　　　　　　　（d）

图 1-7　装配式结构的分类

（a）装配式混凝土结构；（b）装配式钢结构；（c）装配式木结构；（d）装配式组合结构

装配式建筑按结构体系分为：框架结构、剪力墙结构、框架-剪力墙结构、筒体结构、无梁板结构、空间薄壁结构、悬索结构、预制钢筋混凝土柱单层厂房结构等。

装配式建筑按预制率分为：小于5%为局部使用预制构件；5%～20%为低预制率；20%～50%为普通预制率；50%～70%为高预制率；70%以上为超高预制率。预制率是指预制部分的混凝土用量占对应构件混凝土总用量的体积比。

装配式混凝土结构的原材料来源丰富，可广泛适用于工业和民用建筑，用混凝土制成的预制框架、预制剪力墙、预制外墙等结构形式，能够满足多层和高层的住宅、公寓、办公、学校、医院等多种类型的项目需求，甚至可与钢结构、木结构形成混合结构，并逐渐成为国内建筑工业化的主流市场发展方向，从全国的装配式建筑发展情况看，新建预制构件厂的增速已经远超钢结构和木结构。

采用混凝土结构、钢结构、木结构均可实现装配式建筑，但不同结构建成的房屋性能差异较大，为满足正常使用功能，不同装配式建筑在结构、围护、保温、防水、水电配套等方面有较大区别，不但"质量、进度、成本"目标存在差别，而且所适用的市场发展方向也不同。本教材重点介绍装配式混凝土结构的相关内容。

1.2.1 按连接方式分类

装配式混凝土结构按施工时预制构件间连接方式的不同，分为装配整体式混凝土结构和全装配式混凝土结构（图 1-8）。

(a)   (b)

图 1-8 装配式混凝土结构分类

（a）装配整体式混凝土结构；（b）全装配式混凝土结构

1. 装配整体式混凝土结构

装配整体式混凝土结构（图 1-9）是指预制混凝土构件通过可靠的方式进行连接并与现场后浇混凝土、水泥基灌浆料形成整体的装配式混凝土结构。简言之，装配整体式混凝土结构的连接以"湿连接"为主要方式。装配整体式混凝土结构推行"等同现浇"理念，要求通过可靠的连接，使得装配式混凝土结构的承载力、刚度、延性及耗能能力等性能达到与现浇混凝土结构基本等同的目标，此理念主要解决受力钢筋的连接问题，而预制混凝土构件拼缝处仅考虑混凝土受压传递内力，该做法与传统现浇混凝土结构的理论假设与设计方法保持一致，从而与传统现浇混凝土结构有紧密的衔接性。装配整体式混凝土结构具有较好的整体性和抗震性。目前，大多数多层和全部高层装配式混凝土结构都是装配整体式结构，有抗震要求的低层装配式建筑也多是装配整体式结构。

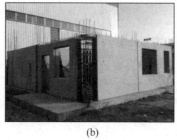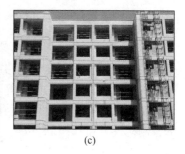

(a)   (b)   (c)

图 1-9 装配整体式混凝土结构

（a）装配整体式框架结构（b）装配整体式剪力墙结构 ；（c）装配整体式框架剪力墙结构

1）装配整体式混凝土框架结构

全部或部分框架梁、柱采用预制构件建成的装配整体式混凝土结构称为装配整体式混凝土框架结构。该结构可提高施工效率，降低环境污染，亦可以保证建筑结构质量。工业化程度高，内部空间自由度好，但室内梁柱外露，施工难度较高，因此成本也较高。其适用于高度在 60m 以下的厂房、公寓、办公楼、酒店、学校等建筑。其连接方式（图 1-10）可分为两种，一种是等同现浇的刚性连接，另一种是不等同现浇的柔性连接，即连接处容许一定范围的变形，刚度低于现浇结构。

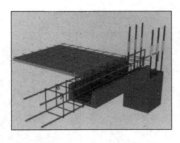

图 1-10 装配整体式混凝土框架结构连接方式

2）装配整体式混凝土剪力墙结构

全部或部分剪力墙采用预制墙板构建成的装配式混凝土结构称为装配整体式混凝土剪力墙结构，其常见连接方式如图 1-11 所示；该结构工业化程度高，预制比例可达 70%，房间空间完整，几乎无梁柱外露，施工简易，成本最低可与现浇持平，并且可选择局部或全部预制，但空间灵活度一般。其适用于高层、超高层结构。

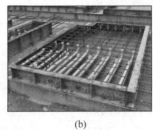
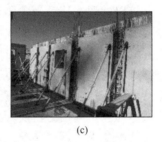

(a)   (b)   (c)

图 1-11 连接方式

（a）灌浆套筒连接；（b）浆锚搭接连接；（c）墙板间后浇连接

3）装配整体式混凝土框架-剪力墙结构

装配整体式混凝土框架-剪力墙结构作为我国主要的多高层结构形式之一，它兼有框架结构平面布置灵活、延性好和剪力墙结构刚度大、抗震能力强等优点，两者结合共同工作能互相取长补短。此外，装配整体式混凝土框架-剪力墙结构中包含梁、柱等线性形状的预制构件，可以控制自重、方便现场吊装，节点连接形式便于施工，同时，该结构具有多道抗震防线。

2. 全装配式混凝土结构

为充分利用预制混凝土技术优势，进一步提升建造效率，有学者通过预应力连接、螺栓连接或焊接等"干式"连接方式将预制混凝土构件连接成整体，其受力机制、分析理论、设计方法及构造技术与传统现浇混凝土结构有根本区别，形成了全新的结构系统。如预制钢筋混凝土柱单层厂房就属于全装配式混凝土结构。目前国外全装配式混凝土结构多应用在一些低层建筑或非抗震地区的多层建筑中。

1.2.2 新型装配式混凝土结构

装配式混凝土结构具有与传统现浇结构截然不同的施工工艺及节点构造，并能便捷地与新材料、预应力等技术相结合，突破了现浇结构的某些限制，因而能实现良好的结构体系性能和新颖的结构体系形式。近年来，我国科技工作者在《装配式混凝土结构技术规程》JGJ 1—2014 和《装配式混凝土建筑技术标准》GB/T 51231—2016 所规定的装配式混凝土框架、装配式混凝土剪力墙体系的基础上，研发了一批适应我国工业化发展的新型装配式混凝土结构体系，已取得丰硕成果。

目前具有代表性且已有落地项目的新型装配式混凝土结构体系（图 1-12）包括：螺栓拼接装配式混凝土墙板结构体系、装配式单排配筋混凝土剪力墙结构体系、EMC 预制空心叠合剪力墙结构体系、绿色装配式复合结构体系、盒式连接全装配式混凝土墙板结构体系、竖向分布钢筋不连接装配整体式混凝土剪力墙结构体系、装配整体式叠合混凝土结构体系、纵肋叠合混凝土剪力墙结构体系、全装配式钢-混凝土混合框架结构体系、盒式连接装配式框架结构体系、世构体系、装配式混凝土柱-钢梁混合结构体系、装配式叠合框架结构体系、混凝土模块化建筑结构体系、全装配预应力混凝土模块结构体系、EPS模块混凝土剪力墙结构体系、装配复合模壳体系混凝土剪力墙结构体系等。

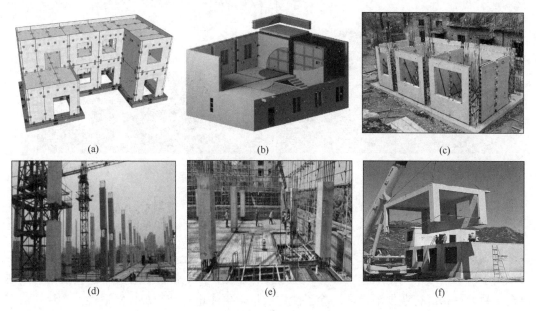

图 1-12　新型装配式混凝土结构体系

（a）螺栓拼接装配式混凝土墙板结构体系；（b）绿色装配式复合结构体系；（c）装配整体式齿槽剪力墙结构体系；

（d）世构体系；（e）装配整体式叠合框架结构体系；（f）混凝土模块结构体系

1.3 装配式混凝土结构的应用与发展

1.3.1 装配式混凝土结构的应用

1. 国外装配式混凝土结构的应用

1）英国

英国是世界上推行装配式建筑最早的国家之一。18 世纪 70 年代，英国学者提出在承重结构上安装预制混凝土外墙板，由此开启了预制混凝土的应用。"二战"后，巨大的住房需求和建筑工人短缺的问题，使英国政府开启了以重点发展工业化制造能力来弥补落后的传统建造方式，推动了建筑生产的规模化、工厂化，促进了英国装配式混凝土建筑的进一步发展。20世纪50—70年代是英国建筑行业朝着装配式混凝土建筑方向发展的蓬勃期，其间装配式混凝土结构的发展主要体现在预制混凝土大板结构，该结构的发展得益于战后运输和吊装设备的发展，大板结构使得预制混凝土构件成为真正的结构构件。20世纪90年代，传统建造方式的弊端使得住宅建造迈入高品质阶段，同时也推动了装配式混凝土建筑的发展。目前，英国这种工厂化预制建筑部件、现场安装的建造方式，已广泛应用于建筑行业。

英国装配式的特点是以预制装配式混凝土结构为主，钢结构、木结构为辅，装配式住宅多采用框架或者板柱体系，焊接、螺栓连接等干式连接方法，结构构件与设备、装修工程分开，减少预埋，生产和施工质量高。图1-13为英国代表性装配式建筑。

(a)　　　　　　　　　　　　　　　(b)

图1-13　英国代表性装配式建筑

(a) 近代最早的装配式建筑——英国水晶宫（1851）；(b) 模块化公寓

2）美国

美国的装配式建筑起源于20世纪30年代，并在20世纪50年代得到大力推广，其中一半用于桥梁，一半用于房建。1976年美国国会通过了国家工业化住宅建造法案，同时出台一系列严格的行业规范标准。除了注重质量，更注重提升美观、舒适性及个性化。美国的装配式建筑主要包括建筑预制外墙和预制构件两大系列，预制构件的共同特点是大型化，多与预应力相结合。因为在工程中大量应用了大型预应力预制混凝土构件技术，装配式混凝土技术的优越性得到了更好的发挥。20世纪70年代，装配式住宅在美国盛行，大城市多以装配式混凝土和装配式钢结构住宅为主，而小城镇多以轻钢结构、木结构住宅体系为主。美国住宅构件和部品的标准化、系列化、专业化、商品化、社会化程度很高，几乎达到100%。图1-14为美国预应力装配式混凝土结构。

图1-14　美国预应力装配式混凝土结构

20世纪60—70年代，由于劳动力匮

乏、人力成本高，装配式混凝土结构除了在居住建筑中发展很快，同时也在医院、酒店等公共建筑中得到了应用（图 1-15），预制构件在框架结构体系的运用中日渐成熟。其间，美国还出现了另一种装配式混凝土结构体系：干式连接的全预制装配式结构，这种结构不采用后浇混凝土。美国对于干式连接节点的传力方式控制得很好，能够大幅提高机械化程度，降低材料和人力的成本。全预制混凝土结构经过数十年的发展，因其质量易控且经济实惠的优点，已经占据了美国装配式混凝土结构的主导地位。20 世纪 70—80 年代，美国装配式建筑一体化进程大幅推进，基本实现了设计标准化，装配式建筑的市场占比也快速增高。2001 年，美国的装配式住宅已经达到了 1000 万套，占美国住宅总量的 7%，目前，美国每 16 个人中就有 1 个人居住的是装配式住宅，装配式住宅已成为非政府补贴的经济适用房的主要形式。

图 1-15　1970 年——檀香山阿拉莫阿那酒店

3）德国

德国的预制混凝土体系主要包括预制混凝土叠合板和预制混凝土外墙板，其中预制混凝土叠合板占比 50% 以上。预制墙板由两层预制板与格构钢筋制作而成，现场就位后，在两层板中间浇筑混凝土，共同承受竖向荷载和水平力作用，该结构基本不存在一般装配式混凝土剪力墙拼缝薄弱环节，能够大幅度减少模板和支架的用量，节省工程费用，并且墙体轻便，大体量的构件也能应用，适合大规模推广应用。

目前德国是世界上建筑能耗降低幅度最快的国家，近几年更是提出发展零能耗的被动式建筑。从大幅度的节能到被动式建筑，德国都采取了装配式建筑来实施，装配式住宅与节能标准相互之间充分融合（图 1-16）。如今德国的预制构件生产技术全球领先，其拥有高度自动化的生产线，且德国拥有众多知名的装配式建筑企业，涵盖了从构件生产到建筑施工的全过程。德国制定了"建筑工业化战略"，旨在提高装配式建筑在市场中的占比。

图 1-16　德国海德堡天文中心

4）瑞典

瑞典是世界上装配式建筑技术应用最广泛的国家之一，从 20 世纪 50 年代开始在法国的影响下推行装配式建筑，并由民间企业开发了大型混凝土预制板的工业化体系，之后大力发展以通用部品为基础的通用体系。如今装配式建筑部品部件的标准化已逐步纳入瑞典的工业标准，使生产出来的部件具备建造的普遍性和组合性，能够快速建造独栋低层住宅。图 1-17 为瑞典特色装配式混凝土建筑。

瑞典是在 20 世纪 40 年代就着手建筑模数协调的研究，并在 60 年代大规模住宅建设时期，建筑部品的规格化逐步纳入瑞典工业标准（SIS）；实现了部品的尺寸、连接等的标准化和系列化，使构件之间更容易替换。政策的支持和市场的导向，使瑞典的通用部件标准体系发展成熟，现在瑞典装配式建筑的市场份额达到 80%，是世界上第一个将模数法制化的国家。1973 年新建公寓式住宅所占比例较大，之后独立式住宅超过公寓式住宅，目前独立式住宅大约占 80%，而这

图 1-17　瑞典特色装配式混凝土建筑

些独立式住宅 90% 是以工业化装配方式建造的。目前瑞典的新建住宅中，采用通用部品的住宅占 80% 以上。有人说：瑞典也许是世界上工业化住宅最发达的国家。

5）日本

日本的装配式建筑技术兴起于第二次世界大战后的初期，此时日本进入经济复兴期，大量农村人口输入城市，住宅短缺迅速成为大中城市严重的社会问题。20 世纪 60 年代，日本的经济与人口快速增长，导致城市住宅需求量激增，结合地区震害频繁的客观原因，促使日本加快探索预制装配式建筑结构的步伐。1963 年日本预制建筑协会成立，将预制装配的理念运用于钢筋混凝土的结构与钢骨混凝土结构，并提出四大预制工法：W-PC 工法（剪力墙结构预制装配式混凝土工法）、WR-PC 工法（框架剪力墙结构预制装配式混凝土工法）、R-PC 工法（现浇等同型预制装配式混凝土框架结构工法）和 SR-PC 工法（预制装配式钢骨混凝土工法）。2000 年。日本预制建筑协会提出了预制柱-叠合梁框架结构和后张预应力连接预制混凝土框架结构的设计要求。2003 年，日本预制建筑协会出版了《现浇等同型预制装配式混凝土框架结构（P-RC）的设计》，该设计指南规定了预制柱-叠合梁框架结构和预制型钢-混凝土框架结构的设计方法，这标志着日本已拥有完整的预制混凝土结构体系设计理论。

日本建筑行业推崇的结构形式是以框架结构为主，剪力墙结构等刚度大的结构形式很少得到应用。目前日本装配式混凝土建筑中，柱、梁、板构件的连接尚以湿式连接为主，但强大的构件生产、储运和现场安装能力对结构质量提供了强有力的保证，并且为设计方案的制定提供了更多可行的空间。图 1-18 为日本装配式建筑。

到目前，日本作为实行住宅产业化推进较早的国家，在住宅产业化方面已走在了世界的前列（图 1-19）。在住宅标准化方面，日本各类住宅部件（构配件、制品设备）工业化、社会化生产的产品标准已十分齐全，占标准总数的 80% 以上；在住宅部件化方面，

图 1-18　日本装配式建筑（预制框架 + 灌浆套筒）

全套的卫生洁具、地板、墙面由在工厂生产的一个个整体部件组装而成；在住宅智能化与节能方面，新建的建筑物的 60％ 以上是智能化的；住宅的建造通常采用新型的绿色节能材料，以减少采暖降温的费用、节省能源。

图 1-19　日本京都久御山住宅综合展示场

6）新加坡

新加坡大规模建造装配式建筑已经有三四十年的历史，开发出从 15 层到 30 层的装配式住宅（组屋，图 1-20），占全国总住宅数量的 80％ 以上。组屋项目通过平面布局、部件模数和安装节点的重复性来实现标准化，以及施工过程的工业化相互间配套融合，使结构装配率达到 70％ 以上，部分组屋装配率达到 90％ 以上。常见的组屋预制构件有预制混凝土梁柱、剪力墙、预应力叠合楼板、建筑外墙、楼梯、电梯墙、防空壕、空调板、垃圾槽、管道井、水箱等，已形成一套完整、可复用的预制构件系统。通过装配式建造的组屋

图 1-20　新加坡组屋

与现浇技术相比，现场建筑垃圾减少 83%，材料损耗减少 60%，建筑节能 5% 以上，施工误差精度 5mm 以内。

此外，新加坡对组屋建筑体系及结构设计制定了一系列规范标准，在户型设计中，对构件的模数设计、形状设计、尺寸设计、节点设计等都作出了明确规定。为了充分提高模具的使用效率并提高模具的适用性，打通了建筑设计环节，由于组屋极高的标准化设计程度，大大减少了设计和建造时间。与此同时，由于重复性高，模板重复使用率高、成本缩减。

2. 我国装配式混凝土结构的应用

我国的建筑工业化是从中华人民共和国成立后才逐步发展的，20 世纪 50 年代，借鉴苏联经验，我国对建筑工业化进行了初步的探索。到今天装配式建筑结构体系、预制构件性能、装配式建筑设计标准及建筑工业化评价体系已初步形成完整体系，我国的装配式建筑有了很大的发展。

1976 年前，大板建筑因其低廉的造价、高效的施工速度，在全国范围内被大力推广，是我国装配式建筑的初期形态；直到发生唐山大地震，由于抗震性能差，预制板敲响了人们的警钟，至此学者们开始探索装配式建筑发展的新方向。20 世纪 70 年代末，我国引进了南斯拉夫的预制预应力混凝土板柱结构体系，即整体预应力装配式建造板柱体系，我国的整体预应力装配式板柱建造的研究与开发开始启动。到 20 世纪 80 年代后，建筑行业的劳动力得到了充足的补充，现浇建造方式的成本明显下降，所以现浇建筑很快代替了大板建筑。进入 20 世纪 90 年代之后，我国建筑工业化的研究与发展几乎处于停滞甚至倒退状态，装配式建筑技术水平和建筑制品的质量没有得到提高。另外，当时现浇混凝土技术的迅速发展，预制装配式建筑的应用逐渐被大众舍弃，装配式技术落入低潮阶段。到 20 世纪 90 年代中期，装配式混凝土建筑已被全现浇的混凝土结构体系全面取代。进入 21 世纪后，随着劳动力成本上升、节能环保要求提高以及施工管理水平发生飞跃等因素，装配式混凝土技术在我国重新受到重视。2016 年 2 月，中共中央 国务院印发《关于进一步加强城市规划建设管理工作的若干意见》中提出：加大政策支持力度，力争用 10 年时间，使装配式建筑占新建建筑的 30%。近年来，在"环保趋严＋劳动力紧缺"背景下和城镇化建设高速发展的推动下，国家及地方多次出台指导性、普惠性及鼓励性政策，装配式技术进入高速发展及创新阶段。我国科技工作者在装配式混凝土结构相关规程、规范所规定的装配式框架、装配式剪力墙及外挂墙板技术体系基础上，研发了一批适应我国国情的新型装配式混凝土结构体系（详见本教材第 11 章），已取得丰硕成果。

上海宝业集团办公楼（图 1-21）是目前国内装配式公共建筑的示范作品。地下车库

图 1-21　上海宝业集团办公楼

墙板及楼板采用预制叠合墙、叠合楼板，建筑外墙采用"GRC＋PC"预制墙板。宝业中心外立面的总构件数量为854块，通过标准化模具的"魔幻"变化，在工厂制造出孔洞大小不一的GRC单元式幕墙，又加之集成保温、防水、遮阳等功能，使幕墙成为集成使用功能及外面装饰的创新部品部件。宝业中心借助BIM技术贯穿设计、生产、施工、运维，其地下空间围护体系采用叠合剪力墙装配式结构，并综合应用诸多绿色、智能化技术，形成了装配化、绿色化、智能化典型示范项目。雄安市民服务中心整个项目工期比传统模式缩短40％，建筑垃圾比传统建筑项目减少80％以上，从开工到全面封顶仅历时1000h。

1.3.2　装配式混凝土结构的发展

2023年9月，住房和城乡建设部公布第二批18个装配式建筑示范城市和133个产业基地，大量装配式试点示范工程项目也已落地，但从我国装配式结构技术的应用范围分析，起步较晚加之受限于现有的建筑工业化水平，国内装配式实际工程项目在建筑业中占比很小，尚未形成比较完备的通用体系，也未实现全产业链标准化。目前我国装配式建筑的发展方向主要面向住宅产业化领域，尤其是保障房建设。随着社会经济的进步、装配式建筑技术的发展及建筑业绿色节能的发展方向，装配式建筑技术逐渐会得到更广泛的应用，同时会与其他专业相结合，最大限度地发挥其特点。

1. 新型装配式混凝土结构体系

近年来随着科学技术的进步、新型建筑材料的研发以及建筑工业化技术的日趋成熟，在国家推行"双碳"战略和"乡村振兴"战略的背景下，我国科技工作者以新型建筑材料、预制构件新型构造形式、高效连接方式、生产及施工工艺等方面的创新为切入点，对传统装配式混凝土结构体系提出改进，各种新型结构体系如雨后春笋般应运而生（图1-22）。本教材第11章列举了我国18种新型装配式混凝土结构体系，并简要介绍各种结构体系的研发背景和体系特点等。

2. 装配式建筑超低能耗技术

在装配式建筑超低能耗技术方面：目前建筑能耗在世界总能源消耗中占有较大的比重，为实现建筑可持续发展，低能耗装配式建筑作为新型节能建筑已经为人们所关注。其设计的目的在于，实现建筑工程资源利用的最大化，提高建筑施工阶段的资源节约利用水平。在建筑施工阶段，以装配式作为建筑的主要施工形式，有利于促进建筑施工的标准化、工业化发展。在建筑使用阶段，建筑不是依靠采暖和空调系统来维持舒适的室内环境，而是以被动形式来调节建筑室内环境，除去了建筑使用过程中最大的能源消耗项目。本教材第15章对装配式建筑超低能耗技术进行简要介绍，图1-23为装配式超低能耗建筑技术路线。

3. 信息化技术

装配式建筑不仅在技术方面存在着实施难点，更重要的是对于各种资源和信息的有效整合，借助建筑信息模型（Building Information Modeling，简称BIM）技术能保证信息在整个项目全生命周期全部参与方中进行有效传递（图1-24）。现阶段资源整合在很大程度上需要依赖信息处理技术，而BIM就是高度整合信息技术的关键实现手段，因此，BIM与装配式结合将会是装配式建筑发展的一大趋势。本教材第12章对基于BIM技术的装配式建筑设计进行简要介绍。

图 1-22　新型装配式混凝土结构体系

(a) 螺栓拼接装配式混凝土墙板结构体系；(b) 绿色装配式复合结构体系；
(c) EPS 模块混凝土剪力墙结构体系；(d) 装配整体式叠合剪力墙体系；
(e) 预制水平孔混凝土墙板结构体系；(f) 预应力压接装配混凝土框架结构体系

4. 装配率计算

　　装配式建筑发展过程中，装配式建筑评价标准体系作为政策制定和实施的参考依据，引导了装配式建筑的发展方向。从近年来实施的装配式项目情况看，装配式建筑评价标准体系尚不完善，仍存在问题。为推进装配式建筑健康发展，针对评价标准体系存在的问题，住房和城乡建设部开展"旧评价标准"修订工作，旨在构建一套适合我国国情的装配式建筑评价体系，对装配式建筑实施科学、统一、规范的评价。本教材第 14 章对建筑装配率的基本规定和计算方法进行了阐述，并结合工程案例进行演算。图 1-25 为建筑装配率主要组成项。

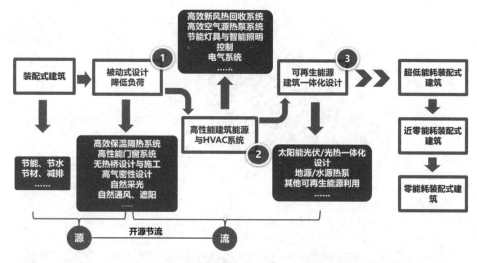

图 1-23　装配式超低能耗建筑技术路线

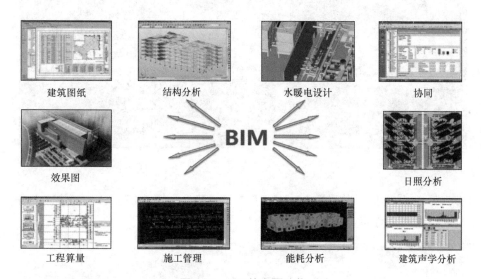

图 1-24　BIM 的主要功能

5. 减隔震技术在装配式建筑中的应用

减隔震技术对结构上部出色的水平力折减效应，使得上部结构的设计自由度更高，所需承载地震动能量显著降低，这与装配式结构由不同类型预制件连接、整体结构性质难以模拟的特点完美契合。因此，在保证合适场地，结构底部在地震动中不易出现拉应力的情况下，把减隔震技术应用于装配式建筑中将极大地提高建筑本身的抗震性能。本教材第 15 章对减隔震技术在装配式建筑中的应用（图 1-26）进行简要介绍。

6. 地下装配式结构

19 世纪末、20 世纪初，预制装配式衬砌就在国外盾构隧道工程中得到了应用。除盾构隧道外，其他地下结构采用预制装配式衬砌的做法起源于 20 世纪 80 年代，苏联为了解决冬季寒冷气候给现浇混凝土施工带来的影响，在明挖施工的地铁区间隧道、车站主体及附属通道等工程中研究应用了预制装配技术。目前我国地下装配式结构的应用还处于初

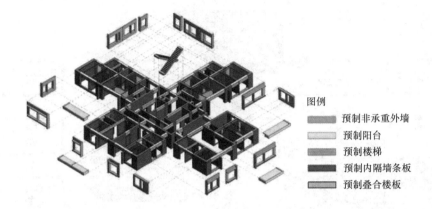

图 1-25　建筑装配率主要组成项

图例
预制非承重外墙
预制阳台
预制楼梯
预制内隔墙条板
预制叠合楼板

图 1-26　减隔震技术在装配式建筑中的应用

期，仅有少量地铁车站、地下停车场采用了装配式建筑（图 1-27）技术。本教材第 15 章对地下装配式结构进行简要介绍。

图 1-27　地下装配式建筑

7. 建筑智能化技术

建筑业与新一代信息技术的深度融合是行业转型升级的必然趋势，目前业界对新一代信息技术在装配式建筑的应用研究中存在以下趋势：在设计过程中引入强化学习和智能优化算法获得最优化的设计方案；在质量检测过程中引入基于计算机的非接触智能检测技术，提高施工质量；在施工过程中引入机器人技术，以提供持续不断的低成本优质劳动力，同时让施工过程更加安全、智能与高效。本教材第 15 章对建筑智能化技术（图 1-28）进行简要介绍。

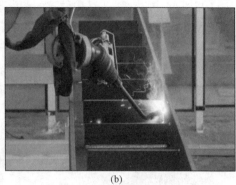

(a)　　　　　　　　　　　　　　　　　　(b)

图 1-28　装配式建筑智能化技术
(a) 大界 RobimWeld 智能焊接机器人；(b) 机器人木构预制建造装备原型

8. 装配式建筑碳排放计算

建筑碳排放的量化计算分析对实现建筑业绿色、低碳、可持续发展具有重要意义。在落实"碳达峰、碳中和"决策等战略背景下，住房和城乡建设部于 2021 年 9 月发布《建筑节能与可再生能源利用通用规范》GB 55015—2021，规范中明确将建筑碳排放计算作为强制要求，并规定新建的居住和公共建筑碳排放强度应分别在 2016 年执行的节能设计标准的基础上平均降低 40%，碳排放强度平均降低 7 $kgCO_2/$（m^2·年）以上。本教材第 13 章结合建筑生命周期、建筑碳排放的特点及现行国家标准，分别介绍了建筑碳排放计算的功能单位与系统边界、建筑碳排放计算的基本理论与实用方法以及装配式建筑的生命周期阶段划分及计算边界。图 1-29 为建筑生命周期碳排放。

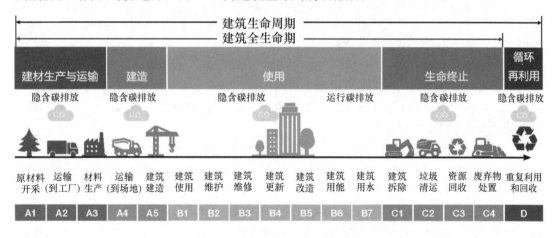

图 1-29　建筑生命周期碳排放

9. 3D打印装配式建筑

20世纪80年代中期由美国科学家开发出3D打印技术，此项技术也被称为"第三次工业革命的重要生产工具"，在国内现已有不少运用3D打印技术建成的建筑。2014年4月，在上海青浦园区内就有10幢通过3D打印技术建成的建筑，10幢小屋的打印过程仅花费1d的时间，再花费5d对构件进行组装至建成。相比传统的建造方式已大幅缩短了工期，节省人力和建筑材料。3D打印技术打印出的建筑构件，其强度、抗热性能、耐久性能等都远超传统建筑材料。同时，喷绘的"油墨"也由建筑垃圾制成，打印出来的建材还可回收再利用，这在很大程度上降低了环境污染。随着技术的不断成熟及对可以利用材料的不断探索，未来3D打印建筑也将影响建筑市场的走向。本教材第15章对3D打印装配式建筑（图1-30）进行简要介绍。

图 1-30　3D打印装配式建筑

本章小结

1. 介绍了装配式混凝土结构的定义，它是由预制混凝土构件通过可靠的连接方式装配而成的结构，具有提升建造和施工效率、提升建筑质量和品质、节约材料和人工、保护环境，以及施工不受季节影响等优点。

2. 对装配式结构按照不同材料、建筑高度、结构体系、预制率及施工工艺进行分类，并列举了目前多种国内新型装配式混凝土结构体系。其中装配整体式混凝土结构体系主要包括：装配整体式混凝土框架结构、装配整体式混凝土剪力墙结构以及装配整体式混凝土框架-剪力墙结构等。

3. 列举了国内外代表性国家装配式混凝土结构的发展历史和应用情况，英国是最早提出并实现装配式建筑的国家；欧洲国家多采用干式连接技术；而日本地处地震频发区，装配式混凝土结构的减震隔振技术得到了大力发展和广泛应用。

4. 介绍了今后装配式混凝土结构的方向，包括新型装配式混凝土结构、装配式建筑超低能耗技术、信息化技术、装配率计算、装配式建筑中减隔震技术的应用、地下装配式结构、装配式建筑智能化技术、装配式建筑碳排放计算和3D打印装配式建筑等。

思考题

1. 简述装配式建筑的定义及其分类。

2. 简述装配式建筑的特点和优势。

3. 简述我国装配式混凝土结构的发展与应用情况。

4. 试列举我国和世界具有代表性的装配式建筑，并详细介绍这些装配式建筑的基本情况（包括但不限于名称、地点、建设时间、结构类型、层数、高度、特点等）。

第 2 章 装配式混凝土结构材料

2.1 概述

装配式混凝土结构中常用的建筑材料一般与现浇混凝土结构相同，但由于建造工艺的变化，装配式混凝土结构在建筑材料的选择上存在一定特殊性。本章将重点介绍装配式混凝土结构中常用的建筑材料，包括混凝土、钢筋、钢材、保温材料、连接材料和拉结件等，重点突出材料选择、性能要求上与现浇混凝土结构的差异。

2.2 结构主材

2.2.1 混凝土

1. 普通混凝土

装配式混凝土结构（Precast Concrete，PC 结构）中所采用的混凝土材料的力学性能指标和耐久性要求应符合现行国家标准《混凝土结构设计标准》GB/T 50010。预制构件在工厂生产，易于进行质量控制，因此对其采用的混凝土的最低强度等级的要求高于现浇混凝土。

我国现行行业标准《装配式混凝土结构技术规程》JGJ 1（以下简称《装规》）规定，预制构件的混凝土强度等级不宜低于 C30；预应力混凝土预制构件的混凝土强度等级不宜低于 C40，且不应低于 C30；现浇混凝土的强度等级不应低于 C25。需要说明的是：

（1）预制构件用混凝土的工作性应根据产品类别和生产工艺要求确定，构件用混凝土原材料及配合比设计应符合国家现行标准《混凝土结构工程施工规范》GB 50666、《普通混凝土配合比设计规程》JGJ 55 和《高强混凝土应用技术规程》JGJ/T 281 等的规定。

（2）在预制构件制作前，生产单位应根据预制构件的混凝土强度等级、生产工艺等选择制备混凝土的原材料，并进行混凝土配合比设计。

（3）预制构件节点及接缝处后浇混凝土强度等级不应低于预制构件的混凝土强度等级；多层剪力墙结构中墙板水平接缝用坐浆材料的强度等级值应大于被连接构件的混凝土强度等级值。

（4）不同强度等级混凝土构件进行组合时（如梁与柱组合的梁柱一体构件，柱与板结合的柱板一体构件），混凝土强度等级应按结构件设计的各自强度等级制作。

2. 高性能混凝土

高性能混凝土是指采用常规材料和工艺生产，具有混凝土结构所要求的各项力学性能，且具有高耐久性、高工作性和高体积稳定性的混凝土。其种类较多，从不同方面对混凝土性能进行提升。本章重点介绍 4 种在装配式混凝土结构中应用潜力较大的高性能混凝土。

（1）自密实混凝土（Self-Compacting Concrete，SCC）是指具有高流动性、均匀性和稳定性，浇筑时无需外力振捣，可在自重作用下流动并充满模板空间的混凝土。在预制装配式混凝土结构中，自密实混凝土具有以下作用和优势：

1）高流动性和自密实性。SCC 具有卓越的流动性，可以在构件模具中自动充填，无需额外振捣处理，可快速、高效地填充复杂形状或细小空隙的模具，为预制构件生产提供便利。

2）降低人力成本。SCC 的高流动性省略了混凝土在模具内振捣的需求，减少了人工操作的工序，降低了劳动力需求和人工经济成本。

3）保障构件表面质量。SCC 在模具中自动充实并紧密填充空隙，确保构件的内部一致性和致密性，可使预制构件达到光滑、均匀的表面质量，减少后续修整工作的需求。

4）增强结构性能。SCC 具有优异的抗渗性、耐久性和力学性能，能够满足预制装配式结构对高性能混凝土的要求，使装配式结构具有更长的使用寿命和更好的力学性能。

5）多样化的设计和应用。由于 SCC 的高流动性和自密实性，装配式混凝土结构可采用更加创新和复杂的设计形式，为建筑结构和设计提供了更大的自由度和灵活性。

（2）高强混凝土（High Strength Concrete，HSC）在我国一般指强度等级为 C60～C90 的混凝土，是用水泥、砂、石原材料外加减水剂或同时外加粉煤灰、矿粉、矿渣、硅粉等混合料，经常规工艺生产获得的混凝土。在预制装配式混凝土结构中，高强混凝土具有以下作用和优势：

1）抗压强度高。相较普通混凝土，高强混凝土有着抗压强度高、密实性优良、抗渗、抗变形能力强等优点，可提供更高的结构承载能力和抗震性能。

2）节约用料。高强混凝土的使用在保证相同结构性能的同时，可减少构件的截面尺寸和重量，减轻预制构件运输和安装的负荷，提供更大的空间利用率。

3）提高生产效率。高强混凝土具有更快的强度发展和早期脱模能力，减少模具占用时间，缩短构件的生产周期，提高生产效率。

4）耐久性和长寿命。高强混凝土具有出色的耐久性，能够抵抗化学侵蚀、渗透和冻融循环等环境影响。在预制装配式结构中使用高强混凝土可以提供更长的建筑使用寿命，减少维护和修复成本。

5）设计灵活性。高强混凝土的使用可以满足更高的结构设计要求，实现更大跨度和更轻巧的构件设计，提供更多的设计自由度。

（3）超高性能混凝土，简称 UHPC（Ultra-High Performance Concrete）是一种高强度、高韧性、低孔隙率的超高强水泥基材料。其基本配置原理是通过提高组分的细度与活性，不使用粗骨料，从而减轻材料内部的缺陷（孔隙与微裂缝）至最少，以获得超高强度与高耐久性。

UHPC 材料具有非常高的强度和优良的韧性，其抗压强度可达 150MPa 以上，受拉状态下存在类似钢筋屈服的应变硬化行为。其还具有极佳的耐久性，与普通混凝土相比，其抗氯离子侵入、抗碳化、抗硫酸盐侵蚀等指标，有倍数或数量级的提高。在生产制作方面，UHPC 所用材料与普通混凝土有所不同，其组成材料主要包括：水泥、级配良好的细砂、磨细石英砂粉、硅灰等矿物掺合料、高效减水剂等，当对韧性有较高要求时，还需要掺入微细钢纤维。

UHPC 需要严谨的制作过程，更适合进行工厂预制，以保证材料性能的稳定。在装配式桥梁的 UHPC-NC（普通混凝土，Normal Concrete）湿接缝中，UHPC 与钢筋有着优异的粘结性能，无需环形钢筋和焊接，湿接缝的宽度大大减小，如图 2-1 所示。与此同时，UHPC 与 NC 的界面粘结强度高，不易出现开裂、渗水等病害。

图 2-1　超高性能混凝土施工现场

（4）工程水泥基复合材料（Engineered Cementitious Composite，ECC）是由密歇根大学 Victor Li 基于断裂力学理论研发的，以高延性为突出特征的水泥基复合材料，是一种乱向分布短纤维增强水泥基复合材料，具有应变硬化特性和多缝稳态开裂的特点，可以很好地解决传统混凝土由于易碎性、弱拉伸性而导致的种种缺陷，在水泥基制品开发、结构加固补强等领域有着广阔的应用前景，如图 2-2 所示。

图 2-2　ECC 受弯性能试验

ECC 具有优良的抗拉、抗弯性能，在装配式结构节点连接中使用可减小节点处裂缝开展的影响，显著提升结构力学性能。同时，ECC 超高韧性及应变硬化的特性可承受相邻梁板温度伸缩引起的变形，其饱和多缝开裂时对最大裂缝宽度的控制能力又能很好地解决渗漏侵蚀的问题。

3. 轻质混凝土

轻质混凝土（Lightweight Concrete，LC）是指干密度低于普通混凝土（2500kg/m³）的混凝土，具有自重轻、强度高、保温隔热、防震、抗渗等特点，与同强度等级的普通混凝土相比，可减轻自重 20%～30%。

构件重量是 PC 拆分的制约因素之一，受起吊构件的重量限制，整间墙（楼）板往往需要由不同尺寸构件组合而成，轻质混凝土的优异特性，为整间 PC 墙（楼）板提供了可行性和便利性。轻质混凝土通常包括多孔混凝土和轻集料混凝土两大类。

（1）多孔混凝土

多孔混凝土是内部均匀分布大量细小的气孔、不含骨料的轻混凝土。根据气孔产生的方法不同，多孔混凝土分为加气混凝土和泡沫混凝土。

加气混凝土根据硅质材料来源不同，可分为以粉煤灰为硅源的灰加气混凝土和以石英砂为硅源的砂加气混凝土。相较之下，砂加气混凝土砌块在美观、强度、耐久性等方面优于灰加气混凝土砌块，而灰加气在粉煤灰固废资源利用方面表现优异。

由于我国地理资源分布不均和新型城镇化建设对砂材料的需求不断攀升，每立方米砂加气混凝土材料成品价高于灰加气混凝土材料。目前，我国正处在实现"双碳"战略目标的关键窗口期，作为碳排放五大重点领域中的工业和建筑业，推进产业升级并采取有效手段降低建筑能耗及碳排放刻不容缓。据统计，2020 年我国砂石资源的年消耗量高达 200 亿 t，而大宗工业固废代表之一的尾矿，年排放量达 12.95 亿 t，建筑业对砂石等天然资源的需求缺口与尾矿等工业大宗固废处理难题并存。随着加气混凝土市场的迅猛发展以及环保政策日益趋严，硅源短缺已成为制约砂加气混凝土生产和发展的主要因素。因此，探索固废资源替代传统硅质材料对砂加气混凝土生产成本控制及生态环境保护具有重要意义。

近年来，部分校企已结合建材等重点行业探索大宗固废减量途径，开展绿色高性能预制部品研发，研制新型尾矿砂加气混凝土材料，如图 2-3 所示。

      （a）   （b）   （c）

图 2-3　尾矿砂加气混凝土

（a）铁尾矿砂加气混凝土；（b）石英石尾矿砂加气混凝土；（c）钨尾矿砂加气混凝土

泡沫混凝土也称为轻质多孔混凝土，密度通常在 $300 \sim 1600 kg/m^3$，用泡沫代替全部或部分细骨料来控制密度。其是用机械的方法将泡沫剂水溶液制备成泡沫，并将泡沫加入由含硅材料、钙质材料和水组成的料浆中，经混合搅拌、浇筑成形、蒸汽养护而成的多孔轻质材料，可用于制作各种保温材料。

（2）轻集料混凝土

轻集料混凝土是用轻粗集料（堆积密度小于 $1200 kg/m^3$ 的粗、细集料）、轻砂（或普通砂）、水泥和水配制而成的干表观密度不大于 $1950 kg/m^3$ 的混凝土。轻集料来源非常广泛，主要为无机轻集料为主，包括页岩陶粒、黏土陶粒、膨胀珍珠岩、粉煤灰陶粒、膨胀矿渣珠、浮石、多孔凝灰岩等。

相比普通混凝土，轻集料混凝土具有一系列独特的性能特点，最主要的是轻质和保温，如采用 EPS 颗粒配制的混凝土体积密度可低至 $300kg/m^3$。强度方面，日本科研工作者研制出表观密度 $1880kg/m^3$、28d 抗压强度达到 $95MPa$ 的高强轻集料混凝土；耐久性方面，轻集料混凝土具有与普通密度混凝土相当的耐久性，轻集料的多孔性在一定程度上缓解混凝土内部因水结冰造成的膨胀应力，并可从根本上消除碱集料反应风险。

轻质混凝土的"轻"主要靠用轻质骨料替代砂石实现，用于 PC 建筑的轻质混凝土的轻质骨料必须是憎水型。目前国内已有用憎水型陶粒配置的轻质混凝土，强度等级 C30 的轻质混凝土重力密度为 $17kN/m^3$，可用于 PC 建筑。日本已将轻质混凝土用于制作 PC 幕墙板，比普通混凝土减轻重量 $25\% \sim 30\%$。

轻质混凝土具有良好的保温隔热性能，可用于外墙板或夹芯保温板的外叶板，可减小保温层厚度。当保温层厚度较薄时，也可以用轻质混凝土取代 EPS 保温层。

2.2.2　钢筋和钢材

装配式混凝土结构中钢筋和钢材的力学性能指标和耐久性要求等应符合现行国家标准《钢结构设计标准》GB 50017 的规定。钢筋的选用应符合现行国家标准《混凝土结构设计标准》GB/T 50010 的规定。

装配式混凝土结构中专用预埋件及连接件材料应符合国家现行有关标准的规定。受力预埋件的锚板及锚筋材料应符合现行国家标准《混凝土结构设计标准》GB/T 50010 的有关规定。连接用焊接材料，螺栓、锚栓和铆钉等紧固件的材料应符合国家现行标准《钢结构设计标准》GB 50017、《钢结构焊接标准》GB 50661 和《钢筋焊接及验收规程》JGJ 18 等的规定。

普通钢筋（图 2-4）采用套筒灌浆连接和浆锚搭接连接时，钢筋应采用热轧带肋钢筋（图 2-4a）。热轧带肋钢筋的肋可以使钢筋与灌浆料之间产生足够的摩擦力，有效地传递应力，从而形成可靠的连接接头。

(a)　　　　　　　　　　　　　　　(b)

图 2-4　钢筋

(a) 热轧带肋钢筋；(b) 圆钢

装配式混凝土结构所使用的钢筋宜采用高强钢筋。高强钢筋是一种用于加固和增强混凝土结构的钢筋材料，具有更高的抗拉强度和屈服强度，通常采用高强度钢材制成。在装配式混凝土结构中，高强钢筋有以下几点优势：

1. 轻量化。高强钢筋的抗拉强度高，可以使用小直径的钢筋，有助于减轻结构自重，提高运输和安装的效率。

2. 抗震性能良好。高强钢筋的使用可以增加结构的抗震能力,提高结构的刚度和耐久性,能够在地震或其他外力作用下吸收和分散能量,减小结构损伤。

3. 提高施工效率。使用高强钢筋可以简化施工过程,减少现场对钢筋加工量的需求。

4. 降低成本。高强钢筋的成本相对较高,但由于其抗拉强度高,可以减少使用的钢筋量,从而节省了材料成本。同时,装配式混凝土结构具有快速施工和减少人工工时的优势,可降低项目总体成本。

2.3 辅助材料

PC 建筑的辅助材料是指与预制构件有关的材料和配件,包括钢筋锚固板、内埋式螺母和吊钉、钢筋网笼等金属材料、保温材料、防水材料、混凝土外加剂、脱模剂、修补料、保护剂、钢筋间隔件等。

2.3.1 金属材料

1. 钢筋锚固板

钢筋锚固板全称为钢筋机械锚固板,指设置于钢筋端部的承压板,主要用于梁或柱端部钢筋的锚固,如图 2-5 所示。钢筋锚固板的锚固性能安全可靠,施工工艺简单,施工速度快,有效减少了钢筋锚固长度,解决了节点核心区钢筋过密的问题。

根据钢筋与混凝土间粘结力发挥程度的不同,锚固板分为全锚固板与部分锚固板。全锚固板是指依靠端部承压面的混凝土承压作用而发挥钢筋抗拉强度的锚固板;部分锚固板是指部分依靠端部承压面的混凝土承压作用,部分依靠钢筋埋入长度范围内钢筋与混凝土的粘结而发挥钢筋抗拉强度的锚固板。

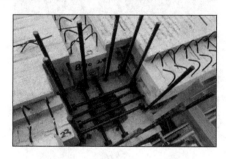

图 2-5 梁端钢筋锚固板

钢筋锚固板的材质有球墨铸铁、钢板、锻钢和铸铁 4 种,具体材质牌号和力学性能应符合现行行业标准《钢筋锚固板应用技术规程》JGJ 256 的规定。

在使用部分锚固板时,为了保证钢筋的锚固承载力,防止出现劈裂破坏,钢筋锚固长度范围内的混凝土保护层厚度不宜小于其直径的 1.5 倍,且在锚固长度范围内应配置不少于 3 道箍筋,箍筋直径不小于纵向钢筋直径的 0.25 倍,间距不大于纵向钢筋直径的 5 倍,且不应大于 100mm,第一根箍筋与锚固板承压面的距离应小于纵向钢筋直径。当锚固长度范围内钢筋的混凝土保护层厚度大于 5 倍钢筋直径时,可不设横向箍筋。此外,钢筋净间距不宜小于纵向钢筋直径的1.5倍。

2. 内埋式金属螺母和吊钉

为了达到节约材料、方便施工、吊装可靠的目的，并避免外露金属件的锈蚀，预制构件的吊装方式宜优先采用内埋式螺母、内埋式吊杆或预留吊装孔，其选用应符合国家现行有关标准规定。

内埋式金属螺母和螺栓在PC构件中应用较多，如吊顶悬挂、设备管线悬挂、安装临时支撑、吊装和翻转吊点、后浇区模具固定等，如图2-6所示。内埋式螺母的材质为高强度的碳素结构钢或合金结构钢，锚固类型有螺纹型、丁字燕尾形和穿孔插入钢筋型。

图2-6　内埋式金属螺母和螺栓

内埋式吊钉是专用于吊装的预埋件，吊钩卡具连接非常方便，被称作快速起吊系统，如图2-7所示。常用的内埋式吊钉有圆头吊钉、套筒吊钉、平板吊钉，如图2-8所示。圆头吊钉适用于所有预制混凝土构件的起吊，无需加固钢筋且拆装方便；套筒吊钉可确保预制构件表面平整，但不适用于大型构件；平板吊钉适合墙板类构件，起吊方式简单，安全可靠。

图2-7　内埋式吊钉示意图

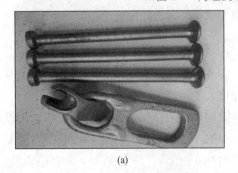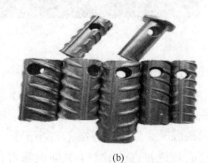

(a)　　　　　　　　　　　　　(b)

图2-8　预制混凝土构件常用吊钉

(a) 圆头吊钉与卡具；(b) 套筒吊钉

3. 钢筋焊接网

在装配式混凝土结构设计中，应鼓励在预制构件中采用钢筋焊接网，以提高建筑的工业化生产水平。钢筋焊接网应符合现行行业标准《钢筋焊接网混凝土结构技术规程》JGJ 114 的规定。

图 2-9 钢筋焊接网

钢筋焊接网是指两种相同或不同直径的钢筋以一定的间距垂直排列，交叉点均用电阻点焊焊接在一起的钢筋网片，如图 2-9 所示。钢筋焊接网方便工厂规模化生产，可大幅提高现场施工效率，经济效益高，符合建筑工业化发展趋势。

4. 钢筋桁架

钢筋桁架常用于钢筋桁架叠合楼板，主要作用是增加叠合楼板的整体刚度和水平界面的抗剪性能。钢筋桁架的制作及使用应满足现行行业标准《装规》及《钢筋桁架混凝土叠合板应用技术规程》T/CECS 715 中的各项规定及要求。如图 2-10 为三角桁架。

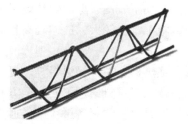
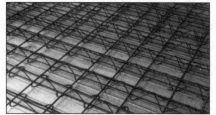

图 2-10 钢筋桁架

5. 钢筋网笼

钢筋网笼是由普通钢筋或高强钢筋按照一定的排列方式和连接方式组成的空间结构，如图 2-11 所示。其常用于混凝土构件的预制和现场浇筑中，主要功能是增加混凝土构件的抗拉强度和抗剪强度，提高结构整体的承载能力和耐久性。

图 2-11 钢筋网笼现场施工图

2.3.2 保温材料

对于装配式混凝土结构，采用工厂化生产的预制保温墙体，可保证墙体施工质量，并大幅减少建筑垃圾、粉尘和噪声污染，杜绝工地现场堆积保温材料的火灾隐患。装配式建筑降低能耗的重点在于建筑物的保温隔热，选择合适的保温材料是保温隔热的重要保证。目前市场上有多种保温材料，根据材料性质，可大致划分为无机材料、有机材料和复合材料，如图 2-12 所示。

建筑无机保温材料具有节能利废、保温隔热、防火防冻、耐老化、价格低廉等特点，

 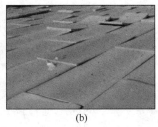 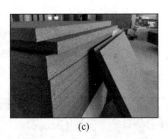

(a)　　　　　　　　　　(b)　　　　　　　　　　(c)

图 2-12　常用的保温材料

(a) 发泡水泥板；(b) 挤塑聚苯板；(c) 石墨聚苯板

有广泛的市场需求。主要分为砂浆类和板材类，具体包括无机保温砂浆、岩棉板、膨胀珍珠岩保温板、泡沫玻璃保温板、发泡水泥保温板等。相较于有机保温材料，无机保温材料重度稍大，导热系数稍差，但防火阻燃，变形系数小，抗老化性能稳定，与墙基层和抹面层结合较好，安全稳固性、保温层强度及耐久性比有机保温材料高，施工难度小，工程成本较低，生态环保性好，可以循环再利用。

有机保温材料主要为高分子保温材料，包括模塑聚苯板、挤塑聚苯板、酚醛泡沫板、聚氨酯泡沫板等。该类保温材料重量轻、致密性高、加工方便、保温隔热效果良好，但容易老化、变形、稳定和安全性差、易燃、不节能、施工难度较大、成本较高且难以循环再利用。

复合保温材料包括石墨聚苯板、真金板、真空绝热板、光伏保温板等。复合保温材料的生产工艺主要包括配料、混合、成型等环节。复合保温材料通过不同的配方和工艺进行复合，以达到所需的保温性能和物理性能。在复合保温材料的制备过程中，通常需要添加一些辅助材料，如增塑剂、填料、颜料等，以改善其加工性能和使用性能。

对于夹心外墙板采用的保温材料，由于夹心外墙板在美国、欧洲得到广泛应用，在我国的应用历史还较短，现行行业标准《装规》借鉴美国 PCI 手册的要求，对夹心外墙板所采用的保温材料的性能综合、定性地提出了要求。

2.3.3　防水材料

装配式混凝土建筑因其施工工艺的独特性，预制墙板之间形成横向与竖向的接缝，其接缝为建筑防水的薄弱部位，因此接缝处理是装配式混凝土建筑防水的重要环节，且防水材料的性能及施工对装配式混凝土建筑的防水具有重要的影响。

1. 密封胶

密封胶是装配式混凝土建筑重要的防水材料之一，以非成型状态嵌入装配式建筑预制构件间接缝中，通过与接缝表面粘接使其密封并可承受接缝变形以达到气密、水密的目的，如图 2-13 所示。密封胶的宽度和厚度应通过计算决定。密封胶应与混凝土具有相容性，除应满足抗剪切和伸缩变形能力等力学性能要求外，尚应满足防霉、防水、防火、耐候等建筑物理性能要求。

密封胶按其基础胶料的化学成分分类，可以分为聚硫、聚氨酯、有机硅、氯丁橡胶、丁基橡胶、硅烷改性聚醚等。目前，在我国应用较为广泛的有硅酮、聚氨酯、硅烷改性聚醚密封胶（MS 密封胶）。硅酮密封胶具有优良的弹性与耐候性，但与混凝土的粘接效果

图 2-13　密封胶现场施工图

差、涂饰性差，易造成基材污染；聚氨酯密封胶具有较高的拉伸强度和优良的弹性，但是耐候性、耐碱、耐水性差，不能长期耐热，高温热环境下使用可能产生气泡和裂纹，长期使用后因自身老化存在开裂漏水风险；MS 密封胶具有优异的粘接性、耐候性、贮存稳定性、抗污染性、涂覆性以及低温下良好的弹性等优点，因其结合了硅酮胶和聚氨酯胶的优点，同时改进了二者的缺点，在预制混凝土外墙板的应用最为广泛。

2. 密封橡胶条

PC 建筑所用密封橡胶条用于板缝节点，与密封胶共同构成多道防水体系。密封橡胶条是环形空心橡胶条，应具有较好的弹性、可压缩性、耐候性和耐久性，如图 2-14 所示。

图 2-14　密封橡胶条及现场施工图

2.3.4　混凝土外加剂

1. 内掺外加剂

内掺外加剂是指在混凝土拌合前或拌合过程中掺入用以改善混凝土性能的物质，包括减水剂、引气剂、早强剂、速凝剂、缓凝剂、防水剂、阻锈剂、膨胀剂、防冻剂等。

PC 构件所用的内掺外加剂与现浇混凝土常用外加剂品种基本一样，但无需泵送剂及延缓混凝土凝结时间的外加剂，其最常用的外加剂包括减水剂、引气剂、早强剂、防水剂等。

2. 外涂外加剂

外涂外加剂是 PC 构件为形成与后浇混凝土接触界面的粗糙面而使用的缓凝剂，涂刷或喷涂在需要形成粗糙面的模具表面，延缓该处混凝土的凝结。构件脱模后，用压力水枪将未凝结的水泥浆料冲去，形成粗糙面。

2.3.5　隔离剂

在混凝土模板内表面涂刷脱模剂的目的在于减少混凝土与模板的粘结力，易于脱模，且不致因混凝土初期强度过低而在脱模过程中受到损坏，保持混凝土表面光洁，同时可保护模板防止其变形或锈蚀，便于清理和减少模板维修费用。脱模剂须满足下列要求：

1）良好的脱模性能。

2）涂敷方便、成膜快、拆模后易清洗。

3）不影响混凝土表面装饰效果，混凝土表面不留浸渍印痕、泛黄变色。

4）不污染钢筋、对混凝土无害。

5）保护模板、延长模板使用寿命。

6）具有较好的稳定性、耐水性和耐候性。

脱模剂的种类通常有水性脱模剂和油性脱模剂两种。水性脱模剂操作安全，无油雾，对环境污染小，对人体健康损害小，且使用方便，使用后不影响产品的二次加工，如粘接、彩涂等加工工序，逐步发展成油性脱模剂的代替品。油性脱模剂成本高，易产生油雾，加工现场空气污浊程度高，对操作工人的健康产生危害，使用后影响构件的二次加工。根据脱模剂的特点和实际要求，PC工厂宜采用水性脱模剂。

2.3.6　修补料

PC构件生产、运输和安装过程中难免出现磕碰、掉角、裂缝等，需要用修补料修补，常用的修补料有普通水泥砂浆、环氧砂浆、丙乳砂浆等。

普通水泥砂浆的最大优点是其材料的力学性能与基底混凝土一致，对施工环境要求不高，成本低等，但存在与基层混凝土表面黏结、本身抗裂和密封等性能不足的缺点。环氧砂浆是以环氧树脂为主剂，配以促进剂等一系列助剂，经混合固化后形成一种高强度、高黏结力的固结体，具有优异的抗渗、抗冻、耐盐、耐碱、耐弱酸防腐蚀性能及修补加固性能。丙乳砂浆是丙烯酸酯共聚乳液水泥砂浆的简称，属于高分子聚合物乳液改性水泥砂浆，是一种新型混凝土建筑物的修补材料，具有优异的粘结、抗裂、防水、防氯离子渗透、耐磨、耐老化等性能，和环氧砂浆相比具有成本低、耐老化、易操作、施工工艺简单及质量容易保证等优点，是修补材料中的上佳之选。

2.3.7　表面保护剂

PC构件由于在工厂生产制作，表面相对精致，建筑抹灰表面用的漆料（如乳胶漆、氟碳漆、真石漆）均可用于PC构件。表面不做乳胶漆、真石漆、氟碳漆处理的装饰性PC墙板或构件（如清水混凝土质感、彩色混凝土质感、剔凿质感等）应涂刷透明的表面保护剂，以防止污染或泛碱，增加构件的耐久性、抗冻融性、抗渗性，抑制盐的析出。

表面保护剂按照工作原理可分为涂膜和浸渍两类。涂膜是在PC构件表面形成一层透明的保护膜，浸渍则是将保护剂渗入PC构件表面使之致密。表面保护剂多为树脂类，包括丙烯酸硅酮树脂、聚氨酯树脂、氟树脂等，需要保证对预制构件的防护效果，不影响色彩与色泽。

2.3.8 钢筋间隔件

钢筋间隔件即保护层垫块，是用于控制钢筋保护层厚度或钢筋间距的物件。按材料分为水泥类、塑料类和金属类，如图 2-15 所示。

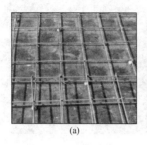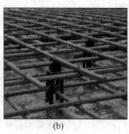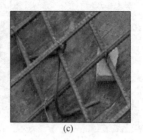

(a)　　　　　　　　　(b)　　　　　　　　　(c)

图 2-15　不同类型的间隔件示意图
(a) 水泥类间隔件；(b) 塑料类间隔件；(c) 金属类间隔件

PC 建筑应使用符合现行行业标准《混凝土结构用钢筋间隔件应用技术规程》JGJ/T 219 规定的钢筋间隔件，禁止用石子、砖块、木块、碎混凝土块等作为间隔件。选用原则如下：

1）水泥砂浆间隔件强度较低，不宜选用。

2）混凝土间隔件的强度应当比构件混凝土强度等级提高一级，且不应低于 C30。

3）不得使用断裂、破碎的混凝土间隔件。

4）塑料间隔件不得采用聚氯乙烯类塑料或二级以下再生塑料制作。

5）塑料间隔件可作为表层间隔件，但环形塑料间隔件不宜用于梁、板底部。

6）不应使用老化断裂或缺损的塑料间隔件。

7）金属间隔件可作为内部间隔件，不应用作表层间隔件。

2.4　连接材料

预制构件的连接技术是装配式结构最关键、核心的技术。PC 结构连接材料包括钢筋连接用灌浆套筒、机械套筒、套筒灌浆料、浆锚孔波纹管、浆锚搭接灌浆料、浆锚孔螺旋筋、灌浆导管、灌浆堵缝材料。其中，钢筋套筒灌浆连接接头技术是现行行业标准《装规》推荐的主要接头技术，也是形成各种装配整体式混凝土结构的重要基础。

2.4.1　灌浆套筒

钢筋套筒灌浆连接接头的工作机理，是基于灌浆套筒内灌浆料有较高的抗压强度，同时自身还具有微膨胀特性。当它受到灌浆套筒的约束作用时，在灌浆料与灌浆套筒内侧筒壁间产生较大的正向应力，钢筋借此正向应力在其带肋的粗糙表面产生摩擦力，并传递钢筋轴向应力。因此，灌浆套筒连接接头要求灌浆料有较高的抗压强度。

灌浆套筒是金属材质圆筒，钢筋从套筒两端插入，套筒内注满水泥基灌浆料，通过灌浆料的传力作用实现钢筋对接，如图 2-16 所示。制作灌浆套筒采用的材料可以采用碳素结构钢、合金结构钢或球墨铸铁等。传统灌浆套筒内侧筒壁的凹凸构造复杂，采用机械加工工艺制作的难度较大，因此，许多国家和地区，如日本、我国台湾地区多年来一直采用球墨铸铁用铸造方法制造灌浆套筒。近年来，我国在已有的钢筋机械连接技术的基础上，开发出了用碳素结构钢或合金结构钢材料，并采用机械加工方法制作灌浆套筒，经多年工程实践的考验，证实了其良好、可靠的连接性能。

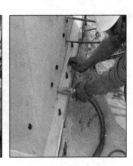

图 2-16　灌浆套筒构造及施工示意图

目前，由中国建筑科学研究院主编完成的《钢筋连接用灌浆套筒》JG/T 398—2019已由住房和城乡建设部正式批准，并已发布实施。装配式结构中所用钢筋连接用灌浆套筒应符合该标准的要求，灌浆套筒的材料性能见表 2-1、表 2-2。

各类钢灌浆套筒的材料性　　　　　　　　　　　　　　表 2-1

项目	屈服强度（MPa）	抗拉强度（MPa）	断后伸长率（%）
性能指标	≥355	≥600	≥16

球墨铸铁灌浆套筒的材料性能　　　　　　　　　　　　表 2-2

项目	抗拉强度（MPa）	断后伸长率（%）	球化率（%）	硬度（HBW）
性能指标	≥550	≥5	≥85	180～250

2.4.2　套筒灌浆料

钢筋套筒灌浆连接接头的另一个关键技术，在于套筒灌浆料的质量。钢筋连接用套筒灌浆料以水泥为基本材料，并配以细骨料、外加剂及其他材料混合成干混料。套筒灌浆料应具有高强、早强、无收缩和微膨胀等基本特性，以使其能与套筒、被连接钢筋更有效地结合在一起共同工作，同时满足装配式结构快速施工的要求。

钢筋套筒灌浆连接接头采用的灌浆料应符合现行行业标准《钢筋连接用套筒灌浆料》JG/T 408 的规定，见表 2-3。

套筒灌浆料的技术性能参数　　　　　　　　　　　　　表 2-3

项目		性能指标
流动度（mm）	初始	≥300
	30min	≥260
抗压强度（MPa）	1d	≥35
	3d	≥60
	28d	≥85

续表

项目		性能指标
竖向膨胀率（%）	3h	≥0.02
	24h与3h的膨胀率之差	0.02～0.5
氯离子含量（%）		≤0.03
泌水率（%）		0

2.4.3 浆锚搭接灌浆料

钢筋浆锚搭接连接，是钢筋在预留孔洞中完成搭接连接的方式。这项技术的关键在于孔洞的成型技术、灌浆料的质量以及对被搭接钢筋形成约束的方法等多个因素。

钢筋浆锚搭接连接接头应采用水泥基灌浆料，《装规》第4.2.3条给出了钢搭接连接接头灌浆料的性能要求，见表2-4。

钢筋浆锚搭接连接接头用灌浆料性能要求   表2-4

项目		性能指标	试验方法标准
泌水率（%）		0	《普通混凝土拌合物性能试验方法标准》GB/T 50080—2016
流动度（mm）	初始值	≥200	《水泥基灌浆材料应用技术规范》GB/T 50448—2015
	30min保留值	≥150	
竖向膨胀率（%）	3h	≥0.02	《水泥基灌浆材料应用技术规范》GB/T 50448—2015
	24h与3h的膨胀率之差	0.02～0.5	
抗压强度（MPa）	1d	≥35	《水泥基灌浆材料应用技术规范》GB/T 50448—2015
	3d	≥55	
	28d	≥80	
氯离子含量（%）		≤0.06	《混凝土外加剂匀质性试验方法》GB/T 8077—2023

2.5 拉结件

2.5.1 拉结件的概念

拉结件是指穿过保温材料，连接预制保温墙体内、外叶混凝土墙板，使内外叶混凝土墙板共同工作的连接构件，如图2-17所示。拉结件连接预制夹心保温墙体3个构造层，不仅承受外叶墙和保温板的自重，还承受风荷载、地震作用等其他荷载。按照材料的不同，常用的拉结件可以分为金属拉结件和非金属拉结件。

保证夹心外墙板内外叶墙板拉结件的性能十分重要。目前，内外叶墙板的拉结件在美国多采用高强玻璃纤维制作，欧洲则采用不锈钢丝制作金属拉结件。作为涉及建筑安全和正常使用的连接件，夹心外墙板中内外叶墙板的拉结件应符合下列规定：

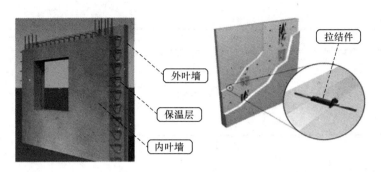

图 2-17　拉结件工作示意图

1）金属及非金属材料拉结件均应具有规定的承载力、变形和耐久性能，并应经过试验验证。

2）拉结件应满足夹心外墙板的节能设计要求。

2.5.2　金属拉结件

金属拉结件如图 2-18 所示，其耐腐蚀性能好，导热系数低，但造价高。其具有施工便捷、可制造成各种形状等优点，但由于热桥效应的存在，会影响墙体的保温效果，节能环保性能差，在保温要求较高的地区，逐渐被其他类型的拉结件取代。

图 2-18　常见金属拉结件

2.5.3　非金属拉结件

与金属拉结件相比，非金属拉结件具有较大优势，主要包括：导热系数低、耐久性好、造价低、强度高、质量轻等。常见的非金属拉结件为纤维增强复合材料（FRP）拉结件，如图 2-19 所示。FRP 拉结件可有效避免墙体在拉结件部位的热桥效应，提高墙体的保温效果与安全性。

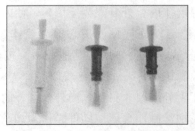

图 2-19　常见非金属拉结件

目前，应用较为广泛的是玻璃纤维复合材料（GFRP）拉结件。玻璃纤维复合材料强度较高、导热系数低、耐久性好，弹性模量可满足拉结件截面刚度要求，可在酸、碱、氯盐和潮湿的环境中使用，是预制夹心保温墙体拉结件的理想材料。

2.5.4 拉结件选用注意事项

技术成熟的拉结件厂家会向使用者提供拉结件抗拉强度、抗剪强度、弹性模量、导热系数、耐久性、防火性等力学物理性能指标，并提供布置原则、锚固方法、力学及热工计算资料等。由于拉结件成本较高，为降低成本，有 PC 工厂会自制或采购价格便宜的拉结件，或有工厂采用钢筋作拉结件。拉结件除需要保证预制夹心保温墙板的整体性能外，还需满足耐久性、导热性、变形性等方面的要求，应注意以下几方面：

1）为保证拉结件在建筑中安全和正常使用，宜向专业厂家选购拉结件。

2）拉结件在混凝土中的锚固方式应当有充分可靠的试验结果支持；外叶板厚度较薄，一般只有 60mm 厚，最薄的板仅 50mm 厚，对锚固的不利影响要充分考虑。

3）拉结件位于保温层温度变化区，也是水蒸气结露区，采用钢筋作连接件时，表面应涂刷防锈漆预防锈蚀。

本章小结

1. 装配式混凝土结构的结构主材可分为混凝土和钢筋两大类。混凝土、钢筋和钢材的力学性能指标和耐久性要求等应符合现行国家标准《混凝土结构设计标准》GB/T 50010 和《钢结构设计标准》GB 50017 的规定。对于装配式混凝土结构，预制构件在工厂生产，易于进行质量控制，因此对其采用的混凝土的最低强度等级的要求高于现浇混凝土。

2. 辅助材料可分为金属材料、保温材料、防水材料、混凝土外加剂、隔离剂、修补料、表面保护剂及钢筋间隔件等。本章主要列举了每类材料的种类、作用及其使用要求。

3. 连接材料包括连接用灌浆套筒、机械套筒、套筒灌浆料、浆锚孔波纹管、浆锚搭接灌浆料、浆锚孔螺旋筋、灌浆导管、灌浆堵缝材料。钢筋套筒灌浆连接接头技术是现行行业标准《装规》推荐的主要接头技术，也是形成各种装配整体式混凝土结构的重要基础。本章主要阐述了灌浆套筒、套筒灌浆料、浆锚搭接灌浆料的工作原理、构造及性能要求。

4. 拉结件用于连接预制保温墙体内、外叶混凝土墙板，使内外叶混凝土墙板共同工作。可分为金属拉结件和非金属拉结件，其应满足夹心外墙板的节能设计要求，并根据其物理性能指标及计算资料合理选用。

思考题

1. 简述装配式混凝土结构的结构主材，装配式混凝土结构的结构主材和普通混凝土结构的选材有何异同。

2. 简述装配式混凝土结构辅助材料的定义及分类。

3. 简述钢筋套筒灌浆连接接头的工作原理。

4. 简述装配式混凝土结构拉结件的定义及分类。

第 3 章　装配式建筑设计的基本概念

3.1　概述

　　装配式建筑设计是集建筑工程设计、构件生产运输、现场施工安装等全产业链为一体的系统工程，应遵循"模数化、集成化、标准化、少规格、多组合"的设计原则和"系统化、一体化"的设计方法。本章将重点介绍装配式建筑设计的基本概念，包括集成设计、模数与模块化设计、标准化设计和协同设计。

3.2　装配式建筑的集成

3.2.1　系统集成的设计理念

　　装配式建筑的建造方式具有工业制造的特征，需建立以建筑为最终产品的系统工程理念。装配式建筑系统用系统集成的理论与方法，将建筑作为一个复杂系统，融合设计、生产、装配、管理及控制等要素手段，实现建筑工程的高效率、高效益、高质量和高品质。

　　按照系统工程理论，装配式建筑需进行全方位、全过程、全专业的系统化研究和实践，把装配式建筑看作一个由若干子系统"集成"的复杂"系统"，如图 3-1 所示。系统集成设计，即一体化设计，是指以设计的建筑物或构筑物为完整的建筑产品对象，实现建筑、结构、设备管线、内装等各专业一体化协同设计，并统筹建筑设计、部品生产、施工建造、运营维护等各个阶段，形成有机结合的完整系统，实现装配式建筑各项技术系统的协同与优化。

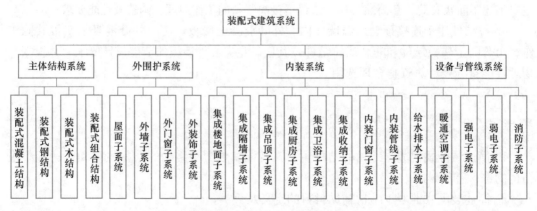

图 3-1　装配式建筑系统

装配式建筑通过模数协调、模块组合的标准化设计，将结构系统、外围护系统、设备与管线系统和内装系统进行集成。这种设计方法有利于技术系统的整合优化，有利于施工建造工法的相互衔接，有利于提高生产效率和建筑质量与性能。

3.2.2 集成的概念

装配式建筑设计包括建筑主体结构系统、外围护系统、内装系统、设备与管线系统四个部分，如图 3-1 所示，集成设计是指将以上四大系统进行一体化的设计。各系统设计应综合考虑材料性能、生产工艺、运输及施工等要求。同时，装配式建筑在建造过程中可结合建筑信息模型技术，通过信息数据平台管理系统将设计、生产、施工、物流和运营管理等各环节连为一体，实现信息数据共享、有效传递和协同工作，对提高工程建设各阶段、各专业之间协同配合的效率和质量，以及一体化管理水平具有重要作用。

3.2.3 集成的设计原则

集成设计应遵循实用、统筹、信息化及效果跟踪的原则，应多因素综合考虑，统筹设计，找到最优方案，以达到丰富功能、提高质量、减少浪费、降低成本、减少人工和缩短工期等目的。集成设计是多专业、多环节协同设计的过程，需要建立信息共享渠道和平台，实现各专业信息共享与交流，实现设计人员与部品部件制作厂家、施工企业的信息共享与交流。装配式建筑的系统集成设计应遵循以下原则：

1. 结构系统集成设计原则

主体结构系统集成设计时，部件宜尽可能对多种功能进行复合，减少各种部件的规格及数量，同时应对构件的生产、运输、存放、吊装等过程中提出的要求进行深入考虑。

2. 外围护系统的集成设计原则

1）外围护系统在集成设计时应优先选择集成度高且构件种类少的装配式外墙系统；

2）屋面、女儿墙、外墙板、外门窗、幕墙、阳台板、空调板、遮阳板等部件尽量采用模块化设计；

3）各类外围护构件之间应选用合理有效的构造措施连接，提高构件在使用周期内抗震、防火、防渗漏、保温、隔声及耐久方面的性能要求；

4）为提高框料和墙板之间的密实程度，宜在墙板生产过程中同时安装建筑外门窗的窗框或副框，以增强门窗的气密性，避免出现渗漏和热桥的情况，同时副框应选用与主体结构相同工作年限的产品。

3. 内装系统的集成设计原则

1）内装系统的集成设计应与建筑设计同步进行；

2）尽量采用高度集成化的厨房、卫生间及收纳空间等建筑部品；

3）尽量采用管线与结构构件分离的安装方式。

4. 设备与管线系统的集成设计原则

1）设备与管线集成设计应统筹给水排水、通风、空调、燃气、电气及智能化设备设计；

2）选用模块化产品、标准化接口，并预留可扩展的条件；

3）接口设计应考虑设备安装的误差，提供调整的可能性。

5. 接口及构造设计原则

1）主体结构构件、内装部品及设备管线相互之间的连接方式，重点解决构造上的防水排水设计；

2）各类部品的接口应确保其连接的安全可靠，保证结构的耐久性和安全性；

3）主体结构及围护系统之间宜采用干式工法连接，应预留好缝宽的尺寸进行相关变形的校核计算，确保接缝宽度满足结构变形和温度变形的要求；采用湿式连接时，应考虑接缝处的变形影响；

4）接口构造设计应便于施工安装及后期的运营维护，并充分考虑生产和施工误差对安装产生的不利影响，以确定合理的公差设计值，构造节点设计应考虑部件更换的便捷性；

5）设备管线及相关点位接口不应设置在构件边缘钢筋密集的范围，也不宜布置在预制墙板的门窗过梁处及构件与主体结构的锚固部位。

装配式建筑应按照集成设计原则，将建筑、结构、给水排水、暖通空调、电气、智能化和燃气等专业之间进行协同设计。在集成设计中，模数与模数协调、模块组合的标准化设计，是实现各系统集成的重要基础。

3.3 装配式建筑的模数与模块化设计

3.3.1 模数和模数协调

模数和模数协调是建筑工业化的基础，用于建造过程的各个环节，在装配式建筑中尤其重要。装配式混凝土建筑设计应采用模数协调结构构件、内装部品、设备与管线间的尺寸关系，做到部品部件设计、生产和安装等相互间尺寸协调，减少和优化各部品部件的种类和尺寸。模数协调是建筑部品部件实现通用性和互换性的基本原则，可以优化部品、部件的尺寸，使设计、制造、安装等环节间的配合趋于简单、精确，使土建、机电设备和装修的"一体化集成"和装修部品、部件的工厂化制造成为可能。

1. 模数基本概念

模数是为了实现建筑工业化大规模生产，使不同材料、不同形式和不同制造方法的建筑构配件、组合件和部品具有一定的通用性和互换性，作为设计、生产、施工的尺寸协调依据而选定的单位。

1）基本模数

基本模数是模数协调中的基本尺寸单位，用"M"表示，1M＝100mm。整个建筑物和建筑物的一部分以及建筑部件的模数化尺寸，应是基本模数的倍数。

2）扩大模数

扩大模数是基本模数的整数倍数，是导出模数的一种。为了减少类型、统一规格，扩大模数一般按照2M、3M选用。扩大模数基数应为2M（200mm）、3M（300mm）、6M（600mm）、9M（900mm）、12M（1200mm）、15M（1500mm）、30M（3000mm）、60M（6000mm）。

3）分模数

分模数是基本模数的分数值，一般为整数分数，是导出模数的另一种。为了满足细小尺寸的要求，分模数基数应为 M/10（10mm）、M/5（20mm）、M/2（50mm），主要用于截面尺寸、缝隙尺寸和制品尺寸等。

4）模数数列

模数数列是以基本模数、扩大模数、分模数为基础扩展成的一系列尺寸。模数数列应根据功能性和经济性原则确定。装配式混凝土建筑的开间与柱距，进深与跨度，梁、板、隔墙和门窗洞口宽度等宜采用水平基本模数和水平扩大模数数列，且水平扩大模数数列宜采用 $2n$M、$3n$M（n 为自然数）。装配式混凝土建筑的高度、层高和门窗洞口高度等宜采用竖向基本模数和竖向扩大模数数列，且竖向扩大模数数列宜采用 nM。构造节点和分部件的接口尺寸等宜采用分模数数列，且分模数数列宜采用 nM/2、nM/5、nM/10。

2. 模数协调

装配式建筑的集成设计基础就是模数协调，建筑的模数协调工作涉及各行各业，需要各方面共同遵守各项协调原则，制定各种部件或分部件的协调尺寸和约束条件。模数协调是建筑部品部件实现通用性和互换性的基础，可以实现部品部件接口的标准化。目前我国多采用模数网格法来进行模数协调工作。不论是建筑的外围护系统还是内部空间，其界面大都处于二维模数网格中，简称平面网格。不同的空间界面按照装配部件的不同，采用不同参数的平面网格。平面网格之间通过平、立、剖面的二维模数整合成空间模数网格。对于模数网格在三维坐标空间中构成的模数空间网格，其不同方向上的模数网格可采用不同的模数。

装配式建筑的平面设计应采用基本模数或扩大模数，实现建筑主体结构和建筑内装修之间的整体协调，做到构件部品设计、生产和安装等相互尺寸协调。装配式混凝土建筑的开间与柱距、进深与跨度、门窗洞口宽度等宜采用水平扩大模数数列 $2n$M、$3n$M。

建筑沿高度方向的部件应进行模数协调，采用适宜的模数及优先尺寸。建筑、结构剖面设计应统一采用界面定位法，并定位建筑完成面和室内净高。建筑物的高度、层高和门窗洞口的高度宜采用竖向模数或竖向模数扩大模数数列 nM。立面高度的确定涉及预制构件及部品的规格尺寸，应在立面设计中贯彻建筑模数协调的原则，定出合理的设计参数，以保证建设过程中在功能、质量和经济效益方面获得优化。

3.3.2 模块化技术

1. 模块基本概念

建筑中相对独立、具有特定功能、能够通用互换的单元称为模块。根据功能空间的不同，将建筑划分为不同的空间单元，再将相同属性的空间单元按照一定逻辑组合在一起，形成建筑模块，单个模块或多个模块经过再组合，就构成了完整的建筑。模块化技术是实现标准化与多样化的有机结合并将多品种、小批量与高效率有效统一的标准化方法，通过部件级的标准化达到产品的多样化。

2. 模块组合

模块组合的过程是一个解构及重构的过程，将复杂的问题自上而下逐步分解成简单的模块，被分解的模块又可以通过标准化接口动态整合重构成一个独立模块。

　　模块是复杂产品标准化的高级形式。无论是组合式的单元模块还是结构模块都贯穿一个基本原则，即用形式尺寸数很少且又经济合理的统一化单元模块，组合成大量具有各种不同性能的、复杂的非标准综合体。这一基本原则称为模块化原则。为了实现模块间的组合，保证模块组成的产品在尺寸上的协调，必须建立一套模数系统对产品的主尺度、性能参数以及模块化的外形尺寸进行约束，遵循模数协调原则。同时强调通用性和接口衔接，以接口连接的形式加强模块兼容性和通用性，通过不同组合形式，满足多样化的需求。

　　模块及模块组合的设计方法应遵循少规格、多组合的原则。在公共建筑中，多采用楼电梯、公共卫生间、公共管井、基本单元等模块进行组合设计。住宅建筑应采用楼电梯、公共管井、集成式厨房、集成式卫生间等模块进行组合设计。基于模块化设计，装配式混凝土建筑的部品部件应采用标准化接口。

3.3.3　模块化设计

　　模块化设计的基本内容包括模块的划分和组合，以少规格、多组合为基本原则，实现建筑产品的标准化设计和多样化生产。其应用结果是可以产生多种功能空间或一系列相同功能、不同性能的组合。在设计概念上，模块化设计能够使产品系列化，形成规律化的空间特征排布，有利于设计作品在后期的演化阶段进行二次系列化的开发设计，通过分解组合的方式简化复杂的产品。

　　模块化设计以自上而下的方式，优先产品的整体设计，再细分成单元模块进行产品建设。模块化的方法具有模块可替换性、市场应变力、竞争力强等优点。模块化设计以工业化为基础，但不同于工业化从产品的角度考虑部品生产的快捷性和标准化，而是从设计的角度来考虑建筑的快捷性和多样化。

　　下面以某装配式住宅的套型设计为例，解析采用模块化设计的过程。

　　方案设计阶段对多个功能空间进行分析研究，在单个功能空间或多个功能空间组合设计中，用较大的结构空间满足多个并联度高的功能空间，通过设计集成优化空间布局与功能分区，实现住宅空间的灵活性与多功能性。对差异性的需求通过不同的功能空间组合与室内装修来满足，从而实现标准化设计和个性化需求在小户型成本和效率兼顾前提下的适度统一。

　　套型及标准层平面由标准模块、可变模块和核心筒模块组成，如图 3-2 所示。方案采用 6.6m×6.6m 的空间尺寸建立标准模块，标准模块组合成多种组合方案，如图 3-3 所示的两种不同组合方案。可变模块和核心筒模块共同的补充模块，可根据项目需求定制，便于调整尺寸多样化组合，如图 3-4 所示的两种不同组合方案；可变模块与标准模块组成了完整的套型模块。核心筒模块综合了走廊、电梯、楼梯、机电管井、防排烟管井等功能。通过标准模块内部空间布置的调整，结合可变模块、核心筒模块的多种变化，能够形成多样化的楼栋标准层组合平面，满足不同的套型和规划需求。多种套型组合如图 3-5 所示。

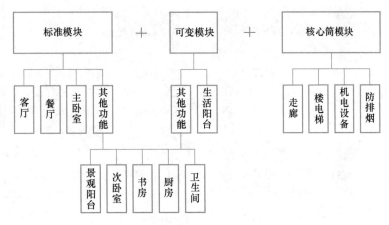

图 3-2 模块组合示意图

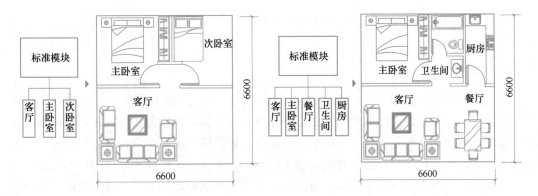

图 3-3 标准模块组合方案

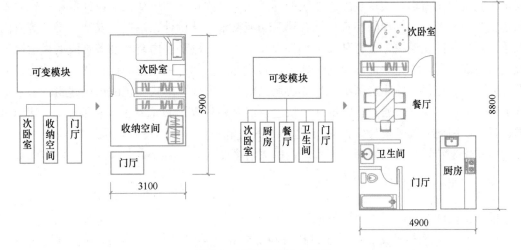

图 3-4 可变模块组合方案

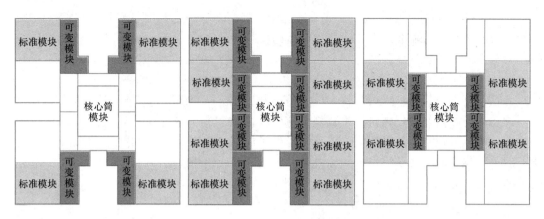

图 3-5　套型组合示意图

3.4　装配式建筑的标准化设计

3.4.1　标准化设计概念

　　标准化设计是指在重复性、统一性的基础上，对事物与概念制定和实施某种秩序规则，使设计具有一致性。标准化是工业化的基础，没有标准化就无法实现规模化的高效生产。装配式建筑的标准化设计是采用标准化构件，形成标准化的模块，进而组合成标准化的楼栋，在构件、模块、楼栋等各个层面上进行不同的组合，形成多样化的建筑成品。

　　标准化设计首先要坚持少规格、多组合的原则。少规格的目的是提高生产的效率，减少工程的复杂程度，降低管理的难度，降低模具的成本，为专业之间、企业之间的协作提供相对较好的基础。多组合是为了提升适应性，以少量的部品部件组合形成多样化的产品满足不同的使用需求。实现装配式建筑的标准化与多样化，需要从顶层设计开始，针对不同建筑类型和部品、部件的特点，结合建筑功能需求，从设计、制造、安装、维护等方面入手，划分标准化模块，进行部品、部件以及结构、外围护、内装和设备管线的模数协调及接口标准化研究，建立标准化技术体系，实现部品、部件和接口的模数化、标准化，使设计、生产、施工、验收全部纳入尺寸协调的范畴，形成装配式建筑的通用建筑体系。在这个基础上，建筑设计通过将标准化模块进行组合和集成，形成多种形式和效果，达到多样化目的。因此，装配式建筑的标准化设计不是单一化的标准设计，标准化是方法和过程，多样化是结果，是在固有标准系统内的灵活多变。

3.4.2　标准化设计方法

　　标准化设计可从以下三个层面进行。

　　1. 楼栋、户型标准化。许多建筑具有相似或相同体量和功能，可以对建筑楼栋或组成楼栋的单元采用标准化设计方式。住宅小区内的住宅楼、教学楼、宿舍、酒店、公寓等建筑物，大多具有相同或相似的体量、功能，采用标准化设计可以提高设计的质量和效率，有利于规模化生产，合理控制建筑成本。

2. 功能或空间模块标准化。住宅、办公楼、公寓、酒店、学校等建筑中的房间功能、空间尺度基本相同或相似，如住宅厨房、住宅卫生间、楼电梯交通核、教学楼内的盥洗间、酒店卫生间等，这些模块适合采用标准化设计，形成标准模块。

3. 部品部件标准化。部品部件的标准化设计是指采用标准的部件、构件产品，形成具有一定功能的建筑系统，如结构构件中的墙板、梁、柱、楼板、楼梯、隔墙板等，设计成标准化的产品，在工厂内进行批量规模化生产。

部品的标准化是在部件、构件标准化上的集成；功能模块的标准化是在部品部件标准化上的进一步集成；楼栋、户型的标准化是大尺度的模块集成，最终形成单体建筑和规模较大的建筑群体。

3.4.3 标准化设计内容

装配式建筑标准化设计应贯穿工程建造的全过程、全系统。从装配式建筑全系统看标准化设计内容，主要包括平面、立面、构件和部品四个方面的标准化设计。其中，平面标准化是实现其他标准化的基础和前提。

1. 建筑平面标准化设计

平面设计应采用标准化、模数化、系列化的设计方法，遵循"少规格、多组合"的原则。平面设计的标准化是通过平面划分，形成若干标准化的模块单元（简称标准模块）；进一步地，将标准模块组合成各种各样的建筑平面，以满足建筑的使用需求；最后，通过多样化的模块组合，将若干标准平面组合成建筑楼栋。建筑的基本单元、构件、部品重复使用率高、规格少、组合多的要求，决定了装配式建筑必须采用标准化、模数化、系列化的设计方法。

建筑平面可按如下原则进行标准化设计：
1）标准化模块，多样化组合；
2）选择复制率高的子项；
3）户型尽量同向布置；
4）采用大开间平面，空间可变；
5）平面布置优化，开间模数化。

优先采用平移平面，其次为对称平面；尽量统一开间尺寸；平窗、凸窗、阳台几何尺寸相同，多个单体间统一凸窗、阳台尺寸。遵循上述原则对建筑平面进行标准化的优化设计，可有效降低工程成本，充分体现装配式建筑工业化特点。

如图3-6所示为某装配式混凝土剪力墙结构住宅楼未经标准化优化的建筑平面方案，方案中存在平面布局不利于标准化设计和结构效率低的问题。主要表现为：外墙轮廓线凹凸多，半凹式阳台，内部剪力墙多，剪力墙未尽量沿外墙布置，空间不灵活。经过标准化优化后的建筑平面方案如图3-7所示，通过平面布局的调整，解决了原方案的问题。优化方案的特点为：外墙轮廓线规整，全挑出形式阳台，内部剪力墙少，剪力墙尽量沿外墙布置，空间灵活。标准化优化后的平面方案可以发挥装配式建筑的优势，有效降低成本。

2. 建筑立面标准化设计

装配式建筑的立面设计与标准化预制构件、部件部品的设计是总体与局部的关系，运用模数协调的原则优化立面设计，采用集成技术，减少构件种类，并进行构件多样化组

外墙轮廓线凹凸多   空间不灵活

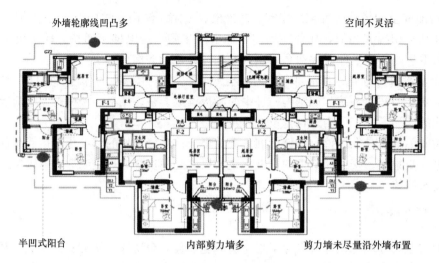

半凹式阳台   内部剪力墙多   剪力墙未尽量沿外墙布置

图3-6   未经优化的建筑平面方案

外墙轮廓线规整   空间灵活

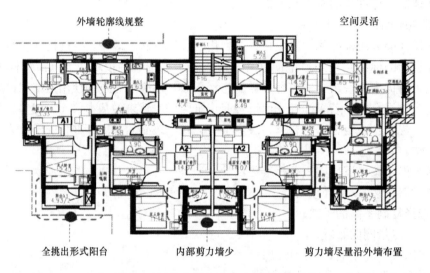

全挑出形式阳台   内部剪力墙少   剪力墙尽量沿外墙布置

图3-7   标准化优化后的建筑平面方案

合，达到实现立面个性化、多样化设计效果及降低造价的目的。

装配式混凝土建筑的立面标准化应根据技术策划的要求最大限度地考虑采用预制构件，并依据"少规格，多组合"的设计原则尽可能减少立面预制构件的规格种类，通过标准单元的简单复制、有序组合达到高重复率，实现立面外墙构件的标准化和类型的最少化，通过标准模块多样化组合，实现建筑形体和空间的变化，同时形成立面的多样性。立面设计还可利用标准化构件的重复、旋转、对称等多种方法组合，以及材质机理及色彩的变化，形成丰富多样的立面效果。外墙、阳台板、空调板、外窗、遮阳设施及装饰等部品部件宜进行标准化设计，并作为实现立面个性化、多样性的重要设计要素。

3. 预制构件标准化设计

装配式建筑预制构件系统设计时需要制定统一的标准和模数，满足基本功能单元空间的设计选型要求，以便于工厂规模化生产。预制构件的设计要与平面标准化设计和立面设计有效结合。

在构件规格方面，遵循"少规格，多组合"的原则，减少构件种类，提高构件的准确度和标准化，对于装配过程中的大部分通用组件，尽量设计接口相同的口径和尺寸，便于通用连接。在选材方面，选取更为合理的构件材质，对各类构件的耐腐蚀性、耐火性等进行分析。在构件设计时，应注重突出安全性以及稳定性的基本原则，提升构件高效化施工水平。

构件设计采用模块化和集成化，优质高效，将主体结构系统设备与管线系统和内装系统进行集约整合，充分体现装配式建筑工业化建造特征。采用信息化手段进行构件的分类和组合，建立标准化构件库以及通用部件部品库，在进行建筑设计时可以结合建筑的使用需求及功能需求，从中选择适宜的部件、模块。

4. 建筑部品标准化设计

建筑部品、部件是具有相对独立功能的建筑产品，是由建筑材料、单项产品构成的部品、部件的总称，是构成成套技术和建筑体系的基础。装配式建筑的设计选型工作应优化部品部件及接口的设计选型和产品集成设计。

建筑部品标准化要采用集成设计，用功能部品组合成若干"小模块"，再组合成更大的模块。"小模块"划分主要以功能单一部品部件为原则，以部品模数为基本单位，采用界面定位法确定装修完成后的净尺寸。

装配式建筑标准化设计环节中，部品设计要明确各项设计功能。设计人员要对各类部品的功能性进行有效分析，保障部品中多项参数规范化控制，提升设计的标准化水平，满足建筑设计标准，同时，根据不同部品及建筑整体户型情况完善部品布置、摆放工作，科学规划与调整施工工期和施工品质，选择适宜的施工材料。在部品设计中，还需要考虑建筑的隔声和防火功能。

3.5 装配式建筑的协同设计

3.5.1 协同设计的概念

协同设计是指在统一设计标准的前提下，各专业设计人员在统一的信息平台上进行设计，减少各专业之间（以及专业内部）由于沟通不畅或沟通不及时造成的错、漏、碰、缺等现象，保证各专业之间信息传递的准确性，提升设计效率和设计质量。

装配式建筑的协同设计应充分考虑装配式建筑的特点及项目的技术经济条件，利用信息化技术手段实现各专业间的协同配合，保证内装修设计、建筑结构、机电设备及管线、生产、施工形成完整的系统，确保装配式建筑建造各项设计技术能够满足要求。

装配式混凝土建筑与传统现浇混凝土建筑相比，在建设流程上更加庞大、精细和系统，需要各相关专业之间、设计与生产之间、设计与施工之间协同配合。装配式建筑的部品部件主要在工厂进行生产，部品部件的设计要准确无误，进入批量化生产阶段不得有重大的实质性变更，以免造成巨大的经济损失和安全问题。预制构件的预埋件和预埋管线设计要定位精准，以免现场修改时的施工作业损害预埋件、破坏混凝土保护层形成安全隐患。装配式建筑应采用全装修，设计时各专业应协同配合，充分考虑管线分离等技术。

3.5.2　协同设计的方法

1. 协同设计的要点是各专业、各环节、各要素的统筹考虑。
2. 建立以建筑师和结构工程师为主导的设计团队来负责协同，明确协同责任。
3. 建立信息交流平台。组织各专业、各环节之间的信息交流和讨论。
4. 设计初期与制作工厂和施工企业进行沟通协调。
5. 装修设计与建筑、结构设计同期展开。
6. 使用 BIM 技术手段进行全链条信息管理。

3.5.3　协同设计的内容

1. 技术策划阶段的协同设计

技术策划阶段应以构件组合的设计理念指导项目定位，综合考虑使用功能、工厂生产和施工安装条件等因素，明确结构形式、预制部位、预制种类及材料选择。设计应与项目的开发主体协同，共同确定项目的装配式目标。

2. 方案设计阶段的协同设计

方案设计阶段应根据技术策划，遵循规划要求，在满足使用功能的基础上，考虑成本的经济性与合理性，满足构件"少规格，多组合"的基本原则，做好平面设计、立面及剖面设计，为初步设计阶段工作奠定基础。

各专业在建筑、结构、设备、装修等设计前期，对构配件制作的经济性、设计的标准化以及吊装操作的可实施性等做相关的可行性研究，在保证使用功能得到满足的前提下，平面设计要最大限度地提高模块的重复使用率，减少部品、部件种类。立面设计要利用预制墙板的排列组合，充分利用装配式建造技术的特点，形成立面的独特性和多样性。在各专业协同的过程中，使装配式建筑设计符合模块化、标准化的原则，既能满足使用功能的要求，又能实现装配式建筑技术策划确定的目标。

3. 初步设计阶段的协同设计

初步设计阶段应与各专业进行协同设计，对各专业的工作进一步地优化和深化，进一步细化和落实采用的技术方案。这一阶段的协同设计内容包括：协调各专业技术要点，优化构件规格种类，管线预留预埋设计，专项经济评估，影响成本的因素分析，制定合理的技术措施。

在确定建筑的外立面方案及预制墙板的设计方案过程中，需结合预制方案进行调整，预制墙板上需考虑强弱电箱、预埋管线及开关点位的位置。装修设计需要提供详细的家具设施布置图，用于配合预制构件的深化。此外，方案设计要提供预制方案的"经济性评估"，分析方案的可实施性，并确定最终的技术路线。在此基础上，根据前期方案设计阶段的技术策划，确定满足国家和地方的相关政策和标准的最终装配化指标。

初步设计阶段的协同设计要点主要包括：

1）充分考虑构件运输、存放、吊装等因素对场地设计的影响；

2）从生产可行性、生产效率、运输效率等多方面考虑，结合塔式起重机的实际吊装能力、运输能力的限制等因素，考虑安装的安全性和施工的便捷性等，对预制构件尺寸进行优化调整；

3）从单元标准化、套型标准化、构件标准化等方面，对预制构件进行优化调整，实现预制构件和连接节点的标准化设计；

4）结合设备和内装设计，确定强弱电箱、预埋管线及开关点位的预留位置。

4. 施工图阶段的协同设计

施工图设计阶段应按照初步设计阶段制定的技术措施进行设计，形成完整可实施的施工图设计文件。该阶段要落实初步设计阶段的技术措施，配合内装部品的设计参数，协调设备管线的预留预埋，推敲节点大样的构造工艺，考虑防水、防火的性能特征，满足隔声、节能的规范要求。

各专业需要与构件的上下游厂商加强配合，做好深化设计，完成最终的预制构件的设计图，做好构件上的预留、预埋和连接节点设计，增加构件尺寸控制图、墙板编号索引图和连接节点构造详图等与构件设计相关的图纸，并配合结构专业做好预制构件配筋设计，确保预制构件最终的图纸与建筑图纸保持一致。

施工图设计阶段的协同设计要点主要包括：

1）确定预制外墙板的材料、保温节能材料以及预制构件的厚度及连接方式；

2）与门窗厂家配合，对预制外墙板上门窗的安装方式和防水、防渗漏措施进行设计；

3）现浇段剪力墙长度除满足结构计算要求外，还应符合模板施工工艺和轻质隔墙板的模数要求；

4）根据内装、设备专业图纸，确定预制构件中预埋管线、预留口及预埋件的位置。

5. 构件深化阶段的协同设计

预制构件的深化设计是装配式建筑独有的设计阶段，在施工图完成之后进行深化设计。构件深化阶段的协同设计不仅需要建筑、结构、机电、内装等专业之间的协同，也需要与生产加工企业、施工安装企业协同。建筑专业可根据需要提供预制构件的尺寸控制图，构件加工图纸可由设计单位与预制构件加工厂配合设计完成，采用 BIM 技术可提高预制构件设计完成度与精确度。

构件深化阶段的协同设计要点主要包括：

1）与建筑、结构及设备专业对接，核实预制构件中预埋管线、预留洞口及预埋件的位置、尺寸；

2）与设计及审查单位对接，确定预埋件的构造措施；

3）与生产企业及施工企业对接，对构件加工及施工过程中需要的吊装、安装、支撑、爬架等预埋件进行预留、预埋。

6. 室内装修协同设计要点

装配式建筑的内装设计应符合建筑、装修及部品一体化的设计要求。部品设计应能满足国家现行的安全、经济、节能、环保标准等方面要求，应高度集成化，宜采用干法施工。装配式建筑内装修的主要构配件宜采用工厂化生产，非标准部分的构配件可在现场安装时统一处理。构件需满足制造工厂化及安装装配化的要求，符合参数优化、公差配合和接口技术等相关技术要求，提高构件的可替代性和通用性。

室内装修协同设计应强化与各专业（包括建筑结构、设备、电气等专业）之间的衔接，对水、暖、电、气等设备、设施进行定位，避免后期装修对结构的破坏和重复工作，提前确定所有点的定位和规格，提倡采用管线与结构分离的方式进行内装设计。内装设计

　　通过模数协调使各构件和部品与主体结构之间紧密结合，提前预留接口，便于装修安装。墙、地面所用块材提前进行加工，现场无需二次加工，直接安装。

　　设计流程中各阶段的协同设计内容如图3-8所示。

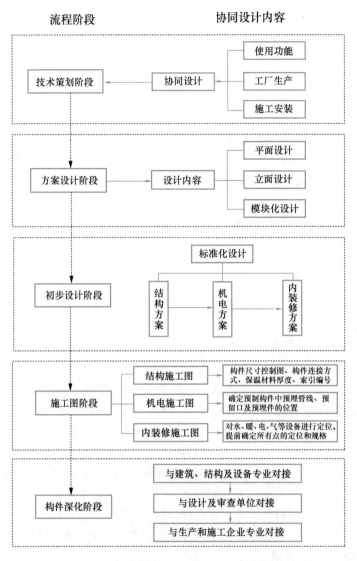

图3-8　设计流程中的协同设计

本章小结

　　1. 主要介绍了装配式建筑设计的基本概念，包括集成设计、模数与模块化设计、标准化设计和协同设计。装配式建筑的建造过程是一个产品生产的系统流程，其设计过程具有高度衔接性、互动性、集合性和精细性的特点，需要采用工业化的设计思维与方法。

　　2. 装配式建筑的集成设计是将结构系统、外围护系统、内装系统、设备与管线系统等四个系统进行一体化设计，需要采用模数和模块化的设计方法。

3. 模数和模数协调是建筑工业化的基础，模块化设计的基本内容包括模块的划分与组合，"少规格、多组合"是设计的重要原则。模数与模块化设计是实现建筑产品的标准化设计和多样化生产的重要基础。

4. 装配式建筑的标准化设计是采用标准化构件，形成标准化模块，进而组成标准化的楼栋，在构件、模块、楼栋等层面上进行不同的组合，形成多样化的建筑成品。

5. 装配式建筑必须进行协同设计，协同设计是各专业、各环节、各要素的统筹考虑，信息数据平台管理系统可以将各环节联系为一体化管理，提高工程建设各阶段及各专业之间协同配合的效率。

思考题

1. 简述装配式建筑系统包含的内容。
2. 简述模数与模块化设计在装配式建筑中的意义。
3. 简述装配式建筑标准化设计的基本内容。
4. 简述建筑平面标准化设计的基本原则。
5. 简述装配式建筑的设计流程中涵盖的协同设计内容。

第 4 章 装配式混凝土结构设计概述

4.1 概述

装配式混凝土结构设计须严格按照《装规》，同时以国家现行标准《混凝土结构设计标准》GB/T 50010、《高层建筑混凝土结构技术规程》JGJ 3 和《建筑抗震设计标准》GB/T 50011 等结构设计标准为基本依据，将装配式混凝土结构自身的结构特点从结构设计之初就贯彻落实，并贯穿整个结构设计过程。本章将重点介绍装配式混凝土结构设计中应遵循的基本原理和基本规定，对装配式混凝土结构中各种连接方式的概念与原理进行介绍，并对装配式混凝土结构的拆分设计、夹心保温构件外叶板及拉结件的概念与设计方法进行简要介绍。

4.2 PC 结构设计的基本原理和规定

4.2.1 基本原理

装配式混凝土结构设计的基本原理是"等同现浇"原理，即通过可靠的连接技术和必要的结构与构造措施，使装配式混凝土结构与现浇混凝土结构的效能基本等同。"等同现浇"原理并非严谨的科学原理，而是一个技术目标。实现"等同现浇"原理不能仅靠预制构件间的连接方式实现，需要对相关结构和构造进行加强或调整，适用条件也比现浇混凝土结构的限制更严格。

4.2.2 一般规定

《装规》对装配式混凝土结构的设计提出了系列一般规定：

1. 装配式混凝土结构的适用高度

装配整体式框架结构、装配整体式剪力墙结构、装配整体式框架－现浇剪力墙结构的房屋最大适用高度应满足表 4-1 的要求，并应符合下列规定：

1）当结构中竖向构件全部为现浇且楼盖采用叠合梁板时，房屋的最大适用高度可按现行行业标准《高层建筑混凝土结构技术规程》JGJ 3 中的规定采用。

2）装配整体式剪力墙结构在规定的水平力作用下，当预制剪力墙构件底部承担的总剪力大于该层总剪力的 50%时，其最大适用高度应适当降低；当预制剪力墙构件底部承担的总剪力大于该层总剪力的 80%时，最大适用高度应取表 4-1 中括号内的数值。

装配整体式结构房屋的最大适用高度应符合表 4-1 的规定。

装配整体式结构房屋的最大适用高度（单位：m）   表 4-1

结构类型	非抗震设计	抗震设防烈度			
		6 度	7 度	8 度 (0.2g)	8 度 (0.3g)
装配整体式框架结构	70	60	50	40	30
装配整体式框架-现浇剪力墙结构	150	130	120	100	80
装配整体式剪力墙结构	140 (130)	130 (120)	110 (100)	90 (80)	70 (60)

对于装配整体式框架结构，当节点及接缝采用适当的构造并满足《装规》中有关条文的要求时，可认为其性能与现浇结构基本一致，其最大适用高度与现浇结构相同。如果装配式框架结构中节点及接缝构造措施的性能达不到现浇结构的要求，其最大适用高度应适当降低。

对于装配整体式剪力墙结构，墙体接缝多且构造复杂，接缝的构造措施及施工质量对结构整体的抗震性能影响大，使结构抗震性能不会完全等同于现浇结构。因此《装规》对装配整体式剪力墙结构从严要求，与现浇结构相比适当降低其最大适用高度。当预制剪力墙数量较多时，即预制剪力墙承担的底部剪力较大时，对其最大适用高度限制更加严格。

对于装配整体式框架-剪力墙结构，建议剪力墙采用现浇结构，以保证结构整体的抗震性能，框架的性能与现浇框架相同，因此整体结构的适用高度与现浇的框架-剪力墙结构相同。

2. 装配式混凝土结构的高宽比

高层装配整体式结构适用的最大高宽比参照现行行业标准《高层建筑混凝土结构技术规程》JGJ 3 中的规定并适当调整，不宜超过表 4-2 的数值。

装配整体式混凝土结构最大高宽比   表 4-2

结构类型	非抗震设计	抗震设防烈度	
		6 度、7 度	8 度
装配整体式框架结构	5	4	3
装配整体式框架-现浇剪力墙结构	6	6	5
装配整体式剪力墙结构	6	6	5

3. 对装配整体式结构的抗震规定

1)《装规》中第 6.1.3 条强制性条文规定：丙类装配整体式结构的抗震等级参照现行国家标准《建筑抗震设计标准》GB/T 50011 和现行行业标准《高层建筑混凝土结构技术规程》JGJ 3 中的规定制定并适当调整。装配整体式框架结构及装配整体式框架-现浇剪力墙结构的抗震等级与现浇结构相同；由于装配整体式剪力墙结构及部分框支剪力墙结构在国内外工程实践的数量还不够多，也未经历实际地震的考验，因此对其抗震等级的划分高度从严要求，比现浇结构适当降低。

装配整体式结构构件的抗震设计，应根据设防类别、烈度、结构类型和房屋高度采用不同的抗震等级，并应符合相应的计算和构造设计要求。丙类建筑装配整体式结构的抗震等级应按表 4-3 确定。

丙类建筑装配整体式结构的抗震等级　　　　　　　　表 4-3

结构类型		抗震设防烈度					
		6 度		7 度		8 度	
装配整体式框架结构	高度（m）	≤24	>24	≤24	>24	≤24	>24
	框架	四	三	三	二	二	一
	大跨度框架	三		二		一	
装配整体式框架-现浇剪力墙结构	高度（m）	≤60	>60	≤24	>24 且 ≤60	>60	≤24	>24 且 ≤60	>60
	框架	四	三	四	三	二	三	二	一
	剪力墙	三	二	三	三	二	二	二	一
装配整体式剪力墙结构	高度（m）	≤70	>70	≤24	>24 且 ≤70	>70	≤24	>24 且 ≤70	>70
	剪力墙	四	三	四	三	二	三	二	一

注：大跨度框架指跨度不小于 18m 的框架。

2）乙类装配整体式结构的抗震设计要求参照现行国家标准《建筑抗震设计标准》GB/T 50011 和现行行业标准《高层建筑混凝土结构技术规程》JGJ 3 中的规定。该结构应按本地区抗震设防烈度提高一度的要求加强其抗震措施；当本地区抗震设防烈度为 8 度且抗震等级为一级时，应采取比一级更高的抗震措施；当建筑场地为 I 类时，仍可按本地区抗震设防烈度的要求采取抗震措施。

4. 装配式结构的平面布置和竖向布置

装配式结构的平面布置宜符合下列规定：

1）平面形状宜简单、规则、对称，质量、刚度分布宜均匀；不应采用严重不规则的平面布置；

2）平面长度不宜过长，如图 4-1 所示，长宽比（L/B）宜按表 4-4 采用；

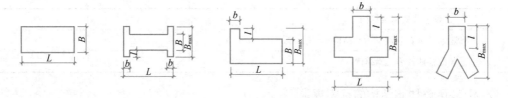

图 4-1　建筑平面实例

3）平面突出部分的长度 l 不宜过大、宽度 b 不宜过小，如图 4-1 所示，l/B_{max}、l/b 宜按表 4-4 采用；

4）平面不宜采用角部重叠或细腰形平面布置。

平面突出部分的长度及宽度　　　　　　　　表 4-4

抗震设防烈度	L/B	l/B_{max}	l/b
6、7 度	≤6.0	≤0.35	≤2.0
8 度	≤5.0	≤0.30	≤1.5

装配式结构竖向布置应连续、均匀，应避免抗侧力结构的侧向刚度和承载力沿竖向突变，并应符合现行国家标准《建筑抗震设计标准》GB/T 50011 的有关规定。

应特别注意：装配式结构的平面及竖向布置要求，应严于现浇混凝土结构。特别不规则的建筑会出现各种非标准的构件，且在地震作用下内力分布较复杂，不适宜采用装配式结构。

5. 高层装配整体式结构

高层装配整体式剪力墙结构的底部加强部位建议采用现浇结构，高层装配整体式框架结构首层建议采用现浇结构，主要因为底部加强区对结构整体的抗震性能很重要，尤其在高烈度区，因此建议底部加强区采用现浇结构。同时，结构底部或首层往往由于建筑功能的需要，不太规则，不适合采用预制构件，且底部加强区构件截面大、配筋较多，也不利于预制构件的连接。

高层装配整体式结构应符合如下规定：

1）宜设置地下室，地下室宜采用现浇混凝土；

2）剪力墙结构底部加强部位的剪力墙宜采用现浇混凝土；

3）框架结构首层柱宜采用现浇混凝土，顶层宜采用现浇楼盖结构。

6. 带转换层的装配整体式结构

带转换层的装配整体式结构是一种特殊的结构设计，通常用于实现不同部件之间的功能转换或传递。该结构由多个组件或模块在装配时形成一个整体，同时还包括一个或多个转换层，用于在不同部件之间进行信号转换、能量转换或其他类型的转换操作。该结构设计的主要目的是简化系统的复杂性，提高系统的灵活性和可维护性。通过转换层，可以将不同的部件集成到一个整体结构中，使得系统的部件可以更好地协同工作，并实现不同功能之间的转换或耦合。转换梁、转换柱是保证结构抗震性能的关键受力部位，且往往构件截面较大、配筋多，节点构造复杂，不适合采用预制构件。

带转换层的装配整体式结构应符合下列规定：

1）当采用部分框支剪力墙结构时，底部框支层不宜超过 2 层，且框支层及相邻上一层应采用现浇结构；

2）部分框支剪力墙以外的结构中，转换梁、转换柱宜现浇。

7. 装配式混凝土结构的抗震设计要求

结构抗震性能设计应根据结构方案的特殊性，选用适宜的结构抗震性能目标，并应论证结构方案能否满足抗震性能目标的预期要求。

装配式混凝土结构应符合如下的抗震设计要求：

1）平面布置宜规则、对称，具有良好的整体性；

2）立面、竖向剖面规则，侧向刚度均匀变化；

3）竖向抗侧力构件截面尺寸和材料强度自下而上逐渐减小；

4）底部加强区宜采用现浇；

5）屋面层、受力复杂楼层的楼盖宜现浇；

6）叠合楼盖的叠合层厚度不小于 60mm，后浇层采用双向通长配筋。

此外，还应注意：叠合楼盖和现浇楼盖对梁的刚度均有增大作用，无后浇层的装配式楼盖对梁刚度增大作用较小，在抗震设计中可以忽略。在装配式结构构件及节点的设计中，除对使用阶段进行验算外，还应重视施工阶段的验算，即短暂设计状况的验算。预制梁、柱构件由于节点区钢筋布置空间的需求，保护层往往较大，当保护层大于 50mm 时，宜采取增设钢筋网片等措施。预制板式楼梯在吊装、运输及安装过程中，受力状况比较复杂，规定其板面宜配置通长钢筋，配筋量根据加工、运输及吊装过程中的承载力及裂缝控制验算结果确定。

8. 结构分析

在预制构件之间、预制构件与现浇及后浇混凝土的接缝处，当受力钢筋采用安全可靠的连接方式，且接缝处新旧混凝土之间采用粗糙面、键槽等构造措施时，结构的整体性能与现浇结构类同，设计中可采用与现浇结构相同的方法进行结构分析，并根据规程对计算结果进行适当调整。

对于采用预埋件焊接连接、螺栓连接等连接节点的装配式结构，应根据连接节点的类型，确定相应的计算模型，选取适当的方法进行结构分析。

1）在各种设计状况下，装配整体式结构可采用与现浇混凝土结构相同的方法进行结构分析。当同一层内既有预制又有现浇抗侧力构件时，地震设计状况下宜对现浇抗侧力构件在地震作用下的弯矩和剪力进行适当放大。

2）装配整体式结构承载能力极限状态及正常使用极限状态的作用效应分析可采用弹性方法。

3）按弹性方法计算的风荷载或多遇地震标准值作用下的楼层层间最大位移 Δu 与层高 h 之比的限值宜按表 4-5 采用。

楼层层间最大位移与层高之比的限值　　　　　　　表 4-5

结构类型	$\Delta u/h$ 限值
装配整体式框架结构	1/550
装配整体式框架-现浇剪力墙结构	1/800
装配整体式剪力墙结构、装配整体式部分框支剪力墙结构	1/1000
多层装配式剪力墙结构	1/1200

4.3　PC 结构连接方式及连接设计

装配整体式结构中，节点及接缝处的纵向钢筋连接宜根据接头受力、施工工艺等要求选用套筒灌浆连接、浆锚搭接连接、机械连接、焊接连接等连接方式，连接设计应符合国家现行有关标准的规定。其中，套筒灌浆连接接头技术是《装规》推荐的主要接头技术，也是形成各种装配整体式混凝土结构的重要基础。

装配整体式框架结构中，框架柱的纵筋连接宜采用套筒灌浆连接，梁的水平钢筋连接可根据实际情况选用机械连接、焊接连接或者套筒灌浆连接；装配整体式剪力墙结构中，预制剪力墙竖向钢筋的连接可根据不同部位，分别采用套筒灌浆连接、浆锚搭接连接，水平分布筋的连接可采用焊接、搭接等。

4.3.1　套筒灌浆连接

1. 概念

套筒灌浆连接是指在预制混凝土构件内预埋的金属套筒中插入单根带肋钢筋并灌注无

收缩、高强度水泥基灌浆料，通过灌浆料硬化形成整体并实现传力的连接方式。包括全套筒灌浆和半套筒灌浆两种形式，如图 4-2 所示。全套筒灌浆：两端均采用灌浆方式与钢筋连接；半套筒灌浆：一端采用灌浆方式与钢筋连接，而另一端采用非灌浆的机械螺纹与钢筋连接。

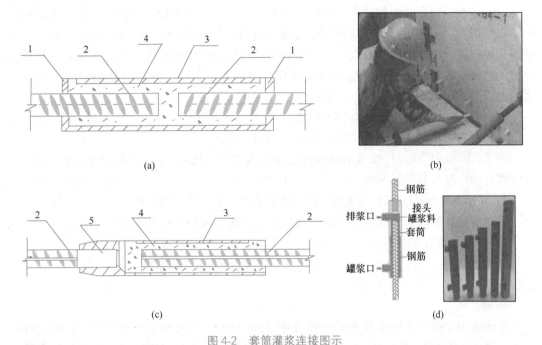

图 4-2   套筒灌浆连接图示

(a) 全套筒灌浆连接构造；(b) 套筒灌浆施工现场；(c) 半套筒灌浆连接构造；(d) 灌浆套筒实物图

1—密封圈；2—钢筋；3—灌浆套筒；4—水泥基灌浆料；5—连接螺纹

套筒灌浆连接接头依靠材料之间的粘结以及机械咬合作用来实现钢筋之间力的传递。钢筋的粘结作用由三种因素构成，如图 4-3 (a) 所示，分别是：f_1——钢筋与灌浆料之间的化学粘结；f_2——钢筋与灌浆料表面摩擦力；f_3——钢筋表面变形肋与灌浆料之间的机械咬合力。套筒外的混凝土和套筒为灌浆料提供有效的侧向约束力 F_{n1} 和 F_{n2}，如图 4-3 (b) 所示。套筒灌浆连接受力主要依赖于灌浆料的微膨胀特性，并受到套筒的约束作用，

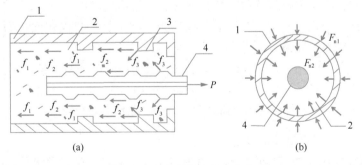

图 4-3   套筒灌浆连接作用力

(a) 轴向作用力；(b) 径向作用力

1—套筒；2—灌浆料；3—剪力件；4—钢筋

从而增强与钢筋、套筒内侧之间的正向作用力。钢筋通过这种正向力和粗糙表面产生的摩擦力来传递应力。

为防止灌浆料的收缩影响其与套筒之间的粘结，灌浆料应具有一定的微膨胀性。这种微膨胀性可以补偿灌浆料的收缩变形，并且在水泥灌浆料凝结硬化的过程中，由于套筒的约束，会产生径向向外的作用力。同时，套筒会对水泥浆产生径向向内的反作用力，从而对水泥浆产生预压作用。当钢筋受到拉力时，机械咬合力会产生"锥楔"效应，从而产生径向和轴向的分力。径向分力会减少灌浆料硬化过程中产生的预压应力，并随着钢筋所受拉力的增大，灌浆料中的预压应力逐渐转化为拉应力。当应力值超过灌浆料的抗拉强度时，钢筋与灌浆料界面会出现劈裂裂缝。

2.《装规》关于套筒灌浆连接的规定

纵向钢筋采用套筒灌浆连接时，应符合下列规定：

1）接头应满足行业标准《钢筋机械连接技术规程》JGJ 107 中Ⅰ级接头的性能要求，并应符合国家现行有关标准的规定；

2）预制剪力墙中钢筋接头处套筒外侧钢筋的混凝土保护层厚度不应小于 15mm，预制柱中钢筋接头处套筒外侧箍筋的混凝土保护层厚度不应小于 20mm；

3）套筒之间的净距不应小于 25mm。

4.3.2　浆锚搭接连接

1. 概念

浆锚搭接连接是指在预制混凝土构件中采用特殊工艺制成的孔道中插入需搭接的钢筋，并灌注水泥基灌浆料而实现的钢筋搭接连接方式。常用浆锚搭接连接有钢筋约束浆锚搭接连接和金属波纹管浆锚搭接连接两种。钢筋约束浆锚搭接连接是指在预制构件有螺旋箍筋约束的孔道中进行搭接的技术，如图 4-4（a）所示；金属波纹管浆锚搭接连接是指墙板主要受力钢筋采用插入一定长度的预留金属波纹管孔洞，灌入高性能灌浆料形成的钢筋搭接连接接头的技术，如图 4-4（b）所示。

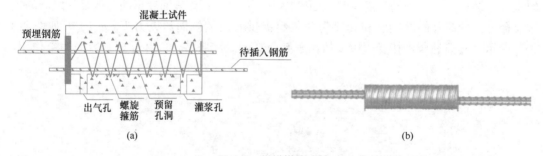

图 4-4　浆锚搭接连接

（a）螺旋箍筋约束浆锚搭接连接；（b）波纹管浆锚搭接连接

2.《装规》关于浆锚搭接的规定

1）纵向钢筋采用浆锚搭接连接时，对预留孔成孔工艺、孔道形状及长度、构造要求、灌浆料及被连接钢筋，应进行力学性能以及适用性的试验验证；

2）直径大于 20mm 的钢筋不宜采用浆锚搭接连接，直接承受动力荷载构件的纵向钢筋不应采用浆锚搭接连接。

4.3.3 后浇混凝土连接

后浇混凝土是指预制构件安装后在预制构件连接区域现场浇筑的混凝土，连接是装配式混凝土结构中非常重要的连接方式。在装配式结构中，连接区域或叠合部位现场浇筑的混凝土称为后浇混凝土；基础、首层、裙房、顶层等部位的现浇混凝土称为现浇混凝土。

预制混凝土构件与后浇混凝土的接触面须做成粗糙面或键槽面，或两者兼有，以提高混凝土抗剪能力。图 4-5 分别给出了预制混凝土构件与后浇混凝土的接触面的几种情况。

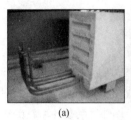  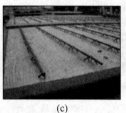 

  (a)   (b)   (c)   (d)

图 4-5 预制混凝土构件与后浇混凝土的接触面
(a) 留槽；(b) 露骨料；(c) 拉毛；(d) 凿毛

4.3.4 接缝的设计

装配整体式结构中的接缝主要指预制构件之间的接缝，以及预制构件与现浇及后浇混凝土之间的结合面，包括梁端接缝、柱底接缝、剪力墙的竖向接缝和水平接缝等。接缝是装配整体式结构中影响结构受力性能的关键部位。

接缝的压力是通过后浇混凝土、灌浆料或坐浆材料直接传递；拉力是通过各种连接方式的钢筋、预埋件传递；剪力是由结合面的混凝土粘结强度，键槽或者粗糙面、钢筋的摩擦抗剪作用，销栓的抗剪作用承担；接缝处于受压、受弯状态时，静力摩擦可承担一部分剪力。

后浇混凝土、灌浆料或坐浆材料与预制构件结合面的粘结抗剪强度往往低于预制构件本身强度，故应对预制构件进行受剪承载力验算。

装配整体式结构中，接缝的正截面承载力应符合现行国家标准《混凝土结构设计标准》GB/T 50010 的规定。接缝的受剪承载力应符合下列规定：

持久设计状况：$\quad\quad\quad\quad\quad\quad \gamma_0 V_{jd} \leqslant V_u$ (4-1)

地震设计状况：$\quad\quad\quad\quad\quad\quad V_{jdE} \leqslant V_{uE}/\gamma_{RE}$ (4-2)

在梁、柱端部箍筋加密区及剪力墙底部加强部位，尚应符合下式要求：

$$\eta_j V_{mua} \leqslant V_{uE}$$ (4-3)

式中 γ_0——结构重要性系数，安全等级为一级时不应小于 1.1，安全等级为二级时不应小于 1.0；

  V_{jd}——持久设计状况下接缝剪力设计值；

  V_{jdE}——地震设计状况下接缝剪力设计值；

  V_u——持久设计状况下梁端、柱端、剪力墙底部接缝受剪承载力设计值；

V_{uE}——地震设计状况下梁端、柱端、剪力墙底部接缝受剪承载力设计值；

V_{mua}——被连接构件端部按实配钢筋面积计算的斜截面受剪承载力设计值；

η_j——接缝受剪承载力增大系数，抗震等级为一、二级取 1.2，抗震等级为三、四级取 1.1。

预制构件连接接缝一般采用强度等级高于构件的后浇混凝土、灌浆料或坐浆材料。当穿过接缝的钢筋不少于构件内钢筋并且构造符合《装规》的相关规定时，节点及接缝的正截面受压、受拉及受弯承载力一般不低于构件，可不必进行承载力验算。当需要计算时，可按照混凝土构件正截面的计算方法进行，混凝土强度取接缝及构件混凝土材料强度的较低值，钢筋取穿过正截面且有可靠锚固的钢筋数量。

4.3.5　粗糙面与键槽

1. 粗糙面和键槽的作用

为提高抗剪能力，预制混凝土构件与后浇混凝土的接触面需做成粗糙面或键销面。试验表明，不计钢筋作用的平面、粗糙面及键销面，混凝土抗剪能力的比例关系是 1∶1.6∶3，即粗糙面抗剪能力是平面的 1.6 倍，键销面是平面的 3 倍。故预制构件与后浇混凝土接触面应做成粗糙面，或键销面，或两者兼有。

2.《装规》关于粗糙面与键槽的规定

预制构件与后浇混凝土、灌浆料、坐浆材料的结合面应设置粗糙面、键槽，并应符合下列规定：

1）预制板与后浇混凝土叠合层之间的结合面应设置粗糙面；

2）预制梁与后浇混凝土叠合层之间的结合面应设置粗糙面；预制梁端面应设置键槽且宜设置粗糙面。键槽的尺寸和数量应按《装规》第 7.2.2 条计算；键槽深度不宜小于 30mm，宽度不宜小于深度的 3 倍且不宜大于深度的 10 倍；键槽可贯通截面，当不贯通时槽口距离截面边缘不宜小于 50mm；键槽间距宜等于键槽宽度；键槽端部斜面倾角不宜大于 30°；

3）预制剪力墙的顶部和底部与后浇混凝土的结合面应设置粗糙面；侧面与后浇混凝土的结合面应设置粗糙面，也可设置键槽；键槽深度不宜小于 20mm，宽度不宜小于深度的 3 倍且不宜大于深度的 10 倍，键槽间距宜等于键槽宽度，键槽端部斜面倾角不宜大于 30°；

4）预制柱的底部应设置键槽且宜设置粗糙面，键槽应均匀布置，键槽深度不宜小于 30mm，键槽端部斜面倾角不宜大于 30°，柱顶应设置粗糙面；

5）粗糙面的面积不宜小于结合面的 80%，预制板的粗糙面凹凸深度不应小于 4mm，预制梁端、预制柱端、预制墙端的粗糙面凹凸深度不应小于 6mm。

预制梁端采用键槽的方式时，其受剪承载力一般大于粗糙面，且易于控制加工质量及检验。键槽深度过小时，易发生承压破坏；当不会发生承压破坏时，增加键槽深度对增加受剪承载力没有明显帮助，键槽深度一般在 30mm 左右。梁端键槽数量通常较少，一般为 1~3 个，可以结合《装规》中图 6.5.5 的"梁端键槽构造示意图"，通过公式较准确地计算键槽的受剪承载力。

4.4　PC 结构拆分设计

4.4.1　拆分设计的原则

装配整体式结构拆分是设计的关键环节。拆分基于多方面因素：建筑功能性、艺术性、结构合理性、制作运输安装环节的可行性和便利性等。拆分不仅是技术工作，也包含对约束条件的调查和经济分析。如图 4-6 所示，拆分应当由建筑、结构、预算、工厂、运输和安装各个环节技术人员协作完成。

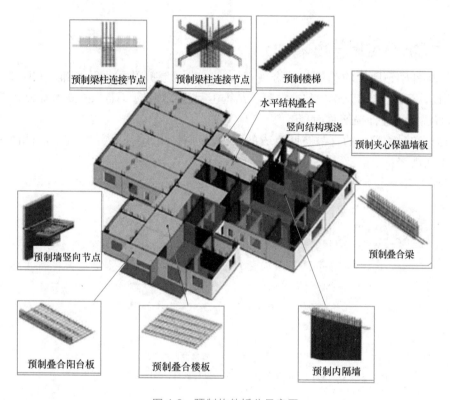

图 4-6　预制构件拆分示意图

结构拆分应该遵循以下几点原则：

1）拆分设计应在方案设计阶段就同步开始；

2）应在结构方案和传力途径中确定预制构件的布置及连接方式，并在此基础上进行结构分析及构件设计；

3）拆分设计应以施工为核心，实现全局利益最大化；

4）拆分设计要考虑技术细节，构造应与结构计算假定相符合；

5）不同的结构形式、连接技术，结构拆分不一定相同。

4.4.2　拆分设计的基本规定

装配式结构的拆分设计通常遵循以下基本规定：

1）预制构件应符合模数协调原则，实现标准化、模块化；

2）预制构件拼接部位宜设置在构件综合受力较小的部位，尽可能避免受力较不利的部位；

3）相关连接接缝构造应简单，构件传力路线明确，所形成的结构体系承载能力安全可靠；

4）构件的大小应尽量均匀，应便于施工安装、质量控制及验收；

5）应确保组件或模块能够方便组装和拆卸；

6）构件的切割应避开门窗洞口等部位，且应避开管线位置；

7）被拆分的预制构件应满足结构设计计算模型假定的要求。

4.5　PC 结构预埋件设计

预制构件中预埋件的验算应符合现行国家标准《混凝结构设计标准》GB/T 50010、《钢结构设计标准》GB 50017 和《混凝土结构工程施工规范》GB 50666 等有关规定。

1. 直锚筋预埋件锚筋总面积

由锚板和对称配置的直锚筋所组成的受力预埋件如图 4-7 所示，其锚筋截面面积 A_s 应符合下列规定：

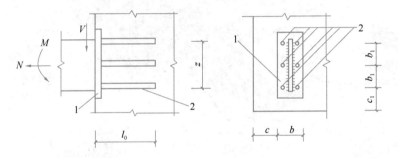

图 4-7　由锚板和直筋组成的预埋件

1—锚板；2—直锚筋

图片来源：现行国家标准《混凝土结构设计标准》GB/T 50010 图 9.7.2

1）当有剪力、法向拉力和弯矩共同作用时（底埋），应按式（4-4）、式（4-5）计算，并取其中的较大值：

$$A_s \geq \frac{V}{\alpha_r \alpha_v f_y} + \frac{N}{0.8\alpha_b f_y} + \frac{M}{1.3\alpha_r \alpha_b f_y z} \tag{4-4}$$

$$A_s \geq \frac{N}{0.8\alpha_b f_y} + \frac{M}{0.4\alpha_r \alpha_b f_y z} \tag{4-5}$$

2）当有剪力、法向压力和弯矩共同作用时（侧埋），应按式（4-6）和式（4-7）计算，并取其中的较大值：

$$A_s \geq \frac{V - 0.3N}{\alpha_r \alpha_v f_y} + \frac{M - 0.4Nz}{1.3\alpha_r \alpha_b f_y z} \tag{4-6}$$

$$A_s \geq \frac{M - 0.4Nz}{0.4\alpha_r \alpha_b f_y z} （当 M 小于 0.4Nz，M = 0.4Nz） \tag{4-7}$$

式中 V——剪力设计值；

N——法向拉力或法向压力设计值，法向压力设计值不应大于 $0.5f_cA$，此处 A 为锚板面积；

M——弯矩设计值；

f_y——锚筋的抗拉强度设计值，按现行国家标准《混凝土结构设计标准》GB/T 50010 第 4.2 节采用，但不应大于 $300N/mm^2$；

α_r——锚筋层数的影响系数，当锚筋按等间距布置时，两层取 1.0，三层取 0.9，四层取 0.85；

α_v、α_b——锚筋的受剪承载力系数、锚板的弯曲变形折减系数，按现行国家标准《混凝土结构设计标准》GB/T 50010 中式（9.7.2-5）及式（9.7.2-6）计算；

z——沿剪力作用方向最外层锚筋中心线之间的距离。

2. 弯折锚筋和受拉直锚筋的锚固长度

当计算中充分利用钢筋的抗拉强度时，受拉钢筋的锚固应符合下列要求：

普通钢筋：
$$l_{ab} = a\frac{f_y}{f_t}d \tag{4-8}$$

预应力筋：
$$l_{ab} = a\frac{f_{py}}{f_t}d \tag{4-9}$$

式中 l_{ab}——受拉钢筋的基本锚固长度；

f_y、f_{py}——普通钢筋、预应力筋的抗拉强度设计值；

f_t——混凝土轴心抗拉强度设计值，大于 C60，按 C60 取值；

d——锚固钢筋的直径；

α——锚固钢筋的外形系数，光圆钢筋取 0.16，带肋钢筋取 0.14。

注：光圆钢筋末端应做 180°弯钩，弯后平直段长度不应小于 $3d$，受压时可不做弯钩。

3. 预埋板厚度、面积

板件材料宜选用 Q235、Q355 级钢；板件厚度根据受力情况计算确定，且不宜小于锚筋直径的 60%；受拉和受弯预埋件的埋板厚度尚宜大于 $b/8$，b 为锚筋的间距。

4. 锚筋的布置及数量

1）预埋件锚筋中心至锚板边缘不应小于 $2d$ 和 20mm，d 为锚筋的直径。预埋件的位置应使锚筋位于构件的外层主筋的内侧。

2）受力直锚筋直径不宜小于 8mm，且不宜大于 25mm。

3）直锚筋数量不宜少于 4 根，且不宜多于 4 排。

4）受剪预埋件的直锚筋可采用 2 根。

5）对受拉和受弯预埋件，锚筋间距和锚筋到构件边缘的距离都不应小于 $3d$ 和 45mm。

6）受拉直锚筋和弯折锚筋不应小于规范长度。

7）当采用 HPB300 时，末端应有弯钩。

8）受剪和受压直锚筋锚固长度不应小于 $15d$。

4.6 夹心保温构件外叶板与拉结件设计

"夹心保温构件"是"预制混凝土夹心保温构件"的简称，也称为"三明治构件"，是指由混凝土结构构件、保温层和外叶板构成的预制混凝土构件，包括预制混凝土夹心保温外墙板、预制混凝土夹心保温柱和预制混凝土夹心保温梁。其中，应用最多的是预制混凝土夹心保温外墙板。《装规》给出了"预制混凝土夹心保温外墙板"的术语解释：中间夹有保温层的预制混凝土外墙板，简称夹心外墙板。

在柱、梁结构体系装配式建筑中，外围结构柱、梁直接作为建筑围护结构的一部分是常见做法，此时，"夹心保温"是柱、梁构件保温装饰一体化的主要手段。

夹心保温构件的内叶构件——内叶板、结构柱与结构梁的结构设计属于主体结构设计或围护结构设计，设计时应考虑外叶板通过拉结件传递的荷载。

外叶板和拉结件虽不是主要结构部件，但对于建筑物的安全正常使用非常重要。拉结件强度不够或耐久性不好，则极易造成重大安全事故；拉结件保证不了足够的刚度，外叶板错位变形较大，也会影响建筑的正常使用功能；拉结件布置不合理，则会造成外叶板承载力不足，导致墙体出现裂缝。

4.6.1 外叶板结构设计

拉结件的生产厂家一般会给出拉结件布置方案和拉结件自身的承载力与变形计算结果，但不会给出外叶板的配筋设计。结构设计师需要对外叶板进行结构设计，特别是针对有反打石材或装饰混凝土表面的外叶板。

1. 计算简图

外叶板相当于以拉结件为支撑的无梁板。

2. 荷载作用

外叶板的荷载作用包括自重、风荷载、地震作用、温度作用。

1）外叶板自重荷载：外叶板自重荷载平行于板面，在设计拉结件时需要考虑，在设计计算外叶板时不需要考虑。

2）风荷载：垂直于板面，是外叶板结构设计的主要荷载。

3）地震作用：垂直于板面的地震作用，外叶板设计时需要考虑；平行于板面的地震作用，外叶板设计时无须考虑，连接件结构设计时须考虑。

4）外叶板温度作用：外叶板与内叶板或柱、梁具有相同强度等级的混凝土，其热膨胀系数相同，但由于有保温层隔离，存在温差，温度变形不同，由此会形成温度应力。

5）作用组合：计算外叶板和拉结件时，应进行不同的作用组合。

3. 内力计算

外叶板按无梁板计算，计算方法采用"等代梁经验系数法"，其以板系理论和试验结果为依据，把无梁板简化为连续梁进行计算，按照多跨连续梁公式计算内力。"等代梁经验系数法"将支点支座视为在一个方向上连续的支座，与实际不符，需进行调整，调整的方法是将板分为支座板带和跨中板带，支座板带负担内力较多。

支座板带和跨中板带均按照1/2跨度考虑，内力分配系数见表4-6。

内力分配系数 表4-6

截面位置	支座板带	跨中板带
支座截面弯矩	75%	25%
跨中截面弯矩	55%	45%
端支座	90%	10%

4. 配筋复核

计算外叶板内力后，可对外叶板进行配筋设计。

4.6.2 拉结件设计

1. 荷载作用

拉结件的荷载作用包括外叶板重量、风荷载、地震作用、温度作用、脱模荷载及吊装荷载等。

1）外叶板重量：外叶板重量是拉结件的主要荷载，包括传递给拉结件的剪力、弯矩和由于偏心形成的拉（压）力。

2）风荷载：风荷载对拉结件的作用为拉力（风吸力时）和压力（风压力时）。

3）地震作用：平行于板面和垂直于板面的地震作用对拉结件产生不同方向的剪力和弯矩。

4）温度作用：外叶板与内叶板由于温差而产生的变形差，其对拉结件产生作用而形成的弯矩。

5）脱模荷载：脱模荷载，即外叶板的重量加上模具的吸附力对拉结件形成的拉力。

6）吊装荷载：吊装或翻转时，外叶板的重量乘以动力系数对拉结件形成的拉力。

2. 拉结件锚固

拉结件的构造形式与锚固方式尚无统一规范，其基本力学性能应依据拉结件生产厂家的试验结果确定。结构设计师在选用拉结件时，应提供给厂家拉结件设计作用组合值，由厂家提供相应的拉结件设计。结构设计师应审核拉结件生产厂家提供的试验数据和结构计算书，并在图样中要求PC工厂进行试验验证。PC工厂在进行锚固试验时，混凝土强度应为构件脱模时的强度，此时拉结件锚固最弱。

3. 拉结件承载力和变形验算

1）拉结件的承载能力和变形主要以拉结件生产厂家的试验数据和经验公式为依据进行验算，设计要求PC工厂进行试验验证。拉结件所用材质不是通用建筑材料，其物理力学性能，如抗拉强度、抗压强度、抗弯强度、抗剪强度、弹性模量等，均应由生产工厂提供。

2）计算简图。直杆式拉结件计算简图可视为两端嵌固杆。树脂类拉结件断面沿长度是变化的，材质也是变化的，按各向均质等截面杆件计算有些勉强，计算只是一种参考，还应强调由PC工厂进行试验验证。

3）拉结件需要验算的内容为：剪切、拉力、剪切加受拉（压）、受弯、挠度。

4）承载能力验算。

拉结件所承受的剪力、拉力、弯矩，应分别小于拉结件的容许剪力、拉力和弯矩。

当同时承受拉力和剪力时，

$$(V_s/V_t + P_s/P_t) \leqslant 1 \tag{4-10}$$

式中，V_s、V_t分别为拉结件承受的剪力和容许剪力（由试验得到）；P_s、P_t分别为拉结件承受的拉力和容许拉力（由试验得到）。

5）变形计算。

$$\Delta = Q_g d_A^3 / 12 E_A I_A \tag{4-11}$$

式中，Δ——垂直荷载作用下，拉结件悬臂端挠度值；

Q_g——作用在单个拉结件悬臂端外叶墙自重荷载；

d_A——拉结件悬臂端长度；

E_A——拉结件的弹性模量；

I_A——单个拉结件的截面惯性矩。

6）有关系数。

拉结件承载能力的安全系数应当不小于 4.0。

本章小结

1. 装配式混凝土结构在实际设计和施工中要求遵循"等同现浇"的基本原理，但实际施工过程中不能保证完全等同，因此，需要提高装配式混凝土结构的抗震性能，以满足抗震设防要求。

2. 在结构设计的过程中，装配整体式框架结构采用与现浇混凝土框架结构相同的弹性分析模型完成整体计算分析，同时按照现行规范及一些成熟的装配式技术要求进行具体计算模型和计算参数的调整，同时，应特别注意预制梁构件之间、预制柱构件之间，以及预制梁与预制柱之间等系列节点的连接方式与设计，以保证结构的整体性与稳定性。

3. 在结构设计的过程中，装配整体式混凝土剪力墙结构遵循"等同现浇"的设计原则，多层装配式剪力墙结构与高层装配整体式剪力墙结构相比结构计算可采用弹性方法，并按照结构实际情况建立分析模型，以建立适用的计算与分析方法。

4. 套筒灌浆连接接头技术是现行行业标准推荐的主要接头技术，也是形成各种装配整体式混凝土结构的重要基础。套筒灌浆连接是指在预制混凝土构件内预埋的金属套筒中插入单根带肋钢筋并灌注无收缩、高强度水泥基灌浆料，通过灌浆料硬化形成整体并实现传力的连接方式。该连接受力主要依赖于灌浆料的微膨胀特性，并受到套筒的约束作用，从而增强与钢筋、套筒内侧之间的正向作用力。钢筋通过这种正向力和粗糙表面产生的摩擦力来传递应力。

5. 在预制构件之间及预制构件与现浇及后浇混凝土的接缝处，当受力钢筋采用安全可靠的连接方式，且接缝处新旧混凝土之间采用粗糙面、键槽等构造措施时，结构的整体性能与现浇结构类同，设计中可采用与现浇结构相同的方法进行结构分析，并根据《装规》等设计依据对计算结果进行适当调整。

6. 装配整体式结构中的连接节点数量多且构造复杂，接缝是影响结构受力性能的关键部位，不同组件之间的连接方式必须能够确保整体结构的完整性和抗震性能，应重点考虑预制构件的连接节点设计。

7. 装配整体式结构拆分是设计的关键环节。拆分基于多方面因素：建筑功能性、艺术性、结构合理性、制作运输安装环节的可行性和便利性等。拆分不仅是技术工作，也包含对约束条件的调查和经济分析。拆分应当由建筑、结构、预算、工厂、运输和安装各个环节技术人员协作完成。

8. 夹心保温构件不属于装配式混凝土结构的主要结构部件，但对于建筑物的正常与安全使用非常重要。拉结件强度不够或耐久性不好，则极易造成重大安全事故；拉结件保证不了足够的刚度，外叶板错位变形较大，也会影响建筑的正常使用功能；拉结件布置不合理，则会造成外叶板承载力不足，导致墙体出现裂缝。

9. 拉结件在混凝土中的锚固方式与构造，需依据拉结件生产厂家的试验结果确定。结构设计师应审核厂家提供的试验数据和结构计算书，但计算只是一种参考，应在图样中要求 PC 工厂进行试验验证。

思考题

1. 简述装配式混凝土结构设计应该遵循的基本原理。
2. 简述装配式混凝土结构如何实现结构的整体性能与现浇结构等同。
3. 简述装配式混凝土结构的连接方式，并分析不同连接方式在结构中的作用原理。
4. 简述装配式混凝土结构拆分设计的基本规定。
5. 从实际工程的角度出发，分析装配式混凝土结构拆分设计应该遵循的原则。

第 5 章　装配式混凝土楼盖设计

5.1　概述

装配式混凝土楼盖是装配式混凝土结构中最重要的组成部分之一，不仅需要将所承担的荷载传递给竖向承重构件，还与竖向承重结构一起形成建筑物的空间承重骨架，成为竖向承重构件的水平支撑，有效增加竖向承重体系的稳定性。与竖向支撑体系不同，装配式混凝土楼盖具有较强的适用性，不同的装配式混凝土结构体系可采用相同类型的楼盖。本章将重点介绍装配式混凝土楼盖的分类、叠合楼盖的设计原则、叠合板设计的基本规定和计算及构造要求，并结合典型案例，使读者更加系统、深入地理解相关知识体系。

5.2　装配式混凝土楼盖分类

装配式混凝土楼盖依据施工工艺一般分为现浇式楼盖、全预制楼盖、叠合楼盖、钢筋桁架楼承板楼盖等类型。装配式混凝土结构中的现浇式楼盖与现浇式混凝土结构中的楼盖在设计方法及施工工艺上均相同，本书不作介绍。

5.2.1　全预制楼盖

全预制楼盖通常由全预制梁和全预制板组成，本书中全预制楼盖的分类主要以全预制板的材料及构造不同来划分的。目前最常见的全预制板主要有以下类型：

1. 预应力空心板

预应力空心板又称 SP 板，如图 5-1 所示。该类全预制板多用于多层装配式混凝土框架结构中，也常作为大跨度建筑中的楼（屋面）板。

图 5-1　预应力空心板

2. 预应力双 T 形板

预应力双 T 形板可用作叠合板的预制底板，也可以直接作为全预制楼板，如图 5-2 所示。该类全预制板常用于大跨度建筑中的楼（屋面）板。

3. 预制槽形板

预制槽形板是一种梁板结合的构件，即实心板的两侧设有纵肋，作用在板上的荷载主要由边肋承担，如图 5-3 所示。

图 5-2　预应力双 T 形板　　　　　　　　图 5-3　预制槽形板

5.2.2　叠合楼盖

叠合楼盖多采用叠合板与叠合梁组成。叠合板与叠合梁均是由预制部分和后浇混凝土叠合层组成的装配整体式构件。由于叠合楼盖设计中最核心的内容是叠合板的设计与构造，所以本书主要针对叠合板进行分类。

1. 叠合板按预制底板的受力特点可分为：

叠合板按预制底板的受力特点可分为"一阶段受力叠合板"和"二阶段受力叠合板"。

1）一阶段受力叠合板

按照现行国家标准《混凝土结构设计标准》GB/T 50010 第 9.5.1 条的描述，当叠合板中的预制底板在施工过程中有可靠支撑时，预制底板在施工阶段仅充当模板，其所产生的变形很小，认为在施工阶段预制底板的受力对成型后的叠合板内力和变形影响可以忽略。

2）二阶段受力叠合板

当叠合板中的预制底板在施工过程中无可靠支撑时，预制底板在施工阶段将产生较大的变形，会影响成型后的叠合板截面应力分布及变形。因此该类叠合板应分别对预制底板在施工阶段的受力情况及叠合板在使用阶段的受力情况分别进行设计计算。

① 第一阶段：该阶段是指后浇的叠合层混凝土未达到强度设计值之前的阶段。在此阶段，荷载由预制底板承担，预制底板按简支构件计算，荷载包括：构件自重、叠合层自重及本阶段的施工活荷载。

② 第二阶段：该阶段是指后浇混凝土叠合层达到设计强度之后的阶段。叠合板按整体楼板计算，荷载考虑施工阶段和使用阶段两种情况，并取其大值。

2. 叠合板按其预制底板构造形式及所采用的材料可分为：

1）平板型叠合板

平板型叠合板是指采用普通混凝土或预应力混凝土制作的顶部为平面状态的预制底板、其上部为现场后浇混凝土形成的叠合板。

2）钢筋桁架叠合板

钢筋桁架叠合板，如图 5-4 所示，是指下部采用钢筋桁架预制板、上部采用现场后浇混凝土的叠合板。该类叠合板是目前我国装配式混凝土结构中最常使用的一种叠合板，亦是本书重点介绍的内容。

3）带肋型叠合板

带肋型叠合板，如图 5-5 所示，是指下部采用由实心平板与设有预留孔洞的板肋组成的预制底板、上部采用现场后浇混凝土的叠合板。依据预制底板所采用的材料不同，该类叠合板又可分为：预应力带肋叠合板、非预应力带肋叠合板两大类。

图 5-4　钢筋桁架预制底板叠合板　　　　图 5-5　带肋型预制底板叠合板

4）空心型（夹芯型）叠合板

空心型（夹芯型）叠合板是指利用内置轻质芯材在楼板中性轴附近弯曲应力较小的部位形成空心（空腔）的预制空心（夹芯）底板、上部采用现场后浇混凝土的叠合板，如图 5-6 所示。目前对于空心型（夹芯型）预制底板常用的芯材主要有：以聚苯乙烯为主的轻质泡沫类材料，或以玻璃纤维增强水泥（GRC）为主的轻质高强纤维复合材料等。

5）预应力混凝土钢管桁架叠合板

预应力混凝土钢管桁架叠合板是将传统的钢筋桁架叠合板上弦杆改为钢管，桁架下端不设置下弦钢筋，将底板的受力钢筋改为高强预应力钢丝，采用先张法制作预制底板、上部采用现场后浇混凝土的叠合板，如图 5-7 所示。该类叠合板的预制底板中由于采用预应力技术，其所形成的叠合板具有弯曲刚度大、承载力高、可实现更大跨度等优点。

图 5-6　空心型预制底板叠合板　　　　图 5-7　预应力混凝土钢管桁架叠合板

3. 叠合板按跨度可分为：

当计算跨度小于 6m 时，为普通叠合板，当计算跨度超过 6m 时，为大跨度叠合板。实现大跨度叠合板的方式目前主要分为两种：

1）采用预应力技术，将预制底板做成预应力混凝土底板，利用该类方法，可实现适用于大跨度的平板型叠合板、钢筋桁架叠合板、带肋型叠合板及组合型叠合板等。

2）采用空心型（夹芯型）叠合板。由于其构造与上述叠合板按其预制底板构造形式及所采用的材料分类中的空心型（夹芯型）叠合板基本一致，此处不再赘述。

5.2.3 钢筋桁架楼承板楼盖

钢筋桁架楼承板楼盖多采用钢筋桁架楼承板与叠合梁组成。本书主要介绍钢筋桁架楼承板及其分类。

钢筋桁架楼承板是指由钢筋桁架与底模连接组合而成的承重板，依据其生产及施工工艺可分为：压型钢板钢筋桁架楼承板、可拆卸底模钢筋桁架楼承板及免拆卸底模钢筋桁架楼承板三类。

1. 压型钢板钢筋桁架楼承板

压型钢板钢筋桁架楼承板的预制底板由钢筋桁架及底部镀锌钢板组成，通过弯曲两根较细的钢筋作为腹杆与一根上弦钢筋和两根下弦钢筋焊接连接后形成空间桁架，桁架底部利用弯曲的细钢筋与镀锌钢板电阻点焊连接，如图5-8所示。该类楼承板的预制底板在工厂加工完成后运至施工现场安装，绑扎钢筋并浇筑混凝土。

2. 可拆卸底模钢筋桁架楼承板

可拆卸底模钢筋桁架楼承板是指钢筋桁架与可拆卸底模通过专用连接件连接成整体，待吊装到指定位置，在其上绑扎钢筋并浇筑混凝土，待混凝土达到设计强度后底模可拆除的一类装配整体式板，简称可拆式钢筋桁架楼承板，如图5-9所示。可拆卸底模包括钢板、铝合金模板、竹（木）胶合板及其他材质底板。

3. 免拆卸底模钢筋桁架楼承板

免拆卸底模钢筋桁架楼承板是指钢筋桁架与底模通过专用连接件等连接成整体的组合承重板，简称免拆卸式桁架楼承板，如图5-10所示。该类楼承板是在压型钢板钢筋桁架楼承板、可拆卸底模钢筋桁架楼承板基础上发展起来的。免拆卸底模可采用：纤维水泥板、硅酸钙板、UHPC板、高性能细石混凝土板等非金属板。

图5-8 压型钢板   图5-9 可拆卸底模钢筋   图5-10 免拆卸底模
钢筋桁架楼承板   桁架楼承板   钢筋桁架楼承板

5.3 叠合楼盖设计原则

由于目前装配式混凝土结构中多采用叠合楼盖，所以本节主要针对叠合楼盖及组成叠合楼盖的关键构件——叠合板作为重点进行介绍，其他形式的装配式混凝土楼盖可参考本节，并依据相关规范开展设计。

与现浇混凝土楼盖不同，叠合楼盖的设计不仅需要考虑楼盖本身在结构体系中的作用，还需要考虑与其他构件的关系。所以，叠合楼盖的设计内容主要包括：

1. 叠合楼盖的布置与拆分设计

1）划分楼盖现浇与预制的范围

确定装配式混凝土楼盖的类型，包括：采用的板类型（叠合板或现浇板），支撑板的主次梁类型（现浇梁或叠合梁）。

2）确定叠合板的受力方式

主要是确定楼盖中楼板是单向受力板还是双向受力板。这部分设计的内容也与叠合板的连接设计紧密相关。

3）叠合板的拆分设计

依据所选叠合板的种类，结合板的受力特点及少模数、多组合的原则，对叠合板进行拆分设计，确定叠合板中的预制底板规格尺寸等信息。

2. 叠合楼盖计算分析

对叠合板及叠合梁开展受力分析，分别进行承载能力极限状态计算、正常使用极限状态验算、叠合面的抗剪能力验算。确定满足设计要求的叠合梁信息（包括：尺寸、钢筋等）及叠合板信息（包括：预制底板及后浇混凝土叠合层中的钢筋等信息）。

3. 叠合板的连接设计

包括叠合板板侧接缝连接设计及构造要求、叠合板支座节点锚固设计及构造要求。

4. 叠合楼盖中部品构件深化设计

主要针对叠合梁及叠合板中的预制部分进行短暂工况验算、配筋详图及模板图的绘制。

5. 叠合楼盖施工图绘制

主要包括：叠合楼盖中叠合梁及叠合板中预制部分在施工安装阶段临时支撑的布置和要求、叠合梁与叠合板的后浇部分所涉及的预留预埋等细部构造、叠合板支座及板侧接缝的构造详图等信息。

5.3.1 叠合楼盖现浇与预制范围的确定

1. 在结构转换层、平面凹凸不规则或楼板局部不连续等薄弱部位，以及作为上部结构嵌固部位的地下室楼板宜采用现浇楼板；若采用叠合板时，可适当增大后浇混凝土叠合层厚度，并加强叠合板与支承结构的连接，也可将叠合板中的预制底板仅作为模板使用。

2. 对高层装配式混凝土结构，结构转换层和上部结构嵌固部位的楼层宜采用现浇楼盖，屋面层和平面受力复杂的楼层宜采用现浇楼盖；当采用叠合楼盖时，后浇混凝土叠合层厚度不应小于100mm，且后浇混凝土叠合层内应采用双向通长配筋，钢筋直径不宜小于8mm，间距不宜大于200mm。

3. 在通过管线较多且对平面整体性要求较高的剪力墙核心筒区域楼盖宜现浇，当采取叠合板时，需采取后浇带式整体接缝及后浇混凝土叠合层加厚等措施。

5.3.2 叠合板拆分原则

叠合板的拆分设计主要由结构工程师确定。不同的拆分方法、接缝构造决定了叠合板是按单向板设计还是按双向板设计。从结构合理性考虑，拆分原则如下：

1. 当按单向板设计时，应沿板的次要受力方向拆分。将板的短跨方向作为叠合板的支座，沿着长跨方向进行拆分，此时板缝垂直于板的长边。

2. 当按双向板设计时，拆分部位应选择在板的较小受力部位。

1）若双向板尺寸不大，采用无接缝双向叠合板，仅在板四周与梁或墙交接处拆分，如图 5-11（a）所示；

2）采用后浇带式整体接缝宜设置在叠合板的次要受力方向上，如图 5-11（c）所示，且宜避开最大弯矩截面；

3）当叠合板采用钢筋桁架混凝土叠合板形式，在满足现行行业标准《钢筋桁架混凝土叠合板应用技术规程》T/CECS 715 第 5.3.2 条要求时，可采用密拼式整体接缝连接方式进行双向受力连接。即：在相邻预制板之间采用密拼形式，通过在叠合面上配置间接搭接钢筋等措施传递内力，如图 5-11（b）及图 5-12 所示。

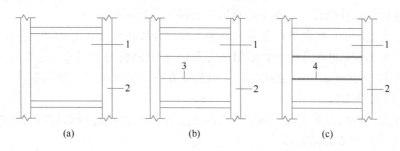

图 5-11　双向受力叠合板的预制底板布置示意图

（a）无接缝的双向叠合板；（b）密拼型双向叠合板；（c）带接缝的双向叠合板
1—预制底板；2—梁或墙；3—板侧密拼式接缝；4—板侧整体式接缝

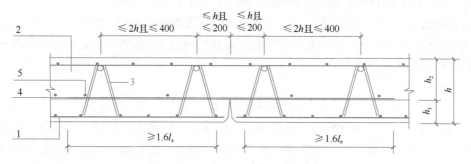

图 5-12　钢筋桁架混凝土叠合板的密拼式整体接缝连接

1—预制底板；2—后浇叠合层；3—钢筋桁架；4—接缝处的搭接钢筋；5—横向分布钢筋

3. 叠合板的拆分设计应注意与柱相交位置预留切角。

4. 叠合板中预制底板的宽度不应超过运输超宽的限制和工厂生产线模台宽度的限制。

5. 为降低生产成本，尽可能统一或减少板的规格。如双向叠合板，拆分时可适当通过板缝调节，将预制板宽度调成一致。

6. 有管线穿过的叠合板，拆分时须考虑避免与钢筋或钢筋桁架的冲突。

7. 顶棚无吊顶时，叠合板板侧接缝宜避开灯具、接线盒或吊扇等位置。

5.4　叠合板设计

装配式混凝土楼盖设计中的关键是所选取的楼板类型，这将决定楼盖的设计理论、计算方法及楼板与周围支座的连接构造措施。叠合板是目前国内装配式混凝土结构，尤其是装配整体式混凝土结构中采用的主要楼板形式，亦是《装规》中所推荐的装配式混凝土结构楼（屋面）板类型。

5.4.1　叠合板设计基本规定

1. 叠合板板型选取

叠合板设计应满足国家现行标准《混凝土结构设计标准》GB/T 50010 及《装规》中相关设计要求，并符合下列规定：

1）叠合板的预制底板厚度不宜小于 60mm，后浇混凝土叠合层厚度不应小于 60mm；

2）当叠合板的预制底板采用空心板时，板端空腔应封堵；

3）跨度大于 3m 的叠合板，宜采用钢筋桁架叠合板；

4）跨度大于 6m 的叠合板，宜采用预应力混凝土叠合板；

5）厚度大于 180mm 的叠合板，宜采用空心形式。

2. 叠合板材料选取

1）混凝土、钢筋力学性能指标和耐久性要求等应符合现行国家标准《混凝土结构设计标准》GB/T 50010 的规定；

2）叠合板中的预制底板及后浇混凝土叠合层应符合以下要求：

① 叠合板的混凝土强度等级不应低于 C25；

② 后浇混凝土叠合层的混凝土强度等级不宜低于 C30；

③ 预制底板采用预应力混凝土时，其混凝土强度等级不宜低于 C40；

④ 后浇混凝土叠合层及采用后浇带式整体接缝连接的后浇带混凝土强度等级不应低于预制底板混凝土强度等级。

3. 计算规范

1）在满足《装规》中相关设计要求的基础上，采用叠合板的装配式混凝土结构在结构内力与位移计算时，叠合板均假定楼盖在其自身平面内为无限刚性。同时由于叠合板与现浇板一样，对梁刚度均有增大作用，所以与叠合板相接触的楼（屋）面梁的刚度翼缘作用予以增大，梁刚度增大系数可根据翼缘情况近似取 1.3～2.0；

2）叠合板计算中的作用及作用组合应依据国家现行标准《工程结构通用规范》GB 55001、《建筑结构荷载规范》GB 50009、《建筑抗震设计标准》GB/T 50011、《高层建筑混凝土结构技术规程》JGJ 3 等要求；

3）应依据现行国家标准《混凝土结构工程施工规范》GB 50666 对叠合板中的预制底板在脱模、运输和堆放、安装等短暂设计状况下进行验算；

4）不同种类的叠合板还应符合国家现行相关标准的要求。例如，钢筋桁架叠合板应满足现行行业协会标准《钢筋桁架混凝土叠合板应用技术规程》T/ CECS 715 的要求；预制带肋底板叠合楼板应满足现行行业标准《预制带肋底板混凝土叠合楼板技术规程》JGJ/ T 258 的要求；钢管桁架预应力叠合板应满足现行行业协会标准《钢管桁架预应力混凝土叠合板技术规程》T/ CECS 722 的要求。

5.4.2 叠合板设计计算要求

1. 计算方法基本原则

在满足国家现行标准《混凝土结构设计标准》GB/T 50010 及《装规》的相关设计要求的基础上，一般可近似假定叠合板在其自身平面内无限刚性原则设计。其承载能力极限状态的计算及正常使用极限状态的验算方法均可等同现浇板。

2. 单向板与双向板的选取

根据叠合板长宽比及预制底板间接缝的构造措施，叠合板可按照单向板或双向板进行设计。

1）单向板设计

当叠合板中的预制底板间接缝采用密拼式分离接缝时，或长宽比大于 3 的四边支承叠合板，可按单向板进行设计，且应符合下列规定：

① 预制底板在板跨方向的两端伸出搭接钢筋，伸出长度到支座中心位置；

② 预制底板配筋按单向板的计算结果布置。

2）双向板设计

对长宽比不大于 3 的四边支承叠合板，当叠合板中预制板间接缝采用后浇带式整体接缝、密拼式整体接缝（仅针对钢筋桁架叠合板）或无接缝时，属于双向受力叠合板，可按双向板计算，且应符合下列规定：

① 预制底板拼缝位置宜避开叠合板受力较大部位；

② 预制底板和后浇混凝土叠合层配筋和各方向的支座负筋按照双向板的计算结果布置；

③ 采用后浇带式整体接缝的后浇带厚度同叠合板厚度。后浇带宽度及预制底板伸出钢筋具体要求可参见本书 5.4.3 节内容；

④ 采用密拼式整体接缝的钢筋桁架叠合板应满足现行行业协会标准《钢筋桁架混凝土叠合板应用技术规程》T/CECS 715 中 5.3.2 条款的相关要求。

3. 叠合面抗剪验算

叠合板中的预制底板与后浇混凝土叠合层所形成的界面称为叠合面，为保证叠合板中预制底板与后浇混凝土叠合层的整体性，预制底板表面应做成凹凸差不小于 4mm 的粗糙面，且粗糙面的面积不宜小于结合面的 80%。必要时还需在粗糙面上配置抗剪或抗拉钢筋（一般采用钢筋桁架）等，以确保叠合板的整体性能设计要求。

1）钢筋桁架叠合板

钢筋桁架叠合板中的钢筋桁架主要起抗剪作用。《装规》规定：钢筋桁架叠合板应满足下列要求：

① 钢筋桁架沿主要受力方向布置；

② 钢筋桁架距离板边不应大于 300mm，间距不宜大于 600mm；

③ 钢筋桁架弦杆钢筋直径不宜小于 8mm，腹杆钢筋直径不应小于 4mm；

④ 钢筋桁架弦杆混凝土保护层厚度不应小于 15mm。

2）无钢筋桁架的叠合板

对于叠合面不配抗剪钢筋的叠合板，叠合面的表面做成凹凸不小于 4mm 的粗糙面时，其叠合面的受剪承载力为：

$$\frac{V}{bh_0} \leqslant 0.4(\text{N/mm}^2) \tag{5-1}$$

式中　b、h_0——叠合面的宽度和有效高度（mm）；

　　　　V——水平接合面剪力设计值（N）。

此外《装规》还规定，当未设置钢筋桁架时，在下列情况下，叠合板的预制板与后浇混凝土叠合层之间应设置其他类型抗剪构造钢筋：

① 单向叠合板跨度大于 4.0m 时，距支座 1/4 跨范围内；

② 双向叠合板短向跨度大于 4.0m 时，距四边支座 1/4 短跨范围内；

③ 悬挑叠合板的上部纵向受力钢筋在相邻叠合板的后浇混凝土锚固范围内。

同时，叠合板的预制底板与后浇混凝土叠合层之间设置的抗剪构造钢筋应符合下列规定：

① 抗剪构造钢筋宜采用马镫形状，间距不大于 400mm，钢筋直径 d 不应小于 6mm；

② 马镫钢筋宜伸到叠合板上、下部纵向钢筋处，预埋在预制板内的总长度不应小于 15d，水平段长度不应小于 50mm。

需要说明的是，当叠合板跨度超过 5m，或相邻悬挑板的上部钢筋伸入叠合板中锚固时，因叠合面水平剪力较大，为了增加叠合板的整体性及叠合界面的抗剪性能，可在预制底板内设置钢筋桁架来保证水平界面的抗剪能力。此时，钢筋桁架的下弦及上弦可作为楼板的下部和上部受力钢筋使用。

此外，在施工阶段，验算预制底板的承载力及变形时，可考虑桁架钢筋的作用，减小预制板下的临时支撑。必要时，应根据水平叠合面抗剪计算的结果来设置抗剪钢筋。

4. 正常使用极限状态及承载能力极限状态计算

1）一阶段受力叠合板

对于一阶段受力叠合板，当其构造要求满足 5.4.1 节基本规定时，可参照现行国家标准《混凝土结构设计标准》GB/T 50010 中计算现浇混凝土楼板的方法，并根据楼板边界支座条件、板块尺寸、预制底板尺寸及拼缝构造，可按同厚度的单向板或双向板进行拆分设计与受力分析（主要包括：使用阶段的承载能力极限状态计算、正常使用极限状态验算）。

2）二阶段受力叠合板

叠合板应进行使用及施工两阶段计算。使用阶段计算包括叠合板的正截面承载力计算、楼板下部钢筋应力控制验算、支座裂缝控制验算以及挠度计算。施工阶段计算主要依据所选预制底板构造形式进行内力及挠度验算。

5. 吊点设计

安装吊点用于叠合板中预制底板起吊，具体要求如下：

1）采用钢筋桁架叠合板的预制底板宜将钢筋桁架兼作吊点，吊点数量、布置及钢筋桁架要求可依据现行行业协会标准《钢筋桁架混凝土叠合板应用技术规程》T/CECS 715 中 5.2.8 及 5.2.9 条的相关要求；

2）无钢筋桁架的叠合板中预制底板的安装吊点需采用专门埋置的吊点进行设计。

6. 叠合板中预制底板短暂设计状况验算

预制底板应进行短暂设计状况下的承载力、挠度及抗裂验算。短暂设计状况包括脱模、运输、堆放、吊运、安装和混凝土浇筑。预制底板的短暂设计状况验算应采用荷载标准组合，其中施工阶段尚应计入荷载效应的最不利组合。

5.4.3 叠合板板侧接缝连接设计及构造要求

叠合板中预制底板间板侧接缝的连接设计，依据叠合板受力情况，可采用整体接缝（包括：后浇带式整体接缝、密拼式整体接缝）或密拼式分离接缝。

1. 密拼式分离接缝

密拼式分离接缝中相邻预制板之间采用密拼形式，且无内力传递需求。该类接缝形式一般用于单向板的非受力边，其构造应避免接缝早于正常使用阶段产生裂缝，接缝处不设间隙、无需支设模板，单向板非受力钢筋不伸出板端，且一般在板侧边做成燕尾形状，并在接缝现浇层内设置附加钢筋以防止接缝开裂。采用分离式连接叠合板一般按单向板进行设计计算，并应符合下列构造要求：

1）接缝处紧邻预制板顶面宜设置垂直于板缝的附加钢筋，附加钢筋伸入两侧后浇混凝土叠合层的锚固长度不应小于 $15d$（d 为附加钢筋直径）；

2）附加钢筋截面面积不宜小于预制板中该方向钢筋面积，钢筋直径不宜小于 6mm，间距不宜大于 250mm。

2. 整体接缝

整体接缝一般用于双向受力叠合板中的预制底板连接，其构造应可保证垂直接缝方向板的连续受力，采用该类接缝的叠合板可按双向板进行设计计算。

按照构造形式可将整体接缝可分为后浇带式整体接缝与密拼式整体接缝两种类型：

1）后浇带式整体接缝应设置一定宽度现浇段并支设模板，板底钢筋伸出并两次弯折锚固于接缝内及叠合层现浇混凝土内，当后浇带宽度满足钢筋锚固长度要求时，可直接90°弯折锚固于接缝混凝土内，并应满足下列构造措施：

① 后浇带宽度不宜小于 200mm；后浇带两侧板底纵向受力钢筋可在后浇带中焊接、搭接连接，弯折锚固；

② 当后浇带两侧板底纵向受力钢筋在后浇带中弯折锚固，应符合规定：叠合板厚度不应小于 $10d$，且不应小于 120mm（d 为弯折钢筋直径的较大值）；接缝处预制板侧伸出的纵向受力钢筋应在后浇混凝土叠合层内锚固，且锚固长度不应小于 l_a；两侧钢筋在接缝处重叠的长度不应小于 $10d$，钢筋弯折角度不应大于 $30°$，弯折处沿接缝方向应配置不少于 2 根通长构造钢筋，且直径不应小于该方向预制板内钢筋直径。

2）密拼式整体接缝一般用于钢筋桁架混凝土叠合板中，其构造措施可参考现行行业协会标准《钢筋桁架混凝土叠合板应用技术规程》T/CECS 715 中相关规定。

5.4.4 叠合板支座节点锚固设计及构造要求

1. 预制底板有外伸钢筋的直接锚固

叠合板的支座设计主要需注意预制底板下部纵向受力钢筋构造问题，依据《装规》要求，预制底板内的纵向受力钢筋（即叠合板的下部纵向受力钢筋）在板端宜按照现浇板的要求深入支座，并锚固在支撑的构件内。

2. 预制底板无外伸钢筋的间接搭接锚固

当采用钢筋桁架混凝土叠合板时，预制底板纵向钢筋可不伸入支座，采用间接搭接方式锚入梁或墙等支座内，但应满足以下规定：

1）后浇混凝土叠合层厚度不小于75mm，且不小于预制厚度的1.5倍；

2）附加钢筋的面积应通过计算确定，且不应小于受力方向跨中板底钢筋面积的1/3；附加钢筋直径不宜小于8mm，间距不宜大于250mm；

3）当附加钢筋为构造钢筋时，伸入楼板的长度不应小于与板底钢筋的受压搭接长度，伸入支座的长度不应小于15d（d为附加钢筋直径）且宜伸过支座中心线；

4）当附加钢筋承受拉力时，伸入楼板的长度不应小于与板底钢筋的受拉搭接长度，伸入支座的长度不应小于受拉钢筋锚固长度；

5）垂直于附加钢筋的方向布置横向分布钢筋，在搭接范围内不宜少于3根，且钢筋直径不宜小于6mm，间距不宜大于250mm。

5.4.5　叠合板其他构造设计

单、双向叠合板板底倒角设置有差异：双向板板底不倒角，单向板板底倒角（但与梁的接触边不倒角），一般单向板接缝处下部边角做成45°倒角，便于板底接缝处的平整度处理，具体做法可参见现行国家标准图集《钢筋桁架混凝土叠合板》15G366-1。

5.5　案例分析

5.5.1　工程概况

第5章　案例图纸

本工程为陕西省西安市某项目宿舍楼，该建筑主体采用钢筋混凝土框架-剪力墙结构，建筑地上10层，层高2.90m，建筑总高度48.4m，总建筑面积9792.05m²。该结构体系中：框架与剪力墙抗震等级均为二级，抗震设防烈度为8度（0.2g），楼板采用钢筋桁架叠合板（混凝土强度等级采用C30，预制底板及后浇混凝土叠合层中钢筋采用HRB400），楼面中g（恒荷载）=4.75kN/m²，q（活荷载）=2.0kN/m²。宿舍楼的标准层建筑平面布置如图5-13所示。

5.5.2　钢筋桁架叠合板布置及拆分设计

1. 钢筋桁架叠合板与现浇板划分

该建筑中卫生间、盥洗室等辅助用房竖向管线较多且由于防水层铺设等要求需降板处理，故该部分采取现浇楼板。其余部分均采用叠合楼板。具体划分范围如图5-14所示。

2. 钢筋桁架叠合板拆分设计

依据《装规》及现行行业协会标准《钢筋桁架混凝土叠合板应用技术规程》T/CECS 715等规范中相关要求，本项目中的钢筋桁架叠合板中预制底板拆分设计如图5-15所示，具体设计参数如下：

1）受力方式采用有可靠支撑的一阶段受力形式；

2）依据建筑平面布置中梁系尺寸，本项目中叠合板板厚取h=130mm（预制板厚60mm、现浇层厚70mm）；

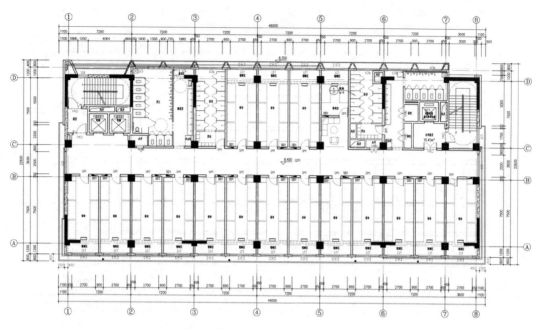

图 5-13 标准层建筑平面图

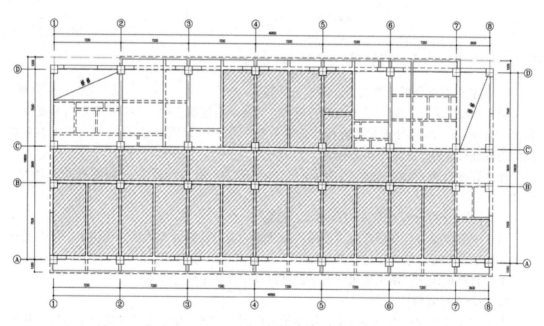

图 5-14 标准层叠合楼板布置范围（图中仅阴影部分采用钢筋桁架）

3）图 5-15 中，预制底板编号 DBS1-67-3624 各符号数字含义为：DBS1 表示双向受力叠合板底板，拼装位置为边板，67 表示预制底板厚度为 60mm，后浇叠合层厚度为 70mm，3624 表示预制底板的跨度为 3600mm，预制底板的宽度为 2400mm。

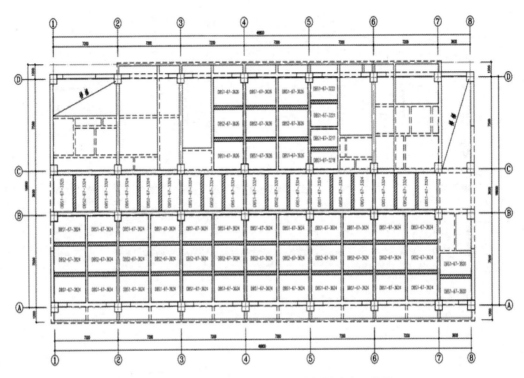

图 5-15　钢筋桁架叠合板中预制底板拆分布置范围

5.5.3　钢筋桁架叠合板计算

1. 钢筋桁架叠合板承载能力极限状态计算

由于本项目采用一阶段受力的叠合板（在后浇叠合层施工时，预制底板有可靠支撑），依据《装规》6.3.4 条要求，叠合板计算可完全等同现浇板计算，具体计算过程可参考双向受力现浇板计算，本书不再赘述。

经计算叠合板中预制底板内的纵向受力钢筋为：沿板两受力方向配筋均采用Φ8@190。

2. 钢筋桁架叠合板正常使用极限状态验算

对于一阶段受力叠合板在正常使用极限状态的挠度及裂缝等验算同现浇板，可参照现行国家标准《混凝土结构设计标准》GB/T 50010 中第 7 章内容。

本项目楼板在正常使用极限状态下的裂缝及挠度满足规范要求。

3. 叠合面抗剪验算

由于本次采用钢筋桁架叠合板，钢筋桁架按照《装规》中 6.6.7 条进行了布置，并依据 6.5.5 条要求设置了粗糙面，故无需进行叠合面抗剪验算。

5.5.4　钢筋桁架叠合板连接设计

1. 钢筋桁架叠合板板侧接缝连接设计及构造

由于本项目中的叠合板采用双向板计算，故板侧接缝采用后浇带式整体接缝，要求本次后浇带内的预制底板纵筋端部采用带 135°弯钩搭接，具体可参见现行行业协会标准

《钢筋桁架混凝土叠合板应用技术规程》T/CECS 715 中 5.3.1 条要求。

2. 钢筋桁架叠合板支座节点锚固设计及构造

桁架预制板纵向钢筋伸入支座时，应在支承梁或墙的后浇混凝土中锚固，锚固长度不应小于 l_s；当板端支座承担负弯矩时，l_s 不应小于钢筋直径的 5 倍，且宜伸至支座中心线；当节点区承受正弯矩时，l_s 不应小于受拉钢筋锚固长度 l_a，具体可参见现行行业协会标准《钢筋桁架混凝土叠合板应用技术规程》T/CECS 715 中 5.4.5 条要求。

5.5.5 钢筋桁架叠合板深化设计

区别于现浇板，叠合板施工图需要对后浇混凝土叠合层与预制底板分别进行配筋。由于后浇混凝土叠合层的配筋与现浇板相同，本书不再赘述。所以叠合板的深化设计主要针对的是预制底板，为更好地展示在实际工程中叠合板设计、施工图绘制与现浇板的不同之处，以下内容主要针对叠合板中的预制底板进行讲解。叠合板中预制底板的深化设计具体内容包括：

1) 预制底板配筋图

该部分图纸内容包括：绘制钢筋具体布置图（如图 5-16 所示，包括受力钢筋、分布钢筋的布置等）；钢筋下料表（包括预制板编号、长度、宽度，混凝土总体积，预制板钢筋种类、数量、尺寸，钢筋总重量）。

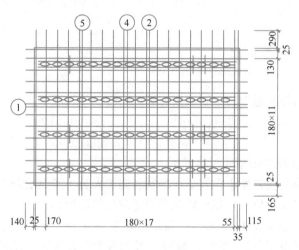

图 5-16 预制底板配筋图

2) 模板图

该部分图纸内容包括（图 5-17）：吊点及吊件的位置，各种预埋管线、孔洞、线盒及各种管线的吊挂预埋螺母等信息；运输、安装需要的吊件、临时安装件；设备需要预埋的管线、线盒，需要预留的孔洞、吊灯等的预埋件。

3) 短暂工况验算

桁架预制板应进行短暂设计状况下的承载力、挠度及抗裂验算。由于本次所采用的叠合板为钢筋桁架叠合板，所以短暂设计状况（包括脱模、运输、堆放、吊运、安装和混凝土浇筑）均依据现行行业协会标准《钢筋桁架混凝土叠合板应用技术规程》T/CECS 715 中 5.2.10 及 5.2.11 条相关规定进行验算。

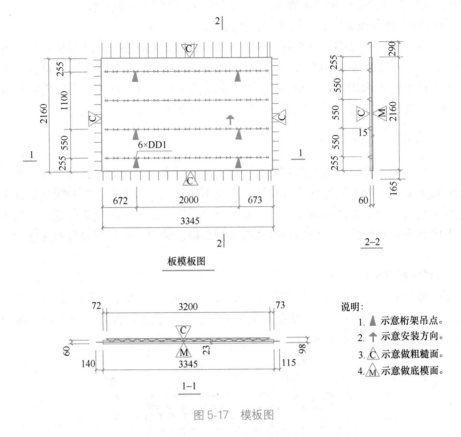

图 5-17　模板图

经验算本次所用叠合板中的预制底板均满足短暂设计状况要求。

5.5.6　钢筋桁架叠合板施工图

1. 钢筋桁架叠合板中预制底板布置图

预制底板布置图主要是便于在施工现场安装施工人员将预制底板吊装至结构设计师设计中进行拆分的指定板块位置，以免后期影响建筑功能的使用。

该图中需表达预制底板型号及在楼盖中的位置等关键信息，如图 5-15 所示。具体为：注明预制板的安装方向、厚度、板号、数量及板底标高，标出预留洞口大小及位置，标注出预制底板板侧接缝（后浇带式整体接缝还需标注清楚后浇带宽度及具体定位）等信息。

2. 后浇混凝土叠合层配筋图及节点详图

该图纸主要用于叠合板中的预制底板在施工现场吊装至指定位置后，开展后浇叠合层混凝土施工。

1）后浇混凝土叠合层配筋图中关于配置布置与现浇板顶部负筋配筋图类似，但需要表达清楚叠合层厚度信息；

2）节点详图主要包括预制底板中板侧接缝及预制底板与支座连接处的钢筋搭接、锚固等具体布置及要求（本部分在设计时可参考现行行业协会标准《钢筋桁架混凝土叠合板应用技术规程》T/CECS 715 中 5.3 节及 5.4 节相关要求进行设计并绘图）。

3. 机电点位布置图

该部分图纸主要用于后期设备机电施工中便于管线等连接。图纸内容主要包括：电气设备点位，暖通设备点位，给水排水设备点位，施工预留洞口等信息。

本章小结

1. 装配式混凝土结构体系中的楼盖依据施工工艺一般分为现浇式楼盖、全预制楼盖、叠合楼盖及钢筋桁架楼承板楼盖等类型。全预制混凝土板依据材料及构造形式的不同可分为：预应力空心板、预应力双 T 形板及预制槽形板等形式。钢筋桁架楼承板依据其生产及施工工艺可分为：焊接式钢筋桁架楼承板、可拆卸底模桁架楼承板及免拆卸底模桁架楼承板三类。

2. 叠合楼盖设计的内容主要包括：划分现浇楼板和装配整体式楼盖的范围、选用板受力方案、拆分设计、受力分析、连接设计、临时支撑设计、预留及预埋等细部设计。

3. 叠合板根据预制底板之间接缝的受力情况，可分为分离式接缝和整体式接缝。分离式接缝一般为单向板非受力边，其构造应避免接缝早于正常使用阶段产生裂缝，接缝处不设间隙、无需支设模板，单向板非受力钢筋不伸出板端，且一般在板侧边做成燕尾形状，并在接缝现浇层内设置附加钢筋以防止接缝开裂；整体式接缝主要有后浇带式整体接缝、密拼式整体接缝两类，一般用于双向板，其构造应保证垂直接缝方向板的连续受力，采用整体式接缝的板一般按双向板进行设计计算。

4. 为了保证叠合板界面两侧共同承载、协调受力，对混凝土叠合板后浇叠合层混凝土的厚度、混凝土强度等级、叠合面粗糙程度、叠合面构造钢筋等均需要依据规范严格采用相应构造要求。

5. 通过实际工程的案例分析，以钢筋桁架叠合板为例给出了叠合板在设计中与现浇板的区别与联系。

思考题

1. 简述叠合楼板的基本设计流程。
2. 简述叠合板常用的构造形式。
3. 请解释叠合楼板设计中，叠合板厚度比现浇楼板略厚的原因。
4. 与现浇楼板相比，叠合板设计有何异同？
5. 简述叠合楼板中板缝间接缝的类型及受力特点。

第 6 章　装配式混凝土框架结构设计

6.1　概述

装配整体式混凝土框架结构是全部或部分框架梁、柱采用预制构件构建成的装配整体式混凝土结构，简称装配整体式框架结构。该结构可按现浇混凝土框架结构进行设计。本章将重点介绍装配整体式混凝土框架结构，简述行业规范、标准关于装配整体式混凝土框架的结构设计，包括基本设计要求、设计计算、构件拆分设计、节点连接设计和构造要求，并结合典型案例，使读者更加系统、深入地理解相关知识体系。

6.2　基本设计要求

6.2.1　结构分析方法

装配整体式混凝土框架结构可按现浇混凝土框架结构进行设计，预制梁、柱等混凝土构件通过可靠的连接方式进行连接并与现场后浇混凝土、水泥基灌浆料形成整体，即所谓的"湿连接"，设计等同现浇。国内外针对装配整体式混凝土框架结构在抗震设防区的性能研究结果表明：其性能可等同于现浇混凝土框架结构，可采用和现浇混凝土框架结构相同的方法进行结构分析和设计。

6.2.2　预制柱纵筋连接

装配整体式混凝土框架结构中，预制柱的纵向钢筋连接应符合下列规定：

1. 当房屋高度不大于 12m 或层数不超过 3 层时，可采用套筒灌浆、浆锚搭接、焊接等连接方式。

2. 当房屋高度大于 12m 或层数超过 3 层时，宜采用套筒灌浆连接。

6.2.3　预制柱水平接缝受力

装配整体式混凝土框架结构中，预制柱水平接缝处不宜出现拉力。试验研究表明：预制柱的水平接缝处，受剪承载力受柱轴力影响较大。当柱受拉时，水平接缝的抗剪能力较差，易发生接缝间的滑移错动。因此，应通过合理的结构布置，避免柱的水平接缝处出现拉力。

6.3 设计计算

6.3.1 截面尺寸估算

1. 预制梁

预制框架梁截面尺寸的确定受多个因素的影响，包括荷载类型、梁跨度、结构高度限制、服役性能要求、混凝土强度等，需要根据具体设计要求和实际情况综合分析和计算，以满足结构的安全性、可行性和经济性要求。

1）梁截面高度的估算

① 主梁的截面高度 h 按公式 $h = (1/12 \sim 1/8)L$ 进行估算，L 为梁净跨，一般可以取 $L/12$。主梁的高度还与荷载大小和跨度有关，如果荷载不是很大，可以考虑取 $L/15$ 作为主梁的高度。

② 次梁的截面高度 h 按公式 $h = (1/20 \sim 1/12)L$ 进行估算，一般可以取 $L/15$。当跨度受荷载较小时，可以考虑取 $L/18$ 作为次梁的高度。

③ 简支梁的截面高度 h 按公式 $h = (1/15 \sim 1/8)L$ 进行估算，一般可以取 $L/12$。

④ 悬挑梁的截面高度 h，在荷载比较大时可以按公式 $h = (1/6 \sim 1/5)L$ 进行估算；当荷载不大时，可以按公式 $h = (1/8 \sim 1/7)L$ 进行估算。

⑤ 单向密肋梁的截面高度按公式 $h = (1/22 \sim 1/18)L$ 进行估算，一般可以取 $L/20$。

⑥ 井字梁的截面高度按公式 $h = (1/20 \sim 1/15)L$ 进行估算。

2）梁截面宽度的估算

主梁的截面宽度 b 按公式 $b = (1/4 \sim 1/2)h$ 进行估算。一般来说，梁高是梁宽的2～3倍，但不宜超过4倍。当梁宽比较大，例如400mm、450mm时，可以考虑将梁高设计为1～2倍梁宽。需注意主梁的宽度不应小于200mm，次梁的宽度不应小于150mm。

2. 预制柱

预制柱的截面尺寸主要影响因素为竖向荷载、梁跨度、结构高度和层高、混凝土强度、抗震要求等。在设计时，一般可根据规范和工程经验来确定预制柱的截面尺寸。按照现行国家标准《建筑抗震设计标准》GB/T 50011（以下简称《抗规》）6.3.5条，柱的截面尺寸宜符合下列各项要求：

1）截面的宽度和高度，抗震等级为四级或不超过2层时不宜小于300mm，抗震等级为一、二、三级且超过2层时不宜小于400mm；圆柱的直径，抗震等级为四级或不超过2层时不宜小于350mm，抗震等级为一、二、三级且超过2层时不宜小于450mm。

2）当柱网较小时，一般每10层柱截面取550～650mm。当结构为多层时，每3层可对柱截面沿一个方向进行50mm倍数缩小；对于高层，5～8层可以收小一次，顶层柱截面一般不宜小于400mm×400mm。当楼层受剪承载力不满足规范要求时，常会变柱子截面大小。

6.3.2 关键截面承载力计算

装配式混凝土框架结构可借鉴现浇混凝土框架结构的设计方法，但装配式结构的关键在于构件间的连接界面。因此，必须满足构件接缝处的受剪承载力要求。

对于持久设计状况：

$$\gamma_0 V_{jd} \leqslant V_u \tag{6-1}$$

式中　γ_0——结构重要性系数，安全等级为一级时不应小于 1.1，安全等级为二级时不
　　　　　应小于 1.0；

　　　V_{jd}——持久设计状况下接缝剪力设计值；

　　　V_u——持久设计状况下梁、柱端底部接缝受剪承载力设计值。

对于地震设计状况：

$$V_{jdE} \leqslant \frac{V_{uE}}{\gamma_{RE}} \tag{6-2}$$

式中　γ_{RE}——接缝受剪承载力抗震调整系数，取 0.85；

　　　V_{jdE}——地震设计状况下接缝剪力设计值；

　　　V_{uE}——地震设计状况下梁端、柱端底部接缝受剪承载力设计值。

在梁、柱端部箍筋加密区及剪力墙底部加强部位，尚应符合以下规定：

$$\eta_j V_{mua} \leqslant V_{uE} \tag{6-3}$$

式中　η_j——接缝受剪承载力增大系数，抗震等级为一、二级取 1.2，抗震等级为三、四
　　　　　级取 1.10；

　　　V_{mua}——被连接构件端部按实配钢筋面积计算的斜截面受剪承载力设计值。

1. 叠合梁端竖向接缝的受剪承载力设计值应按下列公式计算：

持续设计状况：

$$V_u = 0.07 f_c A_{cl} + 0.10 f_c A_k + 1.65 A_{sd} \sqrt{f_c f_y} \tag{6-4}$$

式中　A_{cl}——叠合梁端截面后浇混凝土叠合层截面面积；

　　　f_c——预制构件混凝土轴心抗压强度设计值；

　　　f_y——垂直穿过结合面钢筋抗拉强度设计值；

　　　A_k——各槽的根部截面面积之和，按后浇键槽部截面和预制键槽根部截面分别计
　　　　　算，并取二者较小值；

　　　A_{sd}——垂直穿过结合面所有钢筋的面积，包括叠合层内的纵向钢筋。

2. 预制柱底水平接缝的受剪承载力计算

在地震设计状况下，预制柱底水平接缝的受剪承载力设计值应按下列公式计算：

当预制柱受压时：

$$V_{uE} = 0.8N + 1.65 A_{sd} \sqrt{f_c f_y} \tag{6-5}$$

当预制柱受拉时：

$$V_{uE} = 1.65 A_{sd} \sqrt{f_c f_y \left[1 - \left(\frac{N}{A_{sd} f_y} \right)^2 \right]} \tag{6-6}$$

式中　N——与剪力设计值 V 相应的垂直于结合面的轴力设计值，取绝对值进行计算；

　　　A_{sd}——垂直穿过结合面所有钢筋的面积；

　　　V_{uE}——地震设计状况下接缝受剪承载力设计值。

3. 梁柱节点核心区验算

对于装配整体式框架的一、二、三级抗震等级，需要计算梁柱节点核心区的抗震受剪
承载力。而对于四级抗震等级，则无需进行此项计算。在进行计算时，应遵循现行国家标
准《混凝土结构设计标准》GB/T 50010 和《抗规》中的相关规定。

6.3.3 其他有关规定

1. 最小截面尺寸

对于预制梁构件，通常选择矩形截面，如图 6-1（a）所示。截面的宽度不应小于 200mm，截面的高宽比一般在 2～3，不宜超过 4。此外，净跨与截面高度之比不宜小于 4。

在装配整体式混凝土框架结构中，当采用叠合梁时，框架梁的后浇混凝土叠合层厚度不宜小于 150mm，次梁的后浇混凝土叠合层厚度不应小于 120mm。叠合梁的高度超过 450mm 时，后浇混凝土层的厚度不宜小于 150mm，并且应取梁高 1/3 中的较大值。当采用具有凹口的预制梁，如图 6-1（b）所示，凹口深度不宜小于 50mm，凹口边的厚度不宜小于 60mm。同时，预制梁的顶面应为粗糙面，凹凸差不宜小于 6mm。

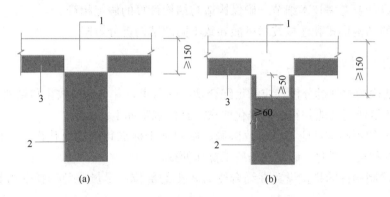

图 6-1 叠合框架梁截面

（a）矩形截面预制梁；（b）凹口截面预制梁

1—后浇混凝土叠合层；2—预制梁；3—预制板

预制柱构件通常采用方形或矩形截面，其截面边长不宜小于 400mm。圆形截面柱的直径不宜小于 450mm，同时不宜小于同方向梁宽的 1.5 倍。这种设计选择是为了避免节点区梁钢筋和柱中纵向钢筋的位置冲突，方便安装施工。此外，剪跨比宜大于 2，截面长边与短边的边长比不宜大于 3。

2. 限制轴压比

为了确保塑性变形能力和框架的抗倒塌能力，必须限制框架柱的轴压比。在抗震设计中，为满足装配整体式混凝土框架结构柱的延性要求，应将轴压比控制在表 6-1 的规定范围内。对于建造于 Ⅳ 类场地的较高高层建筑，可适当降低轴压比限值（参照《抗规》5.1.6.1 条文说明）。

轴压比限值   表 6-1

结构类型	抗震等级			
	一	二	三	四
装配整体式框架结构	0.65	0.75	0.85	0.90
装配整体式框架-现浇核心筒结构	0.75	0.85	0.90	0.95

6.4　构件拆分设计

6.4.1　拆分设计原则

装配整体式框架结构的拆分设计需要兼顾效率、质量和安全性，合理划分模块、标准化设计、优化结构以及考虑装配过程中的因素，以实现方便快捷的装配和高质量的结构搭建。并满足下列基本原则：

1. 在方案阶段开始拆分设计，确定预制构件在结构方案与传力途径中的布置和连接方式，并在此基础上进行结构分析和构件设计。

2. 拆分设计的核心是以施工为导向，实现整体效益的最大化。

3. 拆分设计要考虑技术细节，确保构造与结构计算的假定相符。

4. 不同的结构形式和连接技术可能导致不同的结构拆分策略。

6.4.2　拆分设计基本规定

装配式结构的构件拆分设计应满足综合功能的需求，并考虑模数化和系列化的标准设计，以满足建筑使用功能并符合标准化要求。具体规定如下：

1. 被拆分的预制构件应符合模数协调原则，基于标准化和模块化设计，优化构件尺寸，减少构件种类。同时，确保现场施工操作便捷。

2. 宜将预制构件的拼接设置在综合受力较小的部位，尽量避免选择受力较不利的部位拼接。

3. 相关连接接缝的构造应简单，构件传力路径明确，确保形成的结构体系具有安全可靠的承载能力。

4. 在进行构件拆分设计时，应尽量确保构件的大小均匀，并尽量减少预制构件的规格。此外，单个构件的重量应根据所选用的起重机械进行限制。被拆分的预制构件应满足施工吊装的能力，且便于施工安装，方便进行质量控制和验收。

5. 预制构件的分割应避开管线位置，以保持管线的连通性和稳定性。

6. 被拆分的预制构件应满足结构设计计算模型的假定要求，即拆分后的构件在逻辑上应与原始构件保持一致，其受力和承载能力应符合结构设计的要求。

6.4.3　预制构件拆分要求

预制构件的拆分设计是制定预制构件在运输、装配和拆解过程中的分解方案，以确保构件的安全性、高效性和经济性。装配式框架结构地下室与一层宜现浇，与标准层差异较大的裙楼宜现浇；最顶层楼板宜现浇。其他楼层结构构件拆分设计要求如下：

1. 预制柱

1）预制柱拆分位置一般设置在楼层标高处。

2）底层柱拆分位置应避开柱脚塑性铰区域，每根预制柱长度按1层拆分，节点现浇。

3）柱纵向钢筋应贯穿后浇节点区。

4）柱底接缝厚度宜为20mm，并采用灌浆料填实。

2. 预制梁

1) 梁拆分位置可以设置在梁端，也可以设置在梁跨中；

2) 拆分位置在梁的端部时，梁纵向钢筋套管连接位置距离柱边不宜小于 $1.0h$（h 为梁高），不应小于 $0.5h$（考虑塑性铰，塑性铰区域内存在套管连接，不利于塑性铰转动）。

3) 预制主梁通常按照柱网拆分，形成单跨梁；当跨距较小时，可以选择拆分为双跨梁。

4) 预制次梁按照主梁间距作为单元进行拆分，形成单跨梁。

6.5 节点连接设计

6.5.1 节点连接设计原则

装配整体式混凝土框架结构的连接节点构造复杂、种类多样，其性能对整个建筑的结构可靠性具有重要影响。装配整体式混凝土框架结构的节点连接主要包括梁-梁连接、柱-柱连接和梁-柱连接等。针对装配整体式混凝土框架结构，节点连接设计原则主要如下：

1. 连接节点的选型和设计。连接节点的选型和设计应注重概念设计，满足耐久性要求，并通过合理的连接构造，保证构件的连续性。

2. 节点连接方式和构造措施应符合设防烈度、建筑高度及抗震等级等要求。重要且复杂的节点连接受力性能应通过试验确定，试验方法应符合相应规定。

3. 装配式结构的节点和连接应同时满足施工和使用阶段的承载力和变形的要求；在保证结构整体受力性能的前提下，力求连接构造简单、传力直接、受力明确。

4. 承重结构中节点和连接的承载能力、延性不宜低于同类现浇结构。

5. 宜采取可靠的构造措施及施工方法，使装配式结构中预制构件之间或者预制构件与现浇构件之间的节点或接缝的承载力、刚度和延性不低于现浇结构。

6.5.2 柱与柱连接

应当根据接头受力情况、施工工艺和其他相关要求，采用套筒灌浆连接、浆锚搭接连接、机械连接或焊接连接等方式连接柱纵向受力钢筋。焊接连接是通过在预制混凝土构件中预埋钢板，将构件中的钢筋与预留在构件里的预埋件焊接在一起，以传递构件之间的作用力；其他各类连接形式的构造及原理详见本教材 4.3 节。

6.5.3 梁与梁连接

1. 叠合梁的对接连接节点

叠合梁的对接连接节点宜在受力较小的截面处，如图 6-2 所示，还应满足以下要求：

1) 梁的两端设置键槽或粗糙面；

2) 在连接位置处应有满足钢筋作业需求的后浇段；

3) 宜用机械连接、灌浆套筒连接、焊接或绑

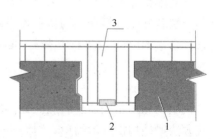

图 6-2 叠合梁-梁拼接节点构造
1—预制梁；2—钢筋连接；3—后浇段

扎连接等方式连接梁下侧纵向受拉钢筋的后浇段。

4）对于后浇段内的箍筋，应适当加密，且间距不应大于 $5d$ 和 100mm 两者的最小值。

2. 主次梁后浇段连接节点

主梁和次梁的连接应采用刚接或铰接的连接方式，刚接时应满足以下要求：

1）在主梁的连接节点处设置现浇段；

2）在边节点处，如图 6-3（a）所示，次梁的纵向钢筋应在主梁现浇段内锚固；

3）中间节点，如图 6-3（b）所示，两侧次梁的下部钢筋应连接或锚固于现浇段内；

4）次梁的上侧纵筋在现浇层内应连续。钢筋锚固长度应满足现行国家标准《混凝土结构设计标准》GB/T 50010 的相关要求。

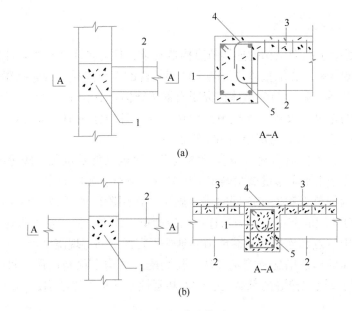

图 6-3　节点构造

（a）次梁端部节点；（b）连续次梁中间节点

1—主梁现浇段；2—次梁；3—现浇层混凝土；4—次梁上部钢筋连接；5—次梁下部钢筋锚固

6.5.4　梁与柱连接

在装配整体式混凝土框架结构中，节点是指框架梁与框架柱相交的核心区与邻近核心区的梁端和柱端。根据结构特点和连接位置的不同，需要采用不同的框架节点构造形式，并选择合适的内柱-梁连接和外柱-梁连接方式。常用的梁-柱节点连接方式包括整浇式连接、现浇柱预制梁连接等。

1. 整浇式连接

预制梁和预制柱通过后浇混凝土形成刚性节点，此种连接方式被称为整浇式连接。该连接方法梁柱构件外形简单，制作和吊装方便，节点的整体性较好。然而，框架柱核心区梁柱纵筋排列密集，柱核心区混凝土难以浇筑密实，易产生孔洞等隐患。

1）钢筋布置及连接要求

为了提高预制构件的装配施工效率，减少预制柱纵筋连接根数，可以将预制柱纵筋集中布置在四角。当梁、柱纵向钢筋在后浇节点区内采用直线锚固、弯折锚固或机械锚固方式时，其锚固长度应符合现行国家标准《混凝土结构设计标准》GB/T 50010 的规定。当梁、柱纵向钢筋采用锚固板时，应符合现行行业标准《钢筋锚固板应用技术规程》JGJ 256 中的有关规定。

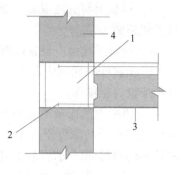

图 6-4　预制柱及叠合梁
框架顶层段节点构造
1—后浇区；2—梁纵向钢筋锚固；
3—预制梁；4—预制柱

根据现行国家标准《装配式混凝土建筑技术标准》GB/T 51231，采用预制柱及叠合梁的装配整体式框架节点，梁纵向受力钢筋应伸入后浇节点区内锚固或连接，并应符合下列规定：

① 对框架中间层端节点，当柱截面尺寸不满足梁纵向受力钢筋的直锚要求时，宜采用锚固板锚固，如图 6-4 所示。

② 对框架中间层中节点，节点两侧的梁下部纵向受力钢筋宜锚固在后浇节点核心区内，如图 6-5（a）所示，也可采用机械连接或焊接的方式连接，如图 6-5（b）所示。

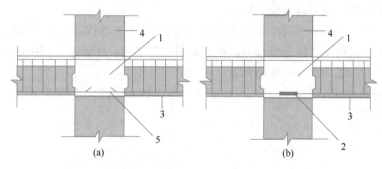

(a)　　　　　　　　　　　(b)

图 6-5　预制柱及叠合梁框架中间层中节点构造
（a）梁下部纵向受力钢筋锚固；（b）梁下部纵向受力钢筋机械连接
1—后浇区；2—梁下部纵向受力钢筋连接；3—预制梁；4—预制柱；5—梁下部

③ 对框架顶层中节点，柱纵向受力钢筋宜采用直线锚固；当梁截面尺寸不满足直线锚固要求时，宜采用锚固板锚固。

④ 对框架顶层端节点，柱宜伸出屋面并将柱纵向受力钢筋锚固在伸出段内，如图 6-6 所示，柱纵向受力钢筋宜采用锚固板的锚固方式，此时锚固长度不应小于 $0.6l_{abE}$。伸出段内箍筋直径不应小于 $d/4$（d 为柱纵向受力钢筋的最大直径），伸出段内箍筋间距不应大于 $5d$（d 为柱纵向受力钢筋的最小直径）且不应大于 $100mm$；梁纵向受力钢筋应锚固在后浇节点区，且宜采用锚固板的锚固方式，此时锚固长度不应小于 $0.6l_{abE}$。

2）粗糙面及键槽要求

由于预制构件的混凝土已固化，新浇筑的混凝土在结合面部位易形成"薄弱层"，若要保证新旧混凝土的结合面强度，通常应在预制混凝土构件与后浇混凝土、灌浆料、坐浆材料的结合面设置粗糙面和键槽，并应符合下列规定：

① 预制板与后浇混凝土叠合层之间的结合面应设置粗糙面。

② 预制梁端面应设置键槽，且宜设置粗糙面。

③预制柱的底部应设置键槽，且宜设置粗糙面；柱顶应设置粗糙面。

④ 粗糙面的面积不宜小于结合面的 80%，预制板的粗糙面凹凸深度不应小于 4mm，预制梁端、预制柱端的粗糙面凹凸深度均不应小于 6mm。

⑤ 根据《装规》6.5.5 条，梁端、预制柱键槽的深度 t 不宜小于 30mm，剪力墙键槽的深度 t 不宜小于 20mm。键槽端部斜面倾角不宜大于 30°。键槽的宽度 w 不宜小于深度的 3 倍，且不宜大于深度的 10 倍。键槽可贯通截面。当不贯通时，槽口距离截面边缘不宜小于 50mm。键槽的尺寸和数量应按《装规》规定计算确定。

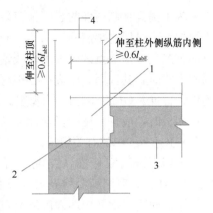

图 6-6　预制柱及叠合梁框架
顶层端节点构造

1—后浇区；2—梁下部纵向受力钢筋锚固；
3—预制梁；4—柱延伸段；5—柱纵
向受力钢筋

2. 现浇柱预制梁连接

现浇柱预制梁节点是将现场浇筑的柱与预制叠合梁进行混凝土浇筑连接形成的刚性节点。现浇柱预制梁节点应符合以下要求：

① 如图 6-7～图 6-10 所示，现浇柱预制梁节点分为 A 型构造、B 型构造、C 型构造、D 型构造。A 型构造用于抗震等级为二级的多层框架结构；B 型和 C 型构造用于非抗震及抗震等级为二、三级的多层框架结构。

② 现浇柱预制梁节点除柱子采用现浇外，节点核心区混凝土强度等级、构造要求均与整浇式节点相同。

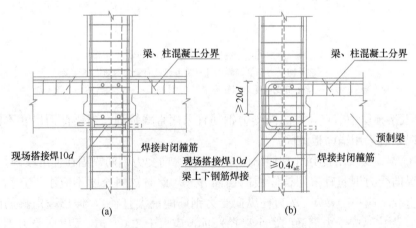

图 6-7　现浇柱预制梁节点（A 型构造）

（a）中柱节点；（b）边柱节点

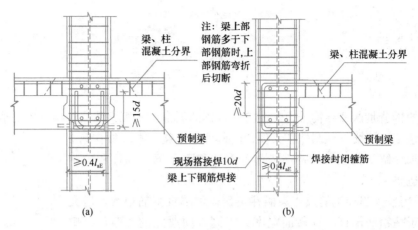

图 6-8　现浇柱预制梁节点（B型构造）

（a）中柱节点；（b）边柱节点

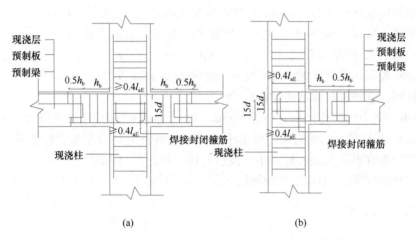

图 6-9　现浇柱预制梁节点（C型构造）

（a）中柱节点；（b）边柱节点

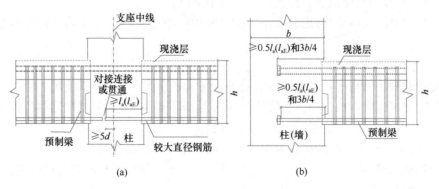

图 6-10　现浇柱预制梁节点（D型构造）

（a）中柱节点；（b）边柱节点

6.6　构造要求

6.6.1　预制柱设计

可靠的构造是保证结构受力性能充分发挥的关键。装配整体式混凝土框架结构的主要构造要求包括预制梁、预制柱和其他预制构件的拼装。本教材在第5章已经详细介绍了预制梁的构造措施。本节着重介绍预制柱和预制构件的构造要求。

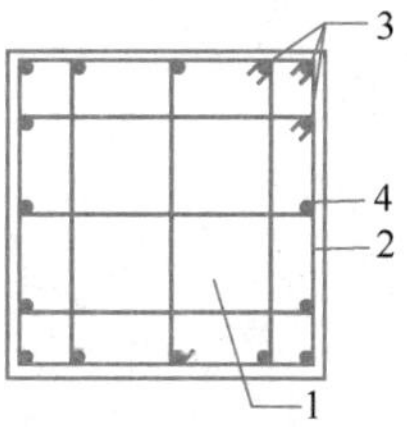

图 6-11　集中配筋构造平面
1—预制柱；2—箍筋；
3—纵向受力筋；
4—纵向辅助钢筋

1）采用较大直径钢筋及较大的柱截面，可减少钢筋根数，增大间距，便于柱钢筋连接。柱截面宽度大于同方向梁宽的 1.5 倍，避免节点区梁柱纵向钢筋的位置冲突。

2）柱纵向受力钢筋在柱底连接时，柱箍筋加密区长度不应小于纵向受力钢筋连接区长度与 500mm 之和。特别注意的是，如果采用套筒灌浆连接或浆锚搭接连接等方式，套筒或搭接段上第一道箍筋距离套筒或搭接段顶部的距离不应超过 50mm，见《装规》7.3.5 条。试验研究表明，套筒连接区域对柱的刚度和受力具有重要影响，因此需要特别注意该区域的箍筋加密。

3）柱纵向受力钢筋直径不宜小于 20mm，纵向受力钢筋的间距不宜大于 200mm 且不应大于 400mm，柱的纵向受力钢筋可集中于四角配置且宜对称布置。柱中可设置纵向辅助钢筋但直径不宜小于 12mm 且不小于箍筋直径，如图 6-11 所示。

4）预制柱箍筋可采用连续复合箍筋。

6.6.2　其他构造要求

1. 预制构件拼接应符合的规定

1）预制构件拼接部位的混凝土强度等级不应低于预制构件的混凝土强度等级；

2）预制构件的拼接位置宜设置在受力较小部位；

3）预制构件的拼接应考虑温度作用和混凝土收缩徐变的不利影响，宜适当增加构造配筋。

2. 节点及接缝处的钢筋连接方式

装配式混凝土结构中，节点及接缝处的纵向钢筋连接宜根据接头受力、施工工艺等要求选用套筒灌浆连接、机械连接、浆锚搭接连接、焊接连接、绑扎搭接连接等连接方式。

1）直径大于 20mm 的钢筋不宜采用浆锚搭接连接；

2）直接承受动力荷载的构件纵向钢筋不应采用浆锚搭接连接；

3）当采用套筒灌浆连接时，应符合现行行业标准《钢筋套筒灌浆连接应用技术规程》JGJ 355 的规定；

4）当采用机械连接时，应符合现行行业标准《钢筋机械连接技术规程》JGJ 107 的规定；

5）当采用焊接连接时，应符合现行行业标准《钢筋焊接及验收规程》JGJ 18 的规定。

6.7 案例分析

6.7.1 案例工程概况

1. 项目概况

本项目为陕西省某工业园综合楼，结构类型为框架结构，如图 6-12 所示，地上建筑面积为 2926.68m²，地上 4 层综合办公楼，建筑高度 16.95m；抗震设防分类丙类，抗震等级三级，抗震设防烈度 7 度（0.1g）。

2. 采用的装配式部品部件

预制混凝土框架柱、预制混凝土叠合梁、桁架钢筋混凝土叠合板、预制钢筋混凝土板式楼梯、预制钢筋混凝土空调板及预制钢筋混凝土女儿墙等，如图 6-13 所示。

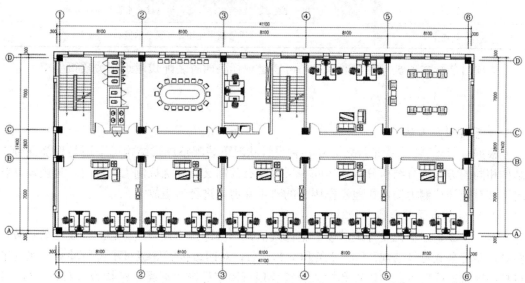

图 6-12　项目效果图及建筑平面图

图 6-13　装配式建造技术

6.7.2　装配式方案设计

根据陕西省相关政策，并结合项目的相关文件，需满足以下要求：

1）本项目的装配率不得低于 35%。

2）按照陕西省《装配式建筑评价标准》DBJ 61/T 168—2020 计算装配率，结构主体部分得分应不低于 15 分，围护结构部分得分应不低于 5 分。

3）可应用装配式技术，见表 6-2。

装配式建筑技术组合　　　　　　　　　　　　　　表 6-2

主体结构	预制柱、预制叠合楼板、预制叠合梁、预制楼梯
外围护墙	预制外墙、墙体与外装饰一体化
内隔墙	预制轻质隔墙板、墙体与管线、饰面一体化
装修	全装修、干式工法地面、集成管线和吊顶
卫生间、厨房	干式工法地面、集成管线和吊顶、集成厨房卫浴
管线	电气管、线、盒与主体分离，给（排）水管与主体分离
其他	BIM 技术应用、工程总承包

本项目装配式建筑方案如上所述，可满足现行陕西省装配式建筑相关政策要求。

6.7.3　装配式结构计算

1. 整体计算方法

根据《装规》6.3.1 条规定，在各种设计状况下装配整体式结构可采用与现浇混凝土结构相同的方法进行结构分析，当同一层内既有预制又有现浇抗侧力构件时，地震设计状况下宜对现浇抗侧力构件在地震作用下的弯矩和剪力进行适当放大。

2. 梁柱节点受剪承载力验算

对一、二、三级抗震等级的装配整体式框架，应进行梁柱节点核心区抗震受剪承载力验算，验算公式见《装规》7.2.2 条和 7.2.3 条；对四级抗震等级可不进行验算。梁柱节点核心区抗震受剪承载力验算和构造应符合现行国家标准《混凝土结构设计标准》GB/T 50010 和《建筑抗震设计标准》GB/T 50011 中的有关规定。

3. 周期折减

内力和变形计算时，应计入填充墙对结构刚度的影响。当采用轻质墙板填充墙时，可采用周期折减的方法考虑其对结构刚度的影响。

6.7.4　装配式施工图设计

1. 主体结构竖向构件平面布置设计

本楼为地上4层办公楼，层高均为2.9m，采用装配式框架结构体系，除交通核心区域框架柱采用现浇外，其余框架柱均采用预制柱，楼板采用叠合楼板，其标准层竖向构件平面布置如图6-14所示。

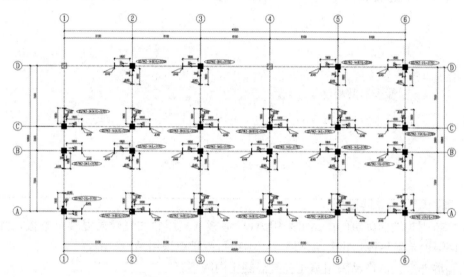

图6-14　标准层竖向构件平面布置

2. 主体结构水平构件平面布置设计

标准层叠合楼板平面布置、标准层梁平面布置分别如图6-15和图6-16所示。

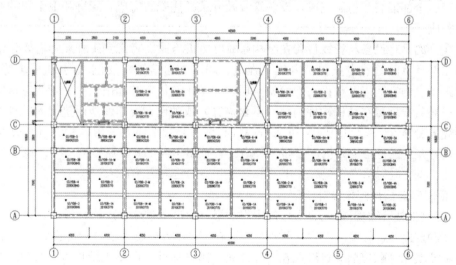

图6-15　标准层叠合楼板平面布置图

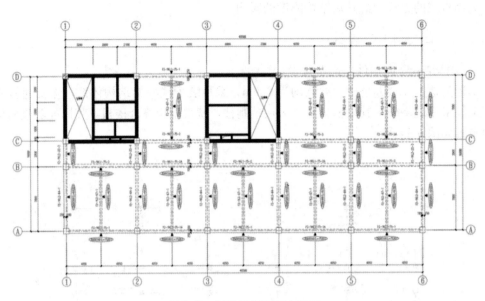

图 6-16　标准层梁平面布置图

3. 围护墙与内隔墙设计

非承重围护墙非砌筑的产品可采用 ALC 墙板（蒸压砂加气轻质混凝土条板）和夹心 XPS（挤塑聚苯绝热板）非砌筑外墙等，本项目围护墙采用 ALC 墙板。

内隔墙非砌筑的产品采用蒸压轻质混凝土内隔墙板。

4. 装修及设备管线设计

本项目采用全装修及设备管线分离技术。

全装修是指新建城镇住宅中的集合式住宅，在竣工验收前，套内必须达到所有功能空间的固定面全部铺装或粉刷完成，设备管线及开关插座安装完成，厨房和卫生间的基本设备安装完成。

管线分离是将设备与管线设置在结构系统之外的方式。考虑到工程实际需要，纳入管线分离比例计算的管线专业包括电气（强电、弱电、通信等）、给水排水和采暖等专业。对于裸露于室内空间以及敷设在地面架空层、非承重墙体空腔和吊顶内的管线应认定为管线分离；而对于埋置在结构构件内部（不含横穿）或敷设在湿作业地面垫层内的管线应认定为管线未分离。

6.7.5　主要构件深化设计

1. 预制竖向构件深化设计

1）预制框架柱（图 6-17）

2）预制外挂板

围护墙采用 ALC 墙板（图 6-18）。

3）预制女儿墙

本项目女儿墙采用预制混凝土女儿墙，具体设计参见本书第 8.8 节。

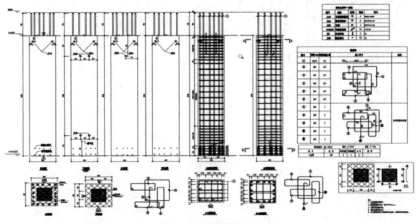

图 6-17 预制柱详图

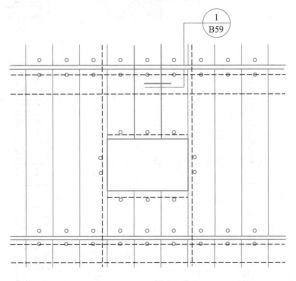

图 6-18 ALC 墙板示意图

2. 预制水平构件深化设计

1）预制叠合梁

本项目部分框架梁及次梁采用预制叠合梁（图 6-19）。

2）预制叠合板（图 6-20）

楼板采用桁架钢筋混凝土叠合板，其预制板厚度和现浇叠合层厚度分别为 60mm 和 70mm。

3）预制楼梯

本项目楼梯采用预制楼梯，采用简支支座的连接方式，具体设计参见本书第 8.5 节。

4）预制空调板

空调板采用全预制空调板，具体设计参见本书第 8.7 节。

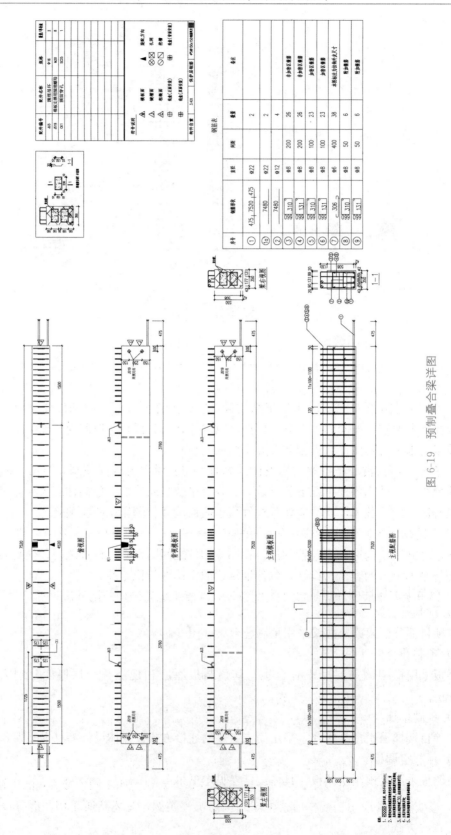

图 6-19 预制叠合梁详图

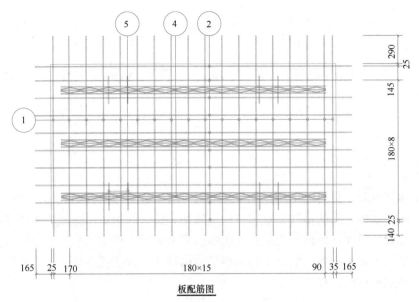

板配筋图

图 6-20　预制叠合板构件详图

本章小结

1. 在进行装配整体式混凝土框架结构设计时，要遵循等同现浇的设计原则，采用与现浇混凝土框架结构相同的弹性分析模型完成整体计算分析，并按照现行规范及成熟的装配式技术要求进行具体计算模型和计算参数的调整。

2. 在对装配式混凝土框架结构设计计算时，需要对主要构件预制梁与预制柱进行截面尺寸估算，并计算各种工况下关键截面（叠合梁端竖向接缝、预制柱底水平接缝、梁柱节点核心区）的承载力，同时应注意构件最小截面尺寸与轴压比的相关规定。

3. 在进行结构设计时，要注重结构的整体性设计，合理进行结构布置，恰当估算构件截面尺寸并满足构造要求。特别注意预制梁构件之间、预制柱构件之间、预制梁与预制柱之间等系列节点的连接与设计，以保证结构的整体性与稳定性。

4. 结合实际工程案例，介绍了装配整体式混凝土框架结构的设计流程。

思考题

1. 简述装配整体式框架结构预制柱的构造要求。

2. 简述预制柱-柱连接的类型以及各类型特点。

3. 当底部加强部位的框架结构的首层柱采用预制混凝土时，应采取哪些可靠技术措施？

4. 简述装配整体式框架梁-柱连接需要满足哪些构造要求。

5. 简述装配整体式框架结构的节点连接方式，并对比说明不同连接方式的优缺点。

6. 查找国内外应用装配整体式框架结构的工程实例，简述其所采用的拆分设计方法及节点连接方式。

第 7 章 装配整体式混凝土剪力墙结构设计

7.1 概述

装配整体式混凝土剪力墙结构是指全部或部分剪力墙采用预制墙板构建成的装配式混凝土结构。由于墙体之间的接缝数量多且构造复杂，接缝的构造措施及施工质量对结构整体的抗震性能影响较大，使该结构抗震性能难以完全等同于现浇结构。本章将重点介绍行业规范、标准关于装配整体式混凝土剪力墙的结构设计，包括基本要求、设计计算、构件拆分设计、节点连接设计和构造要求。

7.2 基本设计要求

7.2.1 现浇墙增大系数

抗震设计时，对同一层内既有现浇墙肢，也有预制墙肢的装配整体式混凝土剪力墙结构，现浇墙肢水平地震作用弯矩、剪力宜乘以不小于 1.1 的增大系数。此项规定是考虑预制剪力墙的接缝会造成墙肢抗侧刚度的削弱，因此对弹性计算的内力进行调整，适当放大现浇墙肢在水平地震作用下的剪力和弯矩。

7.2.2 结构布置要求

《装规》规定装配式剪力墙的结构布置应满足下列要求：

1. 应沿两个方向布置剪力墙。
2. 剪力墙的截面宜简单、规则；预制墙的门窗洞口宜上下对齐、成列布置。
3. 在规定的水平地震作用下，短肢剪力墙承担的底部倾覆力矩不宜大于结构底部总地震倾覆力矩的 50%。

7.3 设计计算

7.3.1 计算方法

装配整体式混凝土剪力墙结构的结构计算分析方法和现浇剪力墙结构相同。在计算分析软件中，墙可采用专用的墙元或者壳元模拟。预制墙板之间如果为整体式拼缝（拼缝处后浇混凝土，拼缝两侧钢筋直接连接或者锚固在拼缝混凝土中），可将拼缝两侧预制墙板和拼缝作为同一墙肢建模计算；预制墙板之间如果没有现浇拼缝，则应作为两个独立的墙肢建模计算。

7.3.2 叠合楼板的竖向荷载传递

叠合楼板的竖向荷载传递方式宜与现浇板相同。如果叠合楼板设计为双向板，楼板荷载按照双向传递，与现浇板相同；如果叠合楼板按照单向板进行设计，但由于叠合现浇层的存在，楼板的竖向荷载传递仍为以四边传递为主，因此楼盖结构竖向荷载传递方式多按照与现浇板相同的方式进行。

7.3.3 剪力墙水平缝计算

《装规》规定：在地震设计状况下，剪力墙的水平接缝的受剪承载力设计值应按式（7-1）计算：

$$V_{uE} = 0.6f_y A_{sd} + 0.8N \tag{7-1}$$

式中 f_y——垂直穿过结合面的钢筋抗拉强度设计值；

N——与剪力设计值 V 相应的垂直于结合面的轴向力设计值，压力时取正，拉力时取负；

A_{sd}——垂直穿过结合面的抗剪钢筋面积。

7.3.4 叠合连梁端部竖向接缝受剪承载力计算

《装规》规定：叠合连梁端部竖向接缝的受剪承载力计算应按框架结构叠合梁端竖向承载力计算。

7.3.5 其他规定

预制装配整体式混凝土剪力墙结构在计算整体结构内力和变形计算时，应考虑预制填充墙对结构固有周期和内力的影响。

7.4 构件拆分设计

7.4.1 拆分设计原则

装配式混凝土结构拆分设计不仅要考虑结构安全性问题，满足结构规范要求，还要充分考虑预制混凝土构件生产、安装和运输方面的限制问题。综合考虑建筑功能、构件生产、构件运输和构件安装对预制混凝土构件的限制条件。预制构件拆分设计应坚持标准化、模数化的理念，遵循少规格、多组合的原则，减少预制构件类型，确保构件的精确化和标准化，减少工程造价。

7.4.2 预制构件拆分要求

1. 预制和现浇的范围

1）高层装配整体式混凝土剪力墙结构底部加强部位的剪力墙宜采用现浇混凝土。

2）带转换层的装配整体式结构：当采用部分框支剪力墙结构时，底部框支层不宜超过2层，且框支层及相邻上一层应采用现浇结构。

3）部分框支剪力墙以外的结构中，转换梁、转换柱宜现浇。

4）当设置地下室，宜采用现浇混凝土。

2. 确定构件拆分的部位

1）宜从结构角度考虑拆分，如四边支承的叠合楼板，板块拆分的方向（板缝）应垂直于长边；构件接缝宜选在应力小的部位，对于双向叠合板，板侧的整体式接缝宜设置在叠合板的次要受力方向且宜避开最大弯矩截面。

2）预制剪力墙宜按建筑开间和进深尺寸划分，高度不宜大于层高；预制墙板的划分还应考虑预制构件制作、运输、吊运、安装的尺寸限制。

3）预制剪力墙的拆分应符合模数协调原则，优化预制构件的尺寸和形状，减少预制构件的种类，尤其是三维构件，以提高经济性。

4）预制剪力墙的竖向拆分宜在各层层高处进行。

5）预制剪力墙的水平拆分应保证门窗洞口的完整性，便于部品标准化生产。

7.5　节点连接设计

7.5.1　预制剪力墙之间连接

预制构件的连接节点设计应满足结构承载力和抗震性能要求，宜构造简单，受力明确，方便施工。

楼层内相邻预制剪力墙之间应采用整体式接缝连接，且应符合下列规定：

1. 当接缝位于纵横墙交接处的约束边缘构件区域时，约束边缘构件的阴影区域宜全部采用后浇混凝土，如图7-1所示，并应在后浇段内设置封闭箍筋。

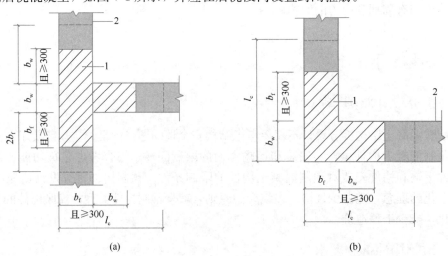

(a)　　　　　　　　　　(b)

图7-1　约束边缘构件（斜线填充部分全部后浇）构造示意图

（a）有翼墙；（b）转角墙

l_c—约束边缘构件沿墙肢的长度；1—后浇段；2—预制剪力墙

2. 当接缝位于纵横墙交接处的构造边缘构件区域时，构造边缘构件宜全部采用后浇混凝土，如图 7-2 所示；当仅在一面墙上设置后浇段时，后浇段的长度不宜小于 300mm，如图 7-3 所示。

3. 边缘构件内的配筋及构造要求应符合现行国家标准《建筑抗震设计标准》GB/T 50011 的有关规定；预制剪力墙的水平分布筋在后浇段内的锚固、连接应符合现行国家标准《混凝土结构设计标准》GB/T 50010 的有关规定。

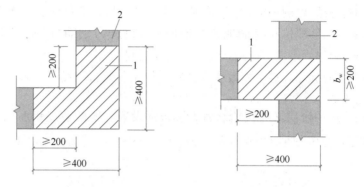

图 7-2 构造边缘构件斜线填充部分全部后浇构造示意图

(斜线填充部分为构造边缘构件范围)

1—后浇段；2—预制剪力墙

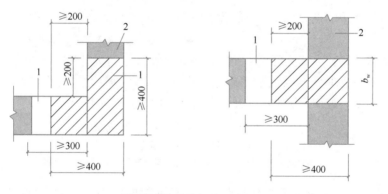

图 7-3 构造边缘构件部分后浇构造示意图

(斜线填充部分为构造边缘构件范围)

1—后浇段；2—预制剪力墙

4. 非边缘构件位置，相邻预制剪力墙之间应设置后浇段，后浇段的宽度不应小于墙厚且不宜小于 200mm，后浇段的宽度不应小于墙厚且不宜小于 400mm；后浇段内应设置不少于 4 根竖向钢筋，钢筋直径不应小于墙体竖向分布钢筋直径，且不应小于 8mm；两侧墙体的水平分布筋在后浇段内的锚固、连接应符合现行国家标准《混凝土结构设计标准》GB/T 50010 的有关规定。

剪力墙竖向接缝位置的确定首先要尽量避免拼缝对结构整体性能的影响，还要考虑建筑功能和艺术效果，便于生产、运输和安装。当主要采用一字形墙板构件时，拼缝通常位于纵横墙交接处的边缘构件位置，边缘构件是保证剪力墙抗震性能的重要构件，依据《装规》宜全部或者大部分采用现浇混凝土。如边缘构件的一部分现浇，一部分预制，则应采取可靠连接措施，保证现浇与预制部分共同组成叠合式边缘构件。

对于约束边缘构件，如图7-2、图7-3中阴影区域宜采用现浇，则竖向钢筋可均匀配置在现浇拼缝内，且在现浇拼缝内配置封闭箍筋及拉筋，预制墙板中的水平分布筋在现浇拼缝内锚固。如果阴影区域部分预制，则竖向钢筋可部分配置在现浇拼缝内，部分配置在预制段内；预制段内的水平钢筋和现浇拼缝内的水平钢筋需通过搭接、焊接等措施形成封闭的环箍，并满足国家现行相关规范的配箍率要求。

墙肢端部的构造边缘构件通常全部预制；当采用L形、T形或者U形墙板时，拐角处的构造边缘构件可全部位于预制剪力墙段内，竖向受力钢筋可采用搭接连接或焊接连接。

7.5.2 楼层水平后浇混凝土圈梁和后浇带连接

屋面及立面收进的楼层，应在预制剪力墙顶部设置封闭的后浇钢筋混凝土圈梁，如图7-4所示，并应符合下列规定：

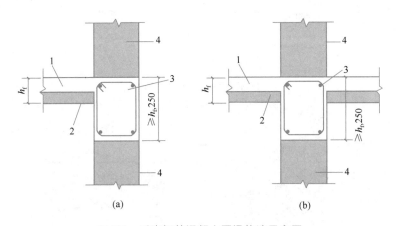

图 7-4 后浇钢筋混凝土圈梁构造示意图

(a) 端部节点 (b) 中间节点

1—后浇混凝土叠合层；2—预制板；3—后浇圈梁；4—预制剪力墙

1. 圈梁截面宽度不应小于剪力墙的厚度，截面高度不宜小于楼板厚度及250mm的较大值；圈梁应与现浇或者叠合楼、屋盖浇筑成整体。

2. 圈梁内配置的纵向钢筋不应少于 $4\phi12$，且按全截面计算的配筋率不应小于0.5%和水平分布筋配筋率的较大值，纵向钢筋竖向间距不应大于200mm；箍筋间距不应大于200mm，且直径不应小于8mm。

各层楼面位置，预制剪力墙顶部无后浇圈梁时，应设置连续的水平后浇带，如图7-5所示。水平后浇带应符合下列规定：

1. 水平后浇带宽度应取剪力墙的厚度，高度不应小于楼板厚度；水平后浇带应与现浇或者叠合楼、屋盖浇筑成整体。

2. 水平后浇带内应配置不少于2根连续纵向钢筋，其直径不宜小于12mm。

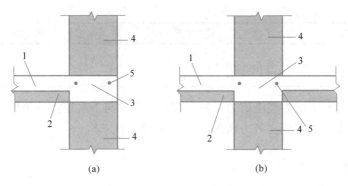

图 7-5 水平后浇带构造示意图

（a）端部节点；（b）中间节点

1—后浇混凝土叠合层；2—预制板；3—水平后浇带；4—预制墙板；5—纵向钢筋

7.5.3 竖向钢筋套筒灌浆连接和浆锚搭接连接

预制剪力墙底部接缝宜设置在楼面标高处，并应符合下列规定：

1. 接缝高度宜为 20mm。

2. 接缝宜采用灌浆料填实。

3. 接缝处后浇混凝土上表面应设置粗糙面。

上下层预制剪力墙的竖向钢筋，当采用套筒灌浆连接和浆锚搭接时，应符合下列规定：

1. 边缘构件竖向钢筋应逐根连接。由于边缘构件是保证剪力墙抗震性能的重要构件，且钢筋较粗，故要求每根钢筋应逐一连接。

2. 预制剪力墙的竖向分布钢筋，当仅部分连接时，如图 7-6 所示，被连接的同侧钢筋间距不应大于 600mm，且在剪力墙构件承载力设计和分布钢筋配筋率计算中不得计入不连接的分布钢筋；不连接的竖向分布钢筋直径不应小于 6mm。

3. 一级抗震等级剪力墙以及二、三级抗震等级底部加强部位，剪力墙的边缘构件竖向钢筋宜采用套筒灌浆连接。

4. 钢筋套筒灌浆连接部位水平分布钢筋加密构造如图 7-7 所示，并应符合表 7-1 要求。

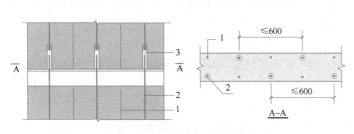

图 7-6 预制剪力墙竖向分布钢筋连接构造示意图

1—不连接的竖向分布钢筋；2—连接的
竖向分布钢筋；3—连接接头

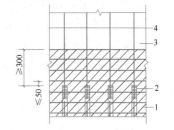

图 7-7 钢筋套筒灌浆连接部
位水平分布钢筋的加密构造示意图

1—灌浆套筒；2—水平分布
钢筋加密区域（阴影区域）；
3—竖向钢筋；4—水平分布钢筋

加密区水平分布钢筋的要求　　　　　　　　　　表 7-1

抗震等级	最大间距（mm）	最小直径（mm）
一、二级	100	8
三、四级	150	8

预制剪力墙相邻下层为现浇剪力墙时，预制剪力墙与下层现浇剪力墙中竖向钢筋的连接应符合前述规定，下层现浇剪力墙顶面应设置粗糙面。

7.5.4　梁连接

1. 预制剪力墙洞口上方连梁

《装规》规定，预制剪力墙洞口上方的预制连梁宜与后浇圈梁或水平后浇带形成叠合连梁，如图 7-8 所示，叠合连梁的配筋及构造要求应符合现行国家标准《混凝土结构设计标准》GB/T 50010 的有关规定。

关于连梁与框架梁的区别：

1）现行行业标准《高层建筑混凝土结构技术规程》JGJ 3 第 7.1.3 条规定，两端与剪力墙在平面内相连的梁为连梁。跨高比小于 5 的连梁按该规程第 7 章连梁设计，大于 5 的连梁按框架梁设计。

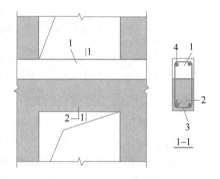

图 7-8　预制剪力墙叠合连梁构造示意图
1—后浇圈梁或后浇带；2—预制连梁；
3—箍筋；4—纵向钢筋

2）如果连梁以水平荷载作用下产生的弯矩和剪力为主，竖向荷载下的弯矩对连梁影响不大（两端弯矩反号），那么该连梁对剪切变形十分敏感，容易出现剪切裂缝，则应按连梁设计的规定进行设计，一般是跨度较小的连梁；反之，则宜按框架梁进行设计，其抗震等级与所连接的剪力墙的抗震等级相同。

3）框架梁与连梁的本质区别在于二者的受力机理不同。框架梁以弯矩为主，强调跨中钢筋和支座负筋；连梁以剪力为主，强调箍筋全长加密。

2. 楼面梁与剪力墙连接

《装规》规定，楼面梁不宜与预制剪力墙在剪力墙平面外单侧连接；当楼面梁与剪力墙在平面外单侧连接时，宜采用铰接。

3. 预制叠合连梁的连接

《装规》规定：预制叠合连梁的预制部分宜与剪力墙整体预制，也可在跨中拼接或在端部与预制剪力墙拼接。

4. 预制叠合连梁与预制剪力墙拼接

当预制叠合连梁端部与预制剪力墙在平面内拼接时，接缝构造应符合下列规定：

1）当墙端边缘构件采用后浇混凝土时，连梁纵向钢筋应在后浇段中可靠锚固，如图 7-9（a）所示，或如图 7-9（b）所示连接构造。

2）当预制剪力墙端部上角预留局部后浇节点区时，连梁的纵向钢筋应在局部后浇节点区内可靠锚固，如图 7-9（c）所示，或如图 7-9（d）所示连接构造。

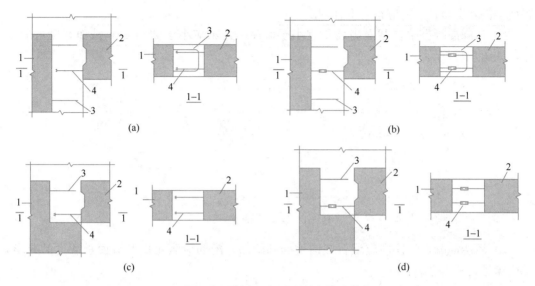

图 7-9　同一平面内预制连梁与预制剪力墙连接构造示意图

（a）预制连梁钢筋在后浇段内锚固构造示意图；

（b）预制连梁钢筋在后浇段内与预制剪力墙预留钢筋连接构造示意图；

（c）预制连梁钢筋在预制剪力墙局部后浇节点区内锚固构造示意图；

（d）预制连梁钢筋在预制剪力墙局部后浇节点区内与墙板预留钢筋连接构造示意图

1—预制剪力墙；2—预制连梁；3—边缘构件箍筋；4—连梁下部纵向受力钢筋锚固或连接

5. 预制叠合连梁与预制剪力墙后浇连接

当采用后浇连梁时，宜在预制剪力墙端伸出预留纵向钢筋，并与后浇连梁的纵向钢筋可靠连接，如图 7-10 所示。

6. 预制剪力墙洞口下墙

预制剪力墙洞口下方有墙时，宜将洞口下墙作为单独的连梁进行设计，如图 7-11 所示。

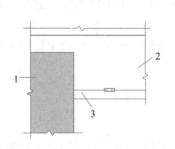

图 7-10　后浇连梁与预制剪力墙
连接构造示意图

1—预制剪力墙；2—后浇连梁；

3—预制剪力墙伸出纵向受力钢筋

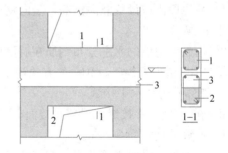

图 7-11　预制剪力墙洞口下墙
与叠合连梁的关系示意图

1—洞口下墙；2—预制连梁；

3—后浇圈梁或水平后浇带

7.5.5　多层剪力墙连接设计

1. 预制剪力墙转角、纵横墙交接部位

抗震等级为三级的多层装配式剪力墙结构，在预制剪力墙转角、纵横墙交接部位应设置后浇混凝土暗柱，并应符合下列规定：

1) 后浇混凝土暗柱截面高度不宜小于墙厚，且不应小于 250mm，截面宽度可取墙厚，如图 7-12 所示。

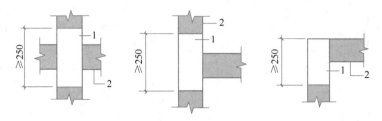

图 7-12　多层装配式剪力墙结构后浇混凝土暗柱示意图
1—后浇段；2—预制剪力墙

2) 后浇混凝土暗柱内应配置竖向钢筋和箍筋，配筋应满足墙肢截面承载力的要求，并应满足表 7-2 的要求。

多层装配式剪力墙结构后浇混凝土暗柱配筋要求　　　　　　　表 7-2

	底层			其他层		
纵向钢筋 最小量	箍筋（mm）			纵向钢筋 最小量	箍筋（mm）	
	最小直径	沿竖向 最大间距			最小直径	沿竖向 最大间距
4φ12	6	200		4φ10	6	250

3) 预制剪力墙水平分布钢筋在后浇混凝土暗柱内的锚固连接应符合现行国家标准《混凝土结构设计标准》GB/T 50010 的有关规定。

2. 相邻剪力墙之间竖向接缝

楼层内相邻预制力墙之间的竖向接缝可采用后浇段连接，后浇段应符合下列规定：

1) 后浇段内应设置竖向钢筋，竖向钢筋配筋率不应小于墙体竖向分布筋配筋率，且不宜小于 2φ12。

2) 预制剪力墙的水平分布钢筋在后浇段内的锚固、连接应符合现行国家标准《混凝土结构设计标准》GB/T 50010 的有关规定。

3. 相邻剪力墙水平接缝

预制剪力墙水平接缝宜设置在楼面标高处，并应满足下列要求：

1) 接缝厚度宜为 20mm。

2) 接缝处应设置连接节点，连接节点间距不宜大于 1m；穿过接缝的连接钢筋数量应满足接缝受剪承载力的要求，且配筋率不应低于墙板竖向钢筋配筋率，连接钢筋直径不应小于 14mm。

3) 连接钢筋可采用套筒灌浆连接、浆锚搭接连接、焊接连接，并应满足《装规》附录 A 中相应的构造要求。

4. 当房屋层数大于 3 层时应符合的规定

1) 屋面、楼面宜采用叠合楼盖，叠合板与预制剪力墙的连接应符合本书第 5 章 5.4 节的相关规定。

2）沿各层墙顶应设置水平后浇带，并应符合7.5.2节的相关规定。

3）当抗震等级为三级时，应在屋面设封闭的后浇钢筋混凝土圈梁，圈梁应符合7.5.2节的规定。

5. 当房屋层数不大于3层时应符合的规定

1）楼面可采用预制楼板，预制板在墙上的搁置长度不应小于60mm，当墙厚不能满足搁置长度要求时可设置挑耳；板端后浇混凝土接缝宽度不宜小于50mm，接缝内应配置连续的通长钢筋，钢筋直径不应小于8mm。

2）当板端伸出锚固钢筋时，两侧伸出的锚固钢筋应互相可靠连接，并应与支承墙伸出的钢筋、板端接缝内设置的通长钢筋拉结。

3）当板端不伸出锚固钢筋时，应沿板跨方向布置连系钢筋，连系钢筋直径不应小于10mm，间距不应大于600mm；连系钢筋应与两侧预制板可靠连接，并应与支承墙伸出的钢筋、板端接缝内设置的通长钢筋拉结。

6. 连梁

连梁宜与剪力墙整体预制，也可在跨中拼接。预制剪力墙洞口上方的预制连梁可与后浇混凝土圈梁或水平后浇带形成叠合连梁；叠合连梁的配筋及构造要求应符合现行国家标准《混凝土结构设计标准》GB/T 50010的有关规定。

7. 预制剪力墙与基础连接

1）基础顶面应设置现浇混凝土圈梁，圈梁上表面应设置粗糙面。

2）预制剪力墙与圈梁顶面之间的接缝构造应符合7.5.2节的规定，连接钢筋应在基础中可靠锚固，且宜伸入到基础底部。

3）剪力墙后浇暗柱和竖向接缝内的纵向钢筋应在基础中可靠锚固，且宜伸入到基础底部。

7.6 构造要求

7.6.1 预制剪力墙构造

1. 预制剪力墙墙板宜采用一字形，也可采用L形、T形或U形；开洞预制剪力墙洞口宜居中布置，洞口两侧的墙肢宽度不应小于200mm，洞口上方连梁高度不宜小于250mm。

2. 预制剪力墙的连梁不宜开洞；当需开洞时，洞口宜预埋套管，洞口上、下截面的有效高度不宜小于梁高的1/3，且不宜小于200mm；被洞口削弱的连梁截面应进行承载力验算，洞口处应配置补强纵向钢筋和箍筋，补强纵向钢筋的直径不应小于12mm。

3. 预制剪力墙开有边长小于800mm的洞口且在结构整体计算中不考虑其影响时，应沿洞口周边配置补强钢筋；补强钢筋的直径不应小于12mm，截面面积不应小于同方向被洞口截断的钢筋面积；该钢筋自孔洞边角算起伸入墙内的长度，非抗震设计时不应小于l_a，抗震设计时不应小于l_{aE}，如图7-13所示。

4. 端部无边缘构件的预制剪力墙，宜在端部配置2根直径不小于12mm的竖向构造钢筋；沿该钢筋竖向应配置拉筋，拉筋直径不宜小于6mm、间距不宜大于250mm。

5. 当预制外墙采用夹心墙板时，应满足下列要求：

1）外叶板厚度不应小于 50mm；且外叶板应与内叶板可靠连接。

2）夹芯外墙板的夹层厚度不宜大于 120mm。

3）当作为承重墙时，内叶板应按剪力墙进行设计。

7.6.2　多层剪力墙构造要求

1. 当房屋高度不大于 10m 且不超过 3 层时，预制剪力墙截面厚度不应小于 120mm；当房屋超过 3 层时，预制剪力墙截面厚度不宜小于 140mm。

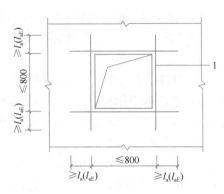

图 7-13　预制剪力墙洞口补强钢筋配置示意图
1—洞口补强钢筋

2. 当预制剪力墙截面厚度不小于 140mm 时，应配置双排双向分布钢筋网。剪力墙中水平及竖向分布筋的最小配筋率不应小于 0.15%。

以上规定适用于 6 层及 6 层以下、建筑设防类别为丙类的装配式剪力墙结构设计。除上述规定外，多层剪力墙构件的构造亦应符合 7.6.1 节的规定。

7.7　案例分析

7.7.1　案例概况

第7章 案例图纸

1. 项目概况

本项目为某安置小区，如图 7-14 所示，项目位于陕西省西咸新区秦汉新城。

建筑结构类型：钢筋混凝土剪力墙结构；抗震设防烈度：8 度；建筑工程设计等级：二级。建筑场地湿陷性等级：Ⅱ级自重湿陷性黄土场地（中等）。

图 7-14　项目示意图

2. 采用的装配式建造技术

本项目采用的装配式部品部件（图 7-15）有：预制混凝土剪力墙外墙板、预制混凝土剪力墙内墙板、桁架钢筋混凝土叠合板、预制钢筋混凝土板式楼梯、预制钢筋混凝土阳台板、预制钢筋混凝土空调板及预制钢筋混凝土女儿墙板。

7.7.2　装配式方案设计

根据陕西省及西安市的相关政策，并结合装配式技术方案选型表（表 7-3）、装配率选型表（表 7-4）和项目的相关文件，可得到以下结论：

1）本项目的装配率不得低于 50%。

2）按照陕西省《装配式建筑评价标准》DBJ 61/T 168—2020 计算装配率，结构主体部分得分应不低于 15 分，围护结构部分得分应不低于 5 分。

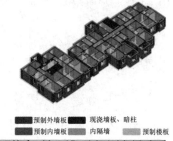

图 7-15　项目使用的装配式构件图

装配式技术方案选型表　　　　　　　　　　表 7-3

装配率	30%	35%	40%	50%	选择优先级
预制剪力墙	×	×	×	√	★
预制梁、板、楼梯、阳台、空调板	√	√	√	√	★★★★
围护墙非砌筑	×	×	√	√	★★★★
内隔墙非砌筑	√	√	√	√	★★★★

装配率选型表　　　　　　　　　　　　表 7-4

选用类型	应用部件	得分
主体结构构件	预制竖向构件、预制水平构件	20～50 分
围护墙和内隔墙	围护墙和内隔墙非砌筑	10～20 分
装修和设备管线	全装修及管线分离	6～12 分
加分项	标准化设计、绿色建筑及施工管理	1～5 分

7.7.3　装配式结构计算

1. 整体计算方法

《装规》6.3.1 条在各种设计状况下装配整体式结构可采用与现浇混凝土结构相同的方法进行结构分析。当同一层内既有预制又有现浇抗侧力构件时，地震设计状况下宜对现浇抗侧力构件在地震作用下的弯矩和剪力进行适当放大。

2. 内力放大

抗震设计时对同一层内既有现浇墙肢也有预制墙肢的装配整体式剪力墙结构，现浇墙肢水平地震作用弯矩、剪力宜乘以不小于 1.1 的增大系数，预制剪力墙的接缝对墙抗侧刚度有一定的削弱作用，应考虑对弹性计算的内力进行调整，适当放大现浇墙肢在水平地震作用下的剪力和弯矩，从而使预制剪力墙的剪力及弯矩不减小。

3. 周期折减

内力和变形计算时，应计入填充墙对结构刚度的影响。当采用轻质墙板填充墙时，可采用周期折减的方法考虑其对结构刚度的影响。

7.7.4　装配式施工图设计

1. 竖向构件平面布置设计

本楼为地上19层、地下2层的住宅楼，层高均为2.9m，采用装配整体式混凝土剪力墙结构体系，内外墙除楼、电梯间外均采用预制构件，楼板采用叠合楼板，其标准层竖向构件平面布置如图7-16所示，其中外墙采用"现浇剪力墙＋预制夹心保温墙板＋现浇节点"的设计方案，内墙采用"现浇剪力墙＋预制墙板＋现浇节点"的设计方案。标准层预制墙体统计如表7-5所示。

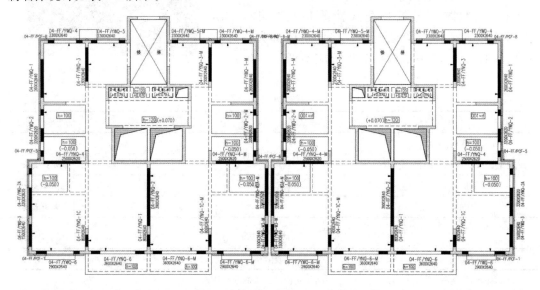

图7-16　标准层竖向构件平面布置

标准层预制墙体统计表　　　　　　　　表 7-5

	构件编号	尺寸（mm×mm）	数量（个）	备注
外墙	04-FF/YWQ-1	2600×2640	1	04-FF/YWQ-1-M 同此
	04-FF/YWQ-2	3200×2620	1	04-FF/YWQ-2-M 同此
	04-FF/YWQ-2A-M	3200×2620	1	
	04-FF/YWQ-3-M	1500×2640	1	
	04-FF/YWQ-4	2300×2640	1	04-FF/YWQ-4-M 同此
	04-FF/YWQ-5	2300×2640	1	04-FF/YWQ-5-M 同此
	04-FF/YWQ-6	2900×2640	1	04-FF/YWQ-6-M 同此

续表

	构件编号	尺寸（mm×mm）	数量（个）	备注
内墙	04-FF/YNQ-1	800×2640	1	
	04-FF/YNQ-1C	800×2640	1	04-FF/YNQ-1C-M 同此
	04-FF/YNQ-2	3900×2640	1	
	04-FF/YNQ-W2A	3200×2620	1	
	04-FF/YNQ-3	2300×2640	1	04-FF/YNQ-3-M 同此
	04-FF/YNQ-W3	1500×2640	1	
	04-FF/YNQ-4	2500×2620	1	04-FF/YNQ-3-M 同此
	04-FF/YNQ-6	3600×2640	1	04-FF/YNQ-6-M 同此

2. 水平构件平面布置设计（图 7-17）

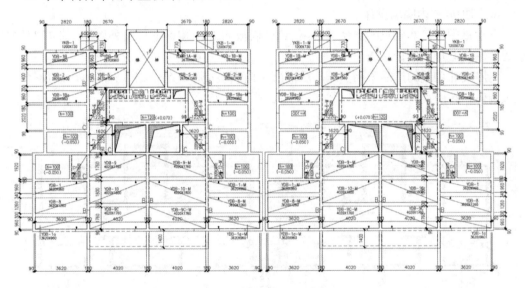

图 7-17　水平构件平面布置图

楼板部分采用桁架钢筋混凝土叠合板，其预制板厚度和现浇叠合层厚度分别为 60mm 和 70mm，叠合板的配筋计算、裂缝、挠度验算方法与现浇混凝土板相同，预制板尺寸伸入支座 10mm，钢筋伸出到支座中线，T2 单元标准层预制水平构件如表 7-6 所示。

T2 单元标准层预制水平构件统计表　　　　　　　表 7-6

构件编号	尺寸（mm×mm）	数量（个）	备注
YKB-1	1200×730	1	
YKB-1-M	1200×730	1	
YDB-1	3620×960	1	
YDB-1a	3620×960	1	
YDB-1A	2670×960	1	
YDB-1B	2820×960	1	
YDB-1Ba	2820×960	1	

续表

构件编号	尺寸（mm×mm）	数量（个）	备注
YDB-2	2820×1400	1	
YDB-5	2670×1560	1	
YDB-6	2620×1220	1	
YDB-7	2220×1620	1	
YDB-8	3620×1260	1	
YDB-9	4020×1760	1	
YDB-9C	4020×1760	1	
YDB-10	4020×1800	1	
YDB-12	1920×1070	1	

3. 围护墙与内隔墙设计

非承重围护墙非砌筑的产品可采用 ALC 墙板和夹心 XPS 非砌筑外墙等。本项目围护墙为预制夹心保温墙板系统。

内隔墙非砌筑的产品采用蒸压轻质混凝土内隔墙板，产品依据《轻质蒸压砂加气混凝土板墙体构造图集》陕 2014TJ 023，布置如图 7-18 所示。

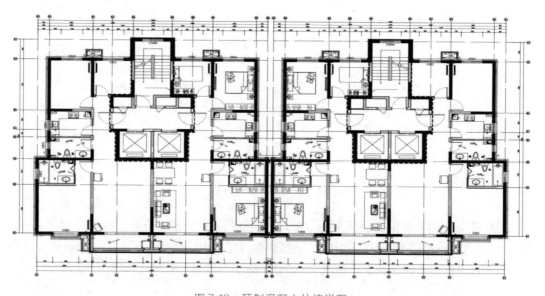

图 7-18　预制混凝土外墙详图

4. 装修及设备管线设计

应用具体情况同装配式混凝土框架结构案例。

7.7.5　主要构件深化设计

1. 预制竖向构件深化设计

1) 预制外墙板

预制外墙板采用预制混凝土夹心保温外墙（图 7-19），构造为结构层（200mm）＋保温层（60mm）＋饰面层（60mm），饰面层采用预制构件外墙模。

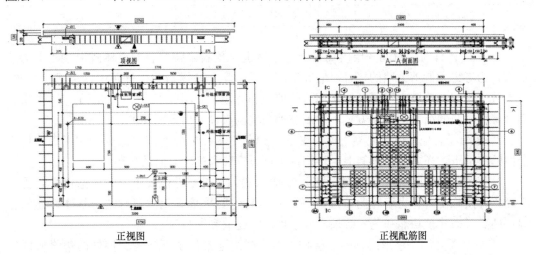

图 7-19　预制混凝土夹心保温外墙详图

2）预制内墙板

预制内墙板采用预制混凝土内墙（图 7-20），厚度为 200mm。

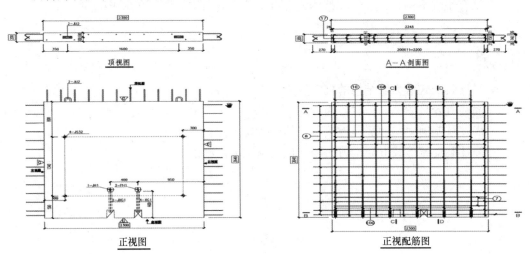

图 7-20　预制混凝土内墙详图

2.预制水平构件深化设计

1）预制叠合板

同装配式混凝土框架结构。

2）预制楼梯

同装配式混凝土框架结构。

3）预制阳台板

同装配式混凝土框架结构。

4）预制空调板

同装配式混凝土框架结构。

本章小结

1. 抗震设计时，对同一层内既有现浇墙肢也有预制墙肢的装配整体式混凝土剪力墙结构，为考虑预制剪力墙的接缝对墙肢抗侧刚度的削弱，需对弹性计算的内力进行调整，适当放大现浇地墙肢在水平地震作用下的剪力和弯矩；并明确了剪力墙布置的基本要求和叠合楼板的竖向荷载的传递方式，对短肢剪力墙的设计做出单独要求。

2. 介绍了装配整体式混凝土剪力墙结构中预制构件拆分的基本原则，在考虑结构安全性的前提下，还要考虑预制混凝土构件生产、安装和运输方面的限制。

3. 预制构件的连接节点设计应满足结构承载力和抗震性能要求，宜构造简单，受力明确，方便施工。剪力墙竖向接缝位置的确定首先要尽量避免拼缝对结构整体性能的影响，还要考虑建筑功能和艺术效果，便于生产、运输和安装。

4. 当主要采用一字形的预制墙板构件时，拼缝通常位于纵横墙交接处的边缘构件位置，边缘构件是保证剪力墙抗震性能的重要构件。

5. 总结了剪力墙水平接缝和叠合连梁端部竖向接缝的受剪承载力计算方法以及采用不同连接方式的预制剪力墙节点设计的基本原则和构造要求。

6. 结合工程案例介绍了装配整体式混凝土剪力墙结构的设计和施工流程。

思考题

1. 简述装配式剪力墙结构的抗震等级要求。
2. 简述叠合板的竖向荷载传递方式。
3. 简述预制剪力墙的竖向连接节点的构造要求。
4. 简述装配整体式混凝土剪力墙结构的施工工艺流程。

第8章 其他装配式混凝土构件设计

8.1 概述

其他装配式混凝土构件是预制混凝土构件中不承担主要结构荷载的部分,主要用于建筑物的装饰、分隔、保护等非结构用途。在设计该类构件时,需要考虑功能性需求、美观性和装饰效果、制造和安装、材料选择、技术标准和法规以及承载力设计等。本章将重点介绍内隔墙、外挂墙板、预制楼梯、阳台板、空调板、遮阳板、挑檐板、女儿墙等预制构件的设计方法,并对预制楼梯结构做典型案例设计,使读者更加系统、深入地理解相关知识体系。

8.2 设计基本规定

《装规》要求预制构件设计应符合下列基本规定:

1. 对持久设计状况,应对预制构件进行承载力、变形、裂缝控制验算。

2. 对地震设计状况,应对预制构件进行承载力验算。

3. 对制作、运输和堆放、安装等短暂设计状况下的预制构件验算,应符合现行国家标准《混凝土结构工程施工规范》GB 50666 的有关规定。

8.3 内隔墙设计

8.3.1 内隔墙的分类

常用的预制内隔墙可以分为预制混凝土内隔墙和轻质龙骨隔墙板两类,如图 8-1、图 8-2 所示。

图 8-1 预制混凝土内隔墙　　　　　图 8-2 轻质龙骨隔墙板

1. 预制混凝土内隔墙

预制混凝土内隔墙为非承重墙板。分户隔墙、楼梯、电梯间预制混凝土内隔墙应具有隔声与防火的功能。

预制混凝土内隔墙从材料角度划分，可分为预制普通混凝土内隔墙、预制特种混凝土内隔墙（如轻质混凝土、蒸汽加压混凝土、装饰混凝土等）和预制其他轻质内隔墙（如木丝水泥等）。普通混凝土材料防水、防火等物理性能良好，但自重较大，对起重吊具的要求、结构总重等影响较大。轻质混凝土材料自重轻，对墙体隔声、耐火有较大贡献。蒸汽加压混凝土板又称为 ALC 板，是经过高温、高压、蒸汽养护而形成的一种性能优越的轻质建筑材料，内部有经过防锈处理的钢筋网片可增强其强度，具有保温隔热、耐热阻燃、轻质高强、抗侵蚀冻融老化、耐久性好、施工便捷等特性，可用于外围护墙。彩色混凝土（或称装饰混凝土）可以直接作为装饰层，节约装饰材料，减少装修工作量。其他轻质材料有自身作为墙板的优势条件，如木丝水泥板，具有自重轻、自保温性能好、隔声吸声效果好、防潮、防腐蚀性能好等优势。

从形状角度划分，预制混凝土内隔墙可分为竖条板和整间板内隔墙。竖条板可以现场拼接成整体，整间板的大小是该片内隔墙的整个尺寸。

从空心角度划分，预制混凝土内隔墙有实心与空心两种。轻质混凝土空心板内隔墙在国内应用比较普遍，安装方便，敷设管线方便，价格低。其板厚分别为 80mm、90mm、100mm、120mm，板宽 600mm、1200mm，包括单层板、双层板构造。

2. 轻质龙骨隔墙板

轻质龙骨隔墙板为非承重墙板。住宅套内空间和公共建筑功能空间隔墙可采用轻质龙骨隔墙板，轻质龙骨隔墙板由轻钢构架、免拆模板和填充材料构成，龙骨可以采用轻钢或其他金属材料，也可采用木材，面板可采用钢板、木质人造板、纤维增强硅酸钙板、纤维增强水泥板等，填充材料可采用不燃型岩棉、矿棉、轻质混凝土等其他具有隔声和保温功能的材料，内墙增加装饰层。

8.3.2   预制内隔墙设计

1. 预制内隔墙宜采用轻质隔墙并设架空层，架空层内敷设管线、开关、插座、面板等电器元件。

2. 预制内隔墙上需要固定电器、橱柜、洁具等较重设备或其他物品时，应在骨架墙板上采取可靠固定措施，如设置加强板等。

3. 预制内隔墙宜选用自重轻、易于安装、拆卸且隔声性能良好的隔墙板。可根据使用功能灵活分隔室内空间，非承重内墙与主体结构的连接应安全可靠，满足抗震及使用要求。用于厨房及卫生间等潮湿空间的墙体应具有防水、易清洁的性能。

4. 蒸汽加压混凝土内隔墙

1）蒸汽加压混凝土内隔墙板侧边及顶部与混凝土柱、梁、板等主体结构连接时应预留 10～20mm 缝隙，与主体之间宜采用柔性连接，宜采用弹性材料填缝，抗震区应有卡固措施。该类型内隔墙可采用钩头螺栓法、滑动螺栓法、内置锚法、摇摆型工法等安装方式。

2）蒸汽加压混凝土内隔墙板的管线开槽应在工厂完成，开槽深度不应大于 15mm，避开受力钢筋，可直接沿纵向板长方向开槽，因为一般板内配置两层钢筋网，故也可小距离横向开槽。

3）建筑物防潮层以下的外墙、长期处于浸水和化学侵蚀环境的部位和表面温度经常处于80℃以上环境的部位，不宜采用蒸汽加压混凝土墙板。

4）预制内隔墙条板排板时，无门洞口的墙体，建议从墙体一端开始沿着墙长方向顺序排板；有门洞口的墙体，从门洞口开始分别向两边排板。当墙体端部的墙板不足一块板宽时，可设计补板，补板宽度一般小于300mm。小于300mm的门边板需采用现浇钢筋混凝土，并宜与主体结构一起浇筑成形。墙体长度超过4m或墙体高度大于标准板的长度时，需进行专项设计，以保证墙体稳定性。

5）预制内隔墙条板与结构墙柱可采用L形、T形、一字形连接，若与结构墙柱L形平接，建议预留企口，深4mm，宽50mm。

8.3.3 管线一体化设计

《装规》中对内装修设备管线的设计有如下规定：

1. 建筑的部件与设备之间的连接应采用标准化接口。室内装修宜减少施工现场的湿作业。

2. 设备管线应进行综合设计，减少平面交叉；竖向管线应集中布置，并应满足维修更换的要求。

3. 预制构件中电气接口及吊挂配件的孔洞、沟槽应根据装修和设备要求预留。

4. 建筑宜采用同层排水设计，并应结合房间净高、楼板宽度、设备管线等因素确定降板方案。

5. 竖向电气管线宜统一设置在预制板内或装饰墙面内，墙板内竖向电气管线布置应保持安全间距。

6. 隔墙内预留有电气设备时，应采取有效措施满足隔声及防火的要求。

7. 设备管线穿过楼板的部位，应采取防水、防火、隔声等措施，设备管线宜与预制构件上的预埋件可靠连接。

8.4 外挂墙板设计

8.4.1 外挂墙板的概念及分类

PC外挂墙板应用非常广泛，可组合成PC幕墙，也可局部应用，可用于PC装配式建筑，也可用于现浇混凝土结构建筑。PC外挂墙板不属于主体结构构件，是装配在混凝土结构或钢结构上的非承重外围护构件。PC外挂墙板有普通PC墙板和夹心保温墙板两种类型。普通PC墙板是单叶墙板，夹心保温墙板是双叶墙板，两层钢筋混凝土板之间夹着保温层。单叶墙板结构设计包括墙板设计和连接节点设计，双叶墙板增加了外叶墙板设计和拉结件设计。

8.4.2 外挂墙板结构设计目的

PC外挂墙板结构设计目的是设计合理的墙板结构和与主体结构连接的节点，使其在承载能力极限状态和正常使用极限状态下，符合安全、正常使用的要求和规范规定。

1. 承载能力极限状态

1) 在自重、风荷载、地震作用等作用下，墙板不会脱落，墙板和连接件的承载能力在容许应力以下。

2) 当主体结构发生层间位移时，墙板不会脱落或破坏。

2. 正常使用极限状态

1) 在风荷载、地震作用等作用下，墙板挠度和裂缝在容许范围内；连接件不出现超出设计允许范围的位移。

2) 当主体结构发生层间位移时，墙板的连接系统能够"应对"，避免因结构位移出现对墙板的附加作用而导致裂缝。

3) 当墙板与主体结构有温度变形差异时，墙板的连接系统能够"应对"，避免温度应力引起墙板裂缝。

8.4.3   外挂墙板结构设计内容

1. 连接节点布置

PC 墙板的结构设计首先要进行连接节点的布置，由于墙板以连接节点为支座，结构设计计算在连接节点确定之后才能进行。

2. 墙板结构设计

墙板自身的结构设计包括墙板结构尺寸的确定、作用及作用组合计算、配置钢筋、结构承载能力和正常使用状态的验算、墙板构造设计等。

3. 连接节点结构设计

设计连接节点的类型、连接方式；作用及作用组合计算；进行连接节点结构计算；设计应对主体结构变形的构造；连接节点的其他构造设计。

8.4.4   外挂墙板结构设计一般规定

《装规》关于外挂墙板有如下规定：

1. 外挂墙板应采用合理的连接节点，并与主体结构可靠连接，有抗震设防要求时，应对外挂墙板及其与主体结构的连接节点进行抗震设计。

2. 外挂墙板结构分析可采用线弹性方法，计算简图应符合实际受力状态。

3. 对外挂墙板和连接节点进行承载力验算时，其结构构件重要性系数 γ_0 应取不小于 1.0，连接节点承载力抗震调整系数 γ_{RE} 应取 1.0。

4. 支承外挂墙板的结构构件，应具有足够的承载能力和刚度。

5. 外挂墙板与主体结构宜采用柔性连接，连接节点应具有足够的承载力和适应主体结构变形的能力，并应采取可靠的防腐、防锈和防火措施。

8.4.5   作用及作用组合

外挂墙板按围护结构进行设计。在进行结构设计计算时，不考虑分担主体结构所承受的荷载和作用，只考虑直接施加于外墙上的荷载与作用。

竖直外挂墙板承受的作用包括自重、风荷载、地震作用和温度作用。

建筑表面是非线性曲面时，可能会有仰斜的墙板，其荷载应当参照屋面板考虑。

《装规》关于外挂墙板作用与组合的规定如下：

1. 计算外挂墙板及连接节点的承载力时，荷载组合的效应设计值应符合下列规定：

1）持久设计状况：

当风荷载效应起控制作用时：

$$S = \gamma_G S_{Gk} + \gamma_W S_{Wk} \tag{8-1}$$

当永久荷载效应起控制作用时：

$$S = \gamma_G S_{Gk} + \varphi_W \gamma_W S_{Wk} \tag{8-2}$$

2）地震设计状况

在水平地震作用下：

$$S_{Eh} = \gamma_G S_{Gk} + \gamma_{Eh} S_{Ehk} + \psi_W \gamma_W S_{Wk} \tag{8-3}$$

在竖向地震作用下：

$$S_{Ev} = \gamma_G S_{Gk} + \gamma_{Ev} S_{Evk} \tag{8-4}$$

式中　S ——基本组合的效应设计值；

S_{Eh} ——水平地震作用组合的效应设计值；

S_{Ev} ——竖向地震作用组合的效应设计值；

S_{Gk} ——永久荷载效应的标准值；

S_{Wk} ——风荷载效应的标准值；

S_{Ehk} ——水平地震作用的效应标准值；

S_{Evk} ——竖向地震作用的效应标准值；

γ_G ——永久荷载分项系数；

γ_W ——风荷载分项系数，取 1.4；

γ_{Eh} ——水平地震作用分项系数，取 1.3；

γ_{Ev} ——竖向地震作用分项系数，取 1.3；

φ_W ——风荷载组合系数，在持久状况下取 0.6，地震设计状况下取 0.2。

2. 在持久设计状况、地震设计状况下，进行外挂墙板和连接节点的承载力设计时，永久荷载分项系数 γ_G 应按下列规定取值：

1）进行外挂墙板平面外承载力设计时，γ_G 应取为 0；进行外挂墙板平面内承载力设计时，γ_G 应取为 1.2。

2）进行连接节点承载力设计时，在持久设计状况下，当风荷载效应起控制作用时，γ_G 应取为 1.2，当永久荷载效应起控制作用时，γ_G 应取为 1.35；在地震设计状况下，γ_G 应取为 1.2。当永久荷载效应对连接节点承载力有利时，γ_G 应取为 1.0。

3. 风荷载标准值应按现行国家标准《建筑结构荷载规范》GB 50009 有关围护结构的规定确定。

4. 计算水平地震作用标准值时，可采用等效侧力法，并应按下式计算：

$$F_{Ehk} = \beta_E \alpha_{max} G_k \tag{8-5}$$

式中　F_{Ehk} ——施加于外挂墙板重心处的水平地震作用标准值（kN/m²）；

β_E ——动力放大系数，不应小于 5.0；

α_{max} ——水平地震影响系数最大值，按现行国家标准《建筑抗震设计标准》GB/T 50011 取值；

G_k ——外挂墙板的重力荷载标准值。

5. 关于温度作用

当 PC 墙板与主体结构热膨胀系数不同，或温度环境不同，就会产生变形差异，当变形差异受到约束，就会在墙板中产生温度应力。

在 PC 建筑中，墙板与主体结构热膨胀系数相同，相对变形是由于两者间存在的温差引起的，外墙板直接暴露于室外，环境温度与主体结构有差异。

当采用外墙外保温时，PC 墙板与主体结构的温度差很小，温度相对变形可以忽略不计。当采用外墙内保温时，墙板与主体结构温度相差较大，接近于室内外温差，相对变形不能忽略不计。当 PC 墙板是夹心保温板时，内叶板与主体结构的温度环境基本相同，外叶板与内叶板之间温度相差较大。

8.4.6　连接节点的原理与布置

只有布置了连接节点，才能进行墙板和连接节点的结构设计与验算，因此在讨论墙板设计和连接节点设计之前，对连接节点的原理与布置作说明。

1. 连接节点的设计要求

外挂墙板连接节点不仅要有足够的强度和刚度保证墙板与主体结构可靠连接，还要避免主体结构位移作用于墙板形成内力。

主体结构在侧向力作用下会发生层间位移，或由于温度作用产生变形，如果墙板的每个连接节点都牢牢地固定在主体结构上，主体结构出现层间位移时，墙板就会随之沿板平面方向扭曲，产生较大内力。为避免这种情况，连接节点应当具有相对于主体结构的可"移动"性，可滑动或转动。当主体结构发生位移时，连接节点允许墙板不随之扭曲，有相对的"自由度"，由此避免主体结构施加给墙板的作用力，也避免墙板对主体结构的反作用力。可把对连接节点的设计要求归纳为以下几条：

1）将墙板与主体结构可靠连接。

2）保证墙板在自重、风荷载、地震作用下的承载能力和正常使用。

3）在主体结构发生位移时，墙板相对于主体结构可以"移动"。

4）连接节点部件的强度与变形满足使用要求和规范规定。

5）连接节点位置有足够的空间可以放置和锚固连接预埋件。

6）连接节点位置有足够的安装作业的空间，安装便利。

2. 连接节点的类型

1）水平支座与重力支座

外挂墙板承受水平方向和竖直方向两个方向的荷载与作用，连接节点分为水平支座和重力支座。

水平支座只承受水平作用，包括风荷载、水平地震作用和构件相对于安装节点的偏心形成的水平力，不承受竖向荷载。

重力支座顾名思义是承受竖向荷载的支座，承受重力和竖向地震作用。其实重力支座同时也承受水平荷载，但都习惯称为重力支座，是为了强调其主要功能是承受重力作用。

2）固定连接节点与活动连接节点

按照是否允许移动连接节点又分为固定节点和活动节点。固定节点是将墙板与主体结构"固定"连接的节点；活动节点则是允许墙板与主体结构之间有相对位移的节点。

3. 连接节点布置

1）与主体结构的连接

墙板连接节点须布置在主体结构构件柱、梁、楼板、结构墙体上。当布置在悬挑楼板上时，楼板悬挑长度不宜大于 600mm。连接节点在主体结构的预埋件距离构件边缘不应小于 50mm。

当墙板无法与主体结构构件直接连接时，必须从主体结构引出二次结构作为连接的依附体。

2）连接节点数量

一般情况下，外挂墙板布置 4 个连接节点，两个水平支座，两个重力支座；重力支座布置在板下部时称为"下托式"；重力支座布置板的上部时称为"上挂式"，如图 8-3 所示。

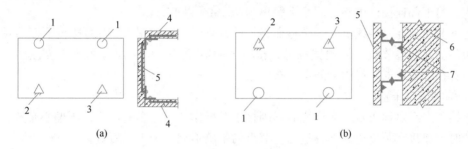

图 8-3　下托式与上挂式连接件点布置

（a）下托式；（b）上挂式

1—水平支座活动节点；2—重力支座固定节点；3—重力支座水平滑动节点；

4—楼板；5—墙板；6—柱子；7—牛腿

当墙板宽度小于 1.2m 时，也可以布置 3 个连接节点，其中 1 个水平支座，2 个重力支座，如图 8-4 所示。

当墙板长度大于 6000mm 时或墙板为折角板，折边长度大于 600mm 时，可设置 6 个连接节点，如图 8-5 所示。

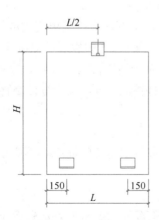

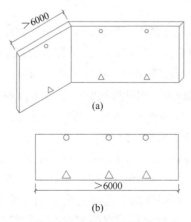

图 8-4　板宽 1200mm 以下时
连接件数量与位置

图 8-5　长板和折板设置 6 个连接点
（a）折板；（b）长板

4. 固定节点与活动节点分布

固定节点与活动节点分布有多种方案，这里介绍活动路线比较清晰的滑动节点的方案：

1个重力支座为固定节点，1个重力支座为水平滑动节点，两个水平支座为水平和竖直方向都可以滑动的节点。如图 8-3 的下托式和上挂式布置都是此方案。以下托式为例，对应主体结构位移的原理是：

1个固定支座与主体结构紧固连接，墙板不会随意乱动。当主体结构发生层间位移时，下部两个支座不动，上部两个滑动支座允许主体结构相对位移。当主体结构与墙板有横向温度变形差时，与固定支座一列的支座不动，另外一列支座允许移动。当主体结构与墙板有竖向温度变形差时，与固定支座一行的支座不动，另外一行支座允许移动。

5. 连接节点与板边缘的距离

板上下部各设置两个连接件时，下部连接件中心距离板边缘为 150mm 以上，上部连接件中心与下部连接件中心之间水平距离为 150mm 以上。

上下节点不在一条线上，一个显而易见的好处是"不打架"。因为楼板下面需预埋下层墙板的上部连接节点用的预埋螺母；楼板上面需预埋连接上层墙板重力支座的预埋螺栓；布置在一条线上，锚固空间会拥挤。

6. 偏心节点布置

连接节点宜对称布置。但许多时候因柱子对操作空间的影响，不得不偏心布置。当偏心布置时，连接点距离边缘不宜过远，节点的距离不宜小于 1/2 板宽。

8.4.7　外挂墙板结构计算

外挂墙板必须满足构件在制作、堆放、运输、施工各个阶段和整个使用寿命期的承载能力的要求，保证强度和稳定性，还要控制裂缝和挠度。

外挂墙板是装饰性构件，对裂缝和挠度比较敏感。按照现行国家标准《混凝土结构设计标准》GB/T 50010 的规定，二类和三类环境类别的非预应力混凝土构件裂缝允许宽度为 0.2mm；受弯构件计算跨度小于 7m 时允许挠度为 1/200。特别注意，0.2mm 结构裂缝在清水混凝土和表面涂漆的墙板上是清晰可视的，用户心理上易形成不安全感，难以被用户接受。

外挂墙板在制作、堆放、运输和安装环节荷载作用下，不应当出现裂缝。在使用环节，当外挂墙板表面为反打瓷砖、反打石材或装饰混凝土时，结构裂缝可以按照现行国家标准《混凝土结构设计标准》GB/T 50010 的规定控制；对于清水混凝土构件，宜控制得严一些。对于夹心保温板，内叶板裂缝控制可按普通结构构件控制，外叶板裂缝控制宜严格一些。

关于外挂墙板，《装规》有如下规定：

1. 外挂墙板的高度不宜大于一个层高，厚度不宜小于 100mm。

2. 外挂墙板宜采用双层、双向配筋，竖向和水平钢筋的配筋率均不应小于 0.2%，且钢筋直径不宜小于 5mm，间距不宜大于 200mm。

3. 门窗洞口周边、角部应配置加强钢筋。

4. 外挂墙板最外层钢筋的混凝土保护层厚度除有专门要求外，应符合下列规定：

对石材或面砖饰面，不应小于 15mm；对清水混凝土，不应小于 20mm；对露骨料装饰面，应从最凹处混凝土表面计起，且不应小于 20mm。

5. 计算简图（图 8-6）

1）无洞口版

外挂墙板的结构计算主要是验算水平荷载作用下板的承载能力和变形；竖直荷载主要是对连接节点和内外叶板的拉结件作用。

2）长宽比大的墙板

长宽比较大的墙板，长边内力分布比较均匀，可直接按照简支板计算，短边内力因支座距离较远而分布不均匀，支座板带比跨中板带分担更多的荷载，应当对内力进行调整。支座板带承担75％的荷载，跨中板带承担25％的荷载。

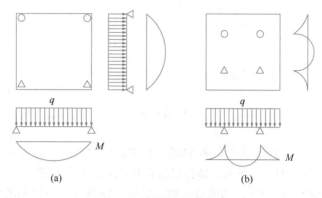

图 8-6 外挂墙板计算简图
（a）支座在边缘；（b）支座在板内

3）有洞口墙板的荷载调整

有窗户洞口的墙板，窗户所承受的风荷载应当被窗边墙板所分担。

墙板结构计算内容包括：配筋和墙板承载力验算；挠度验算；裂缝宽度计算。

墙板结构构造设计：PC 外挂墙板周圈宜设置一圈加强筋，PC 外挂墙板洞口转角处应设置加强筋，PC 外挂墙板连接节点预埋件处应设置加强筋。

8.4.8 外挂墙板连接

1. 节点设计规定

外挂墙板与主体结构采用点支承连接时，连接件的滑动孔尺寸，应根据穿孔螺栓的直径、层间位移值和施工误差等因素确定。外挂墙板间接缝的构造应符合下列规定：

1）接缝构造应满足防水、防火、隔声等建筑功能的要求。

2）接缝宽度应满足主体结构的层间位移、密封材料的变形能力、施工误差、温差引起的变形要求，且不应小于 15mm。

《装规》条文说明中提出，外挂墙板与主体结构的连接节点应采用预埋件，不得采用后锚固的方法。

2. 连接节点构造

1）上部的水平支座（滑动方式）

如图 8-7 所示，PC 墙板伸出预埋螺栓，与角型连接件连接。连接件的两侧是橡胶密封垫，用双重螺母固定角型连接件。安装时，在水平调节后的垫片上固定 PC 板一侧的连接件，根据需要垫上较薄的马蹄形垫片进行微调整。在固定到规定的位置上后，通过垫片和弹簧片把螺栓固定到已埋置在结构楼板或钢结构内的螺母上。

2）下部重力支座（滑动方式）

如图 8-7、图 8-8 所示，L 形预埋件埋置在 PC 墙板中，背后焊有腹板，腹板两侧有锚固钢筋。L 形预埋件预留的安装孔大于主体结构预埋的螺栓，包括了安装允许误差和滑动余量。插入螺母后，旋紧螺母。

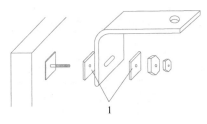

图 8-7　PC 板一侧的上部连接件

（滑动方式）

1—橡胶垫圈

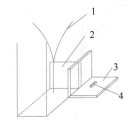

图 8-8　PC 板一侧的下部连接件

（锁紧方式）

1—锚固钢筋；2—加固钢板；

3—角钢；4—安装孔

3）上部水平支座（锁紧方式）

如图 8-9 所示，螺栓已经预埋在 PC 板上，把上下都有活孔的角钢或曲板，借助于不锈钢片的两边，用螺母锁紧。具体的安装方法虽然与滑动模式完全相同，但是为了方便角钢随意活动，有时会根据需要进行焊接处理。

4）下部重力支座（锁紧方式）

如图 8-10 所示，板一侧连接件虽然滑动方式完全相同，但是安装完成后需要用与螺栓的外径尺寸完全相同的垫片焊接下部连接角钢的方法代替直接用螺母进行锁紧的方法。

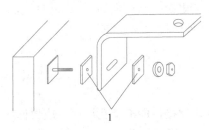
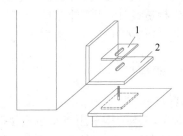

图 8-9　PC 板一侧的上部连接件　　　　图 8-10　PC 板一侧的下部连接件

（锁紧方式）　　　　　　　　　　　（锁紧方式）

1—不锈钢片　　　　　　　　　　　1—垫片；2—L 形预埋件

8.5　预制楼梯设计

8.5.1　预制楼梯类型

预制楼梯是最能体现装配式优势的 PC 构件。预制楼梯在工厂生产，远比现浇方便、精致，安装后马上就可使用，为工地施工带来了很大的便利，提高了施工安全性。楼梯板安装一般情况下不需要加大工地塔式起重机的吨位，因此现浇混凝土建筑和钢结构建筑均可以方便地使用预制楼梯。

预制楼梯有不带平台板的直板式楼梯（板式楼梯）和带平台板的折板式楼梯。板式楼梯有双跑楼梯和剪刀楼梯。对于板式楼梯，可参考国家建筑标准设计图集《预制钢筋混凝土板式楼梯》15G367-1 中大样。

8.5.2 楼梯与支撑构件的连接方式

PC楼梯与支撑构件连接有三种方式：一端固定铰节点一端滑动铰节点的简支方式、一端固定支座一端滑动支座的方式、两端都是固定支座的方式。

装配式结构的预制楼梯与主体结构的连接宜采用简支或一端固定一端滑动的连接方式，不参与主体结构的整体计算。

1. 简支支座

采用简支连接，应符合下列规定：预制楼梯宜一端设置固定铰，另一端设置滑动铰，其转动与滑动变形能力应满足结构层间的位移要求，且预制楼梯端部在支撑构件上的最小搁置长度应符合要求。

2. 固定与滑动支座

预制楼梯上端设置固定端，与支承结构现浇混凝土连接。下端设置滑动支座，放置在支撑体系上。

3. 两端固定支座

预制楼梯上下两端都设置固定支座，与支撑结构现浇混凝土连接。

8.5.3 预制楼梯板面与板底纵向钢筋

《装规》关于预制楼梯的纵向钢筋有如下规定：

1. 预制板式楼梯的梯段板底应配置通长的纵向钢筋。板面宜配置通长的纵向钢筋；当楼梯两端均不能滑动时，板面应配置通长的钢筋。

2. 对于简支楼梯板，板底受拉，只在支座处弯矩为零，应配置通长钢筋。

3. 简支板的板面受压，但考虑在吊装、运输、安装过程中受力复杂，建议配置通长钢筋。

4. 当楼梯板两端都设有固定节点时，有了负弯矩，板面有了拉应力，应配置通长钢筋。

8.5.4 预制楼梯生产和施工阶段验算

1. 预制楼梯的制作和吊装

预制楼梯的浇筑方式主要有卧式和立式两种。卧式浇筑特点是人工抹平面较大，需要进行脱模验算；立式浇筑特点是表面光滑，将楼梯从模具移出时不易发生剐蹭，人工抹平面较小，不需进行脱模验算。

2. 预制楼梯的运输和堆放

预制楼梯采用低跑平板车平放运输。进场后，应进行逐块到场验收，包括外观质量、几何尺寸、预埋件位置等，发现不合格应予以退场。堆放场地须平整、结实，并做100mm厚C15混凝土垫层，堆放区应在塔式起重机工作范围内。梯段应水平分层分型号（左、右）码垛，每垛不超过5块，层与层之间用垫木分开，且垫实垫平，各层垫木在一条垂直线上，支点一般为吊装孔位置，最下面一根垫木通长。

3. 预制楼梯吊装验算

由于预制混凝土构件的预制层厚度一般比较小，构件在吊装过程中，容易出现开裂问题。因此，考虑构件在吊装中的开裂问题是不容忽视的工序。对于预制构件，施工时的受力情况可能与最终的受力情况不同，最不利的荷载工况可能出现在吊装阶段，有可能构件的配筋由吊装阶段控制，要保证构件在吊装时的安全性，有必要对预制构件吊装进行验算。吊装验算的内容包括确定吊点位置、抗弯强度的验算、抗裂强度的验算。

1）脱模起吊

预制构件与模板之间存在吸附力，在脱模起吊时应进行计算，可以通过引入脱模吸附系数 γ_1 来考虑吸附力：

$$F_1 = \gamma_1 G_k \tag{8-6}$$

式中 F_1 ——脱模起吊荷载；

γ_1 ——脱模吸附系数；

G_k ——预制构件自重标准值。

脱模吸附系数 γ_1 与构件和模具表面的情况有很大关系。基于一些工程实践经验，现行国家标准《混凝土结构工程施工规范》GB 50666 规定脱模吸附系数取为 1.5，并根据构件和模具表面具体情况进行适当修正。对于较复杂情况，可以通过试验来确定。

2）预制构件吊运

预制构件的吊运可分为直吊、平吊和翻转吊等。在吊装验算时，对吊运过程中的动荷载和冲击力应予以考虑。现行国家标准《混凝土结构工程施工规范》GB 50666 通过引入动力系数来考虑动力作用：

$$F_2 = \gamma_2 G_k \tag{8-7}$$

式中 F_2 ——构件吊运荷载；

γ_2 ——动力系数。

考虑到吊运过程中的复杂性与重要性，施工规范将 γ_2 取为 1.5。当有可靠经验时，γ_2 也可根据实际受力情况进行修正。

由于脱模起吊和构件吊运不会同时发生，所以 γ_1 与 γ_2 不用连乘。当脱模系数 γ_1 与动力系数 γ_2 取相同值，且脱模起吊的吊点与构件吊运时的吊点一致时，考虑到混凝土强度的不断增长，脱模起吊工况为最不利的施工工况，只需验算脱模起吊即可。

3）吊点选取

预制构件吊装时一般依据最小弯矩原理来选择吊点，即自重产生的正弯矩最大值与负弯矩最大值相等时，整个构件的弯矩绝对值最小。

4）抗弯强度验算

对于钢筋混凝土受弯构件抗弯强度验算，可以采用下列验算公式：

$$K = \frac{F_{yk} A_s, h_0}{M_d} > 1.4 \times 0.9 = 1.26 \tag{8-8}$$

式中 K ——吊装安全系数；

F_{yk} ——钢筋标准强度；

A_s ——钢筋横截面面积；

h_0 ——截面有效高度；

M_d ——吊装弯矩；

1.4 ——受弯构件基本安全系数；

0.9 ——做吊装验算时，基本安全系数的修正系数。

5）抗裂强度验算

对于普通混凝土构件，在施工过程中允许出现裂缝的钢筋混凝土构件，其开裂截面处受拉钢筋的应力应满足下式要求：

$$\sigma_{s} = \frac{M_{d}}{0.87A_{s}h_{0}} = 0.7F_{yk} \tag{8-9}$$

式中　σ_{s}——各施工工况在荷载标准组合作用下产生的受拉钢筋应力。

为满足构件正常使用极限状态要求，应用现行国家标准《混凝土结构设计标准》GB/T 50010 中的裂缝宽度计算公式对预制构件的裂缝进行验算，吊装时构件的裂缝宽度应在允许范围内。

6）吊环验算

预制楼梯吊装采用预埋吊环进行起吊，吊环采用 HPB300 级钢筋制作，每个吊环按一个截面计算的钢筋应力不应大于 65N/mm^{2}，其计算如下：

$$\sigma_{s} = \frac{G_{K}}{2 \times 2 \times A_{s}} \leqslant 65\text{N/mm}^{2} \tag{8-10}$$

其中 G_{K} 为楼梯自重；A_{s} 为吊环钢筋面积。

但是，对于预制楼梯，施工时的受力情况通常小于使用阶段的受力情况，最不利的荷载工况一般出现在使用阶段，配筋通常由使用阶段控制。

8.5.5　预制楼梯结构设计案例

第8章　案例图纸

1. 工程概况

某住宅楼双跑楼梯，层高 3.0m，楼梯间净宽度 2.5m，现设计为预制楼梯，如图 8-11、图 8-12 所示。

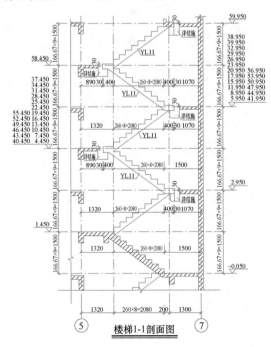

图 8-11　预制楼梯剖面图

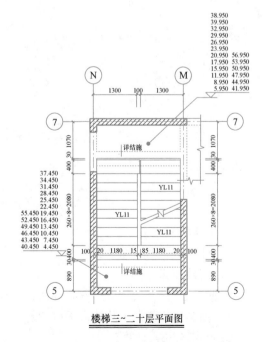

图 8-12　预制楼梯平面图

2．楼梯结构计算

装配式预制楼梯不参与结构主体计算，所以仅需要对预制楼梯进行正常使用极限状态和承载能力极限状态计算以及脱模吊装验算。

3．预制楼梯深化设计

根据楼梯尺寸参数，可对预制楼梯进行深化设计，参照国家建筑标准设计图集《预制钢筋混凝土板式楼梯》15G367-1 中板式双跑楼梯，本项目预制楼梯参数及详图如表 8-1 所示。预制楼梯详图如图 8-13 所示。

预制楼梯参数　　　　　　　　　　　　　表 8-1

楼梯样式	层高（m）	楼梯间净宽（mm）	梯井跨度（mm）	梯段板水平投影长度（mm）	梯段板宽（mm）	踏步高（mm）	踏步宽（mm）	钢筋质量（kg）	混凝土方量（m³）	梯段板重（t）
双跑楼梯	3.0	2500	100	2080	1180	166.67	260	93.412	0.7773	1.943

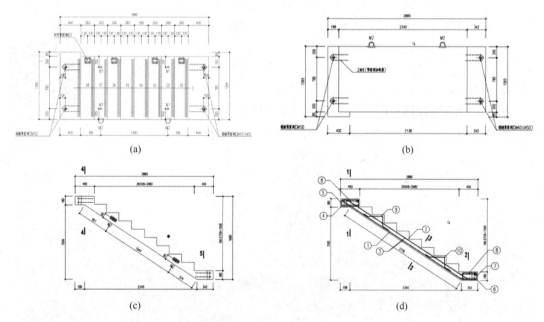

图 8-13　预制楼梯详图

（a）平面图；（b）底面图；（c）立面图；（d）配筋图

4．预制楼梯验算

1）计算示意图（图 8-14）

2）荷载计算

根据《装规》6.2.2 条、6.2.3 条计算楼梯脱模吊装荷载。

3）预制楼梯脱模吊装抗弯强度验算

参照式（8-8）计算。

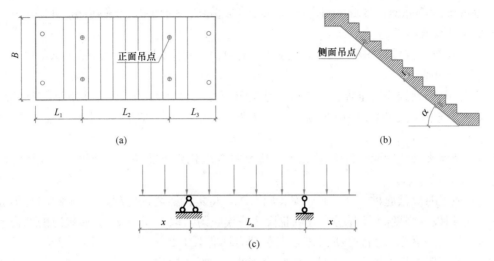

图 8-14　预制楼梯示意图及吊装验算力学简图

（a）正面吊点示意图；（b）侧面吊点示意图；（c）计算简图

4）预制楼梯吊装抗裂强度验算

参照式（8-9）计算。

5）吊环强度验算

参照式（8-10）计算。

6）正面吊点承载力验算

参照《混凝土结构构造手册（第五版）》15.3.2 节计算。

8.6　阳台板设计

8.6.1　阳台板类型

1. 阳台板分类与受力原理

阳台板为悬挑构件，有叠合式和全预制式两种类型，全预制式又分为全预制板式和全预制梁式。两者的区别和受力原理如下：

1）梁式阳台：是指阳台板及其上的荷载通过挑梁传递到主体结构的梁、墙、柱上，阳台板可与挑梁整体现浇在一起的阳台。为承受阳台栏杆及其上的荷载，另设一根边梁，支撑于挑梁的前端部，边梁一般都与阳台一块现浇。悬挑大于 1.2m 一般用梁式阳台。

2）板式阳台：是指根部与主体结构的梁板整浇在一起，板上荷载通过悬挑板传递到主体结构的梁板上的阳台，阳台板采用现浇悬挑板。该阳台一般在现浇楼面或现浇框架结构中采用。板式阳台由于受结构形式的约束，悬挑小于 1.2m 一般用板式阳台。

根据住宅建筑常用的开间尺寸，将预制混凝土阳台板的尺寸标准化，以利于工厂制作。预制阳台板沿悬挑长度方向常用模数，叠合板式和全预制板式取 1000mm、1200mm、

1400mm；全预制梁式取 1200mm、1400mm、1600mm、1800mm；沿房间方向常用模数取 2400mm、2700mm、3000mm、3300mm、3600mm、3900mm、4200mm、4500mm。

2. 设计规定

国家建筑标准设计图集《预制钢筋混凝土阳台板、空调板及女儿墙》15G368-1 中对设计有如下相关规定：

1）预制阳台结构安全等级取二级，结构重要性系数 $\gamma=1.0$，设计使用年限 50 年。

2）钢筋保护层厚度：板取 20mm，梁取 25mm；正常使用阶段裂缝控制等级为三级。

3）最大裂缝宽度允许值为 0.2mm；挠度限制取构件计算跨度的 1/200，计算跨度取悬挑长度 L 的 2 倍。

4）施工时应预起拱 6L/1000（安装阳台时，将板端标高预先调高）。预制阳台板养护的强度达到设计强度的 75% 时，方可脱模，脱模吸附力取 $1.5kN/m^2$。脱模时的动力系数取 1.5，运输、吊装动力系数取 1.5，安装动力系数取 1.2。

5）预制阳台板内埋设管线时，所铺设管线应放在板上层和下层钢筋之间，且避免交叉，管线的混凝土保护层厚度应不小于 30mm。叠合板式阳台内埋设管线时，所铺设管线应放在现浇层内、板上层钢筋之下，在桁架筋空档间穿过。

阳台板宜采用叠合构件或预制构件。预制构件应与主体结构可靠连接；叠合构件的负弯矩钢筋应在相邻叠合板的后浇混凝土中可靠锚固，叠合构件中预制板底钢筋的锚固应符合下列规定：

1）当板底为构造配筋时，其钢筋应符合以下规定：在叠合板支座处，预制板内的纵向受力钢筋宜从板端伸出并锚入支撑梁或墙的后浇混凝土中，锚固长度不应小于 5d（d 为纵向受力钢筋直径），且宜过支座中心线。

2）当板底为计算要求配筋时，钢筋应满足受拉钢筋的锚固要求。受拉钢筋的基本锚固长度也称为非抗震锚固长度，一般来说，在非抗震构件（或四级抗震条件）中（如基础筏板、基础梁等）用到它，表示为 l_0 或 l_{ab}。通常说的锚固长度是指抗震锚固长度 l_{aE}，该数值以基本锚固长度乘以相应的系数 ζ_{aE} 得到，ζ_{aE} 在一、二级抗震时取 1.15，三级抗震时取 1.05，四级抗震时取 1.0。

8.6.2　预制阳台板连接节点

1. 全预制板式阳台连接节点如图 8-15 所示。

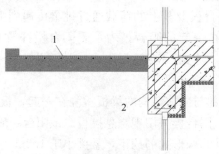

图 8-15　全预制板式阳台连接节点
1—预制阳台板；2—主体结构

2. 全预制梁式阳台连接节点如图 8-16 所示。

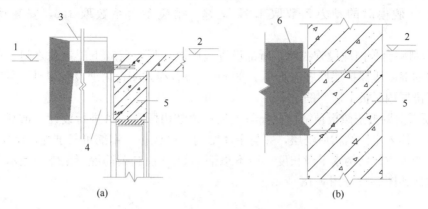

图 8-16　全预制梁式阳台连接节点

（a）全预制梁式阳台板连接节点；（b）全预制阳台梁板连接节点

1—阳台结构标高；2—主体结构标高；3—全预制梁式阳台封边；
4—全预制梁式阳台；5—主体结构；6—预制悬挑梁

8.6.3　阳台板施工措施和构造要求

1. 预制阳台板与后浇混凝土结合处应做粗糙面。

2. 阳台设计时应预留安装阳台栏杆的孔洞（如排水孔、设备管道孔等）和预埋件等。

3. 预制阳台板安装时需设置支撑，防止构件倾覆，待预制阳台与连接部位的主体结构混凝土强度达到要求强度 100％时，并应在装配式结构能达到后续施工承载要求后，方可拆除支撑。

8.7　空调板、遮阳板、挑檐板设计

空调板、遮阳板、挑檐板等与阳台板同属于悬挑式板式构件，计算简图和节点构造与板式阳台一样。

一般住宅家用空调外机荷载小，现浇成本远超预制空调板，故无需现浇，以预制为主。根据市场上大部分空调外机尺寸及荷载，预制空调板构件长度通常为 630mm、730mm、740mm 和 840mm，宽度通常为 1100mm、1200mm、1300mm，厚度取 80mm。

国家建筑标准设计图集《预制钢筋混凝土阳台板、空调板及女儿墙》15G368-1 中对设计有如下相关规定：

1. 预制空调板结构安全等级为二级，结构重要性系数 $\gamma = 1.0$，设计使用年限 50 年。钢筋保护层厚度取 20mm。

2. 正常使用阶段裂缝控制等级为三级，最大裂缝宽度允许值为 0.2mm。

3. 预制空调板的永久荷载考虑自重、空调挂机和表面建筑做法，按 4.0kN/m² 设计；铁艺栏杆或百叶的荷载按 1.0kN/m² 设计；预制空调板可变荷载按 2.5kN/m² 设计；施工和检修荷载按 1.0kN/m² 设计。

4. 构件的挠度限值取构件计算跨度的 1/200，计算跨度取悬挑长度 l_0 的 2 倍。

5. 预制阳台板养护的混凝土强度达到设计强度的 75% 时，方可脱模，脱模吸附力取 1.5kN/m²。脱模时的动力系数取 1.5，运输、吊装动力系数取 1.5，安装动力系数取 1.2。

6. 预制阳台板内埋设管线时，所铺设管线应放在板上层和下层钢筋之间，且避免交叉，管线的混凝土保护层厚度应不小于 30mm。叠合板式阳台内埋设管线时，所铺设管线应放在现浇层内、板上层钢筋之下。

7. 预制空调板按照板顶结构标高与楼板板顶结构标高一致进行设计。预制空调板预留负弯矩筋伸入主体结构后浇层，并与主体结构（梁或板）钢筋可靠绑扎，浇筑成整体，负弯矩筋伸入主体结构水平段长度 x 应不小于 $1.1l_a$。预制钢筋混凝土空调板示意图及连接节点构造如图 8-17、图 8-18 所示。

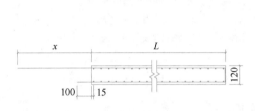

图 8-17　预制钢筋混凝土空调板

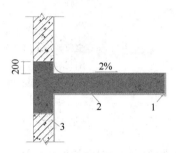

图 8-18　预制钢筋混凝土空调板连接节点
1—滴水线；2—预制空调板；3—主体结构

8.8　女儿墙设计

8.8.1　女儿墙类型

女儿墙有两种类型，包括压顶与墙身一体式、墙身与压顶分离式，如图 8-19 所示。

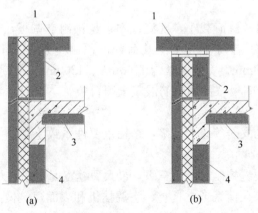

(a)　　　　　　　(b)

图 8-19　预制钢筋混凝土空调板连接节点
（a）一体式；（b）分离式
1—压顶；2—女儿墙；3—楼板；4—主体结构

8.8.2　女儿墙墙身设计

1. 女儿墙墙身计算简图

女儿墙墙身为固定在楼板现浇带上的悬臂板，计算简图如图 8-20 所示。

2. 连接节点

女儿墙墙身连接与剪力墙一样：与屋盖现浇带的连接用套筒连接或浆锚搭接，竖缝连接为后浇混凝土连接。参考《预制钢筋混凝土阳台板、空调板及女儿墙》15G368-1 中对设计的相关规定。

8.8.3　女儿墙压顶设计

1. 结构构造

女儿墙压顶按照构造配筋，相关图集参考《预制钢筋混凝土阳台板、空调板及女儿墙》15G368-1。

2. 连接构造

女儿墙压顶与墙身的连接用螺栓连接，相关图集参考《预制钢筋混凝土阳台板、空调板及女儿墙》15G368-1。

图 8-20　女儿墙墙
身计算简图

8.9　其他非承重预制构件设计

8.9.1　预制飘窗设计

1. 整体式飘窗类型

飘窗是凸出墙面的窗户的俗称。整体式飘窗有两种类型，一种是组装式，即墙体与闭合型窗户板分别预制，后组装在一起，制作相对简单，但整体性不好；另一种是整体式，整个飘窗一体预制完成，制作麻烦，且重量大，对运输、吊装机械要求高。

2. 计算要点

1）整体式飘窗墙体部分与剪力墙基本一样，只是荷载中增加了悬挑出墙体的偏心荷载，包括重力荷载和活荷载；

2）整体式飘窗悬挑窗台板部分与阳台板、空调板等悬挑板的计算简图一样；

3）整体式飘窗安装吊点的设置须考虑偏心因素；

4）组装式飘窗须设计可靠的连接节点。

3. 设计构造

1）预制飘窗两侧应预留不小于 100mm 的墙垛，避免剪力墙直接延伸至窗边缘。

2）当一面墙中存在两扇飘窗时，可拆成两个飘窗构件，飘窗之间应预留后浇带连接，后浇带宽度应满足飘窗上部叠合梁与下部纵向钢筋连接作业的空间需求。

8.9.2　预制卫生间沉箱设计

1. 卫生间预制沉箱（图 8-21）至少两个对边有结构梁支撑。

2. 卫生间预制沉箱侧壁四周应预留现浇层，叠合面与周边叠合梁保持一致，现浇层

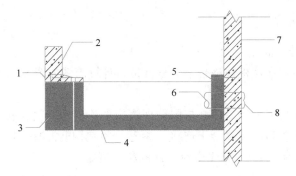

图 8-21　预制沉箱（管井外挂）剖面图

1—叠合梁现浇层；2—现浇反坎；3—叠合梁预制部分；
4—预制沉箱；5—预制沉箱现浇部分；6—穿墙钢套管；
7—现浇剪力墙；8—套管焊接止水翼环

应与周边梁一次浇筑完成。

3. 当卫生间采用管井内置方案时，卫生间沉箱应与管井一起预制，管井内应做好管道预埋。

4. 当卫生间采用管井外挂方案时，卫生间预制沉箱侧壁管道穿孔处应提前预埋穿墙钢套管。

本章小结

1. 预制内隔墙为非承重墙板，常用的预制内隔墙有预制混凝土内隔墙和轻质龙骨隔墙板两种类型。预制内隔墙宜采用轻质隔墙并设架空层，架空层内敷设管线、开关、插座、面板等电器元件，宜选用自重轻、易于安装、拆卸且隔声性能良好的隔墙板等。可根据使用功能灵活分隔室内空间，非承重内隔墙与主体结构的连接应安全可靠，满足抗震及使用要求。用于厨房及卫生间等潮湿空间的墙体应考虑防水、防火、易清洁的性能。

2. 外挂墙板不属于主体结构构件，是装配在混凝土结构上的非承重外围护构件，有普通 PC 墙板和夹心保温墙板两种类型。普通 PC 墙板是单叶墙板；夹心保温墙板是双叶墙板，两层钢筋混凝土板之间夹着保温层。外挂墙板与主体结构宜采用柔性连接，连接节点应具有足够的承载力和适应主体结构变形的能力，并应采取可靠的防腐、防锈和防火措施。外挂墙板应采用合理可靠的连接节点，并与主体结构可靠连接，有抗震设防要求时，应对外挂墙板及其与主体结构的连接节点进行抗震设计。

3. 预制楼梯是最能体现装配式优势的 PC 构件。预制楼梯在工厂生产，远比现浇方便、精致，安装后马上就可使用，为工地施工带来了很大的便利，提高了施工安全性。预制楼梯有不带平台板的板式楼梯和带平台板的折板式楼梯两种类型。其与支撑套件连接有三种方式：一端固定铰节点—端滑动铰节点的简支方式、一端固定支座一端滑动支座的方式、两端都是固定支座的方式。装配式结构建筑中楼梯与主体结构的连接宜采用简支或一端固定—端滑动的连接方式，且不参与主体结构的整体计算。

4. 对预制阳台板、空调板、女儿墙的设计应严格按照国家建筑标准设计图集《预制钢筋混凝土阳台板、空调板及女儿墙》15G368-1中的相关规定设计和施工安装。

思考题

1. 请阐述内隔墙的分类，并且简述每种内隔墙的特征。

2. 外挂墙板连接节点的类型有哪些？并简述连接节点在墙板的作用原理是什么。

3. 假设一块普通的 PC 外挂墙板尺寸为 1500mm×2400mm，请计算出在持久设计状况以及地震设计状况下的组合效应设计值。

4. 请阐述预制楼梯吊装的验算目的以及验算内容。

5. 请阐述阳台板的分类，以及不同类型下阳台板的受力方式，同时简述阳台板的设计规定。

第9章 装配式混凝土结构预制构件生产

9.1 概述

预制构件生产是装配式建筑建造施工的重要构成部分。装配式建筑建造全过程具有标准化设计、工厂化生产、装配化施工、一体化装修及信息化管理的"五化一体"特点。因此，预制构件生产是保证装配式建筑正常开展和质量安全的重要环节。本章将重点介绍装配式混凝土结构预制构件生产准备、构件生产、预制构件的起吊与运输存放、过程质量管理、成品质检及资料管理的相关内容。

9.2 生产准备

预制构件生产前，生产企业需做好生产前的各种准备工作，包括：预制构件详图（即拆分图）设计、技术管理准备、生产方案编制、原材料及配件制备、模具制备。

9.2.1 预制构件工艺详图设计

1. 预制构件工艺详图

预制构件工艺详图简称构件深化图或构件加工图，是在构件生产加工过程中用图样方式表达构件几何形状、规格尺寸、构造形式及技术要求等的技术性文件。该图是在装配式建筑设计基础上开展的深化设计，预制构件制作工厂依据图纸解读和理解装配式建筑，并依据原图开展原材料采购、构件制作工艺设计、模具设计制作、成本核算等。

2. 设计内容

1）模板图

通过模板图确定构件的样式、做法和模具的做法。预制构件模板图表达内容见表9-1。

预制构件模板图表达内容 表9-1

项次	名称	内容
1	主视图	采用信息最多的面或者采用预制抹光面。图面表达尺寸、预埋件信息等
2	左右视图	表达构件两侧可见构造，键槽、预埋件、粗糙面等
3	俯视图、底视图	表达构件上下侧可见构造，键槽、预埋件、粗糙面等
4	关键部位剖面图	一般由复杂处剖切。表达从其他视图无法直接获得的构件构造信息
5	背立面图	如构件背立面有需要表达的预埋件、线条造型等信息，则需要加背立面图
6	透视图	构造造型比较复杂，则需要加透视图帮助理解构件信息
7	节点详图	节点部位则需要增加构造措施详图

项次	名称	内容
8	构件信息表	提供构件的尺寸、重量、数量等
9	预埋件明细表	提供预埋件所需规格、数量等
10	注释说明	提供图面补充信息，对一些符号、构造等提供说明
11	构件定位图	表达构件在整体建筑中的位置，协助施工人员便捷找到构件安装位置

2）配筋图

通过配筋图确定钢筋下料、加工样式及骨架绑扎。预制构件配筋图表达内容见表 9-2。

预制构件配筋图表达内容   表 9-2

项次	名称	内容
1	配筋图	从主视图看到的钢筋布置方式，确定钢筋定位
2	关键部位配筋剖面图	从侧面来表达钢筋在纵方向的排布，尤其特殊样式钢筋的排布
3	配筋表	提供钢筋的样式、规格、数量
4	钢筋详图	在钢筋表中不易表达的钢筋样式则在图面合适位置给出大样详图

9.2.2 技术管理准备

预制构件生产前应开展生产计划编制、员工岗前技术培训和技术交底等技术准备工作。

1. 生产计划编制

生产计划是依据企业的经营目标要求，制定企业在计划期内的生产规模、方向目标、产量和相应资源投入量等指标，科学有效地配置生产资源，以最低成本按规定技术要求和期限满足市场所需的最佳产品，实现企业经营目标。预制构件生产计划按项目合同工期和相关管理要求编制，具体可按项目工程划分为总体计划和分项控制计划。

总体计划内容包括：总进度计划（分解为月计划或周、日计划）、深化设计进度计划、模具设计制作进度计划、原材料与配件进场计划、生产作业时间与出货时间等。预制构件生产总体计划可按如图 9-1 所示的示例图编制。

分项计划内容包括：物料计划、设备计划、劳动力计划、堆场计划、运输计划、质量控制计划、成本控制计划、后勤安全保障计划。

2. 生产方案

生产方案是针对单位工程、子分部分项工程预制构件制作的专项方案，可有效指导生产开展和管理。预制构件生产方案包括项目概况、编制依据、构件制作工艺方法、产品质量与检验标准、产品质量保证措施、产品保护措施、产品存放措施、文明生产与安全保证措施等。

3. 技术培训及技术交底

技术培训是生产企业员工职业素养与技能提升的促进措施，包括理论培训与实操培训。

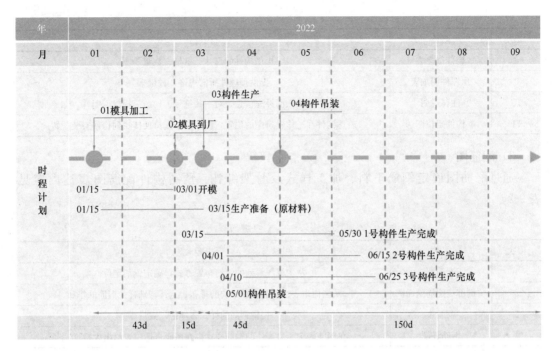

图 9-1　某项目预制构件生产总体计划示例

预制构件生产前，生产企业应进行技术交底，技术交底具体可分为一级交底和二级交底。一级交底由企业技术总负责人（技术总工）向参与项目生产管理的人员交底；二级交底由生产技术负责人（技术员）向班组工人进行交底。交底内容主要为预制构件生产详图识图、工艺流程、技术细则、操作要领、质量标准、成品保护、混凝土制备、试验检验、安全常识、重大危险源及紧急情况下的应急救援措施、紧急逃生措施等。

9.2.3　原材料及配件

预制构件生产用主要原材料及配件包括混凝土、钢筋、连接材料、保温材料及拉结件等，详见本教材第 2 章，制备应符合相关现行标准，应按国家现行有关标准、设计文件及合同约定进行进场检验。

9.2.4　模具及模台

1. 模具设计

预制构件制作所用模具一般委托专业工厂制作，制作前，预制构件制作厂应向模具制作厂提供构件拆分图样和质量、技术要求。模具设计应满足下列要求：稳定可靠，满足使用过程中的水平承载力和抗侧刚度要求；构造简单，组装简便、快捷，组模效率高；通用性强，少模数、多组合、一模多用；满足构件外形尺寸和功能性设置要求；牢固、可靠、耐久、利用率高，降低使用成本。

2. 模具制作

模具按生产方式及工艺分为磁性固定式模具、定位固定式模具、分离式定型模具和整体式定型模具四种类型。模具制作应依据模具设计详图及技术质量要求进行。目前模具普遍采用钢模、铝模及木模等；所用模台普遍采用碳钢模台和不锈钢模台两种材质，通常采用 Q345 材质整面铺板，台面钢板厚度一般为 10mm。

1）磁性固定式模具

磁性固定式模具是将磁力模块镶嵌在模具内，如图 9-2 所示，应根据构件种类、外缘尺寸和浇筑工艺等因素计算选用磁块的工况磁力和磁块在模具内的排布。磁性模具仅适用于与碳钢模台吸附固定，适用于厚度较小且尺寸定型板类构件生产。如叠合楼板的边模常规高度为：H60mm 和 H70mm 两种，边模长度一般为：500~3300mm。

图 9-2　磁性固定式模具

2）定位固定式模具

定位固定式模具是将模具内框尺寸定位并用螺栓与模台连接固定。定位固定式模具一般多用于叠合板、墙板、空调板等构件生产。模具组装如图 9-3 所示。

图 9-3　定位固定式模具

3）分离式定型模具

分离式定型模具是指模具尺寸定型，将模具在原有模台上组装固定。边模之间一般采取螺栓或工装固定，边模与模台采用螺栓或磁力固定的方式。分离式定型模具一般多用于楼梯、飘窗、墙板、梯梁、台阶等构件生产。模具组装如图 9-4 所示。

图 9-4　分离式定型模具

4）整体式定型模具

整体式定型模具是指模具尺寸定型，边模与胎模及顶模与边模可整体组装、整体分离。整体式定型模具自带胎模和顶模，组装连接时，通过穿入螺栓、定位销及设置工装件等方式，使其边模与胎模、边模与顶模形成一体。整体式定型模具一般多用于楼梯、模块房、飘窗等预制构件的预制生产。模具组装如图9-5所示。

图9-5   整体式定型模具

5）模具标识

成型的模具应设置标识，便于使用和组装识别。标识应设在明显位置，模具标识内容可包括：构件类型、构件编号、规格尺寸及制作厂家与制作日期。

6）模具存放

模具应分类存放、标识明显，以提高模具的周转次数和便于使用辨识。存放时应选择在干燥、平整的地面或存放架上整齐摆放，模具配件应随模具置放在一起，若为碳钢模具，长期存放时表面需涂油脂。

9.3   预制构件生产

预制构件生产包括：生产线配置、钢筋加工与安装、混凝土浇筑与养护、预制构件生产工艺及操作要点。

9.3.1   生产线配置

一般情况下，预制构件在工厂制作时的生产线分为流水式生产线和固定式生产线。

9.3.2   流水式生产线

流水式生产线是指钢模台按一定方向循环流动，作业工位不动、模台在行走中完成构件制作成型及养护、脱模、翻转、摆渡等各道工序。流水式生产线适合在厂房（车间）内生产构件。预制构件流水生产如图9-6所示。

流水式生产线适合外形简单、尺寸标准、平面厚度较小及工艺简便的预制构件生产。如：叠合板、内墙板、外挂墙板、空调板等构件。

流水式生产线工艺设计可分为全自动流水生产线、半自动流水生产线和手控流水生产线三种类型。

流水式生产线工艺设计要以确定产品种类为主要原则，流转顺畅、产能稳定、运行均

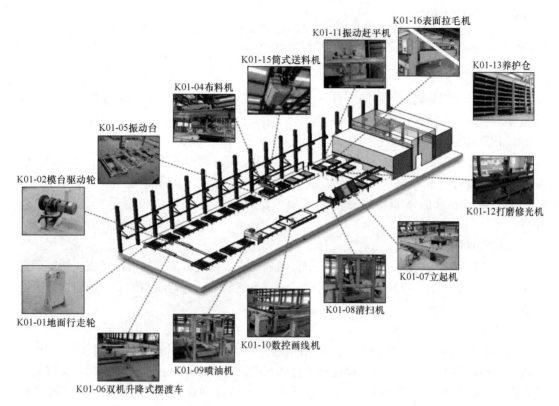

图 9-6　流水式生产线设备布置示例

衡、效率可提升，同时，还应充分考虑整体利用、产品升级和种类拓展等因素。

9.3.3　固定式生产线

　　固定式生产线是指模台（或台座）固定不动，在固定位置上完成构件浇筑及养护、脱模等各道工序。固定式生产线可分为固定模台（单体台座）生产线、长线台（整体台座）生产线和独立台座生产线，如图 9-7 所示。

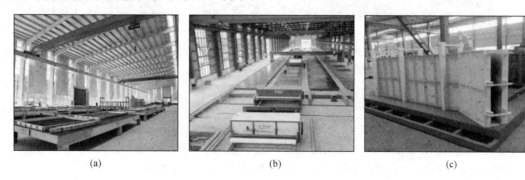

(a)　　　　　　　　　　　　(b)　　　　　　　　　　　　(c)

图 9-7　固定式生产线示例

（a）固定模台生产线；（b）长线台生产线；（c）独立台座生产线

　　固定模台生产线可同时适用于工艺简单或工艺复杂的预制构件生产，如：夹心保温墙板、楼板、空调板、阳台、雨篷及飘窗等构件。长线台生产线主要用于楼板和外形简单、尺寸单一的预应力构件生产。

9.3.4　钢筋加工与安装

1. 钢筋加工流程

钢筋翻样→钢筋调直→钢筋下料→钢筋弯曲→钢筋连接（绑扎、机械连接或焊接）→钢筋骨架成型（入模绑扎或安装）。

2. 钢筋翻样

钢筋翻样由预制构件深化（拆分）设计人员完成，翻样后形成预制构件配筋图纸。翻样时遵循设计优先原则，确认结构说明中钢筋构造做法。图纸中未明确，但在规范、标准中有强制要求的钢筋增强做法，应加入翻样。钢筋翻样可采用手工翻样或软件翻样。

3. 钢筋调直

钢筋调直宜采用智能化设备一次性调直切割完成，调直宜同规格批量完成，切割后钢筋应分类打捆、分类码放和设置规格标牌。调直后钢筋不得有弯曲和刻痕，钢筋调直直径一般小于等于12mm。

4. 钢筋下料加工

直径大于12mm钢筋切割时，宜采用钢筋专用剪切设备，切割钢筋应平直，无局部弯曲。钢筋弯曲可采用数控弯曲设备和半自动弯曲设备。采用数控设备弯曲时，应将图形输入设备，采用半自动弯曲应人工配合进行。钢筋自动化剪切设备及数控弯曲设备如图9-8所示。

 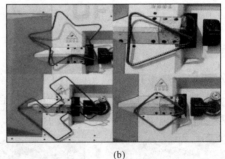

(a)　　　　　　　　　　　　(b)

图9-8　钢筋数控剪切及弯曲
(a) 钢筋数控剪切；(b) 钢筋数控弯曲

5. 钢筋绑扎

1）预制柱、梁、楼梯等钢筋骨架宜在专用台架上进行绑扎，按图纸要求绑扎牢固，钢筋规格、钢筋间距确保准确。使用专用台架绑扎做法如图9-9所示；绑扎梁钢筋骨架时，梁钢筋骨架中各交叉点应全部绑扎，且相邻交叉点应呈八字形。

2）预制叠合板、预制墙板、阳台板等钢筋网片一般直接在模具内绑扎，叠合板网片结构或构件拐角处的钢筋交叉点应全部绑扎；中间平直部分的交叉点可交错（梅花点状）绑扎，但绑扎交叉点应占全部交叉点的40%以上，模具内钢筋绑扎成型操作如图9-10所示。

图 9-9 固定台模钢筋骨架绑扎示意图　　　　图 9-10 模具内钢筋绑扎示意图

6. 骨架、网片入模安装

钢筋骨架及网片入模安装和模具组装应根据构件构造和生产工艺确定顺序，具体可分为以下形式：1）非模内绑扎和无外伸插筋的钢筋骨架及网片应在模板组装完成后入模安装；2）非模内绑扎和有外伸插筋的钢筋骨架及网片应在钢筋骨架吊入后组装模板；3）需模内绑扎和有外伸插筋骨架应模具组装后绑扎钢筋。

9.3.5 预制构件制作工艺及技术要点

应根据构件的类型、尺寸、形状、生产需求及生产配置条件等选择生产模式及工艺。构件制作应依据拆分设计详图开展，并应根据构件的型号、形状、重量等制定相应的工艺流程，明确质量要求和生产各阶段技术要点。

1. 生产工艺流程

1）预制剪力墙生产工艺流程

预制剪力墙一般用于结构内墙，可采取流水线生产，也可采取固定线生产。预制剪力墙生产工艺流程如图 9-11 所示。

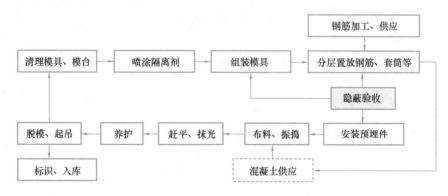

图 9-11 预制剪力墙生产工艺流程图

2）预制夹心保温墙板生产工艺流程

预制夹心保温墙板用于结构外墙，由外叶保护层、夹心保温层、内叶结构层三部分构成，这类构件制作工艺较复杂，制作难度较大，对制作过程的程序控制和技术要求较高，要求按照工艺流程精心组织和操作。预制夹心保温墙板生产工艺流程如图 9-12 所示。

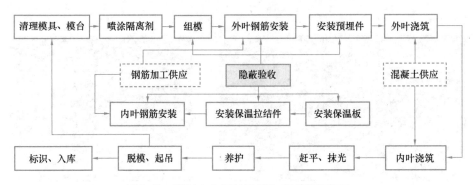

图 9-12　预制夹心保温墙板生产工艺流程图

3）预制柱生产工艺流程

预制柱适合采用固定模台生产线生产方式。预制柱生产工艺流程如图 9-13 所示。

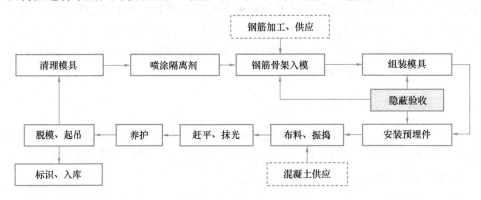

图 9-13　预制柱生产工艺流程图

4）预制叠合梁生产工艺流程

预制叠合梁适合采用固定模台生产线生产方式。预制叠合梁工艺流程如图 9-14 所示。

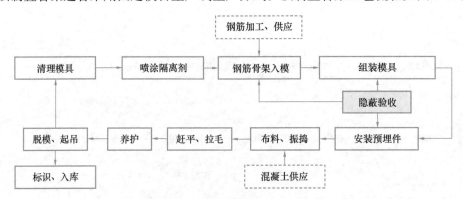

图 9-14　预制梁生产工艺流程图

5）预制叠合楼板生产工艺流程

预制叠合楼板可采用流水线生产和固定模台生产线生产方式。其几何尺寸规整、结构简单，采用流水线生产更能体现其生产优势和效率。预制叠合楼板生产工艺流程如图 9-15 所示。

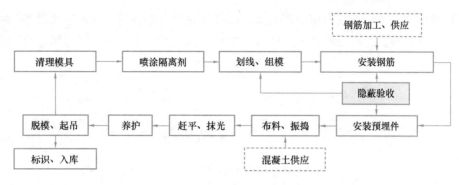

图 9-15　预制叠合板生产工艺流程图

6）预制楼梯（卧式）生产工艺

预制楼梯（卧式）生产采用整体式定型模具生产方式。其特点是楼梯平卧反面浇筑混凝土，起吊运输时需要翻转。楼梯生产，应结合设计要求预留预埋吊件、埋件、销孔及插筋。预制楼梯（卧式）生产工艺流程如图 9-16 所示。

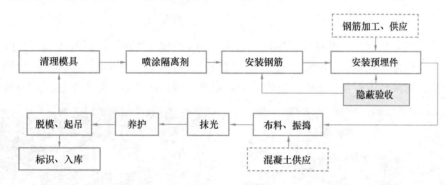

图 9-16　预制楼梯（卧式）生产工艺流程图

7）预制楼梯（立式）生产工艺流程

预制楼梯（立式）生产采用整体式定型模具生产。其特点是楼梯侧立浇筑混凝土，构件脱模后侧立起吊并翻转呈水平堆放。楼梯生产应结合设计要求预留预埋吊件、埋件、销孔及插筋。预制楼梯（立式）生产工艺流程如图 9-17 所示。

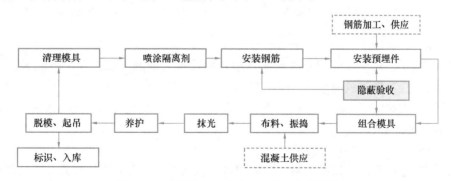

图 9-17　预制楼梯（立式）生产工艺流程图

8）预制预应力板（长线台座）生产工艺流程

预制预应力板采用长线台座生产方式，楼板受拉方向的钢筋沿模台通长设置，通过张拉钢筋和连续边模、连续浇筑及养护的方式生产。预制预应力板（长线台座）生产工艺流程如图 9-18 所示。

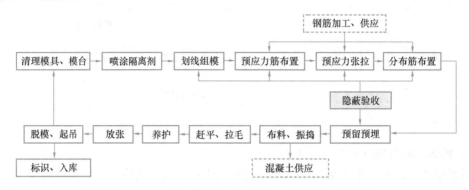

图 9-18　预制预应力板（长线台）生产工艺流程图

2. 技术要点

1）模具组装

模具组装时，应保证各部件连接牢固、外形尺寸与预埋定位偏差可控。组装尺寸确定后，边模与模台应根据工艺要求采取螺栓或磁盒及时锁紧。组模完成后则需由操作工人对模具进行自检和质检员对模具进行复检检查，复检应做好记录。模具连接固定见图 9-19 及图 9-20。

图 9-19　磁盒压紧固定边模

图 9-20　螺栓与模台连接固定边模

2）涂隔离剂

涂隔离剂是指对构件混凝土接触面钢模台和模具表面的涂抹过程，降低混凝土与模台、模具的粘接，促进脱模顺利。隔离剂原液在涂抹前应根据隔离剂配比进行稀释，模具可采用滚刷或排刷涂刷，流水线模台和固定模台可采用喷洒机喷涂或拖把涂刷，涂刷和喷涂要做到均匀无积液。

3）钢筋布置

加工钢筋包括直条、箍筋、网片、桁架等。将加工好的钢筋成品骨架及半成品存放或运送至生产线作业工位，作业工位依据构件钢筋详图进行吊放入模或铺设绑扎，钢筋入模布置过程应留出钢筋保护层厚度，模内绑扎时，扎丝头方向应朝向构件内侧。钢筋完成后和混凝土浇筑前质检员应进行隐蔽检验，检验应做好记录。

4）预埋件安装

预埋件安装是针对预制构件中除钢筋骨架之外其他配件进行预先安装的过程，常见的预埋件主要有预埋钢板、灌浆套筒、吊件、电箱、线盒、线管、水暖套管等。安装应牢固、位置应准确，尺寸偏差应符合检验要求，安装完成后的混凝土浇筑前隐蔽检验与钢筋检验一同进行。

5）混凝土浇筑

流水线可通过布料机移动布料和振动台整体振捣完成浇筑。浇筑由中控台控制布料机由基准点开始布料，布料厚度一致均匀，布料完成后振动台提升顶起模台作 5～10s 的振动，使混凝土振捣密实。流水线较适合构造简单且截面厚度小于 300mm 的全混凝土预制构件浇筑振捣，对于夹心保温内叶墙等复合类构件不适宜浇筑振捣。流水线浇筑如图 9-21 所示。

固定线可通过料斗移动布料和振捣棒振捣完成浇筑。布料及赶平可采取机械和人工辅助的方式，卸料由一侧向另一侧按顺序进行，卸料后随机振捣，每处振捣时间以控制在 10～20s 之间为宜，立浇构件（如：墙、楼梯、飘窗等）应采取分层布料分层振捣的方式，每层布料厚度不应超过振动棒长度的 1.25 倍。固定线长线台浇筑如图 9-22 所示。

图 9-21 流水线浇筑

图 9-22 固定线长线台浇筑

6）混凝土表面处理

混凝土表面处理是指混凝土在浇筑后至凝固前的作业，主要包括混凝土抹光、拉毛、冲洗粗糙面等程序。混凝土浇筑后，待构件初凝前完成粗抹面、拉毛作业，在终凝前完成精抹面作业。清水混凝土抹面，构件表面平整度及外观质量应符合成品检验要求，新旧混凝土接合面拉毛及露骨料粗糙深度不应小于 4mm。

7）构件养护

构件养护按下列方式：

① 自然养护：采用硅酸盐和普通硅酸盐水泥拌制的混凝土，浇筑后自然养护期限一般不少于 7d；其他类水泥，养护时间由试验确定。

② 养护剂养护：构件喷洒养护剂养护，应对外露部分全覆盖喷洒。

③ 蒸汽养护：构件蒸汽养护方式可根据生产工艺确定，如图 9-23 所示。蒸汽养护应控制好静养、升温、恒温、降温四阶段时间与温度的关系，构件成型后静停不少于 2h，

升温不超过 20℃/h，最高温度不宜超过 65℃，降温时构件表面温度与环境温度不超过 20℃。

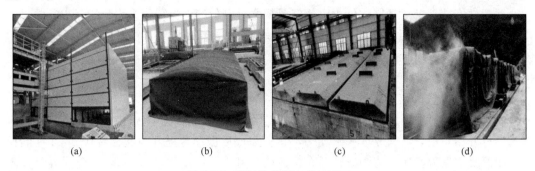

(a)　　　　　　　(b)　　　　　　　(c)　　　　　　　(d)

图 9-23　预制构件蒸汽养护图示

（a）蒸汽蒸养窑叠层养护；（b）蒸汽养护棚养护；（c）蒸汽养护池蒸养；（d）苫布覆盖蒸汽养护

8）预制构件脱模、起吊与表面修补

构件拆模应严格按顺序进行，脱模时混凝土强度不小于 15MPa。拆除模具时，应仔细检查模具与模台之间的连接件、模具与构件之间的连接件是否完全拆除。脱模后起吊强度应不小于混凝土设计强度的 75%。起吊应平稳，楼板应按详图标注的吊点用吊架多点起吊，墙板宜选用翻模机配合翻转起吊。构件脱模后，对不影响安装使用功能和结构受力性能的外观缺陷应按技术处理方案修复，修复后应再次检查验收。

9）入库、堆放、标识

应按规划库区堆放构件，堆放应具备相应的场地条件和设施，构件堆放可按本教材 9.4.3 节要求进行；入库堆放产品应设置产品合格标识和产品身份标识，为了便于装运选取，构件码放时，应将标识朝向便于辨识观察的位置。

9.4　预制构件起吊与运输存放

构件起吊与运输存放包括起吊所需的设备及吊具、运输车辆及道路、堆放场地及辅助物料等内容。

9.4.1　预制构件起吊

1. 预制构件的起吊设备

预制构件的起吊包括起重设备和吊具、索具。

1）起重设备

装配式混凝土结构预制构件常用的起重设备包括门式起重机、桥式起重机、塔式起重机和自行式起重机四种类型，如图 9-24 所示。起重机选择应综合考虑使用辐射范围、安全性、技术性能和经济因素。

2）吊具

装配式结构预制构件起吊使用的吊具包括钢丝绳、吊索、吊链、吊装带、吊钩、卸扣、卡具、吊装架、吊梁等。为保持构件起吊平稳和受力均匀合理，吊具选用种类应依据构件的形状尺寸、起吊重量、起吊形式、吊点位置、吊装要求及作业条件确定。

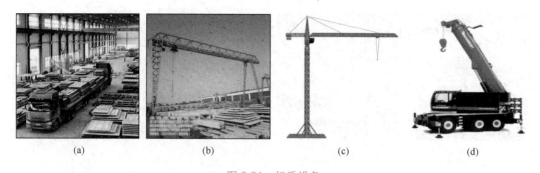

图 9-24 起重设备

（a）桥式起重机；（b）门式起重机；（c）塔式起重机；（d）自行式起重机

　　预制构件起吊应进行吊具的验算。吊具的选择必须保证在构件起吊过程中不发生变形、受力不均、倾斜、损伤、脱钩和旋转等现象；吊索（吊链、吊装带）吊具的选择应保证无损伤、匹配荷载、吊挂可靠、受力均匀。若采用吊架及吊梁类吊具，主吊索垂直夹角不应大于 60°，吊索的合力作用点与构件的重心应垂直向一致，作用于构件的吊索，受力后与构件顶面水平夹角 90° 为最佳，但原则上不应小于 45°。常用吊钩、吊索如图 9-25 所示。

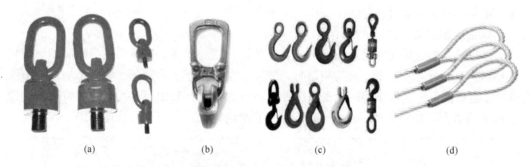

图 9-25　各类吊钩、吊索图

（a）旋转吊环；（b）鸭嘴型吊扣；（c）钩式吊具；（d）钢丝吊索

　　2. 预制构件吊运

　　预制构件的吊运是指构件在生产工厂内和施工现场的起吊、存放、运输全过程。主要包括：吊运前的准备、吊点布置及挂钩和吊运过程的注意事项等。构件吊运前制定方案，操作过程加强对构件的保护，避免损伤。

　　1）吊运准备

　　吊运应在具备相应条件基础上开展，构件吊运准备包括：方案准备、构件强度检测、构件码放（码放、道路条件）准备、起吊设备准备、摆渡及倒运车辆准备、吊索吊具准备、人员配备、技术交底等。

　　2）吊点及起吊

　　构件吊点的布置依据构件详图预埋吊件的位置而定，吊点数量和挂钩位置应符合详图设计要求，起吊强度应在符合规范要求的基础上进行。叠合板设计利用桁架作为起吊挂点时，应将吊钩挂在桁架腹杆弯弧内侧起吊；流水线流转模台生产的预制墙板类构件由模台起吊时，翻模机应协同进行。构件起吊如图 9-26 所示。

(a)　　　　　　　(b)　　　　　　　(c)　　　　　　　(d)

图 9-26　预制构件起吊及吊点设置图

(a) 预制墙；(b) 预制叠合板；(c) 预制叠合梁；(d) 预制楼梯

3）构件防护

构件由模台起吊时应采取消除吸附应力措施，装车和存放应设可靠支垫，构件翻转应采取垫衬保护措施。

9.4.2　预制构件的运输

预制构件运输的工作主要包括：制定运输方案、设计并制作运输架、验算构件强度、运输过程中的质量安全措施等。

1. 确定运输方案

运输方案主要包括起重及运输设备配置、装运方式与车次、运输路径与码放场地规划及装运操作工艺与运输安全。方案制定时，要综合考虑装车实际情况、装卸车场地及道路的情况、起重设备和运输车辆的配备情况及经济性等因素。其中，运输线路应按照到货地点、现场环境及运输车尺寸、运输车载重等因素制定运输路线。车辆装运如图 9-27 所示。

 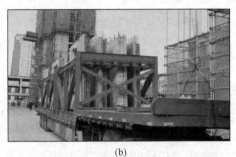

(a)　　　　　　　　　　　　　　(b)

图 9-27　构件装运图

(a) 低平板半挂运输车；(b) 专用预制构件运输车

2. 设计并制作运输架

当采用平板运输车运输墙板类构件时，需用运输架装载构件，如图 9-28 所示。运输架一般根据构件重量和外形尺寸设计制作，且尽量考虑运输架的通用性。平板车运输，应加焊限位件来防止运输架在运输过程中移动或倒塌。采用靠放架运输构件时，构件与水平面倾斜角度宜大于 80°对称靠放，每侧靠放不宜大于 2 层，构件层间上部用木垫块隔离开。采用插放架运输构件时，应采取措施防止构件发生倾倒，构件之间应设置隔离垫块。

图 9-28 运输架

3. 验算构件强度

对钢筋混凝土屋架和柱子等构件，需根据运输方案验算构件在最不利截面处的抗裂度，避免在运输中出现裂缝。如有出现裂缝的可能，应进行加固处理。

4. 运输过程中的质量安全措施

在构件运输线路和方式的选择中充分考虑运输过程中的减振及安全问题，对于超高、超宽、形状特殊的大型构件，应制定专门的质量安全保证措施。

预制构件运输时，为确保构件在运输过程中稳固，同时装卸构件方便安全，结合国家现行标准《装配式混凝土建筑技术标准》GB/T 51231 及《装规》的相关要求，运输构件时还应注意：装卸构件时，码垛重心与车架中心吻合，保证车体平衡；构件装车应采取放置移位和倾覆的固定措施；检查运输车辆的车辆车架与厢底状况，必要时厢底应附加横梁或支垫找平；预制梁、柱构件叠放不宜超过 3 层，板类构件叠放不宜超过 6 层，楼梯叠放不宜超过 4 层；外墙板宜采用立式运输，外饰面应朝外。

9.4.3 预制构件的存放

1. 一般规定

预制构件的存放，应保证安全、规整且应便于吊运使用。预制构件存放应符合下列规定：

1）按照规格型号、吊运顺序分类存放，先吊运的预制构件应存放在外侧或上层，避免二次搬运。

2）预制构件存放场地需平整，其地面承载力和平整度应满足贮存要求，场地外围有排水措施。预制构件存放场地需留有足够车辆行驶的通畅运输通道，满足装运驻车通行，存放场地还需具备养护条件。

3）水平码放构件，底部应设置支垫，叠层之间支垫点位应对应，竖向码放预制构件应设置靠放架或插放架，构件与架体之间应设置垫木。

4）应按生产日期、产品编号、质量检验等级、标识分类存放预制构件，预制构件存放宜实行分区域信息化管理、调度。

5）预制构件存放应保证稳固可靠，码放整齐。构件靠放时，码垛两侧应对称，靠放侧与地面的水平夹角不应小于 80°；预制构件插放，应与地面垂直，插架与预制构件应有稳固措施；预制构件叠层码放，梁、柱不宜超过 3 层，楼板、墙板及女儿墙不宜超过 6 层，楼梯不宜超过 4 层。预制构件存放如图 9-29 所示。

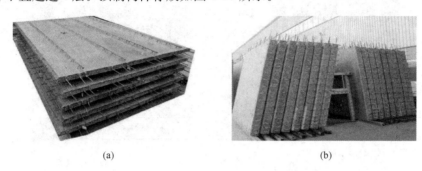

(a)　　　　　　　　　　　　　　　　(b)

图 9-29　预制构件的水平及竖向存放

（a）预制叠合板水平叠放；（b）预制内墙板垂直靠放

2. 存放场地

根据预制构件的形状、体积、存放方式、装车便捷及场地的扩容性情况，划定构件存放场地，计算存放场地需求面积。预制构件的存放场地宜为混凝土硬化地面或经处理的坚实地面，周边设置排水设施，应满足平整度和地基承载力要求。

3. 辅助物料需求

应根据构件的大小、数量、存放方式计算出相应辅助物料，如插放架、靠放架、存放架、托架、型钢、木方等规格及数量。如预制构件存放时与刚性搁置点之间应设置柔性垫料，外墙板、内墙板相邻构件间需用柔性垫料分隔开；构件边角或者索链接触部位的混凝土应采用柔性垫衬材料保护等。

9.5　过程质量管理

9.5.1　一般规定

预制构件生产企业应建立质量管理体系和质量管理制度，开展生产全过程质量管理。过程质量管理从原材料制备开始到构件运送至施工现场交货后为止。过程实施除按企业标准和具体要求执行外，还应符合国家现行标准《混凝土结构工程施工质量验收规范》GB 50204、《装配式混凝土建筑技术标准》GB/T 51231 及《装规》的相关技术要求和质量规定。

9.5.2　模具质量控制

模具的质量关系构件的质量，模具制作和使用过程应控制质量。模具质量控制包含模具制作质量控制、模具实体质量控制、模具组装质量控制、模具拆除质量控制。

1. 模具及模台检验

模具组装前应对模台和模具进行实体检验，检验合格后方可开展模具组装。模具应具有足够的刚度、强度和稳定性；模具各部件之间应连接牢固，拼接端板应方正平直、连接端板及与混凝土接触面板应洁净平整；模具附带的预埋件、螺栓、工装等应无遗失；

模台钢板板面应平整光洁，板面无凹凸、裂缝、焊瘤、错坎及锈蚀，边模连接孔尺寸准确。

2. 组装检验

模具与模台、台座之间固定连接的螺栓、定位销、磁盒等固定方式应可靠；模具组装牢固、尺寸准确、拼缝严密、不漏浆，精度符合要求，在组装完成后需保证不弯曲或翘曲变形。模具组装后须全数检验，检验合格后方可投入下一道生产工序，模具组装的尺寸偏差和检验方法可按表 9-3 和表 9-4 进行。

模具尺寸的允许偏差和检验方法 表 9-3

项目		允许偏差（mm）	检验方法
边长	≤6m	1，−2	用钢尺平行构件高度方向，取其中心偏差绝对值较大处
	>6m 且≤12m	2，−4	
	>12m	3，−5	
宽、高、厚	墙板	1，−2	用钢尺两端或中部，取其中心偏差绝对值较大处
	其他构件	2，−4	
翘曲		$L/1500$	对角拉线量测交点间距离值的两倍
底模表面平整度		2	用 2m 靠尺或塞尺检查
侧向弯曲		$L/1500$ 且≤5	拉线，用钢尺量测侧向弯曲最大处
预埋件位置（中心线）		±2	用钢尺量测
对角线偏差		3	用钢尺量纵、横两个方向对角线
组装缝隙		1	用塞尺检查
端边模与侧边模高低差		1	用钢尺量测

模具门窗框允许偏差和检验方法 表 9-4

项目		允许偏差（mm）	检验方法
锚固脚片	中心线位置	5	用钢尺量测
	外露长度	+5，0	用钢尺量测
门窗框位置		2	用钢尺量测
门窗框高、宽		±2	用钢尺量测
门窗框对角线		±2	用钢尺量测
门窗框平整度		2	用钢尺量测

3. 隔离剂涂刷检验：隔离剂喷洒或涂刷前模具及模台面保持洁净，隔离剂喷洒或涂刷均匀不应玷污钢筋、出现积液和出现漏涂。

4. 构件脱模检验：构件脱模应进行强度检验，脱模起吊时的混凝土强度需控制在不小于 15MPa，脱模后的模具应无损伤，模具及模台表面应无混凝土粘接。

9.5.3 钢筋质量控制

预制构件钢筋骨架及网片加工与入模成型应按设计详图进行，成型标准及检验应符合现行国家标准《混凝土结构工程施工质量验收规范》GB 50204 的有关规定。钢筋入模成型后和在混凝土浇筑前应进行班组自检和企业隐蔽检验，检验包括：钢筋原材料、钢筋与详图设计要求的一致性、钢筋加工与成型的规范性及成型骨架位置尺寸偏差等。钢筋骨架及网片尺寸偏差检验和预埋件、预留孔洞的偏差检验可按表 9-5 和表 9-6 的要求控制。

钢筋骨架及网片尺寸允许偏差及检验方法　　　　　　　　　表 9-5

项次			允许偏差（mm）	检验方法
钢筋骨架	长		0，−5	钢尺量测
	宽		±5	钢尺量测
	高（厚）		±5	钢尺量测
	主筋间距		±10	钢尺量两端，中间各一点，取最大值
	主筋排距		±5	钢尺量两端，中间各一点，取最大值
	箍筋间距		±10	钢尺连续量三档，取最大值
	弯起点位置		15	钢尺量测
	端头不齐		5	钢尺量测
	保护层	柱、梁	±5	钢尺量测
		板、墙	±3	钢尺量测
钢筋网片	长、宽		±5	钢尺量测
	网眼尺寸		±10	钢尺连续量三档，取最大值
	对角线		5	钢尺量测
	端头不齐		5	用钢尺量测

预埋件、预留孔洞安装允许偏差和检验方法　　　　　　　　　表 9-6

项次		允许偏差（mm）	检验方法
预埋钢板、建筑幕墙用槽式预埋组件	中心线位置	3	用尺量测纵横两个方向的中心线位置，取其较大值
	平面高差	±2	用钢尺和塞尺检查
插筋	中心线位置	3	用尺量测纵横两个方向的中心线位置，取其较大值
	外露长度	±5	用尺量测
线管、电盒、木砖、吊环	中心线位置	10	用尺量测纵横两个方向的中心线位置，取其较大值
	留出高度	0，−10	用尺量测
预埋螺栓	中心线位置	2	用尺量测纵横两个方向的中心线位置，取其较大值
	外露长度	+10，−5	用尺量测
预埋套筒、螺母	中心线位置	2	用尺量测纵横两个方向的中心线位置，取其较大值
	平面高差	0，−5	用钢尺和塞尺检查
预留孔、洞	中心线位置	5	用尺量测纵横两个方向的中心线位置，取其较大值
	尺寸、深度	±5	用尺量测纵横两个方向的中心线位置，取其较大值
灌浆套筒及连接钢筋	灌浆套筒中心线位置	2	用尺量测纵横两个方向的中心线位置，取其较大值
	连接钢筋中心线位置	2	用尺量测纵横两个方向的中心线位置，取其较大值
	连接钢筋外露长度	+10，0	用尺量测

9.5.4　混凝土质量控制

预制构件生产前，生产技术负责人应当就构件生产用混凝土的制备和试验检验向具体作业实施人员交底。作业人员依据试验结果确定符合技术条件的配合比参数，并严格按照配合比进行生产，确保混凝土质量；预制构件生产过程中，应当按相关规范对隐蔽工程和每一检验批进行验收，并形成相关纸质验收文件及影像记录。

混凝土质量控制和验收应按现行国家标准《混凝土结构工程施工质量验收规范》GB 50204 的有关规定进行，凡涉及混凝土制备、试件成型及养护、混凝土强度评定等质量控制应遵循相关现行国家规范执行。

9.6 成品检验

9.6.1 一般规定

预制成品构件检验主要包括预制构件及部品的外观缺陷、尺寸偏差、结构实体和结构性能等。成品检验应按现行国家标准《混凝土结构工程施工质量验收规范》GB 50204、《装配式混凝土建筑技术标准》GB/T 51231 及《装规》规定的批次和相关质量要求检验，成品检验合格后方可设置合格标识和出厂供应。

9.6.2 预制构件成品检验

1. 主控项目

1) 预制构件外观质量不应有严重缺陷，且不应有影响结构性能和安装、使用功能的尺寸偏差。严重缺陷可按现行国家标准《装配式混凝土建筑技术标准》GB/T 51231 相关规定评定。

2) 预制构件进入安装现场前、梁板类简支受弯构件结构性能检验应按检验批完成，检验值不符合受力性能要求不可投入使用。

3) 预制构件表面预贴的饰面砖、石材等饰面与混凝土的粘贴性能应符合设计要求和国家（地方）现行有关标准的规定。

2. 一般项目

1) 预制构件外观质量不应有一般缺陷，对出现的一般缺陷，应按技术处理方案进行处理，并重新检查验收，一般缺陷可按现行国家标准《装配式混凝土建筑技术标准》GB/T 51231 相关规定评定。

2) 预制构件粗糙面质量及键槽数量应符合设计要求，与粗糙面相关的尺寸允许偏差可放宽 1.5 倍。

3) 预制构件外形尺寸偏差及预留孔、预留洞、预埋件、预留插筋、键槽的位置和检验方法应按现行国家标准《装配式混凝土建筑技术标准》GB/T 51231 相关规定检验。

4) 预制构件表面预贴的饰面砖、石材等饰面及装饰混凝土饰面的外观质量应按设计要求和国家现行有关标准的规定检验。装饰构件尺寸允许偏差及检验方法应符合现行国家标准《装配式混凝土建筑技术标准》GB/T 51231 相关规定。

9.6.3 预制构件缺陷修补

对已出现预制构件的一般缺陷应进行修补处理，并重新检查验收；对已出现的严重缺陷，修补方案应经设计、监理单位认可之后进行修补处理，并重新检查验收。预制构件外观一般缺陷和严重缺陷应按修补方案进行修补，缺陷分类和修补方法见现行国家标准《装配式混凝土建筑技术标准》GB/T 51231 相关规定做法。

9.7　资料建立

9.7.1　一般规定

预制构件的资料应与产品生产同步形成、收集和整理。预制构件交付资料包括：出厂合格证、混凝土强度检验报告、钢筋套筒等其他构件钢筋连接类型工艺检验报告、混凝土原材料复试检验报告、钢筋复试检验报告、其他主要材料复试检验报告、构件清单、成品构件质量检验记录及合同要求的其他质量证明文件。

9.7.2　质量记录资料

1. 生产过程检验

生产过程检验应包括：进场原材料检验和预制混凝土构件生产过程检验。其中，原材料检验包含原材料留样（抽样）和试验；预制混凝土构件生产过程检验记录应包含：模具组装检验、钢筋加工与绑扎检验、混凝土强度检验及成品构件检验，检验需跟踪记录。

2. 成品构件质量检验

预制成品构件质量检验主要包括预制构件的外观缺陷、尺寸偏差、结构性能等检验，成品尺寸偏差检验、外观缺陷检验按现行国家标准《装配式混凝土建筑技术标准》GB/T 51231 相关规定进行，结构性能按现行国家标准《混凝土结构工程施工质量验收规范》GB 50204 的相关规定检验。

本章小结

1. 装配式混凝土结构预制构件生产制作全过程包括构件生产准备、构件生产、预制构件的起吊、运输及存放、过程质量管理、成品质量管理及资料管理。

2. 预制构件生产前要进行详图拆分设计、技术准备、原材料制备及模具制备等准备事项。预制构件生产包括配套构件生产工艺要求的生产线的设置、模具组装、钢筋安装及混凝土浇筑。

3. 预制构件生产全过程质量控制包括模具组装质量、钢筋安装质量、混凝土质量及构件养护质量等。预制构件成型后应进行检查验收及缺陷构件修复。

4. 预制构件生产前和生产全过程中应满足资料建立、提交、归档等管理要求，以确保预制构件生产、供应全过程和建筑寿命周期的技术归档和质量可追溯性。

5. 生产预制构件应建立质量管理体系和质量管理制度，开展生产全过程质量管理。模具、钢筋和混凝土的质量关系到预制构件的质量，模具制作和使用、钢筋加工和混凝土制备过程均应控制质量。过程质量管理从原材料制备开始到构件运送至施工现场交货后为止。

思考题

1. 简述装配式混凝土结构预制构件生产制作全过程的内容。
2. 简述流水生产线和固定生产线的区别和适用范围。
3. 简述预制剪力墙生产工艺流程。
4. 简述竖向构件与水平构件运输方法和要点。
5. 简述模具组装的质量管理办法。

第 10 章　装配式混凝土结构施工

10.1　概述

装配式混凝土结构施工是按照设计要求利用起重机械将预制构件组装成完整的建筑物或构筑物的过程。施工环节主要包括：预制构件吊运与存放、预制构件安装、预制构件连接、质量控制与验收等。预制构件吊运与存放的相关要求参考本教材第 9 章 9.4 节内容。本章将重点介绍装配式混凝土结构施工过程中涉及的预制构件安装、构件的连接施工、施工质量控制与验收、建筑施工组织设计的相关内容。

10.2　预制构件安装

预制构件的安装是指将预制构件吊装到设计位置上的施工作业。安装前要对预制构件进行验算，根据《装规》规定，预制构件在安装短暂设计状况下的施工验算，应将构件自重标准值乘以动力系数后作为等效静力荷载标准值进行验算。本节主要介绍竖向预制构件及水平预制构件的安装。

10.2.1　竖向预制构件的安装

装配式混凝土结构竖向预制构件主要包括预制柱、预制剪力墙、外挂墙板、隔墙板及内墙板等，其安装工艺如下。

图 10-1　预制柱安装

1. 预制柱的安装

预制构件细长，重量较大，稳定性较差，校正和连接构造较复杂，质量要求严格。在预制柱吊装就位前，将混凝土表面和钢筋表面清理干净，防止构件灌浆后产生隔离层影响结构连接性能。预制柱构件的安装施工工艺流程为：测量放线→柱预留钢筋检查校正→垫块放置并调整标高→柱吊装→校正固定。预制柱的安装现场如图 10-1 所示。

1）测量放线：每层楼面轴线垂直控制点不应少于 4 个，楼层上的控制轴线应由底层原始点直接向上引测。每个楼层应设置 1 个引测高程控制点；预制柱安装控制线按引测的轴线量测并弹出柱轮廓线作为控制线，对于边柱和角柱，应以外立面垂直一致作为控制线设置标准；检查楼面平整度，柱四个角设置 20mm 标高垫片，用铁制垫片使柱底面标高控制在设计范围内。

2）柱预留钢筋检查校正：根据弹出的柱线，设置钢筋限位框，对底层柱预留钢筋进行复核；对有弯折的预留钢筋进行校正，使其控制在套筒插入允许偏差范围之内。

3）柱吊装：吊装过程应慢起、快升、缓放；将柱吊装至安装部位上空后下降，使其预留钢筋缓慢插入柱底部套筒内，直至落座到标高垫片之上；预制构件在吊装过程中应保持稳定，不得偏斜、摇摆和扭转。

4）校正固定：柱吊装就位后，在柱两侧分别架设不少于 2 根的斜支撑杆，使其与柱预留螺栓和地面预留锚栓或锚环可靠连接；校正柱位置，使其控制在允许偏差范围内；校正柱垂直度，采用靠尺附加线锤的方式及旋转斜支撑杆螺栓调整支撑长度的方式协同进行；校正有弯折的预留钢筋，使其控制在套筒插入允许偏差范围内。

2. 预制剪力墙的安装

预制剪力墙构件安装施工工艺流程为：测量放线→预留钢筋检查校正→设置分仓→墙板吊装→校正固定。预制剪力墙安装现场如图 10-2 所示。

1）测量放线：剪力墙测量放线可按预制柱测量放线的工艺方法进行；根据墙板设计安装尺寸放出预制墙体轮廓线或定位控制边线和端线；检查楼面平整度，在墙板两端设置 20mm 标高垫片，使墙底面标高控制在设计范围内。

2）预留钢筋检查校正：墙板预留钢筋的间距可按设计图要求检查和校正；墙厚度向预留钢筋位置由墙体轮廓线向内量测确定，墙宽度向预留钢筋位置由墙边线一侧向另一侧量测；对有弯曲的钢筋进行校正，使其每根钢筋与墙板套筒中心位置一致。

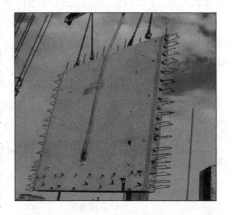

图 10-2 预制剪力墙安装

3）设置分仓：当预制构件长度过长时，注浆层也随之过长，可将注浆层分成若干段，各段之间用坐浆材料分隔，注浆时逐段进行，即为分仓（详见本教材 10.3.1 节）。

4）墙板吊装：墙板吊装同柱吊装的工艺方法；吊装前，水平连接部位的钢筋应完成校正。

5）校正固定：墙板吊装就位后，应在墙板支撑设置侧安装斜支撑杆；校正墙板位置；进行墙板垂直度校正，垂直度校正可采用靠尺线锤校正的方法。

3. 预制外挂墙板的安装施工

预制外挂墙板是安装在主体结构（一般为钢筋混凝土框架结构、框剪结构、钢结构）上，起围护、装饰作用的非承重预制混凝土外墙板，按装配式结构的装配程序分类属于"后安装法"。外挂墙板安装施工工艺流程为：施工前准备→结构标高及预埋连接件复核和测量放线→外挂墙板吊装→安装临时承重件→位置、标高、垂直度校正→安装永久连接件。预制外挂墙板与主体结构的连接采用柔性连接构造，主要有点支撑和线支撑两种安装方式；按装配式结构的装配工艺分类，属于"干作法"，外挂墙板安装施工如图 10-3 所示。

图 10-3 预制外挂墙板施工

1）施工前准备：外挂墙板安装前应编制安装方案，确定外挂墙板水平及垂直运输吊装方式，进行设备选型及安装调试；在主体结构施工时按设计要求埋设预埋件。

2）结构标高及预埋连接件复核和测量放线：外挂墙板安装前应在施工单位对主体结构和预埋件验收合格的基础上进行复测；结构标高由楼层设置的标高线引测；由结构轴线引测弹设外挂墙板控制边线。

3）外挂墙板吊装：外挂墙板要根据施工方案，经试安装并验收合格后正式安装；按顺序分层或分段吊装，吊装操作应慢起、稳升、缓放，并控制微调构件；吊装过程中应保持稳定，不得偏斜、摇摆和扭转；构件至预定位置侧上空后缓缓下放，在距离作业层上方 500mm 停止；吊装人员用手扶外挂墙板配合吊装设备将构件水平移动至吊装位置上方，缓缓下放直至对准。

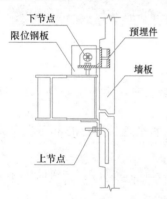

图 10-4 外挂墙板连接

4）安装临时承重件：外挂墙板安装就位后，需通过临时承重铁件临时承重，铁件可起到控制标高和调整位置的作用；临时承重铁件包括竖向调节件和水平调节件。

5）位置、标高、垂直度校正：临时承重铁件安装后应进行构件标高、位置和垂直度的复核和校正。

6）安装永久连接件：外挂墙板通过预埋铁件与下层结构连接，连接形式为焊接和螺栓连接，如图 10-4 所示；永久连接件安装应在临时承重铁件安装后和位置、标高、垂直度校正后进行，外挂墙板安装尺寸的允许偏差检查应符合相关规范要求，外挂墙板的校核与偏差调整应符合表 10-1 要求。

外挂墙板的校核与偏差调整要求   表 10-1

侧面中线及板面垂直度的校核	以中线为主调整
预制外挂墙板上下校正	以整缝为主调整
墙板接缝	以满足外墙面平整为主，内墙面不平或翘曲时，可在内装饰或内保温层内调整
山墙阳角与相邻板的校正	以阳角为基准调整
拼缝平整的校核	以楼地面水平线为基准调整

内墙板、隔墙板的安装流程同预制剪力墙的安装，这里不再赘述。

4. 竖向预制构件临时支撑拆除：由于灌浆料具有高强和早强的特性，采用套筒灌浆或浆锚搭接连接的预制柱、预制墙体构件一般可在灌浆作业 3d 后拆除斜支撑。

10.2.2 水平预制构件的安装

水平预制构件主要包括叠合板、叠合梁、预制楼梯、预制阳台、空调板等，安装工艺如下所示。

1. 预制叠合板安装

预制混凝土叠合板的安装施工工艺流程为：测量放线→支撑架搭设→叠合板吊装→铺设管线→钢筋绑扎。其中若为双向受力板时，应在混凝土后浇带下设置模板及独立支撑；管线铺设应在叠合板后浇层钢筋绑扎前完成。预制叠合板施工如图 10-5 所示。

图 10-5　预制叠合板安装

其安装施工均应符合下列规定：

1）测量放线：吊装前应放出叠合板安装控制线；叠合板安装标高以板底标高为准，标高量测由室内墙体上弹设的标高线向上引测；叠合板安装标高可以搭设的支撑架体或边端梁模顶面为控制依据；后浇带底部标高应以安装后的楼板底标高为准。

2）支撑架搭设：板底支撑可采用专用独立支撑架体或传统的满堂架支撑形式。支撑架由立杆＋横杆（不采用专用独立支撑时）＋顶托＋横梁（木制或铝合金专用横梁、方木）组成；支撑架搭设应具有足够的承载力、刚度和稳定性，必要时应进行验算；支撑架搭设应有具体专项方案、立面详图和立杆平面点位图。

3）叠合板吊装：吊装前应复核支撑托梁的标高和一致性；通过吊具吊装设计吊点位置进行起吊作业；楼板吊起脱离地面或下层楼板后应稍作停顿，检查挂钩可靠情况并使其稳定；楼板降落进入安装位置上空 1m 后停止降落，施工人员识别板的安装方向，待稳定后降落就位；吊装时应将端部、边部外伸的插筋完全插入端部受力支座或后浇带；叠合板安装后，应及时校核板安装位置及标高。

4）铺设管线：叠合板后浇层钢筋绑扎前应及时安装设备管线及预留水电套管；垂直于桁架钢筋安装的电气线管管径不应大于桁架上弦钢筋直板面的高度空间尺寸。线管敷设应在桁架上弦筋下方；叠合板后浇层安装的线管线盒等顶面高度应保证楼板的混凝土保护层厚度要求；叠合板后浇层安装的线管管口及接口应连接可靠、接缝密闭。

5）钢筋绑扎：板顶部钢筋应按钢筋规格、直径、间距、形状及搭接、锚固要求绑扎，顶部混凝土保护层厚度应不小于15mm；板顶部垂直于桁架向的分布钢筋应与钢筋桁架绑扎，平行于桁架向钢筋应与分布钢筋绑扎；若设计未明确单向板分离式接缝和双向板后浇带的做法，则应按国家现行标准《装规》及《装配式混凝土建筑技术标准》GB/T 51231的工艺要求执行。

2. 预制叠合梁安装

预制叠合梁的安装施工工艺流程为：测量放线→支撑架搭设→叠合梁吊装→就位校正→接头连接。预制叠合梁应在叠合板吊装之前吊装完成，应注意前后两者吊装的协同性和工艺顺序，预制叠合梁与叠合板后浇层混凝土应同时进行浇筑，如图10-6所示。

图10-6　预制叠合梁安装

1）测量放线：在柱上（若为预制柱时）或梁两端支撑托梁上（若为后浇柱或墙时）弹出梁边控制线；测量修正柱顶与梁底标高，校核和调整支撑托梁顶面高度，使其与设计标高一致；梁进入支座的搁置长度可在吊装前在梁两端量测画线。

2）支撑架搭设：支撑架体应具有足够的承载力、刚度和稳定性，架体搭设前应按叠加荷载进行验算后确定架体搭设方案，必要时应给出架体搭设详图；梁底支撑可采用"钢架管＋可调顶托"或采用专用的支撑架体；梁支撑架体搭设可协同测量放线的工艺要求进行；梁底支撑标高应满足设计要求，梁下横向支撑托梁应待梁两端标高校正完成后拉通线绳逐一校正；叠合梁除设置整体支撑架体外，还应依据梁的长度在梁下设置独立支撑（独立支撑在梁安装就位并校核完成后设置）。

3）叠合梁吊装：吊装前应复核支撑标高，确认安装位置控制线；应按设计位置及预留预埋吊件确定吊点位置；吊装应采用一字形专用吊梁和吊索，吊索与梁顶面的水平夹角不宜小于60°且不应小于45°；起吊操作应慢起、快升、缓放，当梁进入安装位置上空1m或柱顶钢筋顶部后停止降落，施工人员识别梁的安装方向，等待稳定后再稳扶绳索并对应定位控制线降落就位。

4）就位校正：叠合梁安装就位后，应随机复核和校正梁的标高及位置；梁标高及梁侧偏斜校核校正应采用水准仪、钢尺、红外扫平仪及线锤辅助进行，梁位置校核校正应依据弹设的位置控制线进行；必要时，可采取吊起梁重新校正支撑架体。

5）接头连接：后浇混凝土浇筑前，应将梁端部键槽内的杂物清理干净，并洒水润湿；

梁安装时伸入支座与柱呈十字交叉插筋排布的位置应正确（一般应为柱包梁设置），并满足锚固要求；梁支座端连接，应按设计要求进行，当设计无规定时，应按现行国家标准《装配式混凝土建筑技术标准》GB/T 51231 及国标图集《混凝土结构施工图平面整体表示方法制图规则和构造详图（现浇混凝土框架、剪力墙、梁、板）》22G 101－1 的相关规定执行；楼板降落进入安装位置上空 1m 后停止，施工人员观察和识别板编号及安装方向，待板稳定后，旋转至正确安装方向后降落构件，楼板就位后应逐一检查板底支撑立杆和横梁的受力情况；叠合板吊装时应将端部、边部外伸的插筋完全插入端部受力支座或后浇带；安装后，应及时校核板安装位置及标高。

3. 预制板式楼梯安装

预制板式楼梯为销键连接，上端支承处为固定铰支座，下端支承处为滑动铰支座，楼梯安装施工工艺流程为：测量放线→清理基层及销键螺栓校正→底部坐浆→楼梯吊装→校正固定。楼梯支座端梯梁若为预制梁，应随楼层施工完成吊装，若为现浇梁应随楼层浇筑。预制楼梯吊装施工如图 10-7 所示。

图 10-7　预制楼梯吊装施工

1）测量放线：在梯段支座端（梯梁）顶面上设置与设计坐浆厚度相同的标高垫片或水泥砂浆灰饼，每支座端不少于 2 个；楼梯标高由楼层墙体上设置标高线向上引测；楼梯安装位置控制线由楼层轴线引测，楼梯安装位置控制线可设置在支座端梯梁承台端。

2）清理基层及销键螺栓校正：楼梯支座端找平前和吊装前应清理支座端承台杂物、浮灰及油污；清除支座端螺栓销键粘接的水泥砂浆及附着物，校核扶正螺栓销键。

3）底部坐浆：楼梯支座支承端在砂浆找平前 2h 洒水润湿表面；楼梯安装前支座支承端用 1∶1 水泥砂浆找平，找平面依据设置的标高垫片或灰饼顶表面。

4）楼梯吊装：吊装前应进行必要的吊装验算，吊装、运输动力系数取 1.5；采用四点起吊，吊起后，梯段支承端应处于水平状态；吊装到安装位置上空后，应观察楼梯与安装位置的对应情况和楼梯间上方是否有障碍物再降落；当楼梯降落距支座 1m 高时，应由施工人员手扶吊索使其稳定后降落，降落时观察控制边线和螺栓销键与销键孔的对应情况，使其精确就位。

5）校正固定：楼梯位置校正可参照位置控制线并采取起重为主、别撬为辅的原则；楼梯支座端销孔填塞固定和安装缝填塞可按照设计要求进行，若设计未明确时，可参照国标图集《预制钢筋混凝土板式楼梯》15G 367-1 的规定进行固定处置。

4. 预制阳台、空调板安装

预制阳台、空调板的安装施工工艺流程为：测量放线→支撑架搭设→构件吊装→就位校正。装配式混凝土结构的阳台一般设计成封闭式阳台，其楼板采用钢筋桁架叠合板；部分项目选用全预制悬挑式阳台。空调板、太阳能板以全预制悬挑式构件为主。全预制悬挑式构件是通过将甩出的钢筋伸入相邻楼板叠合板后浇层足够的锚固长度，通过相邻楼板的后浇混凝土与主体结构实现可靠连接。阳台板施工荷载不得超过 $1.5kN/m^2$，施工荷载宜均匀布置。预制混凝土阳台板的现场施工如图 10-8 所示。

图 10-8　预制混凝土阳台板的现场施工

1）测量放线：构件安装前，测量人员根据构件的宽度，在支座端放出位置定位线和板底标高线。

2）支撑架搭设：支撑架应具有足够的承载力、刚度和稳定性，必要时应进行验算；根据板的宽度，放出竖向独立支撑定位线，并安装独立支撑；独立支撑下方应设置专用三角支撑架，支撑顶托上方应设置木方与板底贴合；若以室外土层作为支撑地面，应夯实地面并在支撑立杆下方设置通长垫木；多层或高层建筑的预制阳台板、空调板为悬臂构件时，竖向支撑传力层的阳台、空调板应在混凝土强度达到设计强度 100% 以上的基础上，至少下两层不拆除支撑架体。

3）构件吊装：预制阳台、空调板吊装，应不少于四点挂钩，应将吊钩挂设在设计预埋的吊件上；构件起吊至安装位置上空 500mm 时，停止降落，施工人员稳住构件后缓慢降落，使其精准对位并就位在支撑架上；构件就位校核完成后，应将构件外伸插筋与结构叠合板或叠合梁钢筋绑扎固定连接（必要时可采取部分根部焊接）。

4）就位校正：构件就位后应检查和校正位置及支撑标高和与板的贴合情况；构件位置应采取起重机或导链起吊后重新就位的方式校核。

5. 水平预制构件支撑及模板拆除

装配式水平构件底部模板与支撑拆除时，其叠合层后浇混凝土立方体试件抗压强度应符合表 10-2 的要求。当承受上层的支撑传力时，应在满足表 10-2 要求的基础上，至少间隔一层拆除支撑。

模板与支撑拆除时的后浇混凝土强度要求 表 10-2

构件类型	构件跨度（m）	达到混凝土设计强度等级的百分率（%）
板	≤2	≥50
	>2 且≤8	≥75
	>8	≥100
梁	≤8	≥75
	>8	≥100
悬臂构件		≥100

10.3 预制构件连接

预制构件连接主要包括构件受力节点的连接和构件非受力安装缝隙的连接。非受力安装缝隙的连接关系到装配式结构的正常使用状态和耐久性，通常采用填充硅酮结构密封胶或硅酮耐候密封胶的方式进行密封。本节主要介绍预制构件受力节点的连接施工技术，包括灌浆套筒连接、后浇混凝土连接、螺栓连接及直螺纹套筒连接。

10.3.1 灌浆套筒连接施工

1. 适用范围

灌浆套筒连接技术适用于低多层及高层装配式结构的竖向构件纵向钢筋的连接。施工时应检查检验套筒的材料性能（屈服强度、抗拉强度、断后伸长率、球化率、硬度等）和套筒灌浆料的技术性能，技术性能应符合现行行业标准《钢筋套筒灌浆连接技术规程》JGJ 355 和《钢筋连接用套筒灌浆料》JG/T 408 的相关规定。

浆锚搭接所用金属波纹管宜采用软钢带制作，性能应符合现行国家标准《优质碳素结构钢冷轧钢板和钢带》GB/T 13237 的规定。浆锚搭接使用的灌浆料特性与套筒灌浆料类似，同为水泥基材料，但抗压强度较低。由于浆锚孔壁的抗压强度低于套筒，若浆锚搭接灌浆料使用套筒灌浆料相同的强度会造成性能过剩。《装规》给出了浆锚搭接连接接头灌浆料的性能要求。套筒灌浆连接和浆锚搭接连接使用的灌浆施工工艺应保持一致。

2. 施工工艺

施工前应进行灌浆套筒进场检验、灌浆料进场检验、接头工艺检验等。灌浆套筒进场检验检测其抗拉强度、破坏形式等，接头工艺检验检测接头抗拉强度、屈服强度、残余变形、灌浆料抗压强度等。套筒灌浆施工工艺流程为：灌浆准备工作→接缝封堵及分仓→灌浆料制备及试件留置→灌浆作业→灌浆后节点保护。

1）灌浆准备工作

灌浆施工前应将套筒、预留孔、预制构件与下部构件间接缝内的杂物清理干净，确保连接钢筋表面干净，无严重锈蚀和粘附物，并检测、调整钢筋位置偏差。

2）接缝封堵及分仓

堵缝作业中，构件底部水平接缝缝隙一般高 20mm，使用坐浆料进行封堵，坐浆料达到设计强度后方可进行灌浆作业，沿预制构件和下部构件的接缝外侧向内进行填抹，填抹厚度为 15～20mm，以保证堵缝料不会堵住套筒孔洞，如图 10-9 所示。接缝封堵作业完毕后，确保堵缝砂浆强度达到要求（约 30MPa），再进行下一步施工。

图 10-9　接缝封堵

灌浆不仅要将套筒或浆锚预留孔洞内灌满以连接受力钢筋，还要将构件间的接缝间隙灌满以连接混凝土，故通过封堵构件接缝外侧使得接缝处形成封闭的内部空间，以满足压力灌浆的需要，使得灌浆料不会从缝隙渗出并且能将缝隙填筑密实。

分仓是预制剪力墙构件堵缝时独有的工序。剪力墙长宽比较大，灌浆泵的压力无法将灌浆料输送太远，为保证灌浆料能将缝隙填筑密实，用封堵砂浆将剪力墙底部缝隙分段，以便之后分别灌浆的工序叫作分仓。采用电动灌浆泵灌浆时，单仓长度一般不超过 1m。先在分仓位置两侧插入模板（通常为便于抽出的 PVC 管或钢板），分仓隔断的宽度一般为 30～50mm，然后用封堵砂浆将隔断填满，为便于操作，竖向构件底部分仓一般可在构件吊装时配合进行，完成分仓作业。

3）灌浆料制备及试件留置

灌浆料加水拌制时，分别称量灌浆料和水，先将水倒入搅拌桶，然后加入 70%～80% 干料，使用专业搅拌机均匀搅拌 1～2min 后，再将剩余干料全部加入，再搅拌 3～4min 至彻底均匀；静置 2～3min，将浆料内气泡排除后再使用。取部分拌制好的灌浆料倒入 40mm×40mm×160mm 三联模具以制备试块，用于检测标准养护 28d 灌浆料的抗压强度。进行灌浆操作前需进行灌浆料初始流动度检验，记录相关流动度参数。

4）灌浆作业

灌浆作业是采用压力灌浆的方式以保证灌浆料能将套筒及构件接缝填筑密实。将灌浆泵枪头插入预制构件下部灌浆孔进行压力灌浆（0.8MPa 为宜），如图 10-10 所示，同一仓只能从一个灌浆孔灌浆，灌浆开始后不能中途暂停。待灌浆料从出浆孔依次流出后及时用橡胶塞堵住出浆孔，直至灌浆料从最远处出浆口流出，将其封堵。所有出浆口封堵完毕后，保持 30s 后再封堵灌浆口。

冬期进行灌浆作业时，工作环境温度应在 5℃ 以上，并对连接处采取加热保温措施，保证灌浆料在 48h 凝结硬化过程中连接部位温度不低于 9℃。

5）灌浆后节点保护

灌浆作业完成后，应及时清理预制构件外侧溢流出的灌浆料，灌浆作业完成后 12h 内应保证构件和灌浆层不受到振动和碰撞。

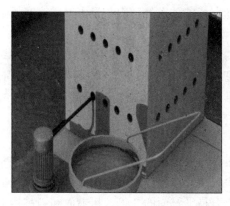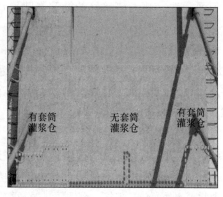

图 10-10 压力灌浆

3. 质量控制

灌浆连接的施工质量控制要求见表 10-3。

灌浆连接施工质量控制要求 表 10-3

控制项目		控制措施
原材料的质量	灌浆料质量	施工前应对灌浆料的强度、微膨胀性、流动度等指标进行检测
	钢筋质量	灌浆前分别进行套筒灌浆连接接头抗拉强度的工艺检验和抽检
		施工中套筒中连接钢筋的位置和长度须符合设计要求
施工质量	灌浆的饱满程度	进行灌浆饱满度检测
	施工扰动	灌浆后 24h 内，应避免后续工序提前施工造成的扰动影响，一旦浆体早期强度低，扰动后开裂
	施工误差	应避免钢筋位置偏移导致灌浆料不能均匀有效握裹钢筋
外界因素	环境温度的控制	灌浆料所允许最低温度为 0℃，应避免冬期施工

10.3.2 后浇混凝土连接施工

1. 适用范围

后浇混凝土连接施工是指预制构件安装后在预制构件连接节点部位或叠合部位现场完成的钢筋混凝土施工。后浇混凝土连接施工在装配式框架结构中一般用于梁柱节点部位、剪力墙与边缘构件交接部位、叠合板与叠合梁后浇层等部位。

预制构件结合部位和叠合梁、板的后浇混凝土的强度等级应符合设计要求。

2. 施工工艺

1）钢筋连接与锚固

后浇混凝土连接施工的重点是钢筋的连接，钢筋的连接方式有机械螺纹套筒连接、焊接连接、绑扎搭接连接、支座锚板连接等。预制梁现浇叠合部位、纵横墙交接处的约束边缘构件区域的纵向受力钢筋一般采用机械螺纹套筒连接。

对于叠合楼板和剪力墙连接部位的钢筋网，除靠近外围两行钢筋的相交处全部绑扎外，中间部分交叉点可交错绑扎，但必须保证钢筋不产生位置偏移，双向受力钢筋必须全部绑扎。

对于梁、柱、剪力墙暗柱的箍筋，除设计有特殊需求外，应与受力筋垂直布置。箍筋弯钩叠合外，应沿受力筋方向错开设置。

关于预制构件受力钢筋在后浇混凝土区的锚固，《装规》规定：预制构件外伸钢筋宜在后浇混凝土内直线锚固；当平直段锚固长度不足时，可采用弯折、设置锚头锚固方式，并应符合国家现行标准《混凝土结构设计标准》GB/T 50010 和《钢筋锚固板应用技术规程》JGJ 256 的规定。

2）连接面构造

预制构件与后浇混凝土的接触面需做成粗糙面或销键面以提高后浇混凝土与预制构件的黏结力并提高连接截面的受剪承载力。试验表明，在不计钢筋作用的条件下，粗糙面的抗剪能力是平整面的 1.6 倍，销键面的抗剪能力是平整面的 3 倍。粗糙面和销键构造要求见《装规》。

3）模板铺设

模板的铺设主要应用在梁柱节点部位、剪力墙与边缘构件交接部位、叠合板与叠合梁的边侧部位、叠合板后浇带等部位。相比现浇混凝土，后浇混凝土施工中的模板工程，模板敷设面积相对小得多，但对模板的固定、安装的精确程度要求更高。装配式建筑施工中的模板铺设应满足以下规定：装配式混凝土结构宜采用工具式支架和定型模板；模板应保证后浇混凝土部分形状、尺寸和位置准确；模板与预制构件接缝处应采取防止漏浆的措施，可粘贴密封条。

4）后浇混凝土浇筑

预制构件结合面疏松部分的混凝土应剔除清理，并洒水润湿；分层浇筑，应在底层混凝土初凝前将上一层混凝土浇筑完毕；浇筑时应采取保证混凝土浇筑密实的措施；对于构件接缝混凝土的浇筑和振捣，应采取措施防止模板、连接构件、钢筋、预埋件及其定位件移位。

5）模板及临时支撑系统拆除

构件连接部位后浇混凝土的强度达到设计要求后，方可拆除模板和临时支撑系统。拆模时的混凝土强度应符合现行国家标准《混凝土结构工程施工规范》GB 50666 的有关规定和设计要求。

3. 质量控制与检验

后浇混凝土连接施工的质量控制要求如表 10-4 所示。

后浇混凝土连接施工的质量控制要求　　　　　　　　　　　　表 10-4

钢筋质量控制	横向钢筋长度的误差控制（如预制叠合梁上的外伸钢筋）
	竖向钢筋的长度和伸出位置的误差控制（如预制柱、预制剪力墙的外伸钢筋）
临时支撑	在灌浆料或后浇混凝土达到规定强度之后才能拆除
隐蔽工程验收	混凝土粗糙面的质量，键槽的尺寸、数量、位置
	钢筋的牌号、规格、数量、位置、间距，箍筋弯钩的弯折角度及平直段长度
	钢筋的连接方式、接头位置、接头数量、接头面积百分率、搭接长度、锚固方式及锚固长度
	预埋件、预留管线的规格、数量、位置
	预制混凝土构件接缝处防水、防火等构造做法

10.3.3 螺栓连接施工

1. 适用范围

螺栓连接是用螺栓和预埋件将预制构件与主体结构进行连接。在装配整体式混凝土结构中，螺栓连接还可用于外挂墙板和楼梯等非主体结构构件的连接；螺栓连接是全装配式混凝土结构的主要连接方式，可以连接结构柱、梁非抗震设计或低抗震设防烈度设计的低层或多层建筑，如图 10-11 所示。

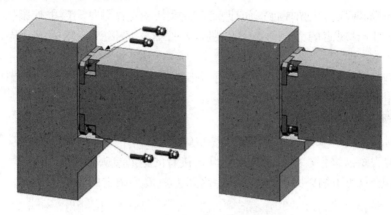

图 10-11 全装配式框架结构节点螺栓连接

2. 施工工艺

螺栓连接施工工艺流程为：接头组装→安装连接件与螺栓→校正→初拧→检查→终拧→施工记录。

1）接头组装：连接处的钢板或型钢应平整，板边、孔边无毛刺；接头处有翘曲、变形则必须校正。

2）遇到安装孔有问题时，不得用氧-乙炔扩孔，应用铰刀扩孔。

3）安装螺栓：组装时先用冲钉对准孔位，在适当位置插入螺栓，用扳手拧紧。

4）为使螺栓群中所有螺栓均匀受力，初拧、终拧顺序如下：一般接头应从螺栓群中间向外侧的顺序进行；从接头刚度大的地方向不受约束的自由端进行；从螺栓群中心向四周扩散的方式进行。

10.3.4 直螺纹套筒连接施工

1. 适用范围

直螺纹套筒连接施工是将钢筋待连接部分剥肋后滚压成螺纹，利用连接套筒进行连接，使钢筋丝头与连接套筒连接为一体，从而实现了等强度钢筋连接，如图 10-12 所示。直螺纹套筒连接的种类主要有冷镦粗直螺纹、热镦粗直螺纹、直接滚压直螺纹、挤压肋滚压直螺纹。适用范围为装配式混凝土结构中的梁、柱、墙等预制构件。

2. 施工工艺

直螺纹套筒连接施工工艺流程：钢筋断面

图 10-12 直螺纹套筒连接接头

平头→剥肋滚压螺纹→丝头质量自检→存放待用→用套筒对接钢筋→用扳手拧紧定位→检查质量验收。

1) 连接钢筋时,钢筋规格和连接套筒规格应一致,并确保钢筋和连接套的丝扣干净、完好无损。

2) 连接钢筋时应对准轴线将钢筋拧入连接套中。

3) 必须用力矩扳手拧紧接头。力矩扳手的精度为±5%,要求每半年用扭力仪检定一次,力矩扳手不使用时,将其力矩值调整为零,以保证其精度。

4) 连接钢筋时应对正轴线将钢筋拧入连接套中,然后用力矩扳手拧紧接头。接头拧紧值应满足表10-5规定的力矩值,不得超拧,拧紧后的接头应做标记,防止钢筋接头漏拧。

5) 钢筋连接前,按规定的力矩值,使力矩扳手绕钢筋轴线均匀加力。当听到"咔嚓"声响时即停止加力。

6) 连接水平钢筋时必须依次连接,从一头向另一头,不得从两边向中间连接,连接时两人需面对站立,一人用扳手卡住已连接好的钢筋,另一人用力矩扳手拧紧待连接钢筋,按规定的力矩值进行连接,避免损坏已连接好的钢筋接头。

7) 使用扳手对钢筋接头拧紧时,只要达到力矩扳手调定的力矩值即可,拧紧后按表10-5检查。

8) 接头拼接完成后,应使两个丝头在套筒中央位置相互顶紧,套筒的两端不得有一扣以上的完整丝扣外露,加长型接头的外露扣数不受限制,但有明显标记,以检查进入套筒的丝头长度是否满足要求。

直螺纹钢筋接头拧紧力矩值如表10-5所示。

直螺纹钢筋接头拧紧力矩值　　　　　　　　　　　表 10-5

序号	钢筋直径（mm）	拧紧力矩值（N·m）
1	≤16	100
2	18~20	200
3	22~25	260
4	28~32	320
5	36~40	360
6	50	460

10.4　质量控制与验收

10.4.1　基本要求

1. 装配式混凝土建筑中,单位工程、分部工程、分项工程、检验批的划分和验收程序应符合现行国家标准《建筑工程施工质量验收统一标准》GB 50300 的规定。

2. 装配式混凝土结构部分根据装配率按照子分部工程或分项工程进行质量验收,包括预制构件进场、预制构件安装与连接等内容,按照现行国家标准《装配式混凝土建筑技术标准》GB/T 51231 进行验收。

3. 装配式混凝土结构及混凝土结构子分部中其他分项工程应符合现行国家标准《混凝土结构工程施工质量验收规范》GB 50204 的有关规定。

4. 装配式混凝土结构子分部工程验收应满足如下条件：

1）预制构件安装及其他分项工程质量验收合格；

2）观感质量验收合格；

3）质量控制资料完整，符合要求；

4）结构实体验收满足设计或标准要求。

5. 装配式混凝土结构子分部工程根据现行国家标准《建筑工程施工质量验收统一标准》GB 50300 组织验收，验收时应按照现行国家标准《混凝土结构工程施工质量验收规范》GB 50204 的有关规定提供文件和记录资料。

10.4.2　预制构件进场检验

预制构件进场检验由现场专业监理工程师和质量、技术负责人员直接在运输车上进行，检验合格后方可吊运。

1. 预制构件及材料进场前提供资料

预制构件进场时，工厂应提供产品合格证，预制构件混凝土强度检验报告，预制构件钢筋检验报告等。具体要求如下：

1）需做结构性能检验的构件，应有检验报告；进场时，质量证明文件中宜增加构件制作过程检查文件。

2）施工单位或监理单位代表驻厂监督时，构件进场的质量证明文件应经监督代表确认；无驻厂监督时，应有相应的实体检验报告。

3）埋入灌浆套筒的构件，如预制剪力墙构件，应提供套筒灌浆接头形式检验报告、套筒进场外观检验报告、接头工艺检验报告以及套筒进场接头力学性能检验报告。

2. 预制构件进场检验内容

预制构件进场时，预制构件明显部位必须注明生产单位、构件型号、质量合格标志；预制构件外观不得存在影响结构性能、安装使用功能的尺寸偏差。具体要求如下：

1）检验人员应核对进场构件的规格型号和数量，将清点核实结果与发货单对照，如有随构件配制的安装附件，须对照发货清单一并验收。

2）预制构件进场时外观质量缺陷分类判定、尺寸偏差检验及结构性能检验应参照本教材第 9 章 9.6 节的规定进行。

10.4.3　预制构件及连接材料存放质量标准

1. 预制构件及连接材料存放质量应符合国家现行标准《装配式混凝土建筑技术标准》GB/T 51231 和《装配式混凝土结构技术规程》JGJ 1 的规定。

2. 预制叠合板和预制楼梯板进场验收合格存放时，应确保构件存放状态与安装状态一致，叠放预制叠合板不宜超过 6 层，构件层与层之间应垫平、垫实，各层支垫应上下对齐，最下面一层支垫应通长设置，预制构件堆放顺序应与施工吊装顺序和施工进度相匹配。

3. 预制构件不宜在施工现场进行翻身操作。

4. 灌浆料应合理分批进场，每批次进场应提供性能检测报告，进场后必须采取妥善的存放措施，防止灌浆料受潮、暴晒，并确保在保质期内使用完成。

10.4.4　预制构件安装检验质量标准

1. 预制构件安装的质量对结构的安全和质量起着至关重要的作用。对装配式混凝土结构的质量验收应满足以下要求：

1) 采用的主要材料、半成品、成品、建筑构配件、器具和设备应进行进场检验。凡涉及安全、节能、环境保护和主要使用功能的重要材料、产品，应按各专业工程施工规范、验收规范和设计文件等规定进行复验，并经专业监理工程师检查认可。

2) 各施工工序应按施工技术标准进行质量控制，每道施工工序完成后，必须符合规定方可进行下道工序施工。各专业工种之间的相关工序应进行交接检验并记录。

3) 对于项目监理机构提出检查要求的重要工序，应经专业监理工程师检查认可，才能进行下道工序施工。

4) 当专业验收规范对工程中的验收项目未做出相应规定时（如构件临时支撑体系等），应由建设单位组织监理、设计、施工等相关单位制定专项验收要求。涉及结构安全、节能、环境保护等项目的专项验收要求应由建设单位组织专家论证。

5) 隐蔽工程在隐蔽前应由施工单位通知监理单位验收，并形成验收文件，验收合格后方可继续施工。

6) 工程施工质量验收均应在施工单位自检合格的基础上进行。

7) 参加工程施工质量验收的各方人员应具备相应的资格。

2. 连接材料检验与试验

装配式混凝土结构涉及的原材料包括灌浆料、钢筋套筒、钢筋套筒灌浆连接接头、坐浆料、防水材料、保温材料、常规混凝土结构所用材料。装配式结构应重点对灌浆料、钢筋套筒灌浆连接接头等进行检查验收，主要规定如下：

1) 钢筋套筒灌浆连接及浆锚搭接连接用的灌浆料强度应满足设计要求及现行行业标准《钢筋连接用套筒灌浆料》JG/T 408 的规定。检查数量按批检验，以每层为一检验批；每工作班应制作 1 组且每层不应少于 3 组的 40mm×40mm×160mm 长方体试件，标准养护 28d 后进行抗压强度试验。检验方法包括检查灌浆料产品合格证、强度试验报告、型式检验报告。

2) 预制构件底部接缝坐浆强度应满足设计要求。检查数量按批检验，以每层为一检验批；每工作班同一配合比应制作 1 组且每层不应少于 3 组边长为 70.7mm 的立方体试件，标准养护 28d 后进行抗压强度试验。检验方法包括坐浆材料强度试验报告。

3) 在灌浆前每一规格的灌浆套筒接头和灌浆过程中同一规格的每 500 个接头，应分别进行灌浆套筒连接接头抗拉强度的工艺检验和抽检。检验方法为按规格制作 3 个灌浆套筒接头，抗拉强度检验结果应符合Ⅰ级接头要求。

3. 施工工序检验

装配式混凝土结构的主要施工工序包括安装与连接。检验的主要规定为：

1) 安装后的装配式混凝土结构应进行结构构件位置和尺寸允许偏差检验，尺寸偏差及检验方法应符合表 10-6 的规定。

装配式混凝土结构构件位置和尺寸允许偏差及检验方法 　　　　　表 10-6

项目			允许偏差（mm）	检验方法
构件轴线位置	竖向构件（柱、墙板、桁架）		8	经纬仪及尺量检查
	水平构件（梁、板）		5	
构件标高	梁、柱、墙、板底面或顶面		±5	水准仪或拉线、尺量检查
构件垂直度	柱、墙板	≤6m	5	经纬仪或吊线、尺量
		>6m	9	
构件倾斜度	梁、桁架		5	经纬仪或吊线、尺量检查
相邻构件平整度	梁、楼板下表面	外露	3	2m 靠尺和塞尺量测
		不外露	5	
	柱、墙板侧表面	外露	5	
		不外露	8	
构件搁置长度	梁、板		±10	尺量检查
支座、支垫中心位置	梁、板、柱、墙板、桁架		10	尺量检查
墙板接缝	宽度		±5	尺量检查

2）装配式混凝土结构的连接主要包括灌浆连接（坐浆连接）和后浇混凝土连接，主要检验项目包括：

钢筋采用套筒灌浆连接及浆锚搭接连接时，预制构件钢筋连接用套筒产品的质量合格证明文件，其品种、规格、性能等应符合现行国家标准和设计要求；全数检查灌浆施工质量检查记录、有关检验报告；灌浆应饱满、密实，所有出口均应出浆；灌浆要有专项质量保证措施、全过程要有质量监控，48h 内温度不得低于 9℃，有施工质量检查记录，灌浆料要留置标养试块强度报告及评定记录。施工前应在现场制作同条件接头试件，套筒灌浆连接接头应检查其型式检验报告，同时按 500 个为一验收批进行检验和验收。

装配式混凝土结构采用后浇混凝土连接时，按批检验构件连接处后浇混凝土强度，强度应符合设计要求。

4. 主体结构隐蔽工程验收

装配式混凝土结构工程应在安装施工及浇筑混凝土前完成下列隐蔽项目的现场检验：

1）预制构件与预制构件之间、预制构件与主体结构之间的连接应符合设计要求。

2）预制构件与后浇混凝土结构连接处混凝土粗糙面的质量或键槽的数量、位置。

3）后浇混凝土中钢筋的牌号、批格数量、位置。

4）钢筋连接方式、接头位置、接头质量、接头数量、接头面积百分率、搭接长度、锚固方式、锚固长度。

5）结构预埋件、螺栓连接、预留专业管线的数量与位置。构件安装完成后，在对预制构件拼缝进行封闭处理前应对接缝处的防水、防火等构造做法进行现场验收。

5. 部品安装验收

1）装配式混凝土建筑的部品验收应按层或阶段开展。

2）部品验收应检查施工图、性能试验报告．设计说明及设计文件；部品配套材料的出厂合格证、进场验收记录；施工安全记录；隐蔽工程验收记录；施工过程中重大问题的处理文件、工作记录和变更记录。

3）部品验收分部分项划分、外围护部品在验收前的性能试验、测试和隐蔽项目验收等，应按现行国家标准《装配式混凝土建筑技术标准》GB/T 51231 的规定开展。

6. 设备与管线安装验收

1）装配式混凝土建筑中涉及给水排水、暖通、空调、建筑电气、智能建筑及电梯等安装施工质量验收，应按其对应的分部工程进行验收。

2）装配式混凝土建筑设备与管线安装验收，应按现行国家标准《装配式混凝土建筑技术标准》GB/T 51231 及相对应专业的国家现行标准开展。

10.5　装配式混凝土建筑施工组织设计

10.5.1　基本要求

装配式混凝土建筑施工组织设计是以装配式混凝土建筑的施工项目为对象编制，用以指导施工的技术、经济和管理的综合性文件。在全装配式混凝土结构或以装配式混凝土为主的工程中，装配式混凝土结构工程施工组织设计可按照单位工程施工组织设计要求编制。在装配率较低的结构中，装配式混凝土结构施工组织设计更类似于分部分项工程作业设计，该分部分项工程作业设计一般是与单位工程施工组织设计的编制同时进行，并由单位工程的技术人员负责编制。

现行国家标准《装配式混凝土建筑技术标准》GB/T 51231 要求结合设计、生产、装配一体化的原则整体策划，协同建筑、结构、机电、装饰装修等专业要求，制定施工组织设计。施工组织设计应体现管理组织方式吻合装配工法的特点。对于装配式混凝土建筑，应制订涉及质量安全控制措施、工艺技术控制难点和要点、全过程的成品保护措施等内容的专项方案，并通过审核。施工组织设计的主要要求为：

1）按照大型预制构件或其他整体部品的运输安装要求，进行并完成工地现场道路和场地设计。

2）根据最大预制构件重量、位置和施工现场情况确定起重设备型号及安装位置。

3）设计车辆停靠位置、卸车、堆放方法。

4）设计吊装方法、校正方法、加固方式、封模方式、灌浆操作、养护措施、试块试件制作、检验检测要求等。

5）在不能从运输车上直接吊装的情况下，设计预制构件场内堆放位置、编制堆放方案。

10.5.2　施工组织设计

装配式混凝土建筑施工组织设计内容包含工程概况、编制依据、施工准备、施工方案、施工进度计划与资源需用量计划、施工平面布置、安全及绿色施工等。其中核心内容是施工方案的编制，施工方案是制订施工进度计划和现场平面布置的基础。

1. 工程概况

工程概况是指装配式混凝土建筑工程项目的基本情况，主要内容见表 10-7。

工程概况主要内容 表 10-7

序号	工程概况包含项目	主要内容
1	工程基本信息	工程名称、规模、性质、用途、开竣工日期、建设单位、设计单位、监理单位、施工单位、工程地点、施工条件、建筑面积、结构形式等
2	装配式结构主要信息	装配式结构体系形式、工艺特征、工程难点、关键部位等；装配式构件的设计总体布置情况，预制构件的安装区域、标高、高度、截面尺寸、跨度情况等
3	工程环境条件和技术条件	场地供水、供电、排水、道路，从运输地到工地的道路桥梁状况，预制构件供应条件，与安装密切相关的雨、雪、风等气候条件

2. 编制依据

装配式建筑施工组织设计编制时，主要参考的编制依据应包含国家、地方的相关法律法规、规范性文件、标准、规范及施工图设计文件。

3. 施工准备

1）技术准备

① 资料准备：施工图完成后，由项目工程师召集各相关岗位人员汇总、讨论图纸问题。设计方应向施工人员做好技术交底，按照三级技术交底程序要求，逐级进行技术交底，特别是对不同技术工种的针对性交底。

② 场外技术准备：根据预制构件厂距离，确定预制构件厂构件的类型，实地考察构件厂的生产能力，做出整体施工计划及构件进场计划等；实地了解构件运输线路情况；施工前和监理部门派质量人员去预制构件厂进行质量验收。

③ 人员培训准备：配置项目施工组织的机构和专业技术管理人员、专业施工作业人员，落实职责分工。

2）设备、材料准备

根据工程实际选择运输车辆与吊装设备型号、规格等；计算选择吊具设备；根据要求准备其他施工机具、主要仪器设备及材料。

4. 施工方案

装配式混凝土结构施工方案应着重编制构件运输、存储方案、预制构件吊装方案及构件连接专项施工方案。施工方案中应进行计算和验算，并提供计算书及相关图纸。

1）预制构件运输及存储方案

预制构件运输方案主要包括：选择运输车辆、确定构件主要运输方式及运输架、确定合理的运输半径及运输路线。上述内容及运输时的具体要求及质量保证措施见本教材第 9 章 9.4.2 节。构件存储方案包括：预制构件的存储方式的确定、存储场地需求的计算、辅助物料需求的计算。具体原则及内容见本教材第 9 章 9.4.3 节。

2）预制构件吊装方案

预制构件吊装专项施工方案所涉及的内容应包括：

① 塔式起重机选型、布置及附墙。塔式起重机选型除应按本教材第九章 9.4.1 节考

虑技术要求外，还应考虑进出场费、安拆费、月租金、作业人员工资等经济因素。

② 预制构件吊装及临时支撑方案。预制构件吊装方案应确定吊装流程、施工方法与机具、质量控制措施，参照第9章9.4.1节确定；装配式结构的支撑应根据施工过程中的各种工况进行设计，应具有足够的承载力、刚度，并应保证其整体稳固性。

③ 现浇混凝土部分钢筋绑扎及混凝土浇筑方案。装配式混凝土结构中涉及的钢筋工程、模板工程及混凝土工程应参照现浇混凝土施工要求确定。

④ 构件安装质量及安全控制方案。

⑤ 成品保护方法和措施。

3）构件连接专项方案

在施工方案中必须依据工程特征，利用相关技术文件进行计算、验算，明确构件安装与连接施工方案。构件连接方案包括套筒灌浆施工方案、后浇混凝土施工方案、螺栓连接施工方案、直螺纹套筒连接施工方案等。

套筒灌浆施工方案的主要内容有灌浆材料要求及检验、灌浆作业基本施工步骤、施工方法和灌浆作业注意事项、套筒灌浆质量控制与检验。

后浇混凝土施工方案主要包括：后浇混凝土部位确定、后浇混凝土材料要求及检验、后浇混凝土施工方法与要求、施工作业注意事项及后浇混凝土质量控制与检验。

螺栓连接施工及直螺纹套筒连接施工的具体技术方案可依据本章10.3.3、10.3.4节确定。

5. 施工进度计划及资源需用量计划

1）施工进度计划的编制

装配式混凝土建筑施工需要预制构件生产厂、施工企业、其他委托加工企业和监理以及各个专业分包队伍密切配合，受诸多环节制约，需要制定周密的计划。对项目的总进度计划进行逐层分解，除项目整体进度计划，应编制构件生产计划、构件安装进度计划、结构单层进度计划等针对分项工程甚至工序的进度计划。

① 编制依据

装配式混凝土进度计划编制是根据国家有关设计、施工、验收规范，依据工程项目施工合同、单位工程施工组织设计、预制构件生产企业生产能力、施工进度目标、专项拆分和深化设计文件，结合施工现场条件、有关技术经济资料编制的。其中，设计、施工、验收规范主要包括现行行业标准《装规》《装配式混凝土建筑技术标准》GB/T 51231和部分省市地方规程等。

② 编制程序

进度计划编制流程为：收集编制资料→确定进度控制目标→编制预制构件安装的施工工艺流程→编制施工进度计划和说明书。

预制构件安装的施工工艺流程需根据具体工程招标投标文件要求、工程项目预制装配率、预制构件生产厂家的生产能力、预制构件的最大重量和数量、其他现浇混凝土工程量、后浇混凝土工程量、拟用的吊装机械规格数量、所需劳动力数量及工程拟开工时间等综合确定。

③ 编制内容

应按照项目部单位工程施工进度计划的控制点，制定预制构件安装进度计划。专项施工计划主要包括各分项工程工序间的逻辑关系，预制构件及材料采购规格、数量，预制构件及材料分阶段运抵现场的时间，预制构件的安装同后浇混凝土间的衔接工序。

基础开挖阶段计划应充分考虑在拟建建筑物四周留出足够堆放预制构件的经硬化的场地和运输道路，安装的塔式起重机位置及进场时间；基坑支护方案应充分考虑预制构件及运输车辆对基坑周边的附加荷载产生的不利影响。

主体施工阶段计划应充分考虑塔式起重机的吊装时间和效率，预制构件的吊装、绑扎钢筋、后浇混凝土支模、混凝土成型的计划时间，后浇混凝土内部水电暖通、弱电预留预埋时间。

装饰装修施工阶段计划应充分考虑部品就位时间，合理安排主体结构同装饰装修施工时间，内部水电暖通、弱电系统末端设施安装同装饰装修部品安装合理穿插工序时间，现场部分湿作业装饰时间。

2）资源需用量计划的编制

① 劳动力需用量计划的编制

根据装配式混凝土建筑工程的总体施工计划确定各专业工种。根据装配式混凝土建筑工程的结构形式与安装方案确定操作人员数量。多栋建筑可采用以栋为流水作业段编制；独幢建筑采用以区域划分为流水作业段编制；单体建筑较小无法采用区域划分流水段时，可采用按工序流水施工编制，尽量避免窝工。

② 主要材料需用量计划的编制

根据装配式混凝土建筑工程施工图要求，确定配套材料与配件的型号、数量；依据施工计划时间及各施工段的用量制定采购计划，并确定外地定点采购与当地采购的计划。有检测复试要求的材料，须考虑复试时间与使用时间的相互关系。

3）预制构件进场计划的编制

装配式混凝土建筑预制构件的进场计划，主要包括以下内容：

① 构件的模板制作、安装、钢筋入模、混凝土浇筑、脱模、养护、检查、修补完成具备运送条件的循环时间。

② 确定构件及部品部件的加工制作时间点，并充分考虑不可预见的风险因素。

③ 构件及部品部件运输至现场、到场检验所占用的时间。

④ 根据安装进度计划中每一个施工段来组织生产和进场所需构件及部品部件。

⑤ 详细列出构件型号，对应型号的具体到场时间要以小时计。每种型号及规格的预制构件应在计划数量外有备用件。

4）施工设备需用量计划的编制

主要施工机具设备有：起重机设备、高空作业设备、浆料调制设备、灌浆机械、吊装工具、预制构件安装专用工具、可调节支撑系统、封模料具、安全设施料具等。

6. 施工平面布置

装配式混凝土建筑项目施工平面布置应包含的项目见表 10-8。

施工平面布置项目 表 10-8

序号	施工平面布置项目
1	装配式建筑项目施工用地范围内的地形状况
2	全部拟建建（构）筑物和其他基础设施的位置

续表

序号	施工平面布置项目
3	项目施工用地范围内的构件堆放区、运输构件车辆装卸点、运输设施
4	供电、供水、供热设施与线路，排水排污设施，临时施工道路
5	办公用房和生活用房
6	施工现场机械设备布置图
7	现场常规的建筑材料及周转工具
8	现场加工区域
9	必备的安全、消防、保卫和环保设施
10	相邻的地上、地下既有建（构）筑物及相关环境

对于装配式结构，施工平面布置应解决的主要问题是起重设备选择与布置、场内道路规划、构件堆放场地规划。其中垂直运输设备的布置是施工现场全局的中心环节。

1）起重设备布置

塔式起重机应具有安装和拆卸空间，自行式起重机应具有移动式作业空间和拆卸空间；塔式起重机位置的确定应满足起重机覆盖要求、群塔施工安全距离要求、塔式起重机和架空边线的最小安全距离、塔式起重机的基础设施要求。

2）场内道路规划

场内道路规划应满足运输构件的大型车辆宽度、转弯半径要求和荷载要求。道路宜设置成环形道路，当没有条件设置环形道路时需设置不小于 $12m \times 8m$ 的回车场。

3）构件堆放场地规划

临时存放区域应与其他工种作业区质检设置隔离带或做成封闭式存放区域。应设置警示牌及标识牌，与其他工种要有安全作业距离。

构件堆放场地应尽可能设置在起重机的幅度范围内；堆放场地的布置应方便运输构件的大型车辆装车和出入；如构件存放到地下室顶板或已完工的楼层上，须征得设计方的同意，楼盖承载力应满足堆放要求；场地布置应考虑构件间的人行通道；场地设置要根据构件类型和尺寸划分区域；构件临时场地应避免布置在高处作业下方；堆放场地应设置分区，根据构件型号归类存放。

7．施工安全与绿色施工

装配式混凝土结构因其所包含的预制构件要素具有多样、复杂的特点，相比传统施工，其施工安全及绿色施工的要求侧重点略有不同。

1）施工安全

① 基本要求

装配式混凝土建筑施工应执行国家、地方、行业和企业的安全生产法规和规章制度，落实各级各类人员的安全生产责任制。参建工程的各单位应建立和健全安全生产责任体系，明确职能部门、管理人员安全生产责任，建立相应的安全生产管理制度。施工单位应成立项目安全生产领导小组，建立项目安全管理网络，配备专职安全生产管理人员。施工单位编制的装配式混凝土建筑工程施工组织设计中应有安全管理技术措施（专篇），并按照相关规定进行技术论证后，经施工单位技术负责人审批、项目总监理工程师审核、建设单位项目负责人签署意见后实施。

施工单位应编制装配式混凝土建筑专项施工方案，按照生产相关规则制定和落实项目施工安全技术措施，并制定相应的培训教育专项施工方案的交底和安全技术（班组）交底、检查及验收、应急救援预案等管理规定。此外，施工单位应对从事预制构件吊装作业及相关人员进行安全培训与交底，识别预制构件进场、卸车、存放、吊装、就位等各环节的风险源，并制定防控方案。

预制构件生产单位应提供预制构件吊点、施工设施设备附着点的专项隐蔽验收记录；确保预制构件吊点、施工设施设备附着点、临时支撑点的成品保护；在预制构件吊点、施工设施设备附着点、临时支撑部位做好相应标识。

安装施工前，应检查和复核吊装设备状态，并核实现场环境、天气、道路状况等。施工操作人员须具备基础知识和技能水平。特种作业人员必须持证上岗。

起重吊装、高大模板体系，其设计、施工应符合危险性较大分部分项工程的相关规定。为加强装配式混凝土建筑施工全过程安全管理，宜应用 BIM 信息化技术、物联网技术等手段。

② 施工准备阶段安全措施

采用新材料、新设备、新工艺的装配式建筑专用的施工操作平台、高处临边作业的防护设施及超过一定规模的危险性较大的分部分项工程施工专项方案应按规定进行专家论证；在施工各个阶段方案中均应制定安全措施；构件堆放场地应设置围挡及警示标志。应对安装作业区进行围护并做出明显的标识，根据危险源级别安排旁站，严禁与安装作业无关的人员进入；现场施工起重机械、专用吊具、吊索、定型工具式支撑、构件支承架等，应进行安全验算，使用中进行定期、不定期检查。

③ 起重吊装施工安全措施

装配式混凝土建筑起重吊装施工安全除应满足第 9 章 9.4.1 节的要求外，还应满足如下要求：施工单位应做好人员资质审核及技术交底工作；计算确定吊车的地基处理方法及塔式起重机的附着装置；各类人员应遵守安全职责及依据现行行业标准《建筑施工起重吊装工程安全技术规范》JGJ 276 开展吊装作业。

④ 运输存放施工安全措施

运输阶段，应通过制定专项运输方案、设计制作运输架、验算构件强度、清查构件、查看运输路线及与交通部门沟通等措施保证安全；施工场地应划出专用堆放场。堆场选址应综合考虑垂直运输设备起吊半径、施工便道布置及卸货车辆停靠位置等因素。涉及堆场加固、构件吊点、塔式起重机及施工升降机附墙预埋件、脚手架拉结等，需要设计单位进行安全计算。堆场、构件堆放架、操作平台、临时支撑体系必须由施工方、监理方组织进行安全措施验收。

⑤ 高处作业施工安全措施

高处作业施工安全措施主要包括外防护架控制及临边、攀登作业控制。

外防护架控制方面，外防护架宜选用工具化、定型化产品，并经验收合格方可使用。外防护架施工前，应编制专项施工方案，并经总承包单位技术负责人审批、项目总监理工程师审核后实施。专项施工方案编制除应满足危险性较大的分部分项工程管理相关法律法规及标准规范的要求外，还包括：特殊部位的处理措施，安装、升降、拆除程序及安全措施，使用过程的安全措施。

临边、攀登作业控制方面，预制构件安装时，应使用梯子或者其他登高设施攀登作业。当坠落高度超过 2m 时，应设置操作平台。临边进行预制构件安装时，作业面与外防护架栏杆高度小于 1.2m 时，工人应佩戴安全带；临边进行预制构件就位时，工人应站在预制构件内侧，预制构件离地大于 1m 时，宜使用溜绳辅助就位。在预制构件安装过程中，临边、洞口的防护应牢固、可靠，并符合现行行业标准《建筑施工高处作业安全技术规范》JGJ 80 的相关要求。

2）绿色施工

① 装配式混凝土建筑工程的各参建单位应建立绿色施工管理体系，明确绿色施工生产责任，制定绿色施工管理制度与目标。施工单位应编制绿色施工专项方案，具体应包括环境保护、节材与材料资源利用、节水与水资源利用、节能与能源利用、节地与施工用地保护等措施。装配式混凝土建筑的各分项工程技术交底应包含绿色施工内容。

② 施工单位应建立装配式混凝土建筑绿色施工培训制度，应建立不符合绿色施工要求的施工工艺、设备和材料的限制、淘汰等制度，应建立绿色施工管理体系。施工单位应联合建设单位、监理单位成立绿色施工评价小组，参照现行国家标准《建筑与市政工程绿色施工评价标准》GB/T 50640 的规定对绿色施工实施情况进行评价。

③ 实行总承包管理的建设工程，总承包单位应对绿色施工负总责，总承包单位应对专业承包单位的绿色施工实施管理，专业承包单位应对工程承包范围的绿色施工负责。

本章小结

1. 装配式混凝土结构竖向预制构件主要包括预制柱、预制剪力墙、外挂墙板、隔墙板及内墙板等。水平预制构件主要包括叠合板、叠合梁、预制楼梯、预制阳台、空调板等。安装前要对预制构件进行验算。

2. 灌浆套筒连接技术适用于低层、多层及高层装配式结构的竖向构件纵向钢筋的连接。后浇混凝土连接一般用于装配式框架结构梁柱节点部位、剪力墙与边缘构件交接部位、叠合板与叠合梁叠合等部位。螺栓连接是全装配式混凝土结构的主要连接方式。直螺纹套筒连接适用于装配式混凝土结构中的梁、柱、墙等构件。

3. 装配式混凝土结构质量控制与验收要求主要包括：预制构件进场检验、预制构件连接材料存放与质量控制、预制构件安装质量控制与检验、预制构件连接质量控制与检验、部品安装检验、设备管线安装检验等。

4. 装配式混凝土建筑施工组织设计的核心内容是施工方案的编制，施工方案是制订施工进度计划和现场平面布置的基础。

思考题

1. 简述预制柱构件的安装施工工序。

2. 简述施工现场预制构件钢筋套筒连接要注意的问题。如何保证其质量？

3. 简述预制构件进场检验的主要内容。

4. 简述装配式混凝土结构质量验收包含的环节。

5. 简述装配式混凝土结构施工中的安全措施。

6. 简述装配式混凝土结构施工方案包含的主要内容。应如何编制各阶段方案？

第 11 章 新型装配式混凝土结构体系

11.1 概述

近年来随着科学技术的进步、新型建筑材料的研发及建筑工业化技术的日趋成熟，在国家推行"双碳"战略和"乡村振兴"战略的背景下，我国科技工作者在《装规》中的相关技术体系基础上，以建筑材料、预制构件构造形式、连接方式、生产及施工工艺等方面为切入点，对传统装配式混凝土结构体系提出改进，各种新型结构体系如雨后春笋般应运而生。本章列举了我国的 18 种新型装配式混凝土结构体系，对各种体系的研发背景、体系特点、结构创新点、技术优势以及对行业的贡献进行简要介绍。

11.2 新型装配式混凝土结构体系

11.2.1 螺栓拼接装配式混凝土墙板结构体系

1. 研发背景

在我国农村地区，农房以自建为主，多采用砌体结构，甚至是砖木结构，较大一部分未考虑抗震设防，导致农房结构整体性差，抗震性能不足，无法抵御地震灾害，历次震害报告显示，地震倒塌房屋主要集中在村镇。同时，村镇居民节能意识淡薄，加之经济能力有限和缺乏相应的节能技术，导致农村住宅节能效果差。据统计：建筑业每年消耗的能源占全球能源消耗的 30%～40%，其中，农村居住建筑能耗占建筑总能耗的 39.7%。因此，面对农村住宅当前的窘境，研发适用于农村住宅的低、多层装配式结构体系，对我国普及装配式建筑和推动城乡建设绿色发展具有重要现实意义。

2. 体系介绍

研发团队：四川大学熊峰团队等

对应标准：《低多层螺栓拼接装配式混凝土墙板建筑技术规程》T/CECS 1408—2023

螺栓拼接装配式混凝土墙板结构体系由预制混凝土夹心保温墙板、预制楼板、预制转角柱以及螺栓拼接件组成，所有构件均可在工厂预制，运到现场后组装见图 11-1。预制混凝土夹心保温墙板由混凝土内叶板、外叶板和夹心挤塑式聚苯乙烯隔热保温板组成。预制转角柱为预制工厂工业化制作和生产的钢筋混凝土异形柱，其截面形式包括 T 形、L 形和十字形三类。螺栓拼接件由高强度螺栓和连接钢板组成，螺栓拼接节点构造见图 11-2，连接钢板按布置位置的不同可采用矩形钢板或 L 形钢板。预制墙板、预制楼板形状规则且端面不出筋，具有标准化设计和工业化生产的优势；预制转角柱用于连接纵横墙体和提高结构整体性；螺栓拼接件便于连接相邻构件且传力可靠。

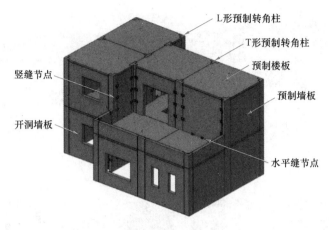

图 11-1 螺栓拼接装配式混凝土墙板结构体系三维示意图

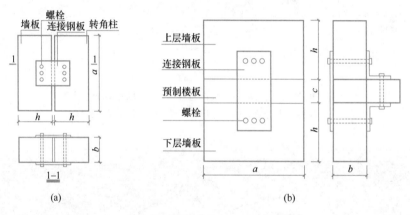

(a)　　　　　　　　　　　　　(b)

图 11-2 螺栓拼接节点构造示意图

(a) 竖缝节点；(b) 水平缝节点

3. 主要创新点

1) 针对传统农村住宅建造周期长、抗震和保温隔热性能差等问题，团队研发了螺栓拼接装配式混凝土夹心保温墙板结构体系，提出了墙板—墙板、墙板—楼板、楼板—楼板间采用螺栓进行快速拼接的全干式设计方案，如图 11-3 所示。

2) 针对传统混凝土夹心保温墙板易开裂、复合度和承载能力不足、拉结件容易产生冷热桥等问题，团队研发了高延性混凝土-普通混凝土（ECC-NC）复合夹心保温承载墙板，如图 11-4 所示，开展了系列数值模拟和模型试验，其受弯性能数值模拟与试验对比如图 11-5 所示，并提出了该墙板的承载力和复合度计算方法，受力与应变分析如图 11-6 所示。

3) 针对实体有限元建模前处理繁琐，计算耗时且对计算机配置要求较高等问题，团队提出了一种螺栓拼接装配式混凝土墙板结构简化计算模型，如图 11-7 所示，并开发了能有效模拟墙板水平缝和竖缝力学行为的弹簧单元，如图 11-8、图 11-9 所示。

4) 针对螺栓拼接装配式墙板结构体系设计方法研究不足，"等同现浇"设计方法不适用于该结构体系，团队提出了螺栓拼接装配式墙板结构非等同现浇设计方法，计算简图如图 11-10～图 11-12 所示。

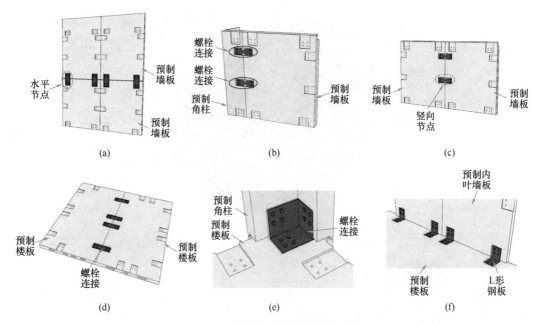

图 11-3　构件间的连接构造方案

（a）墙板-墙板水平缝；（b）墙板-连接柱；（c）墙板-墙板竖缝；
（d）楼板-楼板连接；（e）楼板-连接柱；（f）墙板-楼板连接

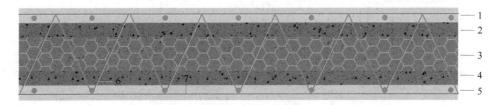

图 11-4　ECC-NC 复合夹心保温墙板示意图

1—上叶板 ECC 层；2—上叶板 NC 层；3—保温层；4—下叶板 NC 层；
5—下叶板 ECC 层；6—连接件；7—钢筋网

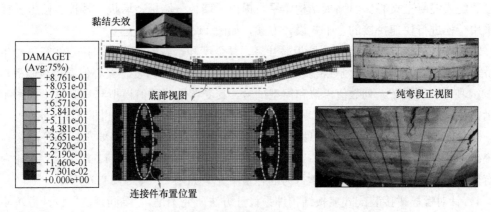

图 11-5　ECC-NC 复合夹心保温墙板受弯性能数值模拟与试验对比

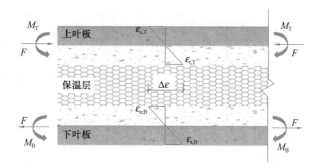

图 11-6 ECC-NC 复合夹心保温墙板受力及应变分析

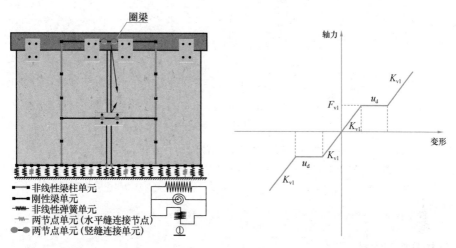

图 11-7 螺栓拼接装配式混凝土   图 11-8 竖缝轴向弹簧恢复力模型
        墙板简化计算模型

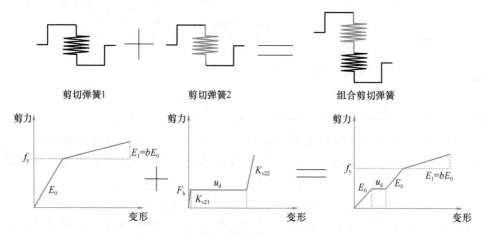

图 11-9 水平缝二节点单元剪切弹簧图解

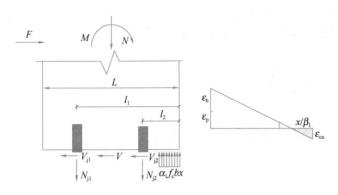

图 11-10　墙板水平缝受力计算简图

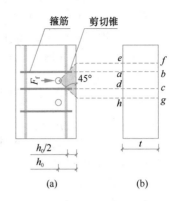

图 11-11　墙板竖缝螺栓孔在螺栓
挤压作用下的受剪承载力计算简图
(a) 前视图；(b) 侧视图

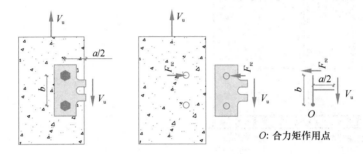

图 11-12　墙板竖缝连接钢板发生剪切破坏对应节点抗剪切承载力计算简图

4. 结构分析与设计

《低多层螺栓拼接装配式混凝土墙板建筑技术规程》T/CECS 1408—2023 规定：螺栓拼接装配式混凝土墙板结构体系适用于抗震设防烈度 6～8 度、结构安全等级为二级、抗震设防类别不高于标准设防类的装配式建筑，最大适用高度和层数应符合表 11-1 的规定。

低多层螺栓拼接装配式混凝土墙板建筑最大适用高度和层数　　　　表 11-1

抗震设防烈度	6 度	7 度	8 度
最大适用高度（m）	21	21	15
最大适用层数（层）	6	6	4

根据现行国家标准《建筑抗震设计标准》GB/T 50011，针对螺栓连接装配式墙板结构体系进行"两阶段"抗震设计；第一阶段为构件的承载力验算设计，主要为计算多遇地震作用下构件的变形及内力响应；第二阶段为结构在罕遇地震作用下的弹塑性变形验算。

对于螺栓连接节点，在小震下的弹性分析时，可采用弹性连接的边界条件模拟，简化为三个方向的弹性连接。其中，包括轴向拉伸弹簧及平面内剪切弹簧，并且对平面外平移自由度进行约束，其弹性刚度根据连接螺栓相关参数进行等效计算，且不考虑转动刚度。在大震下的弹塑性分析时，需要设置三自由度"非线性弹簧"来模拟螺栓连接节点的力学行为。

对螺栓连接节点，如图 11-13 所示，在受拉时可能会发生以下四种破坏模式：

1) 连接节点钢板受拉屈服破坏；

2) 高强度螺栓剪切破坏；

3) 受拉区节点螺栓孔周围混凝土冲切破坏；

4) 连接钢板孔壁的挤压破坏。

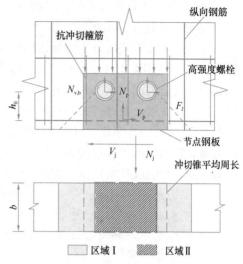

因此，螺栓连接节点的受拉峰值承载力，即 N_j，应按式（11-1）～式（11-5）确定：

$$N_j = \min(N_p, N_{c,b}, N_{v,b}, F_l) \quad (11\text{-}1)$$

$$N_p = n_p f_p A_p \quad (11\text{-}2)$$

$$N_{c,b} = d \sum t f_c^b + \mu P \quad (11\text{-}3)$$

$$N_{v,b} = \frac{n_b}{2} n_v \frac{\pi d^2}{4} f_v^b \quad (11\text{-}4)$$

$$F_l = 0.5 f_t \eta \mu_m h_0 + 0.8 f_{yv} A_{suv} + f_y A_s$$
$$(11\text{-}5)$$

图 11-13　螺栓连接节点受力简图

式（11-5）中的系数 η 应按式（11-6）和式（11-7）计算，并取其中较小值：

$$\eta_1 = 0.4 + \frac{1.2}{\beta_s} \quad (11\text{-}6)$$

$$\eta_2 = 0.5 + \frac{\alpha_s h_0}{4 \mu_m} \quad (11\text{-}7)$$

式中，N_p、$N_{v,b}$、$N_{c,b}$ 和 F_l 分别为钢板受拉承载力、螺栓受剪承载力、螺栓承压承载力设计值和螺栓孔壁受冲承载力；f_p、f_v^b、f_t、f_{yv}、f_y 和 f_c^b 分别为钢板抗拉强度设计值、高强螺栓抗剪强度设计值、混凝土的轴向抗拉强度设计值、箍筋抗拉强度设计值、钢筋抗拉强度设计值及钢筋承压强度设计值；d 为螺栓直径；μ 为摩擦面的抗滑移系数；P 为单个高强度螺栓的预拉力设计值；n_v 为单个螺栓受剪切面数目，取 2；n_p 为节点中受拉钢板、螺栓个数；n_b 为节点中螺栓个数；A_p 为水平接缝处钢板截面面积；A_{suv}、A_s 分别为垂直于接缝截面且与呈 45°冲切破坏锥体斜截面相交和穿过冲切体顶面的全部箍筋、竖（横）向钢筋截面面积；t 为钢筋混凝土块的厚度；μ_m 为冲切锥平均周长；h_0 为计算斜截面的有效高度；β_s 为局部荷载或集中反力作用面积为矩形时的长边与短边尺寸的比值，β_s 不宜大于 4，当 β_s 小于 2 时取 2，对圆形冲切面，β_s 取 2；α_s 为柱位置影响系数，对于中柱，α_s 取 40，对于边柱，α_s 取 30，对于角柱，α_s 取 20。

5. 技术优势

1) 装配率高，连接方便，现场免浇筑，建造快捷，主体结构装配率最高可达 100%；

2) 螺栓连接安全可靠，体系抗震性能好；

3) 采用夹心保温墙板和空心楼板，节能性好，契合国家低碳战略；

4) 建造品质高，能打造不同风格户型，满足多方位需求，提高农村分散式自建房品质；

5）方便拆卸和再次安装，结构重复利用率高。

6. 对行业进步的贡献

螺栓拼接装配式混凝土墙板结构体系已列入《低多层螺栓拼接装配式混凝土墙板建筑技术规程》T/CECS 1408—2023，该体系依托多项国家级、省部级项目，在乡村住房建筑装配式建造关键技术与产业化应用方面取得了丰硕成果，获省部级科技进步奖、华夏奖、协会奖5项；获批省级新技术1项；授权发明专利8项，实用新型专利10项；发表高水平学术论文60余篇，SCI、EI检索30余篇，如图11-14所示。结合产学研联合模式，在西藏、陕西、四川等地大力推广，示范工程100余栋，建筑面积1万多平方米，取得显著的经济、社会及环境效益，如图11-15～图11-17所示。

图11-14 项目获奖及相关技术标准

（a）四川省科技进步一等奖；（b）四川省地方标准；（c）CECS标准

图11-15 陕西杨凌王上村共享民宿

图11-16 金堂云合镇特色水产基地

图 11-17　西藏林芝市米林县邦仲村安置点

11.2.2　装配式单排配筋混凝土剪力墙结构体系

1. 研发背景

竖向钢筋的灌浆套筒连接接头技术是《装规》所推荐的主要接头技术，也是形成各种装配整体式混凝土结构的重要基础。竖向钢筋采用套筒灌浆连接的预制剪力墙具有优越的抗震性能，其在国内外已有长期、成熟的理论与实践经验。因此，研发团队针对装配式混凝土剪力墙，提出一种新型的灌浆锚固节点构造，可代替目前装配式剪力墙结构的竖向钢套筒连接，其构造简单，成本低，易施工，现场灌浆质量可视，并以此建立了装配式单排配筋再生混凝土剪力墙结构体系。

2. 体系介绍

研发团队：北京工业大学曹万林团队等

对应标准：《再生混凝土结构技术标准》JGJ/T 443—2018 等

装配式单排配筋混凝土剪力墙结构体系具有抗震节能、连接可靠、生态环保以及工业化程度高等优势。该结构体系主要包括：单排配筋剪力墙结构、聚苯模块单排配筋剪力墙结构以及聚苯空腔模块单排配筋剪力墙结构。针对竖向钢筋连接问题，提出了"墩头钢筋-钢筋笼强化预留孔-灌浆锚固连接"的连接构造，便于实施竖向钢筋笼强化预留孔灌浆，其连接构造如图 11-18 所示。装配式单排配筋混凝土剪力墙试件是结构的主要承重和抗侧力构件，结构平面布置时，墙体可全部或部分采用单排配筋剪力墙；竖向布置时，可全高采用单排配筋剪力墙，也可下部楼层采用双排配筋剪力墙、上部楼层采用单排配筋剪力墙。楼板、屋盖体系可采用混凝土叠合板、免拆模楼承板、压型钢板混凝土组合楼板或全预制装配式楼板。结构构件均可采用再生混凝土制备。

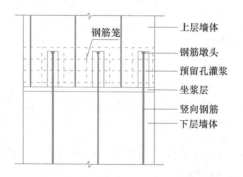

图 11-18　装配式单排配筋混凝土剪力墙连接构造示意图

3. 主要创新点

1）团队提出了墩头钢筋-钢筋笼强化预留孔-灌浆锚固连接节点构造，可代替目前装配式剪力墙结构的竖向钢套筒连接，其构造简单，成本低，易施工，现场灌浆质量可视，其受力性能研究如图 11-19 所示。

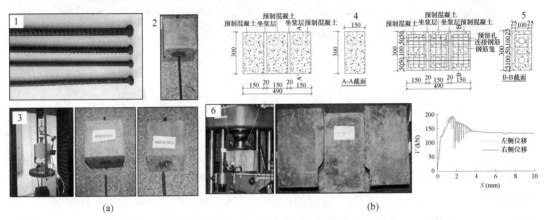

图 11-19　墩头钢筋-钢筋笼强化预留孔-灌浆锚固连接受力性能研究

（a）节点抗拉性能试验；（b）接缝抗剪性能试验

1—墩头钢筋；2—试件制作；3—试验加载及试件破坏状态；4—抗剪试件设计图纸；

5—试件制作；6—试件破坏状态及典型荷载-剪切滑移曲线

2）团队提出了"墩头钢筋-钢筋笼强化预留孔-灌浆锚固连接"的装配式单排配筋剪力墙，开展墙体试验及数值拓展分析，揭示损伤演化过程和抗震机理，建立其承载力计算模型与恢复力模型，如图 11-20、图 11-21 所示。

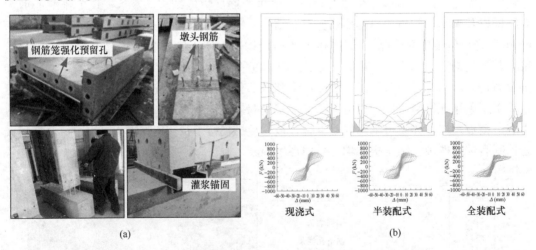

图 11-20　装配式单排配筋混凝土剪力墙低周往复荷载试验

（a）墩头钢筋-钢筋笼强化预留孔-灌浆锚固连接构造；（b）现浇式、半装配式

以及全装配式单排配筋混凝土剪力墙破坏状态及滞回曲线对比

3）团队研发了装配式单排配筋混凝土剪力墙结构、半装配式剪力墙结构及全装配式剪力墙结构的施工工法，半装配式剪力墙及全装配式剪力墙的组成及装配工艺如图 11-22 所示。

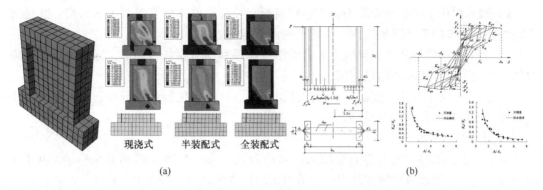

图 11-21　理论分析

（a）有限元模型及应力云图；（b）承载力计算模型与恢复力模型（仅示意）

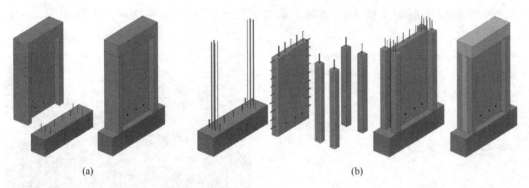

图 11-22　装配式单排配筋混凝土剪力墙的组成及装配工艺

（a）全装配式剪力墙；（b）半装配式剪力墙

4. 结构分析与设计

《多层建筑单排配筋混凝土剪力墙结构技术规程》DB11/T 1507—2017 规定：单排配筋混凝土剪力墙结构适用于抗震设防烈度为 8 度及以下地区，四层至六层、高度不大于 18m 的多层住宅剪力墙结构，也可用于一层至三层、层高不大于 4m 且高度不大于 10m 的低层住宅剪力墙结构。装配式单排配筋剪力墙结构房屋在三层及以下时，可不进行底部加强；房屋在四至六层时，底部加强部位的高度可取底部一层。结构采用装配整体式楼盖、屋盖时，应采取措施保证楼盖、屋盖的整体性，并保证与剪力墙可靠的连接。装配整体式楼（屋）盖宜采用配筋细石混凝土现浇面层，现浇面层厚度不宜小于 40mm。

装配式单排配筋混凝土剪力墙应在结构的两个主轴方向双向布置，两个方向的单排配筋混凝土剪力墙应相连；当剪力墙端部无翼缘时应在端部设置矩形暗柱；结构平面布置，宜规则对称，墙体可全部采用单排配筋混凝土剪力墙，也可部分采用单排配筋混凝土剪力墙；结构竖向布置，可全高采用装配式单排配筋混凝土剪力墙，也可下部楼层采用双排配筋混凝土剪力墙、上部楼层采用装配式单排配筋混凝土剪力墙；装配式单排配筋混凝土剪力墙在集中荷载作用下，墙内宜设置暗柱，墙体开设门窗洞口时，门窗洞口宜上下对齐。

5. 技术优势

1）装配式连接采用"强约束混凝土套孔"，可替代目前装配式剪力墙结构的"竖向钢套筒"，构造简单，成本低，易施工，现场灌浆质量可视。

2）聚苯模块单排配筋混凝土剪力墙和聚苯空腔模块单排配筋混凝土剪力墙，既是抗震构件，又是节能型外围护构件，实现了抗震节能一体化。

3）装配式单排配筋再生混凝土剪力墙结构体系利用粉煤灰、矿渣、建筑垃圾等固废材料，实现了材料资源的循环利用。

4）结构体系工业化程度高，结构构件集成率高，工业化制备质量可靠，装配简单快速高效，规模化推广应用效果好。

6. 对行业进步的贡献

装配式单排配筋混凝土剪力墙结构体系已列入《再生混凝土结构技术标准》JGJ/T 443—2018、《多层建筑单排配筋混凝土剪力墙结构技术规程》DB11/T 1507—2017，团队研发了墩头钢筋-钢筋笼强化预留孔-灌浆锚固连接的装配式单排配筋混凝土剪力墙结构，可采用固废混凝土，授权国家发明专利10余项，其科学技术成果评价为"国际领先"。依托装配式单排配筋混凝土剪力墙结构体系关键技术，研究成果及示范工程如图11-23、图11-24所示。

图 11-23　技术标准

图 11-24　北京市某单排配筋混凝土剪力墙住宅项目

11.2.3　EMC装配式混凝土结构体系

1. 研发背景

传统预制构件采用节点现浇构造可实现良好的受力性能，但其具有节点构造复杂、加工及施工难度大、质量控制要求高、效率较低等问题。研发团队基于系列科研成果和工程实践经验，对现有等同现浇构造的装配式混凝土结构技术体系进行系统性优化、改进，涵盖全预制剪力墙结构、空心墙板叠合剪力墙结构、双面叠合剪力墙结构、空心叠合柱框架结构和叠合框架-剪力墙结构技术体系，可有效提高装配式混凝土结构现场安装质量、提高加工及施工效率并降低综合成本。项目体系的研发为装配式混凝土结构技术的工程应用推广提供了理论依据，满足装配式建筑在我国推广的工程需求。

2. 体系介绍

研发团队：中国建筑标准设计研究院肖明团队等

对应标准：《装配式叠合混凝土结构技术规程》T/CECS 1336—2023 等

EMC（Efficient Manufacture and Construction，即高效建造）装配式混凝土结构体

系是由部分或全部竖向抗侧力构件采用预制空心竖向构件,空心部分在现场后浇混凝土而形成的结构。装配式混凝土结构体系主要包括全预制剪力墙结构、空心墙板叠合剪力墙结构、双面叠合剪力墙结构、空心叠合柱框架结构和叠合框架-剪力墙结构五种技术体系,涉及全预制剪力墙、空心叠合剪力墙、双面叠合剪力墙和预制空心叠合柱等典型构件,如图 11-25 所示。

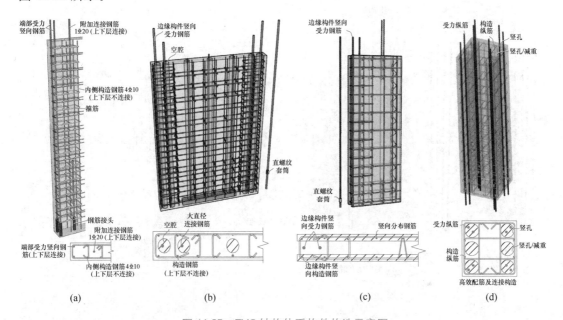

图 11-25　EMC 结构体系构件构造示意图

(a) 全预制剪力墙;(b) 空心叠合剪力墙;(c) 双面叠合剪力墙;(d) 预制空心叠合柱

　　项目体系基于"非等同现浇构造"理论,建立与技术体系相协调的高效配筋、钢筋连接及节点构造方法。通过理论分析及系列试验验证,在构件的受力机理、破坏模式、刚度、承载力、变形能力和滞回性能等方面实现"等同现浇受力性能",进而实现结构设计人员在设计阶段可采用"等同现浇设计方法"开展结构受力分析、屈服机制、构件及节点承载力验算等结构设计方法,同时保留现浇施工质量可控、技术成熟的特点,达到高效加工、高效施工的建筑工业化目标。

　　EMC 装配式混凝土结构体系采用统筹配筋方法,将不同功能钢筋进行分离配置,即调整纵筋数量和直径,保持面积不变,实现承载力"等同现浇";不改变箍筋构造,保持约束混凝土本构和极限压应变,实现墙肢变形能力"等同现浇",其受力机理如图 11-29 (a) 所示。预制墙边缘构件区域配置大直径竖筋(等正截面承载力设计及等面积),其上下贯通设置,优先采用直螺纹机械连接;边缘构件竖向构造钢筋与箍筋、拉筋形成钢筋笼;边缘构件竖向受力钢筋保证空心叠合剪力墙的受弯承载力,边缘构件区域箍筋、拉筋对边缘构件核心区混凝土形成箍筋约束作用,保证墙板的弹塑性变形能力;相邻钢筋接头沿高度方向错开一定距离,可减少预制墙板安装过程中对位的钢筋数量,提高安装速度。预制空心叠合柱四周设置一系列竖孔,竖孔沿柱高度方向上下贯通,采用金属管道成孔,施工现场在竖孔内布设柱纵向受力钢筋,预制空心柱内仅设置柱纵向构造钢筋与箍筋、拉筋形成钢筋笼。

3. 主要创新点

1）针对装配式建筑"等同现浇构造"体系在工程实践过程中的施工问题与工艺需求，团队研发了针对剪力墙和柱的统筹配筋方法，揭示了统筹配筋构件在静力及往复荷载作用下的工作机理，统筹配筋构造如图 11-26 所示。

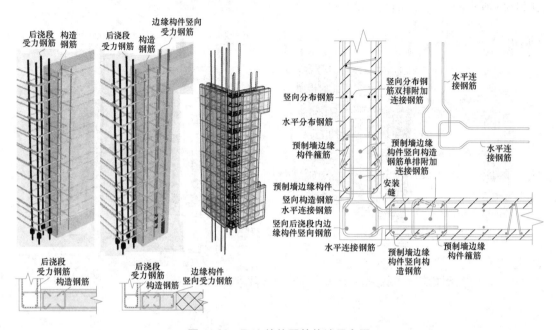

图 11-26　EMC 统筹配筋构造示意图

2）针对装配式建筑"非等同现浇构造"下统筹配筋构件形成的结构体系，团队建立了与配筋方法相协调的节点及接缝构造，提出统筹配筋构件"等同现浇受力性能"的实现路径，EMC 空心叠合剪力墙构造如图 11-27 所示。

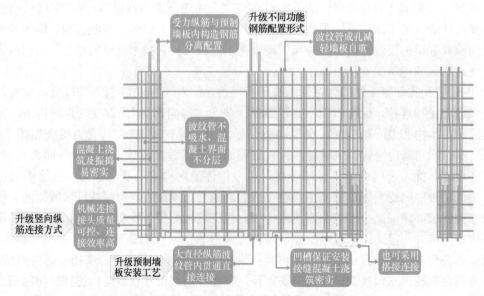

图 11-27　EMC 空心叠合剪力墙构造示意图

3）针对装配式建筑"非等同现浇"实现"等同现浇"的结构体系，团队建立了构件标准化设计方法，提出了结构的高效安装施工方法，如图 11-28 所示。

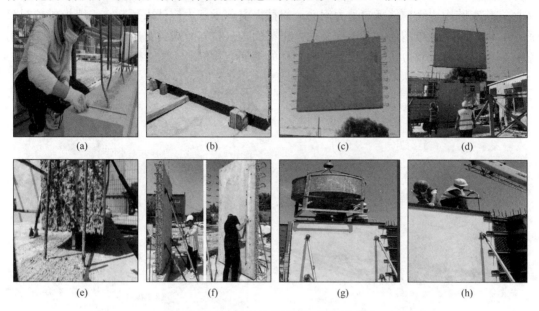

图 11-28　EMC 结构体系施工过程示意图

（a）抄平放线；（b）墙下标高找平；（c）预制墙板起吊；（d）预制墙板安装；
（e）预制墙板对位初调；（f）预制墙板精调；（g）预制墙板后浇带底部安装；（h）混凝土振捣、浇筑

4. 结构分析与设计

《装配式叠合混凝土结构技术规程》T/CECS 1336—2023 规定：EMC 装配式混凝土结构体系适用于抗震设防烈度为 6～8 度地区的装配式叠合混凝土结构，最大适用高度应符合表 11-2 的规定。

EMC 装配式混凝土结构房屋的最大适用高度（m）　　　　表 11-2

结构类型	抗震设防烈度			
	6 度	7 度	8 度（0.2g）	8 度（0.3g）
叠合框架结构	60	50	40	30
空心叠合剪力墙结构	130	110	90	70
双面叠合剪力墙结构	100	90	70	60
叠合框架-剪力墙结构	100	90	70	60

该体系应按现浇钢筋混凝土结构进行弹性分析，可假定叠合楼盖和现浇楼盖在自身平面内为无限刚性（当楼板局部不连续，宜假定平面内为弹性）；楼面梁的刚度可计入楼板的翼缘作用予以增大，刚度增大系数可根据翼缘情况取为 1.3～2.0。需要进行罕遇地震作用下结构弹塑性变形分析和抗震性能评估时，按国家现行标准《建筑抗震设计标准》GB/T 50011、《高层建筑混凝土结构技术规程》JGJ 3 的有关规定进行。

EMC 装配式混凝土结构构件应按现浇钢筋混凝土构件计算承载力，构件截面尺寸可

采用预制和后浇混凝土的总截面尺寸，混凝土强度等级应与预制部分的强度等级相同。竖向结构构件受力机理如图 11-29 所示，其中，对于剪力墙，正截面压（拉）弯承载力应计入竖孔或空腔内边缘构件竖向受力钢筋；斜截面受剪承载力应计入预制空心墙板或预制双面墙板内的水平分布钢筋。对于框架柱，正截面压（拉）承载力，应计入竖孔纵向受力钢筋；斜截面受剪承载力，应计入预制空心柱的箍筋、拉筋。

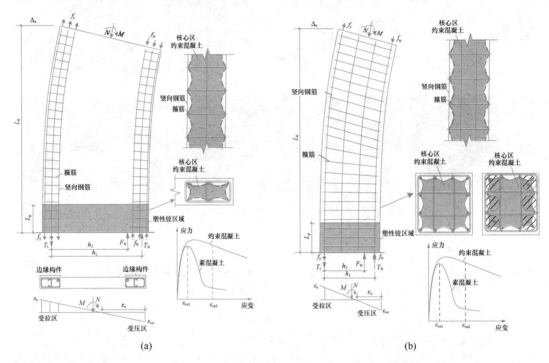

(a)　　　　　　　　　　　　(b)

图 11-29　EMC 竖向结构构件受力机理

（a）剪力墙；（b）框架柱

5. 技术优势

1）从构件加工、现场施工、运输到吊装全方位节约成本。

2）标准化程度高、可推广性强；加工设备简单，采用传统预制构件生产线即可生产。

3）施工速度快、工期短，可避免冬期施工过程中套筒灌浆的技术问题。

4）提高模具标准化与通用化；提升模具利用率；并降低加工精度要求。

5）施工质量可控、高标准建造。

6. 对行业进步的贡献

EMC 系列装配式结构技术体系已列入《装配式叠合混凝土结构技术规程》T/CECS 1336—2023，授权国家专利 26 项，已应用于 30 余万平方米建筑，节省投资近 3000 万元，尤其成功应用于雄安新区轨道交通 R1 线车辆段，如图 11-30 所示。目前 EMC 系列技术以年均超过 50 万平方米的规模快速增长，预计在"十四五"末年均实施面积超过 200 万平方米，年均节省工程投资约 2 亿元。

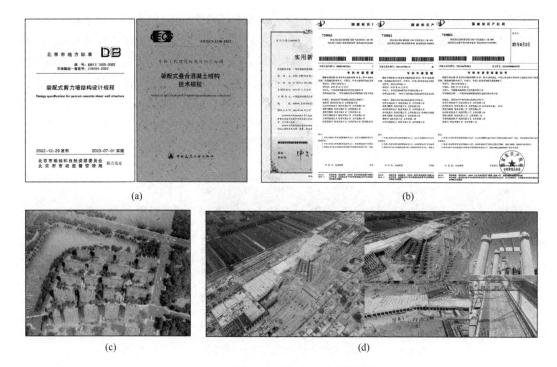

图 11-30　EMC 体系相关标准、专利及工程应用

（a）相关标准；（b）系列专利；（c）富华里海淀区西北旺 0013 地块项目；
（d）雄安新区轨道交通 R1 线车辆基地

11.2.4　绿色装配式复合结构体系

1. 研发背景

在国家推行"双碳"战略的背景下，以资源工程、材料科学工程、土木工程、建筑技术等多学科交叉为手段，以"尾矿大宗固废消纳—绿色结构材料性能提升—轻量化预制部品部件研发—低能耗绿色装配式结构研发"的全产业链技术创新融合为特色，结合我国中西部地区环境特点，创建高效装配、性能优越、经济实用、适应我国新型城镇化建设的绿色装配式结构成套技术体系，以解决传统装配式结构材料使用单一，构件重量大、运输难、不节能，节点连接复杂、可靠性较差且成本高，高效连接技术研发不足，建造成本偏高，广大村镇建筑适用性差等问题。项目体系在绿色建筑材料研发、材料形成机理及基本力学性能、轻质复合部件性能与标准化、新型连接技术与工艺、结构性能及设计理论、低能耗集成技术、多专业系统协同设计与全过程建造管理系统取得了开创性成果，可有效解决我国广大乡镇居住建筑整体需求量大，但单体体量小、规模性差、成本高、质量难控制的重大产业矛盾，为我国实现"双碳"战略下的新型城镇化建设提供重要的理论和技术支撑。

2. 体系介绍

研发团队：西安建筑科技大学黄炜团队等

对应标准：《村镇装配式承重复合墙结构居住建筑设计标准》T/CECS 580—2019 等

绿色装配式复合结构体系是一种耗能减震、生态环保、节能保温、快速建造、经济实用的装配式建筑结构新体系。结构主要由多种类型部品部件（包括预制复合墙板、预制复合底板叠合楼板等）通过新型连接技术（包括湿法连接和干法连接）装配整合而成，其构造示意如图 11-31、图 11-32 所示。部品部件均采用工厂化生产方式，在提高预制构件品质的同时，也实现关键部品的规格化与多样化。结构体系中的复合部品部件内填生态材料，因地制宜、就地取材、生态节能，取代传统黏土砖，可有效缓解原材料的消耗和部分建筑废弃物的循环利用问题，同时由于其特殊的材料及结构形式构造，其承力体系具有明确的三道抗震防线，并合理地解决了建筑外墙集受力、维护、保温、节能、经济为一体的技术难题。

图 11-31　装配式复合结构体系

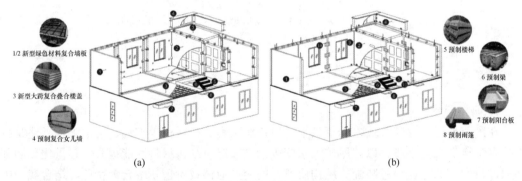

(a)　　　　　　　　　　　　　　　　　(b)

图 11-32　装配式复合结构体系构造示意图

(a) 装配整体式复合结构体系（湿法连接）；(b) 全装配式复合结构体系（干法连接）

1—新型绿色材料复合墙外板；2—新型绿色材料复合墙内板；3—新型大跨复合叠合楼盖；
4—预制复合女儿墙；5—预制楼梯；6—预制梁；7—预制阳台板；8—预制雨篷；9—竖向
接缝软索连接；10—竖向接缝拼接式连接；11—水平接缝盒式连接

3. 主要创新点

1）针对广大村镇地区大量农业废弃物、建筑垃圾的循环再利用率低，团队研发区域特色生态填充砌块与再生砖骨料混凝土材料，构建生态填充材料的双剪损伤本构模型，提出再生砖骨料混凝土材料在不同湿度下的统计损伤本构模型，图 11-33、图 11-34 为多种区域特色生态填充砌块、多种改性再生砖骨料混凝土材料。

2）针对传统 PC 构件重量大、运输难、不节能的问题，团队研发装配式复合墙板和复合叠合楼盖体系，如图 11-35～图 11-37 所示，揭示其受力机理与损伤演化规律，建立其实用设计方法与部品部件标准化体系。

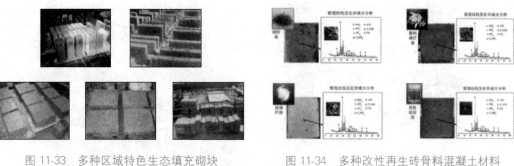

图 11-33 多种区域特色生态填充砌块 　图 11-34 多种改性再生砖骨料混凝土材料

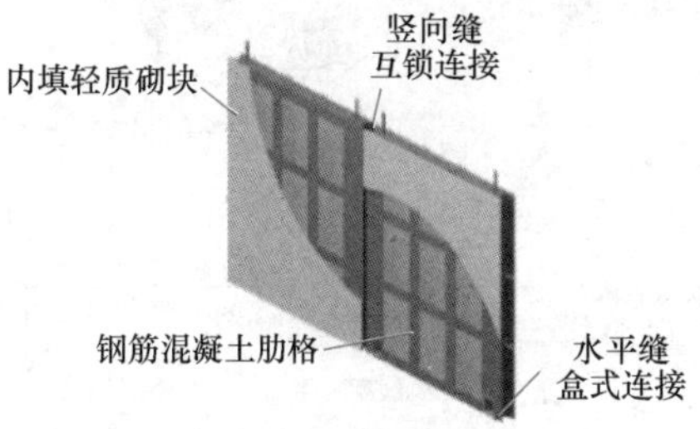

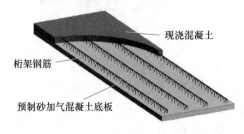

图 11-35 预制复合墙板

图 11-36 预制大跨复合底板叠合楼板

3) 针对传统装配式结构高效连接技术研发不足、结构整体性研究较少的问题，团队研发新型连接装置和高效连接技术，建立结构基于性能的多道防线抗震设计方法，如图 11-38～图 11-40 所示。

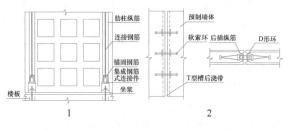

图 11-37 预制砂加气混凝土底板叠合楼板

图 11-38 多种盒式连接件
1—集成式；2—分布式；3—锚固式

图 11-39 干式连接方式
1—水平接缝；2—竖向接缝

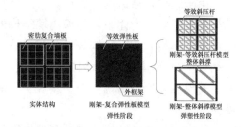

图 11-40 结构简化计算模型

4）针对传统装配式结构节能集成技术不成熟、协同设计不完善的问题，团队研发装配式复合结构低能耗集成技术，创建基于建筑、结构与机电系统等多位一体的标准化协同设计方法及全过程建造管理系统，如图11-41～图11-44所示。

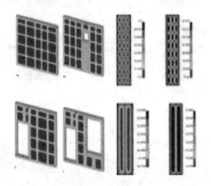

图 11-41　传热规律分析

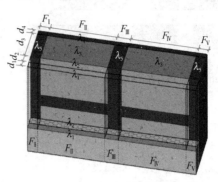

图 11-42　墙板平均传热

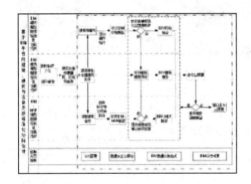

图 11-43　BIM协同设计

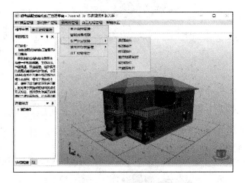

图 11-44　协同管理系统

4. 结构设计与计算模型

《装配式复合墙结构技术规程》DBJ 61/T 94—2015、《村镇装配式承重复合墙结构居住建筑设计规程》DBJ 61/T 140—2018等规定：绿色装配式复合结构可适用于抗震设防烈度为6～8度（$0.2g$），且层数在六层及六层以下的城乡居住与公共建筑；同时，可将装配式复合墙结构单独采用，也可与钢筋混凝土框架、剪力墙等其他结构体系共同工作形成混合结构体系。

由于结构构造上的特殊性，实际计算模型较复杂，不利于结构内力分析。装配式复合结构属于墙体受力体系，与剪力墙结构的受力特征较为类似；在结构的简化计算模型中应保证墙体模型和实际结构等效，其等效原则主要包括三点：1）结构布置不变；2）构件自重相等；3）装配式复合墙体在主要受力方向抗侧刚度不变。采用上述三条等效原则，等效后的模型和原型结构在弹、塑性阶段的内力与变形近似等效，可满足实际工程的计算精度需要。

装配式复合墙结构应进行多遇地震作用下的抗震变形验算，7度Ⅲ、Ⅳ类场地及8度乙类建筑中装配式复合墙结构及框支复合墙结构，宜进行罕遇地震作用下的弹塑性变形验算。装配式复合结构可采用以下等效后的计算模型：

1）装配式复合墙体，其平面示意如图 11-45、图 11-46 所示，在小震下的弹性分析时，可采用匀质等效板模型，将预制复合墙板进行匀质等效，如图 11-47、图 11-48 所示。

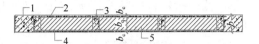

图 11-45　装配整体式复合墙体平面示意图

1—连接柱（或竖向后浇带）；2—预制复合墙板；

3—肋柱；4—细石混凝土面层；5—填充体

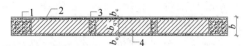

图 11-46　全装配式复合墙体平面示意图

1—预制复合墙板；2—边肋柱；3—混凝土面层；

4—填充体

图 11-47　装配整体式复合墙体匀质等效板示意图

1—连接柱（或竖向后浇带）；2—等效混凝土墙板；

3—细石混凝土面层

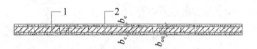

图 11-48　全装配式复合墙体匀质等效板示意图

1—等效混凝土墙板；2—细石混凝土面层

等效原则应符合式（11-8）要求：

$$E_c b_{eq} h = E_c A_{cc} + E_q A_q \tag{11-8}$$

式中　E_c——混凝土弹性模量（N/mm²）；

E_q——填充体的弹性模量（N/mm²）；

A_{cc}——墙板中混凝土水平投影面积之和（mm²）；

A_q——填充体的水平投影面积总和（mm²）；

h——墙板截面高度（mm）；

b_{eq}——等效墙板厚度（mm）。

2）地震作用下薄弱层（部位）弹塑性变形计算，宜采用刚架-整体斜撑模型进行静力弹塑性分析或弹塑性时程分析，其模型如图 11-49 所示。

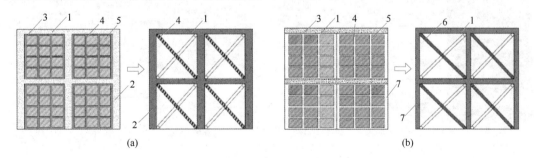

(a)　　　　　　　　　　　　　　(b)

图 11-49　刚架-整体斜撑模型

（a）装配整体式复合结构；（b）全装配式复合结构

1—约束暗梁；2—连接柱；3—肋梁；4—中肋柱；5—填充体；6—等效斜撑；7—边肋柱

5. 技术优势

1）标准化设计、工业化制造、专业化配送、装配化施工、信息化管理，速度快、效率高，主体结构装配率达 70%～90%，建造工期极大缩短；

2）可采用居住建筑低能耗一体化集成技术，房屋节能率达75％以上；

3）结构自重轻，较传统剪力墙结构减轻20％～30％；耐震性能优、整体性好，具有明确多道抗震防线；

4）部品部件工业化生产，品质高、节能环保、低碳减排；部品部件水、电管线一体化设计、预埋，有效降低安装成本10％以上，缩短工期2倍以上；

5）特色民居建筑风格与装配式结构深度融合，实现建筑设计多样性与部品部件标准化的有效统一；

6）综合成本低，性价比高（比砖混结构、装配式框架结构、装配式剪力墙结构分别降低0％～5％、15％～20％及20％以上）。

6. 对行业进步的贡献

绿色装配式复合结构体系已列入《村镇装配式承重复合墙结构居住建筑设计标准》T/CECS 580—2019等协会标准1部、地方规程5部、专著5部，如图11-50所示；该体系所应用项目依托多项国家重大课题，在乡村住房建筑装配式建造关键技术与产业化应用方面取得了丰硕成果，获国家科学技术进步奖二等奖1项、省部级科学技术进步奖一、二等奖8项；授权发明专利21项，实用新型专利42余项，软件著作10余项；发表高水平学术论文200余篇，SCI、EI检索70余篇；获第八届中国国际"互联网＋"大学生创新创业大赛国赛金奖、第十二届"挑战杯"中国大学生创业计划竞赛国赛金奖等，如图11-51所示。科学成果鉴定表明："项目研究工作全面、针对性强、难度高、契合国家重大战略，总体达到国际先进水平，在装配式结构体系创新、生态填充砌块、装配式复合部件、高效连接技术等方面的成果具有创造性，其成果达到国际领先水平，具有很好的推广应用前景。"结合产学研联合模式，项目以"移民安置""美丽乡村""精准扶贫""牧民定居"等新型城镇化建筑和村镇特色民居自建房为对象，在新疆、陕西、河南等地大力推广，建成住宅建筑80余万平方米，特色民居工程120余处，与传统现浇结构技术比较，项目节约造价7.5亿元，取得显著的经济、社会及环境效益，如图11-52所示。

（a）　　　　　　　　　　　　　　（b）

图11-50　相关标准

（a）CECS标准；（b）系列地方标准

11.2.5　盒式连接全装配式混凝土墙-板结构体系

1. 研发背景

目前对于以中、高层建筑为对象研发的装配式混凝土结构，多采用将预制构件通过现

(a)

(b)

(c)

(d)

图 11-51　项目荣誉

（a）国家科学技术进步奖二等奖；（b）新疆维吾尔自治区科学技术进步奖一等奖；

（c）陕西省科学技术进步奖二等奖；（d）"互联网＋"和"挑战杯"国赛金奖

(a)　　　　　　　　　　　　　　　　(b)

(c)　　　　　　　　　　　　　　　　(d)

图 11-52　典型应用

（a）宝鸡市陇县天成镇移民安置项目；（b）乌鲁木齐市云岭青城小区；

（c）村镇装配式特色民居项目；（d）西安市后卫寨检修车库装配式女儿墙项目

场后浇或套筒灌浆等方式拼装在一起形成整体，但在低、多层建筑中，对预制构件间的连接构造和抗震构造的要求可适当降低，因此，通过无需现场湿作业、施工效率高的"干连接"方式形成的全装配式混凝土结构更具优越性。针对低、多层混凝土结构，团队研发了采用盒式连接的全装配式混凝土墙-板结构体系，在新型连接方式、整体结构抗震设计、建造技术等方面取得了丰硕成果，对推进我国中小城镇和农村地区低、多层建筑的工业化和住宅产业化进程具有一定的价值和意义。

2. 体系介绍

研发团队：合肥工业大学蒋庆团队、长沙远大住宅工业安徽有限公司等

对应标准：《盒式螺栓连接多层全装配式混凝土墙-板结构技术规程》DB 34/T 3822—2021

盒式连接全装配式混凝土墙-板结构体系是以预制混凝土墙板作为竖向承重及抗侧力构件，预制混凝土空心楼板作为楼盖，预制构件之间均采用盒式螺栓连接，在现场装配而成的多层墙-板结构。其中，外墙板采用预制混凝土夹心保温外墙板，以满足保温隔热要求；内墙板则采用预制混凝土空心墙板，以减轻结构自重，也可以用保温材料代替墙板内的减重材料，提高内墙隔声性能，其空心墙板构造如图11-53所示；楼盖采用保温、隔声功能较好，且适用于更大跨度的预制混凝土空心楼板。盒式螺栓连接一般利用 Q235 等钢材通过焊接组合、冲孔成型，螺栓可以一端拧入预埋于预制构件内的套筒，或直接预埋于预制构件内，另一端插入连接盒，实现预制构件间的连接。

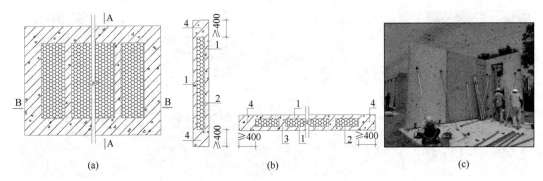

图 11-53　空心墙板构造示意图

（a）竖向剖面图；（b）A-A 与 B-B 剖面图；（c）墙板施工图

1—混凝土叶板；2—保温材料或减重材料；3—板肋；4—实心区域

3. 主要创新点

1）团队研发了盒式连接全装配式混凝土墙-板结构体系，揭示了整体结构受力及抗震性能，提出了构件在拼缝处的加强措施，如图11-54、图11-55所示。

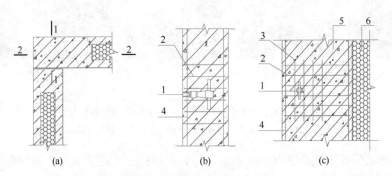

图 11-54　空心墙板纵向接缝水平连接预埋套筒加强措施

（a）空心墙板 L 形连接；（b）1-1；（c）2-2

1—预埋套筒；2—附加箍筋；3—附加竖向钢筋；4—竖向纵筋；

5—墙侧实心区域；6—保温材料或减重材料

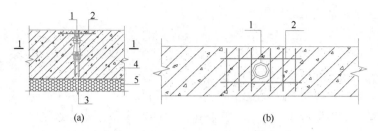

图 11-55 空心墙板水平接缝竖向连接预埋套筒加强措施

(a) 预埋套筒正视图；(b) 1-1

1—预埋套筒；2—钢筋网片；3—锚固钢筋；4—墙顶实心区域；

5—保温材料或减重材料

2) 团队研发了预制混凝土空心墙板和空心楼板，采用保温材料或减重材料填充于墙体和楼板空腔中，在不影响构件受力性能的前提下，降低了构件自重，提高了保温和隔声性能。

3) 团队提出采用螺栓与连接盒实现预制构件之间的连接，并建立了不同预制构件之间，不同位置处的盒式螺栓连接构造，如图 11-56～图 11-58 所示，提出了连接节点的设计方法。

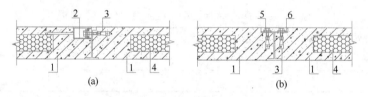

图 11-56 空心楼板摩擦型高强度螺栓连接构造示意图

(a) 空心楼板之间连接一；(b) 空心楼板之间连接二

1—空心楼板；2—连接盒；3—预埋套筒；4—保温材料或减重材料；

5—螺母及垫圈；6—连接钢板

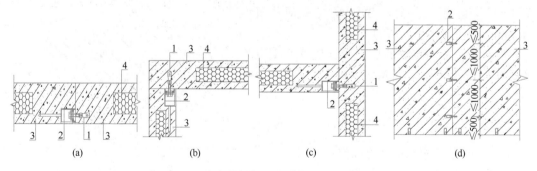

图 11-57 空心墙板与空心墙板连接构造示意图

(a) 一字形连接示意；(b) L形连接示意；(c) T形连接示意；(d) 连接盒竖向布置图

1—预埋套筒；2—连接盒；3—预制混凝土；4—保温材料或减重材料

4. 结构分析与设计

《盒式螺栓连接多层全装配式混凝土墙-板结构技术规程》DB 34/T 3822—2021 规定：盒式连接全装配式混凝土墙-板结构体系适用于抗震设防烈度为 6 度、7 度和 8 度（0.2g）

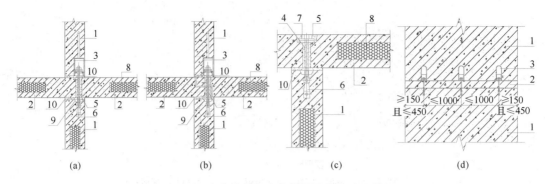

图 11-58　空心墙板与空心楼板连接构造示意图

（a）空心墙板与空心楼板中间层连接示意一；（b）空心墙板与空心楼板中间层连接示意二；

（c）空心墙板与空心楼板顶层连接示意；（d）连接盒水平布置图

1—空心墙板；2—空心楼板；3—连接盒；4—连接螺杆；5—灌浆料；6—预埋套筒；

7—螺母及垫圈；8—保温材料或减重材料；9—剪力槽；10—坐浆

抗震设计的多层民用建筑，房屋的层数和总高度限制见表 11-3。在进行地震作用下抗震计算时，可只选从属面积较大或竖向应力较小的墙段进行截面抗震承载力验算。预制墙板的计算简图可考虑为嵌固于基础上的悬臂结构，采用底部剪力法计算地震作用。

盒式螺栓连接墙-板结构房屋的层数和总高度限制　　　　　　　表 11-3

抗震设防烈度	6 度	7 度	8 度
高度（m）	18	15	9
层数	6	5	3

抗震等级为二级和三级时，预制墙板在重力荷载代表值作用下的设计轴压比不应大于 0.4，四级时不应大于 0.5。当进行预制墙板平面外设计时，其计算简图可考虑为预制墙板、楼板和基础为铰接连接。当房屋高度不大于 10m 且不超过三层时，夹心保温外墙板的内叶板和空心墙板截面厚度不宜小于 140mm，且不宜小于层高的 1/25；当房屋高度大于 10m 或超过三层时，截面厚度不应小于 140mm，且不应小于层高的 1/25。

预制墙板竖向接缝的剪力设计值 V_j 的计算简图如图 11-59 所示，可按式（11-9）计算。

$$V_j = 1.2 \frac{h}{b} V \qquad (11-9)$$

式中　V——墙肢水平剪力设计值；

　　　h——墙肢层高；

　　　b——墙肢宽度。

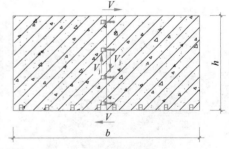

图 11-59　墙肢竖向接缝剪力计算简图

在地震设计状况下，预制墙板接缝的螺栓个数和受剪承载力设计值应按式（11-10）进行计算：

$$V_{uE} = n V_{uE}^1 + 0.6N \qquad (11-10)$$

式中　n——螺栓数量；

V_{uE}^l——单个高强度螺栓的受剪承载力设计值；

N——与墙肢水平剪力设计值 V 相应的垂直于结合面的轴向力设计值，压力时取正，拉力时取负，竖向接缝计算时，轴向力设计值 N 可取零。

5. 技术优势

1）采用螺栓和连接盒形成的"干连接"构造连接预制混凝土墙板和楼板，极大地提高了施工效率，优化了施工现场的工作环境，结构施工质量易控。

2）预制混凝土空心墙板和空心楼板，实现了预制混凝土构件的承载和保温、隔声一体化，同时还降低了预制构件自重，便于施工安装。

6. 对行业进步的贡献

盒式连接全装配式混凝土墙-板结构体系已列入《盒式螺栓连接多层全装配式混凝土墙-板结构技术规程》DB 34/T 3822—2021（图 11-60），参与完成的"乡村住房建筑装配式建造关键技术研究与产业化应用"项目获得新疆维吾尔自治区科技进步奖一等奖（图 11-61）；研究成果在安徽省霍山县佛子岭风景区龙井冲旅游服务中心项目以及远大美宅别墅产品中应用，如图 11-62、图 11-63 所示。

图 11-60　主编规程

图 11-61　科技进步一等奖

图 11-62　龙井冲旅游服务中心项目　　　　图 11-63　远大美宅别墅项目

11.2.6　竖向分布钢筋不连接装配整体式混凝土剪力墙结构体系

1. 研发背景

目前装配整体式混凝土剪力墙结构中，竖向钢筋连接方式主要采用套筒灌浆连接、浆锚连接与螺栓连接等，尽管已纳入相关规程，但在建造实施过程中仍存在竖向钢筋连接数量多、连接配件材料成本高、现场安装就位困难、施工效率低、灌浆质量难以保证等问题。近年来，由于套筒灌浆合格率不足，严重阻碍了装配式建筑行业发展。因此，研发团队提出了一种新型竖向分布钢筋不连接（SGBL）装配整体式剪力墙结构体系，形成了该结构体系设计、生产、施工全过程建造关键技术，取得了一系列具有自主知识产权的原创性成果，可彻底规避传统剪力墙连接存在的安全质量隐患，同时节省材料成本，降低预制构件生产与现场施工难度，提高施工效率，在我国量大面广的装配式建筑领域应用前景广阔。

2. 体系介绍

研发团队：中国建筑第八工程局有限公司肖绪文团队等

对应标准：《竖向分布钢筋不连接装配整体式混凝土剪力墙结构技术规程》T/CECS 795—2021

竖向分布钢筋不连接装配整体式剪力墙结构体系由竖向分布钢筋不连接预制墙板、现浇边缘构件、现浇剪力墙和楼屋盖组成，新型装配式混凝土剪力墙结构体系构造如图11-64所示，体系受力合理、构造简单、连接便捷。该体系中间墙体预制，竖向分布钢筋以最小构造配筋配置，并在楼层处断开，拼缝处采用坐浆方式，顶部与两侧预留钢筋锚入后浇部分形成整体；边缘构件现浇，竖向主筋根据正截面承载力等效原则适当加大，保证承载力不降低；对于剪跨比低（λ≤1）且抗剪要求高的墙体，由于剪切变形对总变形的贡献较大，墙体延性较低，可增设斜向钢筋，以延缓斜裂缝的开展，提高墙体延性及耗能能力。

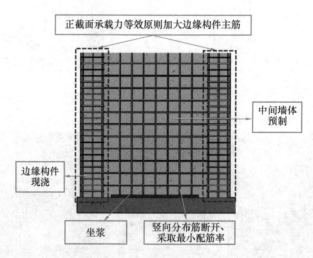

图11-64　新型装配式混凝土剪力墙结构体系构造示意图

3. 主要创新点

1）团队提出了基于截面承载力等效原则的结构计算方法，包括正截面受弯承载力计算方法、基于拉压杆模型的斜截面受剪承载力计算方法、基于销栓作用的水平接缝受剪承载力计算方法及不同支承条件下的剪力墙稳定性验算方法等。

2）团队提出了结构优化构造措施，包括剪力墙结构现浇边缘构件长度（图11-65），小剪跨比且受剪要求高的剪力墙斜向钢筋优化布置方法、预制内墙水平缝坐浆连接（图 11-66）及预制外墙盲孔灌浆连接（图 11-67）关键技术等。

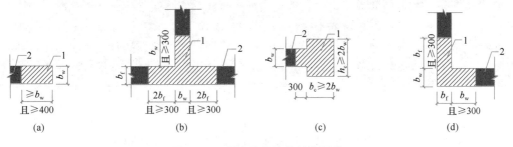

图 11-65　现浇边缘构件长度要求

（a）暗柱；（b）有翼墙；（c）有端柱；（d）转角墙

1—现浇边缘构件；2—预制墙板

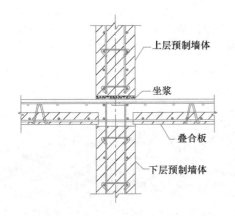

图 11-66　预制内墙水平缝坐浆连接示意图

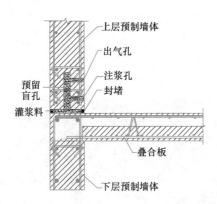

图 11-67　预制外墙盲孔灌浆连接示意

3）综合运用三维建模技术、有限元分析技术、数据库技术等手段，团队开发了含新体系、专属的建模与前处理、结构计算与设计、深化设计与图纸绘制的全过程正向设计软件模块，如图 11-68、图 11-69 所示。

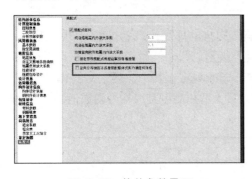

图 11-68　软件参数界面

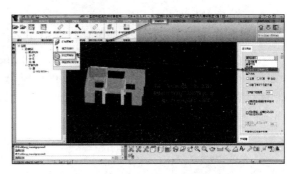

图 11-69　预制墙板设置示意

4）团队形成了 SGBL 装配整体式剪力墙结构成套施工关键技术，包括预制构件高精度自动化生产和现场高效施工等，如图 11-70～图 11-72 所示。

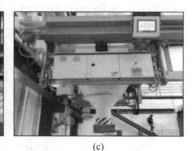

图 11-70　墙板自动化生产

（a）机器人划线与模板安装；（b）钢筋网片自动化生产；（c）自动化布料、振捣

图 11-71　预制墙板安装流程

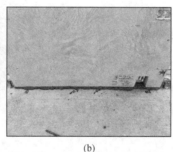
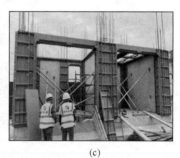

图 11-72　现场高效施工

（a）预制墙板精确定位；（b）水平缝坐浆连接；（c）模块化工具式模板安装

4. 结构分析与设计

《竖向分布钢筋不连接装配整体式混凝土剪力墙结构技术规程》CECS 795—2021 规定：该结构体系适用于抗震设防烈度 6～8 度、结构安全等级为二级、抗震设防类别不高于标准设防类的装配式居住建筑，最大适用高度应符合表 11-4 的规定，其中，当该结构体系中预制墙板部分承担的总剪力大于该层总剪力的 80% 时，最大适用高度宜取括号内数值。

竖向分布钢筋不连接装配整体式混凝土剪力墙结构最大适用高度（m）　　　表 11-4

设防烈度	6 度	7 度	8 度 （0.2g）	8 度 （0.3g）
最大适用高度	120（110）	100（90）	80（70）	60（50）

该结构体系可采用与现浇剪力墙结构相同的方法进行结构分析。进行构件设计时，应采用体系基于截面承载力等效原则的设计方法进行计算。

该结构体系剪力墙竖向分布钢筋断开连接，同时增加两端边缘构件主筋配筋的方法弥补竖向分布筋断开所导致的截面受弯承载力的损失。根据《装规》，装配式剪力墙中断开连接的竖向分布钢筋不应参与截面受弯承载力设计，因此剪力墙承载力设计不考虑分布钢筋贡献，构件正截面承载力计算简图如图 11-73 所示。正截面承载力计算如式（11-11）、式（11-12）所示：

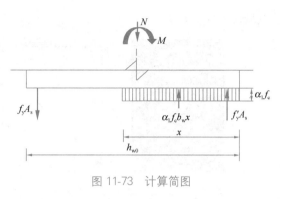

图 11-73　计算简图

$$N = A'_s f'_y - A_s \sigma_s + \alpha_1 f_c b_w x \tag{11-11}$$

$$N\left(e_0 + h_{w0} - \frac{h_w}{2}\right) = A'_s f'_y(h_{w0} - a'_s) + \alpha_1 f_c b_w x(h_{w0} - x/2) \tag{11-12}$$

式中　e_0 为偏心距，$e_0 = M/N$；f'_y，f_y 分别为受压及受拉边缘构件区域钢筋的强度设计值；a'_s 为受压区边缘到受压区钢筋合力点的距离；h_{w0} 为截面有效高度；f_c 为混凝土轴心抗压强度设计值；x 为等效受压区高度；A_s 为剪力墙端部受拉钢筋面积之和；A'_s 为剪力墙端部受压钢筋面积之和；b_w 为剪力墙厚度；σ_s 为剪力墙端部受拉钢筋应力。

5. 技术优势

1）该结构体系设计方法合理、结构安全可靠、可操作性强，在现有的产业化程度和水平条件下，规避了钢筋套筒灌浆连接施工行业难以克服的安全质量隐患。

2）该结构体系节约了钢筋与连接构配件成本，与传统装配整体式剪力墙结构相比，材料成本降低约 10%。

3）预制墙板简化了配筋，取消了套筒等连接形式，无需连接构配件的精确定位，降低了制作难度，易于实现自动化生产。墙板自动化生产线生产效率显著提升。

4）现场水平缝坐浆连接工艺简便，与同楼层、同工种、同条件下套筒灌浆连接施工效率对比，每片墙安装效率节约 15min，安装效率提高约 25%。

5）该体系可减少约 85% 的现场垃圾和 70% 的材料损耗，显著降低施工噪声、污水、扬尘等。

6. 对行业进步的贡献

竖向分布钢筋不连接装配整体式混凝土剪力墙结构体系已列入《竖向分布钢筋不连接装配整体式混凝土剪力墙结构技术规程》T/CECS 795—2021，如图 11-74 所示；授权国家发明专利 6 项、实用新型专利 8 项、软件著作权 1 项，发表论文 18 篇，如图 11-75 所示；立项山东省地方标准编制计划 1 项，荣获 2021 年度中建集团科学技术奖一等奖、中施企协首届工程建设行业高推广价值专利一等奖、中国工程建设协会标准科技创新奖一等奖、建华工程奖一等奖等荣誉，入选中国建筑业协会行业 2022 年度十大技术创新，如图 11-76 所示。该新型结构体系已在济南、南京、郑州等多烈度区的工程项目中得到了成功应用，累计应用面积 10 万平方米，如图 11-77、图 11-78 所示，积累了较为成熟的技术经验，实现了装配整体式剪力墙结构的高效、高质量建造，未来在量大面广的装配式居住建筑领域应用优势显著。

图 11-74 CECS 标准　　　　　　　　图 11-75 知识产权文件

图 11-76 获奖证书

(a) (b) (c)

图 11-77 典型项目

(a) 济南华山东 11 地块项目；(b) 济南城投文庄项目；(c) 河南卫辉守拙园项目

图 11-78 工程应用

11.2.7 装配整体式叠合剪力墙体系

1. 研发背景

目前，国内主流装配式竖向结构形式是以灌浆套筒剪力墙为主的实心构件体系。在实践过程中，此类体系暴露出诸多问题及难点，如预制构件侧面出筋导致生产自动化程度低，后浇带连接导致现场模板及钢筋作业量大，工人需求量大，构件自重过大增加起重要求并造成运输、吊装困难，以及现场灌浆套筒连接质量不易控制等。以上因素综合导致装配式混凝土结构建设效率低、成本高，市场亟需更多技术选择与之形成竞争及互补。自2018年起，三一筑工科技股份有限公司借鉴欧洲双皮墙（Double Wall）技术，并结合中国抗震规范要求，研发了装配整体式叠合剪力墙结构体系（SPCS），旨在提供一种以工业化思维贯穿设计、生产、施工全建设流程，具有便于制造、易于安装、人工需求低、抗震性能优异等特点的预制剪力墙结构，解决传统灌浆套筒剪力墙存在的弊端，通过多年大量实际项目应用和技术迭代，已取得良好的社会经济效果。

2. 体系介绍

研发团队：三一筑工科技股份有限公司

对应标准：《装配整体式钢筋焊接网叠合混凝土结构技术规程》T/CECS 579—2019，等

装配整体式叠合剪力墙体系采用"预制空腔墙板＋搭接钢筋＋后浇混凝土"的方式，组成剪力墙结构竖向构件，如图11-79所示，可配合各种预制及现浇楼板，形成与现浇剪力墙等效的建筑结构部分。该体系是现浇剪力墙体系的工业化替代品，适用于6～8度设防烈度的建筑，最高结构高度130m，可用于建设住宅、宿舍等居住建筑，也可与现浇柱或预制柱组合应用，形成框架-剪力墙结构或框架核心筒结构，用于商业、办公、医疗、教育等建筑。同时，亦可用于地下工程外墙、水务项目内外墙等位置，实现上述构件的装配化，并已在实际项目中实践应用。

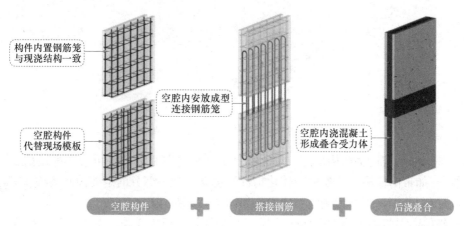

图 11-79 结构竖向构件（空腔＋搭接＋后浇）

预制空腔墙构件，指在工厂通过翻转工艺，将整体钢筋笼分别锚入两片混凝土叶板内，形成包含"受力叶板、受力钢筋笼、叶板间空腔"的整体预制墙板构件，混凝土叶板厚度一般为50mm，空腔宽度100mm。搭接钢筋，指插入空腔内的连接钢筋，一般情况下与构件内受力钢筋直径间距相同、位置对应。预制构件间通过在空腔内设置搭接钢筋、

空腔内现场浇筑混凝土的方式连接形成整体的叠合受力剪力墙，如图 11-80 所示。

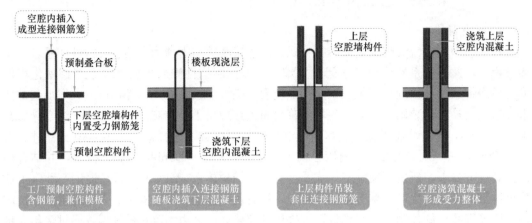

图 11-80　预制空腔墙施工过程示意

3. 主要创新点

1）团队提出了预制空腔墙板构件叶板间用整体钢筋笼，替代欧洲双皮墙采用的钢筋网片和钢筋桁架，最终受力构件内的钢筋形态与国内整体现浇剪力墙一致，钢筋笼对两侧叶板也形成了更好的约束，其对比如图 11-81 所示。

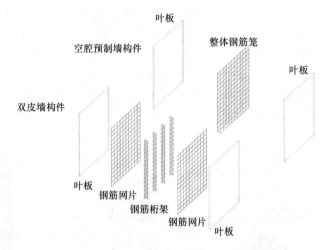

图 11-81　预制空腔墙构件与欧洲双皮墙构件对比

2）基于采用与现浇结构形态一致的钢筋笼，预制空腔墙构件可实现满足抗震要求的复杂构件，如带门窗洞口、飘窗一体化构件、包含非受力部分的空腔预制墙构件等，扩大了结构墙预制范围，复杂预制空腔墙构件如图 11-82 所示。

3）将保温层与墙板构件一体化预制，极大简化了现场操作，节省工期。针对不同地域需求，可采用预制空腔墙＋保温＋叶板的方式或预制空腔墙＋保温反打的方式，如图 11-83 所示。

4. 结构分析与设计

《装配整体式钢筋焊接网叠合混凝土结构技术规程》T/CECS 579—2019 规定：装配整体式叠合剪力墙适用于抗震设防烈度为 6～8 度的民用建筑，该体系房屋适用高度见

(a)　　　　　　　　　　　　　(b)　　　　　　　　　　　　　(c)

图 11-82　复杂预制空腔墙构件

（a）边缘构件一体化构件；（b）含洞口构件；（c）含飘窗构件

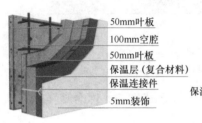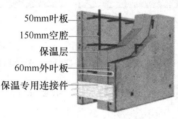

图 11-83　保温一体化空腔预制墙构件示意图

表 11-5；应用叠合剪力墙的建筑外墙可采用保温及外装饰一体化成型构件，其性能及外观应满足建筑设计要求；该体系可单独采用，也可与钢筋混凝土框架、装配式框架等其他结构体系共同工作形成混合结构体系。经试验验证及专家论证，装配整体式叠合剪力墙体系具有与现浇结构一致的抗震性能和破坏形式，可采用与现浇剪力墙结构相同的设计、分析方法。

装配整体式叠合剪力墙结构最大适用高度（m）　　　　　　　　表 11-5

结构类型	抗震设防烈度			
	6 度	7 度	8 度（0.2g）	8 度（0.3g）
叠合剪力墙结构	130	110	90	70
叠合框架-剪力墙结构	130	120	100	80
叠合框架-核心筒结构	150	130	100	90

当抗震设防烈度为 6 度、7 度、8 度（0.20g）、8 度（0.30g），且对应房屋高度超过 100m、90m、70m、60m 时，底部加强部位的剪力墙应采用现浇剪力墙，约束边缘构件范围应延伸至底部加强部位以上两层；房屋高宽比超过限值时，可适当降低墙肢轴压比限值，并根据房屋高宽比补充剪力墙水平接缝验算，必要时可根据需要补充结构抗震性能化设计。

5. 技术优势

1）体系成熟，配套完善，涵盖设计方法＋设计标准＋设计软件、成套智能装备＋生产工艺、配套现场工装夹具＋施工工法、全流程质量检验及验收标准，用数据贯通设计、生成、施工、运维的全产业链，实现全过程智能建造。

2）构件形态适合工业化生产。包含钢筋加工、投放、布模、浇筑、翻转、下线的各个生产动作都可实现机械化、自动化，在流水线上实现高度智能化生产，如图11-84所示。

(a)　　　　　　　　　　　　　　　(b)

图11-84　空腔预制墙构件的生产

(a) 拆布模机械手、轻便侧模具和模台流水线；(b) 翻转台

3）构件自重轻、精度高、品质易于控制、施工简便、建造速度快、综合成本低，实现全产业链工业化低碳发展。

4）构件尺寸灵活可变，体系兼容性强，项目适应性强，覆盖范围广，可实现全预制、全装配。并可集成保温装饰一体化，提升安装效率，降低运维成本。

5）基于预制空腔墙自重轻、安装便利的特点，可配套采用面内作业的施工方式，免除外脚手架的搭设，大幅降低现场施工安全隐患，较落地脚手架节约成本70%，工效提升50%。

6）经防水试验验证，预制空腔墙可应用于地下室、水池、管廊等地下工程，替代现浇混凝土墙，缩短建设周期，减少现场人工需求和材料损耗。

6. 对行业进步的贡献

装配整体式叠合剪力墙体系已列入《装配整体式钢筋焊接网叠合混凝土结构技术规程》T/CECS 579—2019等协会标准3部、地方标准2部、专著3部，授权发明专利42项，实用新型专利220项，软件著作50余项，如图11-85所示。该体系先后获近二十位中国科学院土木、水利与建筑工程学部院士的肯定，科学成果鉴定表明："该成果集设计、

(a)　　　　　　　　　　　　　　　(b)

图11-85　装配整体式叠合剪力墙体系相关标准

(a) 主编系列CECS标准；(b) 系列地方标准

装备、生产、施工于一体，可大量减少现场工作量，结构整体性好，综合效果显著，总体达到国际领先水平，具有广泛的推广应用前景"。至2023年中，该体系技术已在北京、上海、湖南、重庆、陕西等地大力推广，在13个省市落地实施，已建成或在建项目56项，如图11-86所示，总建筑面积600余万平方米，其中住房和城乡建设部智能建造示范项目1项，省级装配式示范项目5项，项目获中国建设工程鲁班奖（国家优质工程）1项，中

图 11-86　装配整体式叠合剪力墙体系部分项目照片

(a) 国家合成生物技术创新中心（天津）；(b) 创新基地定向安置房（北京）；

(c) 北七家镇歇甲庄村定向安置房项目（北京）；(d) 三一云谷住宅项目（长沙）；

(e) 天健前海 T201—0157 宗地项目（深圳）

国土木工程詹天佑金奖 1 项，北京市结构工程长城杯 2 项，取得显著的经济、社会及环境效益。

11.2.8　纵肋叠合剪力墙结构体系

1. 研发背景

研发团队聚焦量大面广、关系民生的装配式剪力墙住宅工程，研发了涵盖全产业链的纵肋叠合剪力墙成套技术。纵肋叠合剪力墙结构体系具有高效装配、安全可靠、品质优越、效益良好、绿色低碳等优点，有效解决了装配式剪力墙结构连接技术与体系迭代升级难题，提供了装配建造与数字化精准设计、智能化绿色制备、信息化协同管控融合增效的系统解决方案，具有重大的工程价值。

2. 体系介绍

研发团队：中国建筑科学研究院田春雨团队、北京市住宅产业化集团股份有限公司等

对应标准：《纵肋叠合混凝土剪力墙结构技术规程》T/CECS 793—2020 等

纵肋叠合剪力墙结构体系是采用基于空腔内竖向钢筋环锚连接技术研发的新型纵肋空心墙板和夹心保温纵肋空心墙板，搭配叠合板或预应力叠合板、阳台板、空调板、楼梯等标准化水平预制构件，通过现场浇筑空腔及叠合层混凝土，形成的一种免套筒灌浆连接和免现场后插钢筋连接的装配式混凝土剪力墙结构，其连接示意如图 11-87 所示。

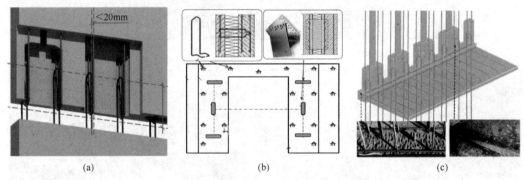

图 11-87　纵肋叠合剪力墙结构体系连接示意图
(a) 竖向钢筋环锚连接；(b) 一体化外墙板连接；(c) 水平配筋混凝土条带连接

纵肋空心墙板由两侧混凝土板及连接二者的纵肋组成，内置整体式钢筋骨架，匹配环锚连接和水平配筋混凝土条带连接系统，实现高效装配，适用于内墙和无保温外墙；夹心保温纵肋空心墙板由混凝土外叶板、保温板、设有纵肋及空腔的内叶板组成，集成三种连接系统和反打工艺外饰面（包括瓷砖、瓷板、陶板、石材等），实现高效装配与立面多样，适用于带保温外墙。两类墙板结合标准化设计与智能制备技术，已形成高精度预制构件产品系列，如图 11-88 所示。

3. 主要创新点

1）团队首创了装配式剪力墙纵肋叠合高性能连接技术体系及设计方法，包括竖向钢筋空腔内环锚搭接连接系统、结构保温装饰一体化空心外墙连接系统以及剪力墙与楼板水平配筋混凝土条带连接系统，水平接缝竖向钢筋搭接示意如图 11-89 所示，显著提升了连接的受力性能和装配效率。

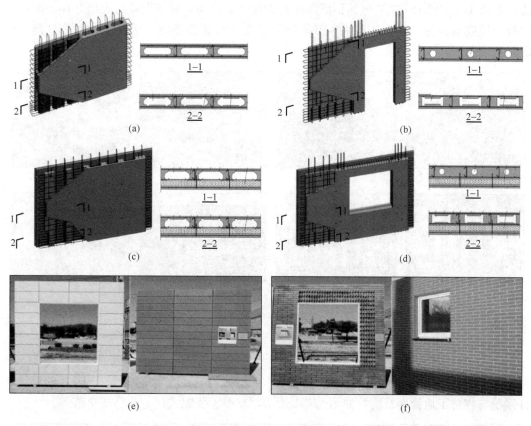

图 11-88 纵肋空心墙板示意图

(a) 上下贯通空腔纵肋空心墙板；(b) 底部空腔纵肋空心墙板；(c) 上下贯通空腔夹心保温纵肋空心墙板；

(d) 底部空腔夹心保温纵肋空心墙板；(e) 瓷板反打外饰面；(f) 硅胶膜反打机理混凝土饰面

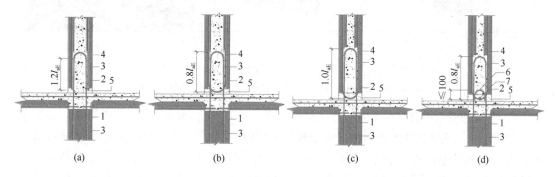

图 11-89 水平接缝竖向钢筋搭接构造示意

(a) 墙身竖向分布筋（环筋-直筋搭接）；(b) 墙身竖向分布筋（双锚环搭接）；

(c) 边缘构件纵筋（双锚环搭接）；(d) 边缘构件纵筋（加附环的环筋-环筋连接）

1—下层预制构件；2—上层预制构件；3—下层墙体预留环状搭接钢筋；

4—上层墙体内竖向钢筋；5—水平接缝；6—附加锚环；7—加强筋

2）团队开发了新型预制构件及其工业化生产工艺、智能精准制造装备与生产管控系统，如图 11-90 所示，主要包括钢筋部品及钢筋骨架自动化成型设备、大尺寸高精度空心墙板立模成型装备，基于 RIFD 和 BIM 的智能生产与管控系统，实现了构件高精度、低能耗智能制造。

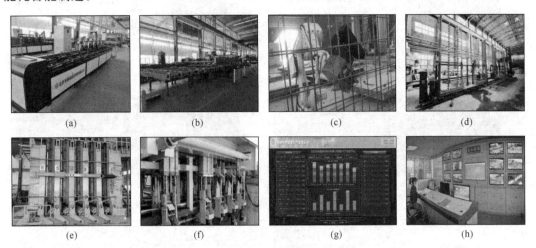

图 11-90　智能精准制造装备与生产管控系统

（a）箍筋焊接设备；（b）钢筋网片焊接设备；（c）钢筋骨架绑扎设备；（d）钢筋骨架焊接设备；
（e）构件成组立模设备；（f）空腔原位组拆设备；（g）生产管理系统；（h）中央控制室

3）团队研发了纵肋叠合剪力墙结构设计与建造成套技术，创建了基于 BIM 的设计软件系统与智慧工地管理系统，如图 11-91 所示，支撑了装配式住宅高品质建造。

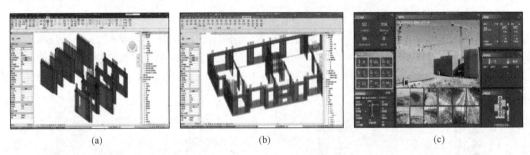

图 11-91　数字化 BIM 设计与智慧工地管理系统

（a）纵肋产品族库；（b）纵肋设计软件；（c）智慧工地管理系统

4. 结构分析与设计

《纵肋叠合混凝土剪力墙结构技术规程》T/CECS 793—2020、《装配式纵肋叠合混凝土剪力墙结构技术标准》DB13（J）/T 8418—2021 规定：该体系适用于 8 度及以下抗震设防烈度的 80m 以下高层建筑。纵肋叠合剪力墙结构体系可采用与现浇混凝土剪力墙结构相同的方法进行结构分析。按照弹性方法计算的风荷载或多遇地震标准值作用下，楼层层间最大水平位移与层高之比不宜大于 1/1000。

竖向钢筋空腔内环锚搭接连接设计与构造原则如图 11-89 所示：1）墙身竖向分布筋连接采用环筋-直筋搭接、环筋-环筋搭接形式，钢筋直径不宜大于 12mm，当采用环筋-直筋搭接时，钢筋搭接长度不应小于 $1.2l_{aE}$，当采用环筋-环筋搭接时，钢筋搭接长度不应小于 $0.8l_{aE}$；2）边缘构件竖向钢筋直径不宜大于 20mm，当直径不大于 16mm 时，应采用环筋-环筋搭接，搭接长度不小于 $1.0l_{aE}$，当直径大于 16mm 时，应采用环筋-环筋加附环的加强形连接，搭接长度不小于 $0.8l_{aE}$；各类构造中搭接钢筋间净距均不应超过较小钢筋直径的 4 倍。

5. 技术优势

1）预制墙板采用竖向钢筋空腔内环锚搭接连接技术，结合后浇混凝土密实浇筑措施，克服了套筒灌浆连接施工质量隐患与验收难题，实现节点搭接长度缩短 40%；

2）空心墙板尺寸大，降低了吊装频次和接缝数量；竖向钢筋与墙板一体预制及承插安装，克服了竖向连接钢筋逐层后插筋、安装效率低的问题，实现标准层结构施工 3～5d/层；

3）BIM 设计软件实现了预制墙板标准化、数字化设计；智能制备装备实现了预制墙板高精度和自动化生产；智慧工地系统及系列工法实现了精益施工；

4）结构保温装饰一体化外墙板可实现装饰、保温与结构同寿命及外饰面多样性，克服了传统外墙保温脱落与火灾风险，避免了保温、装饰材料使用期更换。

6. 对行业进步的贡献

纵肋叠合剪力墙结构体系已列入《纵肋叠合混凝土剪力墙结构技术规程》T/CECS 793—2020 等行业及地方标准 3 部，该体系历时数年在装配建造、智能建造、绿色建造等技术创新与产业化应用方面取得系列创造性成果，授权国家发明专利 17 项、实用新型专利 32 项、软件著作权 5 项、出版著作 4 部，如图 11-92 所示；建设升级了京津冀 8 个预制构件生产基地，打造了行业知名企业；荣获 2022 年度"中国房地产业协会科学技术奖"一等奖，2022 年度"建华工程奖"一等奖，2021 年度"中国建筑材料联合会中国硅酸盐学会建筑材料科学技术奖"技术进步类二等奖，成功入选中国建筑学会建筑产业现代化发展委员会发布的装配式建筑"先进成熟适用新技术"汇编（第一批），如图 11-93 所示。项目科学成果鉴定评价：装配整体式纵肋叠合剪力墙结构关键技术总体达到国际先进水平，其中夹心保温纵肋空心墙板及其生产技术、竖向受力钢筋在空腔内环锚搭接连接技术处于国际领先水平；预制墙板立式生产关键技术与装备研究成果总体上达到国际先进水平。项目成果已在北京、河北、辽宁、江西等 17 个大型装配式建筑项目获得规模化应用，如图 11-94 所示，总建筑面积达 382.3 万平方米，显示了重大工程价值，绿色建造社会环境效益巨大。

图 11-92　标准与专著

图 11-93   项目荣誉

（a）房地产协会科技进步一等奖；（b）建材联合会科技进步二等奖

图 11-94   北京市某项目（六家大型设计院实现立面丰富）

11.2.9　Truths 装配整体式密拼接剪力墙结构

1. 研发背景

装配式混凝土墙板有出筋墙板和不出筋墙板两种情况，出筋墙板侧面存在外伸连接钢筋，不能保证预制墙板的工业化水平；在运输、安装过程中易发生弯折，影响运输和施工效率；并且出筋区域为混凝土后浇带，连接钢筋数量较多，现场施工工序复杂，建造质量难以保证。北京建筑大学初明进团队课题组开发了多种密拼装配整体式剪力墙结构，统称为 Truths 装配整体式密拼接剪力墙结构，其不出筋密拼接预制墙板侧边无外伸钢筋、连接时无需额外支护模板，易于实现标准化，以及生产工业化、运输快捷化、现场装配化，是解决装配式混凝土剪力墙结构存在问题的重要途径。

2. 体系介绍

研发团队：北京建筑大学初明进团队

对应标准：《装配整体式齿槽剪力墙结构技术规程》T/CECS 1014—2022

1）装配整体式齿槽剪力墙结构

装配整体式齿槽剪力墙结构是全部或部分竖向构件采用齿槽剪力墙、竖向接缝采用榫卯式连接或盲孔式连接的装配整体式混凝土剪力墙结构。该结构以齿槽板作为基本装配单元，其构造如图 11-95（a）所示，齿槽板侧边间隔设置横向盲孔，靠近侧边设置纵向孔洞，横向盲孔与纵向孔洞相交形成齿槽构造。连接时，将齿槽板的齿槽构造相对布置，在横向盲孔内放置水平连接钢筋环，沿纵向孔洞穿插纵向钢筋，浇筑混凝土后实现预制墙板的密缝拼接，如图 11-95（b）所示。齿槽剪力墙通过改进预制墙板构造，可实现装配单元间的可靠连接，为解决当前装配式混凝土剪力墙结构在推广应用中面临的问题提供了新方向。

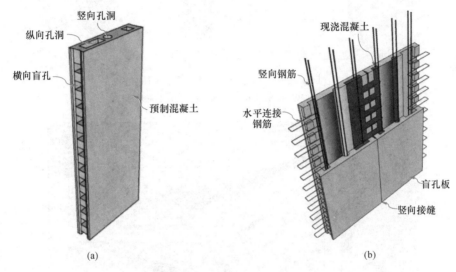

图 11-95　齿槽剪力墙构造示意图
（a）齿槽板示意图；（b）连接接缝

2）Geam 剪力墙结构

Geam 剪力墙结构是另一种不出筋、密拼接装配整体式剪力墙结构。该结构的基本装配单元为 Geam 墙板，其侧边设置通长纵向凹槽；水平分布钢筋设置为封闭环状，其端部穿过纵向凹槽两侧薄壁，与设置于一侧的箍筋共同形成双筋构造。此外，采用与装配整体式齿槽剪力墙相同的构造，Geam 墙板中部设置间距为 300mm 的竖向圆孔，底部设置水平槽道，用于竖向钢筋的连接。Geam 墙板包括一字形墙板、L 形墙板和 T 形墙板，如图 11-96所示。

3. 主要创新点

1）针对传统装配式混凝土剪力墙结构存在外伸钢筋（图 11-97），不利于预制墙板生产、运输、安装的问题，团队研发了齿槽剪力墙结构体系和 Geam 剪力墙结构体系，揭示其破坏过程和受力特征，建立实用设计方法。

2）针对传统装配式混凝土剪力墙结构中新旧混凝土结合面薄弱，界面粗糙度难施工、难检验的问题（其破坏过程如图 11-98 所示），团队开发了新型墙板连接构造，形成不依赖于界面处理措施的可靠的新旧混凝土连接措施。

3）团队解决了密拼接墙板水平钢筋盲连接难题，开发了"自来筋"技术，形成快速、

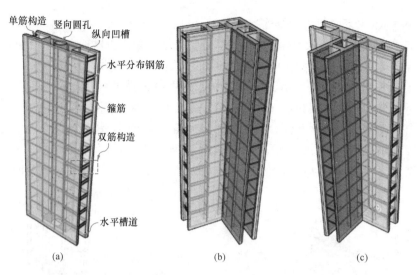

图 11-96 Geam 墙板构造示意图
(a) 一字形墙板；(b) L形墙板；(c) T形墙板

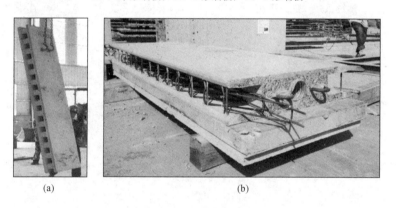

图 11-97 基本墙板
(a) 盲孔板；(b) Geam 墙板

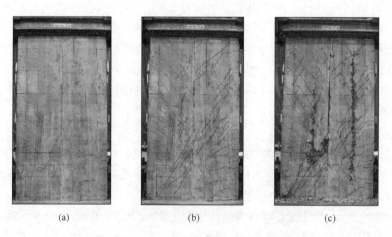

图 11-98 齿槽剪力墙的破坏过程
(a) 屈服状态；(b) 峰值状态；(c) 破坏状态

高效的连接方式，"自来筋"连接技术安装流程如图 11-99 所示（以 Geam 剪力墙结构体系为例）。

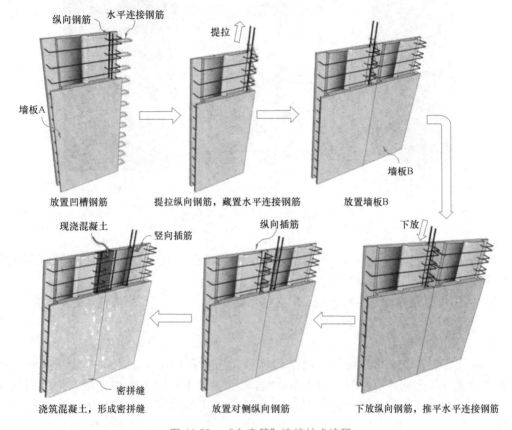

图 11-99 "自来筋"连接技术流程

4. 结构分析与设计

《装配整体式齿槽剪力墙结构技术规程》T/CECS 1014—2022 规定：齿槽剪力墙结构可适用于抗震设防烈度为 6～8 度（0.3g）的民用建筑；工程应用中可单独使用齿槽剪力墙结构或 Geam 剪力墙结构，也可将其与钢筋混凝土框架、钢筋混凝土剪力墙等其他结构体系共同形成混合结构体系；房屋最大适用高度应符合表 11-6 规定。振动台试验如图 11-100所示，结果表明：Geam 剪力墙结构的整体性较好，连接接缝处未发生破坏，可参照现浇剪力墙结构进行设计。

结构体系最大适用高度（m） 表 11-6

设防烈度	6 度	7 度	8 度 （0.2g）	8 度 （0.3g）
最大适用高度	130	100	80	60

5. 技术优势

1）预制墙板侧边构造统一，标准化程度提高，模板实现零摊销；侧边无外伸钢筋，可避免运输、安装过程中的钢筋碰撞，提高施工效率；

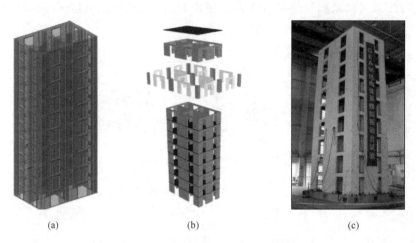

(a)　　　　　　　　　　(b)　　　　　　　　　　(c)

图 11-100　Geam 剪力墙振动台试验

（a）计算模型；（b）制作过程示意图；（c）振动台试验模型

2）齿槽剪力墙结构和 Geam 剪力墙结构中预制墙板间采用密缝拼接技术，现场无需支护模板，装配率提高显著；

3）连接接缝内的水平连接钢筋采用自动化连接技术，无需现场绑扎，施工便捷；

4）预制墙板便于实现保温一体化。

6. 对行业进步的贡献

Truths 装配整体式密拼接剪力墙结构体系是适合我国国情的密拼接装配整体式剪力墙结构，目前未见其他类似结构体系；"自来筋"技术解决了密拼接预制构件钢筋连接难题，显著优于其他技术手段。基于该技术，团队编写了《装配整体式齿槽剪力墙结构技术规程》T/CECS 1014—2022，如图 11-101 所示；授权发明专利 20 余项，实用新型专利 20 余项，如图 11-102 所示；发表高水平论文 40 余篇，其中 SCI、EI 检索 30 余篇，多篇文章入选"领跑者 5000 中国精品科技期刊顶尖学术论文"，如图 11-103 所示；齿槽剪力墙结构和 Geam 剪力墙结构均完成了试点工程建设，并投入了工程实践，如图 11-104 所示。

图 11-101　CECS 标准

图 11-102　代表性发明专利

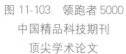

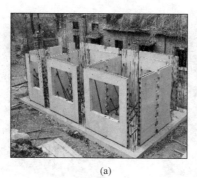

(a)　　　　　　　　　　　　　　(b)

图 11-103　领跑者 5000
中国精品科技期刊
顶尖学术论文

图 11-104　Truths 装配整体式密拼接剪力墙结构试点工程
(a) 齿槽剪力墙结构；(b) Geam 剪力墙结构

11.2.10　装配式组合连接混凝土剪力墙结构体系

1. 研发背景

在装配式混凝土结构中预制部品构件均在工厂内生产，其品质能够得到保证，而连接部位在整个结构中承担着传递结构内力、协调各个构件共同工作的关键作用，其性能将直接影响到装配式结构的整体安全性。我国装配式建筑中多采用灌浆套筒连接技术，部分工程项目会出现钢筋插入套筒深度不足、灌浆质量不饱满等质量问题，在抗震性能上难以实现"强节点、弱构件"的设计目标。因此，为实现工业化建筑高质量发展的目标，有必要研制施工便捷、高质量和高抗震性能的装配式混凝土结构技术体系。

2. 体系介绍

研发团队：北京峰筑工程技术研究院有限公司、华东建筑设计研究院有限公司、中国建筑西北设计研究院有限公司等

对应标准：《装配式组合连接混凝土剪力墙结构技术规程》T/CECS 1133—2022、《装配式组合连接混凝土剪力墙结构技术标准》DB 61/T 5012—2021

装配式组合连接混凝土剪力墙结构是对预制剪力墙的竖向连接采用了钢-混凝土组合连接方式，该结构是我国原创的装配式结构，由姚攀峰同志在 2017 年提出，并获得相关专利授权。根据型钢连接件在预制剪力墙中布置方式的不同，该结构可分为分离式组合连接混凝土剪力墙和通长式组合连接混凝土剪力墙，如图 11-105 所示。

剪力墙预制时，在竖向预埋两个型钢连接件，剪力墙竖向钢筋（包括暗柱的纵筋）伸出顶部及底部一定的搭接长度，剪力墙水平钢筋根据需要伸出一定的长度，形成了基本的预制剪力墙部件。预埋在预制剪力墙内的型钢连接件一般采用 H 型钢，也可采用槽钢等型钢，型钢翼缘及腹板上设置栓钉，使型钢与混凝土之间的连接更牢固。型钢连接件可根据计算需要伸入预制剪力墙内一定的长度，也可沿预制剪力墙竖向通长设置，通长设置的型钢连接件可代替部分的剪力墙竖向钢筋。

3. 主要创新点

1) 团队研发了钢-混凝土组合连接新技术，建立了其相关实用设计方法、构造要求、构件制作要求、施工安装方法、验收标准与部品标准化体系其安装流程如图 11-106 所示。

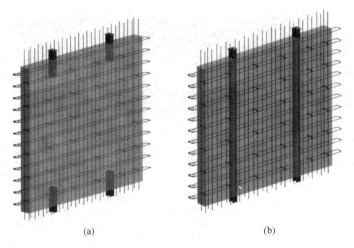

图 11-105　装配式组合连接混凝土剪力墙示意图

（a）分离式组合连接混凝土剪力墙；（b）通长式组合连接混凝土剪力墙

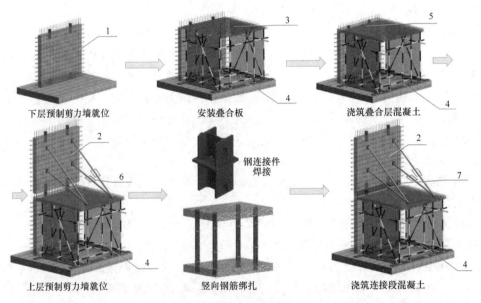

图 11-106　组合连接混凝土剪力墙施工安装流程示意图

1—下层预制剪力墙；2—上层预制剪力墙；3—钢筋桁架预制板；

4—脚手架；5—叠合层混凝土；6—斜撑支架；7—连接段混凝土

2）团队提出的组合连接形式（包括钢筋绑扎、钢构件焊接、混凝土浇筑）其预制构件定位精确度容错性好、三种常规工种施工操作简便有保证，解决了灌浆套筒连接中定位困难、套筒内灌浆不饱满、灌浆质量难以检测等问题，并且在抗震性能上可实现"强节点、弱构件"的设计目标。

3）团队提出的组合连接混凝土剪力墙结构是国内首个在标准中明确适用于 9 度区的装配式混凝土结构。

4. 结构分析与设计

《装配式组合连接混凝土剪力墙结构技术规程》T/CECS 1133—2022 中规定：该结构可

用于抗震设防烈度为 6～9 度的城乡居住与公共建筑；在工程实践中，既可将装配式组合连接混凝土剪力墙构件单独使用，也可使其与钢筋混凝土框架、钢框架等其他结构体系共同工作形成混合结构体系。在各种设计工况下，装配式组合连接混凝土剪力墙结构可采用与现浇混凝土结构相同的方法进行结构分析。装配式组合连接混凝土剪力墙结构宜采用高强混凝土、高强钢筋以加强结构的整体性，节点和接缝应满足承载力、延性和耐久性等要求。

该结构应进行小震作用下的抗震变形验算，装配式组合连接混凝土剪力墙结构承载能力极限状态及正常使用极限状态的作用效应分析可采用弹性计算方法。按弹性方法计算的风荷载或多遇地震作用下的楼层层间最大水平位移与层高之比不宜大于 1/1000。对于层间薄弱部位，应根据需要进行大震或巨震作用下的分析，结构薄弱层弹塑性层间位移角不应大于 1/120。结构构件承载力计算可按等同现浇钢筋混凝土构件的方式计算承载力，宜计入钢连接件的有利作用。抗震设计时，装配式组合连接剪力墙结构不应全部采用短肢剪力墙；抗震设计烈度为 8 度和 9 度时，不宜采用较多短肢剪力墙。对于抗震性能要求较高、结构底部加强部位的剪力墙、电梯井筒及疏散楼梯处的装配式剪力墙，宜采用通长式组合连接混凝土剪力墙。

5. 技术优势

1）节点连接区在现浇钢筋混凝土连接基础上，采用型钢加强，可实现"强节点、弱构件"的设计目标，整体性好，抗震性能优越；

2）型钢连接件可以显著改善和提高剪力墙水平施工缝处的受剪承载力；

3）装配式剪力墙自重轻，较传统灌浆套筒连接剪力墙墙板减轻 5％～25％，便于吊装和运输；

4）连接方式可视化，有利于隐蔽工程的质量检验和验收，提高施工质量；

5）施工便捷、快速，缩短工期 10％以上，且综合成本低，性价比高。

6. 对行业进步的贡献

装配式组合连接混凝土剪力墙结构已列入协会标准《装配式组合连接混凝土剪力墙结构技术规程》T/CECS 1133—2022、陕西省地方标准《装配式组合连接混凝土剪力墙结构技术标准》DB 61/T 5012—2021，如图 11-107 所示，2024 年 1 月被列入陕西省装配式建筑技术推广名单，相关技术授权国家专利 20 余项。本技术在装配式结构体系中有效实现了钢结构构件与混凝土预制构件的结合，可促进节能减排和循环经济在建设领域的应用，如图 11-108 所示，有利于推动建筑工业化的高质量发展，支持在建筑领域贯彻落实"碳达峰、碳中和"重大战略决策。

图 11-107　协会标准与地方标准

图 11-108　工程应用

11.2.11　预制水平孔混凝土墙板结构体系

1. 研发背景

我国农村长期以来采用实心烧结砖为主材的砖混结构体系，但烧结砖因损毁耕地、高污染、高排放已被国家逐步禁用。同时，优质黏土资源严重短缺，建筑垃圾及各种固废存量巨大，因此以各种固废为原料的可再生混凝土墙材是我国新墙材未来发展趋势。另一方面，虽然在国家大力推动装配式建筑发展的当下，各种结构体系如雨后春笋般蓬勃而出，但高性价比、可立足农村的新型结构体系尚不成熟。基于以上背景，预制水平孔混凝土墙板结构体系应运而生。

2. 体系介绍

研发团队：邯郸市丛台区宗楼建筑有限公司、深圳现代营造科技有限公司等

对应标准：《预制水平孔混凝土墙板结构体系（送审稿）》

预制水平孔混凝土墙板结构体系是一种适用于农村市场的绿色生态装配式混凝土结构体系。该体系是以标准的1m高空心墙板为主材，两端现浇立柱，通过标准模数的优化组合，搭建出窗台和内外门，最终实现以"一成不变"的标准板材建"千变万化"的房子，且大量使用建筑垃圾再生混凝土，是一种介于砖混结构和PC墙板结构之间的"成本更低，生态效益更好"的新型装配式结构形式，如图11-109所示。

图11-109　预制水平孔墙板装配式建筑体系示意图

3. 主要创新点

1）墙体仅有水平接缝，墙板端部板孔与现浇钢筋混凝土立柱咬合，墙体不存在竖向干接缝，使结构整体性大大加强。同时极度标准化的板材，有利于工业化批量生产，且设计、生产、运输效率提高，降低全寿命期成本，如图11-110、图11-111所示。

图11-110　预制水平孔混凝土墙板农房　　　　图11-111　预制水平孔混凝土墙板宿舍楼

2）预制水平孔复合夹心保温墙板技术通过工业化批量生产，可做到 65% 的节能率，实现结构、保温、装饰一体化，解决了建筑外墙内外保温层易燃易毁，夹心保温墙体成本高、质量不稳定，中小砌块"热、裂、渗"等问题，其墙板构造及截面如图 11-112、图 11-113 所示。

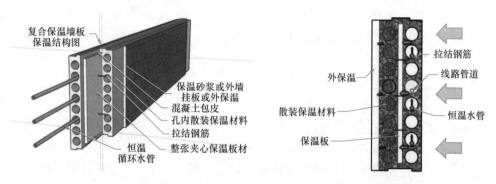

图 11-112　预制水平孔复合夹心保温墙板构造图　　图 11-113　预制水平孔复合夹心保温墙板截面图

3）预制水平孔混凝土墙板安装完成后是一种空心混凝土墙体，如图 11-114、图 11-115 所示，整体空心率 45% 左右，可基本实现"一方混凝土出两方墙体"的设计目的，低碳节材、环保减排。

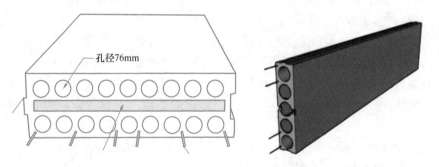

图 11-114　厚预制水平孔复合夹心保温墙板　　图 11-115　厚预制水平孔混凝土墙板

4. 结构分析与设计

《预制水平孔混凝土墙板结构体系（送审稿）》规定：该结构体系可用于抗震设防烈度为 6～8 度、六层以下的建筑市场、各种别墅、普通住宅、围墙、厂房等城乡居住与公共建筑；预制水平孔混凝土承重墙板墙体在受到竖向荷载作用时，由于构造柱和墙体的刚度不同，以及内力重分布，构造柱分担墙体上的荷载。此外，构造柱与圈梁形成"弱框架"，墙体受到约束，也提高了墙体的承载力。因此，预制水平孔混凝土承重墙板墙体轴心受压承载力计算式为：

$$N \leqslant \varphi_{\text{com}}[fA + \eta(f_{\text{c}}A_{\text{c}} + f'_{\text{y}}A'_{\text{s}})] \tag{11-13}$$

式中　φ_{com}——组合墙体的受压稳定系数；

　　　f——墙体的抗压强度；

　　　A——墙体横截面面积；

η——构造柱的抗压强度利用系数；

f_c——构造柱混凝土轴心抗压强度；

A_c——构造柱的横截面面积；

f'_y——纵向钢筋的抗拉强度；

A'_s——纵向钢筋的截面总面积。

水平孔混凝土预制承重墙体受剪承载力计算式为：

$$V \leqslant \frac{1}{\gamma_{RE}}[f_{vE}A + (f_tA_c + f_yA_s)\xi] \tag{11-14}$$

式中　γ_{RE}——承载力抗震调整系数；

f_{vE}——墙体抗震抗剪强度；

A——墙体的横截面面积；

f_t——构造柱混凝土轴心抗拉强度；

A_c——构造柱的横截面面积；

f_y——构造柱纵向钢筋的抗拉强度；

A_s——纵向钢筋的截面总面积；

ξ——构造柱的参与工作系数。

5. 技术优势

1）预制水平孔混凝土墙板空心率高，节约材料，综合成本低于黏土砖，可在大多数环境中完全替代黏土砖。

2）100%建筑垃圾再生骨料的批量应用，且预制水平孔混凝土墙板截面尺寸大，20mm以下骨料均可消化，因此固废不需过度破碎，节约成本、增加利润。

3）预制水平孔混凝土墙板的半框架结构设计，立柱多坚固抗震，是强制保证农村建筑抗震能力的一道防线，能在不增加用户负担的基础上，显著提高我国农村的抗灾能力。

4）预制水平孔墙板采用低水灰比干硬性混凝土生产，通过高频振动成型，有效避免了再生骨料混凝土和易性、流动性较差的问题。

6. 对行业进步的贡献

预制水平孔混凝土墙板结构体系相关技术列入河北省地方标准《预制水平孔混凝土墙板结构体系（送审稿）》，授权发明专利6项。该体系在2012年第十一届中国国际住宅产业博览会上，获"十大重点推广技术奖"；2020年"建筑垃圾再生预制空心墙板装配式建筑"技术被列入住房和城乡建设部《宜居型绿色农房建设先进适用技术与产品目录》第一批；2020年"建筑垃圾再生装配式预制水平孔墙板低能耗建筑"项目，获国家建筑材料工业技术情报研究所"建筑材料创新奖"；"低碳机制骨料新工业体系关键技术与产业化应用"技术获得2021年度河北省科学技术进步奖一等奖。相关成果如图11-116所示。已累积在全国近百万平方米的各类建筑工程中推广应用，如图11-117所示，取得显著的经济、社会及环境效益。

图 11-116　地方标准及相关荣誉

（a）地方标准；（b）住博会重点推广技术奖；（c）河北省科学技术进步奖一等奖；（d）建筑材料创新奖

图 11-117　工程应用

11.2.12　装配式空腔聚苯模块现浇混凝土墙体系统

1. 研发背景

提高房屋建造速度、降低房屋建造成本、实现房屋建造工厂化、做到保温与结构一体化、保温层与建筑结构同寿命，满足村镇建造低能耗抗灾型房屋对新技术和新材料的需求等是我国建筑工业化进程中必须攻克的难题。因此，研发团队提出了装配式空腔聚苯模块现浇混凝土墙体系统，该技术具备造价低、建造速度快、易施工性强、工程质量易保证和耐久性好的特点，为我国农村低层低能耗抗灾房屋和农业温室的建造、农村"被动房"的推广应用及建筑垃圾的循环再利用提供了坚实的技术支撑。

2. 体系介绍

研发团队：黑龙江省鸿盛建筑科学研究院林国海团队

对应标准：《聚苯模块保温墙体应用技术规程》JGJ/T 420—2017

装配式空腔聚苯模块现浇混凝土墙体系统是将工厂标准化制造的空腔聚苯模块分层套入竖向钢筋，经积木式水平分层 300mm、竖向错缝插接拼装成空腔墙体，水平钢筋分层置入聚苯模块芯肋上表面的凹槽，用尼龙扎带与竖向钢筋绑扎固定，在墙体的空腔内浇筑混凝土或再生混凝土。墙体的内外表面用防护面层抹面或安装防火装饰板，再按设计要求饰面，由此构成保温承重一体化的村镇装配式低能耗或超低能耗房屋的外墙，如图 11-118、图 11-119 所示。

3. 主要创新点

1）团队研发了空腔聚苯模块（图 11-120），符合建筑模数、节能标准、建筑构造、结构体系和施工工艺等需求，通过专用设备和模具一次成型制造，其熔结性均匀、压缩强

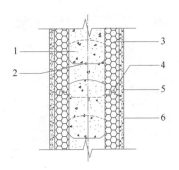

图 11-118　装配式空腔聚苯模块现浇混凝土墙体系统基本构造示意图
1—混凝土墙体；2—钢筋；3—空腔聚苯模块；4—企口；5—防护层；6—饰面层

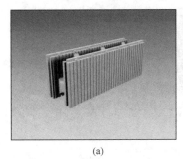
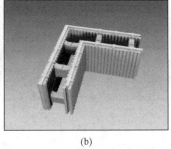
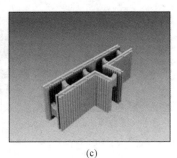

(a)　　　　　　　　　　　(b)　　　　　　　　　　　(c)

图 11-119　空腔聚苯模块构造形式
（a）空腔聚苯模块直板模块；（b）空腔聚苯模块直角模块；（c）空腔聚苯模块 T 形模块

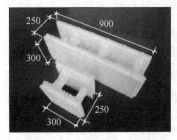
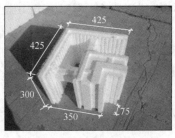
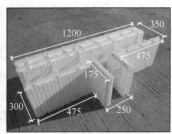

图 11-120　空腔聚苯模块

度高、技术指标稳定、几何尺寸准确。

2）团队创建了免拆模板施工工法，实现了建筑保温与建筑模板一体化、建筑节能与建筑结构一体化，相比传统砌体结构外贴保温板房屋，节省建安费用、加快施工速度、保证工程质量；在相同节能标准的前提下，有效增加房屋使用面积，其结构施工图如图 11-121所示。

4. 结构分析与设计

《聚苯模块保温墙体应用技术规程》JGJ/T 420—2017 规定：装配式空腔聚苯模块现浇混凝土墙体系统结构适用于耐火等级三级及以下、抗震设防烈度 8 度及以下、地上建筑高度 15m 及以下、地上建筑层数三层及以下、无扶墙柱时的首层建筑层高不大于 5.1m 的新建、改建和扩建的工业与民用房屋。

图 11-121 空腔聚苯模块结构施工图

装配式空腔聚苯模块现浇混凝土墙体系统施工方法应符合：1）在已平整的条形基础或基础梁上表面分别弹出墙体轴线和墙体厚度线，按墙体厚度线将宽 30mm、厚 20mm 限位板条钉牢构成空腔模块墙体的限位卡槽，并在轴线上按孔距为 300mm、孔深为 10 倍钢筋直径＋10mm、孔径为钢筋直径打孔，将竖向钢筋按植筋的要求插入孔内；2）空腔聚苯模块排列应先将大角形、大 T 形、扶墙柱形空腔聚苯模块套入竖向钢筋，置入条形基础或基础梁上的限位卡槽内，再插接组合安装直板形空腔聚苯模块；3）横向钢筋应置入每皮空腔聚苯模块芯肋上端的凹槽内，与竖向钢筋用尼龙扎带绑扎，并应按此工序分层错缝 300mm 将空腔聚苯模块墙体组合至±0.000 标高部位；4）校正墙体垂直度，安装企口防护条，浇筑混凝土，再按 2）、3）的要求，将地面以上空腔聚苯模块墙体组合至窗下槛墙部位，二次浇筑，通常采用每三层浇筑一次的方式完成。

5. 技术优势

1）空腔模块几何尺寸精准。空腔模块是按建筑模数、节能标准、建筑构造、结构体系和施工工艺的需求，通过专用设备和模具一次成型制造。其熔结性均匀、压缩强度高、技术指标稳定、几何尺寸最大误差±0.2mm。

2）易施工性强。房屋建造类似摆积木，彻底取代了黏土砖和块材组砌墙体，淘汰了落后技术和产能，摒弃了传统的房屋建造施工工艺，实现了建筑保温与建筑模板一体化和建筑保温与建筑结构一体化及专利技术产业化和标准化。

3）装配化建造房屋。实现了建筑设计标准化、建筑部品工厂化、施工现场装配化、工程质量精细化、室内环境舒适化。

4）适用性广泛。该成套技术不仅可以建造超低能耗抗灾房屋，还可以建造超低能耗工业厂房、冷藏库、日光牲畜禽舍、日光温室、农机库房、低温储粮仓房等。

5）房屋结构安全可靠。空腔模块与现浇混凝土或再生混凝土结构有机结合，使房屋结构的抗灾能力大幅度升级，可在不同地震烈度设防区域建造超低能耗抗灾房屋、实现了 8 度震灾"零伤亡"，防患于未然。彻底告别了因自然灾害造成的房屋倒塌、人身伤亡、财产损失和不良的社会影响及为后代留下的长期社会负担。

6）四节一环保。承重结构可全部使用再生混凝土浇筑，不但实现了建筑垃圾的有效循环利用，还使得 250mm 厚复合墙体的保温隔热性能与 3.2m 厚的黏土实心砖墙体等同。各项经济技术指标与传统黏土砖或块材组砌墙体房屋比较，房屋建造成本降低 15%、建造速度提高 50% 以上、使用面积增加 10%。

7）保温与结构同寿命。聚苯模块良好的力学性能和内外表面均匀分布的燕尾槽与混凝土结构和防护层构成有机咬合，提高了墙体的抗冲击性、耐久性和防火安全性能，做到了聚苯模块保温层与现浇混凝土承重墙体同寿命，实现建筑百年。

6. 对行业进步的贡献

装配式空腔聚苯模块现浇混凝土墙体系统已列入《聚苯模块保温墙体应用技术规程》JGJ/T 42—2017等行业标准、中国工程建设标准化协会标准和地方标准。获黑龙江省省长特别奖1项、黑龙江省科学技术发明奖一等奖1项、黑龙江省科学技术进步奖一等奖2项、全军科技进步二等奖1项、中国专利优秀奖1项和省部级科学技术进步奖二等奖10余项，如图11-122所示。并将自主研发的近300项专利技术全部实现产业化和标准化，并通过专利技术实施许可的方式，在全国20余个省市自治区建立60余座装配式超低能耗建筑技术及相关部品的产业化基地，如图11-123、图11-124所示，为行业的高质量创新发展提供适宜的技术和相关的配套部品。

(a)

(b)

(c)

(d)

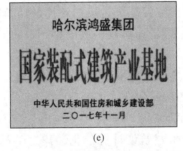
(e)

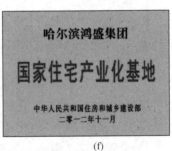
(f)

图 11-122　部分成果

(a) 主编行业标准；(b) 黑龙江省科学技术发明奖一等奖；(c) 黑龙江省科学技术进步奖二等奖；
(d) 北京市科学技术奖二等奖；(e) 国家装配式建筑产业基地；(f) 国家住宅产业化基地

图 11-123　寒地乡村零碳新民居项目（一）

图 11-123 寒地乡村零碳新民居项目（二）

图 11-124 各地美丽乡村建设项目

11.2.13 预应力高效装配混凝土框架结构体系

1. 研发背景

利用无黏结后张预应力压接实现梁柱节点干连接的"非等同现浇"装配式框架结构体系，已被证明在地震作用下具有良好的自复位和低损伤特性，发展前景广阔。研发团队创建了新型预应力高效装配混凝土框架（简称 PPEFF）结构体系，其具有高装配率、高标准化、易于制作和安装的特点，并可实现施工现场用工量和非实体材料消耗大幅减少、钢材消耗和整体建造成本进一步降低、结构抗震性能和抗连续倒塌性能进一步提升的良好效果。

2. 体系介绍

研发团队：中建集团郭海山团队

对应标准：《预应力压接装配混凝土框架应用技术规程》T/CECS 992—2022

PPEFF 结构体系由贯通梁柱节点的多层预制柱、中心带孔道的预制混凝土叠合梁、连接预制梁和预制柱的后张局部有黏结预应力筋、带叠合层的预应力空心楼板（或其他预制楼板）、位于梁叠合层顶部的耗能钢筋、位于梁叠合层底部的抗剪钢筋和高延性柱脚共同组成，其体系构成如图 11-125 所示。该体系是国内首个规模化应用的"非等同现浇"装配式混凝土框架体系。

采用 PPEFF 结构体系的建筑预制率可达到 80％以上，其梁、柱、板的标准化程度高，易于制造和安装，能够达到"五天两层"的高效建造，同时施工现场用工量和临时支撑用量也显著降低。PPEFF 结构体系可广泛适用于抗震设防烈度为 6～8 度地区的多层办公、商业、医院建筑及多层工业厂房。理论研究、数值分析以及试验研究均表明：

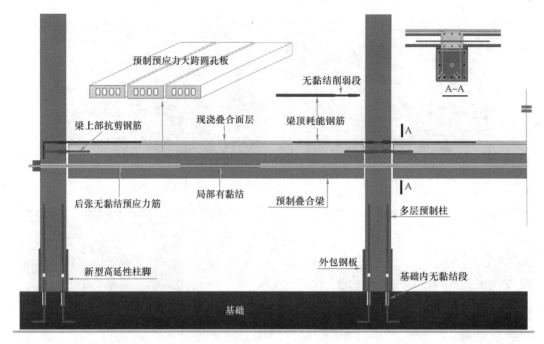

图 11-125　PPEFF 结构体系构成示意

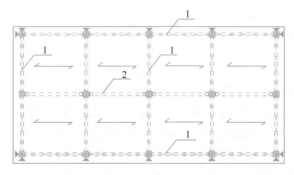

图 11-126　PPEFF 结构体系单独布置

1—压接装配框架；2—铰接梁

PPEFF 结构体系具有比现浇框架更好的抗震性能和低损伤特点，更适合在高地震烈度地区应用。PPEFF 框架可单独作为结构抗侧力体系，如图 11-126 所示，也可与现浇混凝土框架、装配整体式框架、抗震墙及钢-混凝土混合结构等结构体系混合布置，如图 11-127所示，适用于有较高抗震需求或特殊功能要求的高层、超高层建筑。高层、超高层建筑中采用钢管混凝土柱时，可采用图 11-128 所示的钢管混凝土柱梁连接构造。

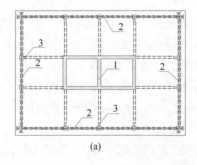

(a)

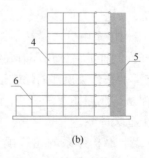

(b)

图 11-127　PPEFF 结构体系与其他结构体系混合布置

(a) 与抗震墙混合布置；(b) 与现浇混凝土框架、抗震墙混合布置

1—抗震墙；2—压接装配框架；3—铰接连接；4—压接装配框架（标准层）；5—抗震墙；6—现浇框架

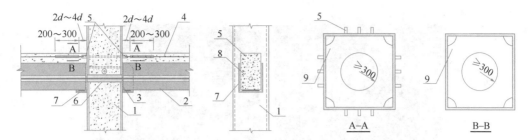

图 11-128 PPEFF 结构体系钢管混凝土柱梁连接节点

1—钢管柱；2—预制梁；3—纤维高强灌浆料灌缝；4—耗能钢筋；5—钢筋连接器；

6—钢管；7—钢牛腿；8—花纹钢板成型面；9—横向加劲肋

3. 主要创新点

1）团队提出了新型无黏结预应力压接梁、板、柱一体化高效装配框架体系，包括装配式混凝土框架体系和装配式钢管混凝土柱-钢筋混凝土梁混合框架体系；通过梁柱节点试验、柱脚节点试验、两层足尺平面框架拟静力试验、五层足尺空间框架结构抗连续倒塌试验、框架阻尼器拟动力试验、子结构抗倒塌静力和落锤冲击试验等，系统验证了新体系良好的抗震性能和抗连续倒塌性能，提出了设计方法，编制了建造标准，进行了规模应用，抗灾性能系列试验如图 11-129 所示。

图 11-129 PPEFF 结构体系抗灾性能试验（一）

（a）梁柱节点抗震性能试验；（b）混合框架节点抗震性能试验；（c）柱脚节点拟静力试验；

（d）单榀框架拟静力试验；（e）五层足尺抗连续倒塌试验；（f）框架阻尼器拟动力试验（武汉理工大学）

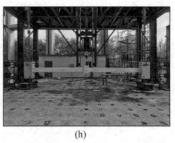

（g）　　　　　　　　　　　　　（h）

图 11-129　PPEFF 结构体系抗灾性能试验（二）

（g）子结构抗倒塌静力试验（天津大学）；（h）子结构落锤冲击试验（天津大学）

2）团队提出了带局部削弱的耗能钢筋构造，限定节点耗能位置，保护往复荷载作用下延性差的钢筋直螺纹接头；提出了梁跨中局部有黏结预应力构造，提高体系抗连续倒塌性能；设计梁柱接缝抗剪钢筋补强构造，提高梁柱节点的受剪承载力；提出了外包约束钢板与局部无黏结削弱耗能钢筋组合构造，显著提升高轴压比柱脚节点的延性，其节点构造如图 11-130 所示。

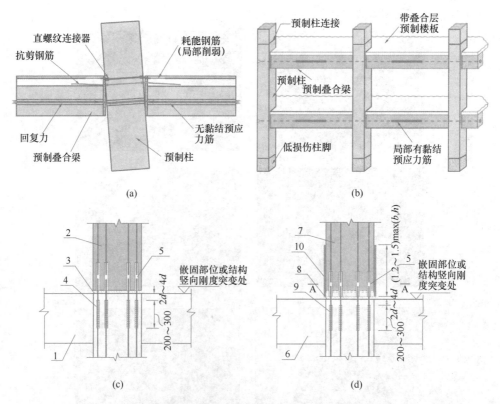

图 11-130　PPEFF 结构体系节点构造示意图

（a）梁柱节点；（b）框架结构体系；（c）柱端钢筋耗能型节点；（d）柱端外包钢板低损伤节点

1—梁；2—预制柱；3—柱端接缝；4—耗能钢筋削弱无黏结段；5—钢筋套筒灌浆；6—梁；

7—预制柱；8—柱端接缝；9—耗能钢筋连接削弱无黏结段；10—外包钢板

3）团队提出了节点变形能力基本要求和各设防烈度地震下结构与构件的最低性能指标要求；提出了梁柱构件及节点连接承载力计算公式；提出了适用于大型工程弹塑性分析的压接装配框架节点弹塑性分析标准模型，并编制了相关设计辅助程序；建立了 PPEFF 结构体系基于性能的设计方法。

4）团队提出了 PPEFF 结构体系特有的梁柱生产工艺和质量控制要点，包括梁、柱内预埋钢筋和波纹管的精确定位，粗糙面高效成型等关键技术；设计了通过标准化、模块化综合设计和工具化定型模具，如图 11-131 所示，实现一套模具拼装组合满足不同工程、不同尺寸构件的生产需求。

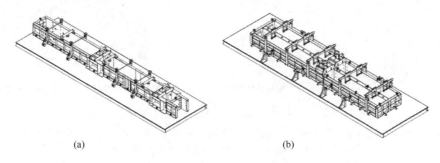

　　(a)　　　　　　　　　　　　　　　　　(b)

图 11-131　PPEFF 结构体系预制件生产定型模具

(a) 模块化预制柱模具；(b) 成组预制梁模具

4. 结构分析与设计

《预应力压接装配混凝土框架应用技术规程》T/CECS 992—2022（以下简称《992 规程》）规定：PPEFF 结构体系适用于抗震设防烈度为 6～8 度地区的工程应用，可与现浇混凝土框架、装配整体式框架、抗震墙及钢-混凝土混合结构等结构体系混合布置，结构整体应具有满足要求的承载力、刚度、延性和耗能能力；采用压接装配混凝土框架的各类房屋结构最大适用高度不宜超过表 11-7，对于平面或竖向均不规则的高层结构，最大适用高度宜适当降低。

采用压接装配混凝土框架的各类房屋最大适用高度（m）　　　　　　表 11-7

结构类型	抗震设防烈度		
	6 度	7 度	8 度
框架结构	60	50	40
框架-抗震墙结构	130	120	100
框架（混凝土柱）-核心筒结构	150	130	100
框架（钢管混凝土柱）-核心筒结构	180	150	130

PPEFF 结构的构造和损伤模式均与传统现浇框架结构不同，为便于工程应用，结构设计仍沿用小震弹性分析、大震补充验算的"两阶段"设计思路。试验研究表明：预应力压接装配混凝土框架较现浇框架结构具有更好的刚度、承载能力和抗震性能，在弹性状态下符合节点刚接假定。《992 规程》规定，在预应力、竖向荷载、风荷载及多遇地震作用下，结构整体分析可以采用我国现有现浇预应力混凝土结构常用的设计分析软件按梁柱节点"刚接"进行弹性分析，结构承载能力极限状态和正常使用极限状态应考虑次内力的影

响。在罕遇地震作用下，PPEFF 结构梁柱节点进入塑性，在反复荷载作用下梁柱结合面张开与闭合，预制梁柱本身混凝土损伤减小，以梁端耗能钢筋拉压耗能为主，预应力筋始终处于弹性工作状态。《992 规程》规定，在罕遇地震作用下，结构整体分析宜采用基于纤维截面的压接装配梁柱节点弹塑性分析标准模型，如图 11-132 所示。图 11-132 中提供的弹塑性分析模型已经试验验证，能够很好地模拟梁柱结合面的开合行为且适合工程计算。

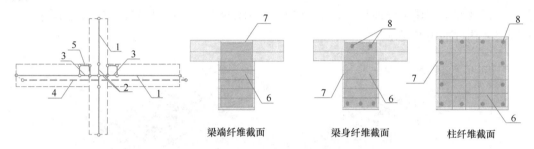

梁端纤维截面　　　　　　梁身纤维截面　　　　　　柱纤维截面

图 11-132　PPEFF 结构体系梁柱节点弹塑性分析标准模型

1—纤维梁柱单元；2—刚臂；3—梁端纤维单元；4—预应力筋单元；5—耗能钢筋单元；

6—约束混凝土纤维；7—普通混凝土纤维；8—钢筋纤维

5. 技术优势

1）良好的抗灾性能：PPEFF 结构体系在风荷载或小震作用下具有比现浇框架体系更好的刚度，在大震作用下具有良好的低损伤、自复位和震后易修复性能，并且其抗连续倒塌性能也优于现浇框架结构。

2）广泛的适用性：PPEFF 结构体系可与摇摆墙、剪力墙、核心筒或耗能墙等其他抗侧力构件共同工作，不仅适用于大跨工业厂房、多层建筑和高层建筑，也适用于 100m 以上超高层建筑。

3）高效建造与低碳环保性能：通过施工工艺标准化，可实现"五天两层"的高效安装，其施工技术如图 11-133 所示；与现浇施工方式相比，现场用工量可减少 60%，现场建筑垃圾可减少 67%，现场非实体性材料（主要为脚手架、模板等辅助材料）投入可减少 70%；建造过程中碳排放量较传统装配整体式体系可减少 34.9%。与传统的装配整体式混凝土框架结构相比，PPEFF 结构体系钢筋材料用量可降低 3%～5%，混凝土用量相当。

(a)　　　　　　(b)　　　　　　(c)　　　　　　(d)

图 11-133　PPEFF 结构体系高效施工技术

（a）预制柱安装；（b）预制梁安装；（c）预应力筋穿束；（d）预应力空心楼板铺设

6. 对行业进步的贡献

PPEFF 结构体系已纳入《预应力压接装配混凝土框架应用技术规程》T/CECS 992—2022，授权国内外发明专利 10 余项，如图 11-134 所示。获 2020 年"华夏建设科学技术一等奖"和 2021 年"天津市科学技术进步一等奖"，如图 11-135 所示，入选 2021 年中国建筑业协会"行业年度十大技术创新""中国建筑重大科技成果"和国家"十三五"科技创新成就展，引领了我国装配式混凝土建筑由"湿式"向"干式"转型升级。成套技术已在湖北、江苏、浙江、广东和贵州等地实现规模化应用，如图 11-136 所示，达到了高抗灾性能、绿色低碳、高效建造和成本经济的统一。"十三五"国家重点研发计划绩效评价意见：新型预应力装配混凝土框架体系研究对项目总体目标作出了重要贡献，成果整体达到国际领先水平。

图 11-134 专利与标准

图 11-135 获奖证书

图 11-136 工程应用

11.2.14　世构结构体系

1. 研发背景

世构结构体系（Scope）技术是从法国引进的一种预制预应力混凝土装配整体式框架结构体系。该体系在法国的应用较为成熟，但由于我国结构设计规范与国外存在一定的差异，为了与国内规范接轨，由南京大地建设集团、江苏省住房和城乡建设厅、东南大学、江苏省建筑设计院联合成立课题组，对世构结构体系规程编制、施工成套技术等内容进行了详细研究，解决了设计、施工及验收方面的本土化问题。

2. 体系介绍

研发团队：南京大地建设集团、江苏省住房和城乡建设厅、东南大学、江苏省建筑设计院等

对应标准：《预制预应力混凝土装配整体式框架技术规程》JGJ 224—2010 等

世构结构体系是采用现浇或将预制钢筋混凝土柱、预制预应力混凝土叠合梁、叠合板等预制构件通过键槽节点、钢筋混凝土后浇连接成整体，从而形成框架结构，如图 11-137所示。除了叠合结构共有的施工速度快、工期短、环境污染小、质量有保证以及经济性好等优势之外，还有着便于采用先张预应力技术、减小构件截面、节点施工简单方便及用钢量较低的突出特点，其建造、施工过程如图 11-138 所示。

(a)　　　　　　　　(b)　　　　　　　　(c)

图 11-137　世构结构体系节点及结构示意图

（a）梁、柱节点；（b）梁、板节点；（c）结构示意图

3. 主要创新点

1）团队提出键槽节点技术，采用 U 形钢筋无机械连接，如图 11-139 所示，避免了传统装配结构梁柱节点施工时所需的预埋、焊接等复杂工艺，且梁端锚固筋仅在键槽内预留，现场施工安装方便快捷。

2）团队采用先张法预应力技术及高强预应力钢筋，提高了构件的承载力、刚度、抗裂性能、抗疲劳性能、耐久性等，同时节约材料、减小结构截面尺寸、降低结构自重，有助于构件工业化生产，如图 11-140 所示。

3）该体系预应力叠合板采用无肋、无桁架筋设计，大大降低成本，提高生产及安装效率；安装采用单向密拼工艺，模具侧边底部设计成"八"字形，具有更好的施工便捷性和封缝质量保障，如图 11-141 所示。

图 11-138 世构结构体系建造、施工示意图

（a）预制柱吊装；（b）预制预应力叠合梁吊装；（c）预制预应力叠合板吊装；

（d）叠合层完成前效果；（e）主体结构完成效果

图 11-139 键槽式梁柱节点

图 11-140 预制预应力叠合梁、叠合板

4. 结构分析与设计

《预制预应力混凝土装配整体式框架技术规程》JGJ 224—2010 规定，世构体系适用于非抗震设防区及抗震设防烈度为 6 度和 7 度地区的除甲类以外的预制预应力混凝土装配

图 11-141　预制预应力叠合板

整体式框架结构和框架－剪力墙结构，该体系适用高度应符合表 11-8 的规定。装配整体式剪力墙结构在规定的水平力作用下，当预制剪力墙构件底部承担的总剪力大于该层总剪力的 50% 时，最大适用高度应降低 5m；当预制剪力墙构件底部承担的总剪力大于该层总剪力的 80% 时，大适用高度应降低 10m。

预制预应力混凝土装配整体式结构适用的最大高度（单位：m）　　　　表 11-8

结构类型		抗震设防烈度	
		6 度	7 度
装配整体式框架结构	采用预制柱或现浇柱	60	50
装配整体式框架-剪力墙结构	采用预制柱或现浇柱、现浇剪力墙	130	120
装配整体式剪力墙结构		130	110

高层装配整体式剪力墙结构底部加强部位及以下部位宜采用现浇剪力墙结构；抗震设计时，高层装配整体式剪力墙结构不应全部采用短肢剪力墙。当采用具有较多短肢剪力墙的剪力墙结构时，在规定水平力作用下，短肢剪力墙承担的底部倾覆力矩不宜大于结构底部总倾覆力矩的 50%，且结构最大使用高度需降低，抗震设防烈度为 7 度时宜降低 20m。

预制预应力混凝土装配整体式结构的内力和变形应按施工安装、使用两个阶段分别计算，并分别取其最不利内力；在使用阶段时，结构计算可取与现浇结构相同的计算模型，在施工阶段的计算可不考虑地震作用影响；抗震设计时，对同一层内既有现浇墙肢也有预制墙肢的装配整体式结构，现浇墙肢水平地震作用弯矩、剪力宜乘以不小于 1.1 的增大系数。

5. 技术优势

1）采用预应力高强钢筋及高强混凝土，梁、板截面减小，梁高可降低为跨度的 1/15，板厚可降低为跨度的 1/40，且梁、板含钢量也可降低 20%～30%，与现浇结构相比，价格可降低 10% 以上；

2）预制板采用预应力技术，楼板抗裂性能大大提高，克服了现浇楼板容易出现裂缝的质量通病，且预制梁、板均在工厂机械化生产，产品质量更易得到控制，构件外观质量好，耐久性好；

3）钢筋绑扎采用编织机绑扎、混凝土浇筑采用移动式布料振捣一体机、混凝土养护采用滚轴式养护篷布机等技术的使用显著提高了生产效率和质量；

4）梁、板现场施工均不需模板，板下支撑立杆间距可加大到 2.0～2.5m，与现浇结构相比，周转材料总量节约可达 80% 以上；

5）与普通预制构件相比，预制板尺寸不受模数的限制，可按设计要求随意分割，灵活性大，适用性强。

6. 对行业进步的贡献

世构结构体系相关技术已列入《预制预应力混凝土装配整体式框架技术规程》 JGJ 224—2010、《预制预应力混凝土装配整体式结构技术规程》DGJ 32/TJ 199—2016、《预制预应力混凝土装配整体式框架结构梁柱键槽节点施工工法》YJGF021—2006 等规程和工法，如图 11-142 所示。该体系技术被住房和城乡建设部编入 2010 版"建筑业十项新技术"；获 2013 年度江苏省建设科技一等奖、2015 年江苏省建设优秀科技成果一等奖，多项省部级科技成果达到国际先进水平；获多项国家专利，已累积在全国 1000 多万平方米的各类建筑工程中推广应用，如图 11-143 所示，取得显著的经济、社会及环境效益。

（a）　　　　　（b）　　　　　（c）　　　　　（d）

图 11-142　部分成果

（a）国家行业标准；（b）地方标准；（c）图集；（d）国家级工法

图 11-143　工程应用

11.2.15　新型装配式混合结构体系

1. 研发背景

为响应我国建筑工业化发展要求和现阶段"建筑业低碳减排"的政策导向,最大程度减小地震损失和保障功能可恢复性,解决目前装配式框架结构水平抗侧力体系单一、不易实现预期屈服机制、节点易损伤、震后难以修复的问题,研发团队以钢筋混凝土柱代替钢柱,提出了新型装配式混合结构体系。该结构体系采用钢梁作为水平构件,充分发挥钢结构强度高、自重轻的特点,使该体系更具工业化建造特征;同时,通过增设可更换损伤元件构建可控屈服机制,对提升结构体系抗震韧性具有重要的科学意义和工程价值。

2. 体系介绍

研发团队:天津大学张锡治团队

对应标准:《天津市装配整体式框架结构技术规程》DB/T 29-291—2021,等

新型装配式混合结构体系是由预制钢筋混凝土组合柱和钢梁,通过不同构造形式的钢节点组成的新型标准化框架结构体系,是一种兼顾结构性能、施工效率和经济性的"韧性"装配式结构体系,如图 11-144 所示。其中预制钢筋混凝土组合柱采用标准化模具,

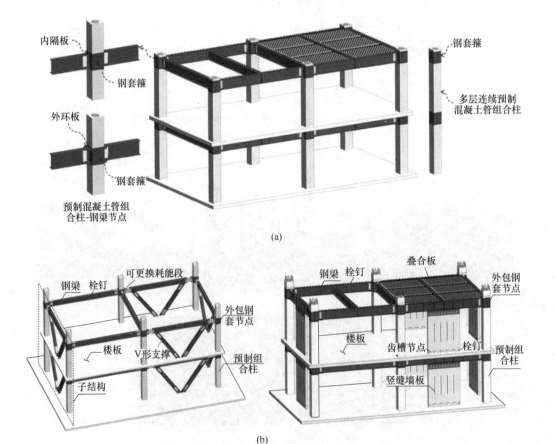

图 11-144　新型装配式混合结构体系

(a) 新型装配式混合结构;(b) 新型装配式混合结构韧性提升技术

结合空心预制柱生产工艺，采用工厂化生产，预制柱中空部分为现浇，如图 11-145 所示，预制标准梁可以分为标准化钢梁或带有钢接头的预制混凝土混合梁，梁柱连接采用焊接、螺栓连接或栓焊混合连接等常用的钢结构梁柱节点连接形式。

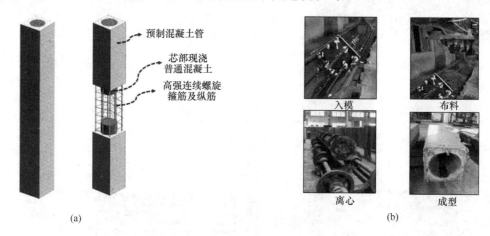

预制混凝土管

芯部现浇
普通混凝土

高强连续螺旋
箍筋及纵筋

入模　　布料

离心　　成型

(a)　　　　　(b)

图 11-145　预制离心组合柱示意图及生产工艺
（a）组合柱；（b）离心生产工艺

3. 主要创新点

1）团队研发了预制混凝土组合柱建造技术及其抗震性能提升技术；建立新型预制混凝土构件的抗震受剪和压弯承载力计算理论，建立预制管组合柱受剪承载力计算公式；提出地震损伤评估指标和抗震性能评价标准，如图 11-146 所示。

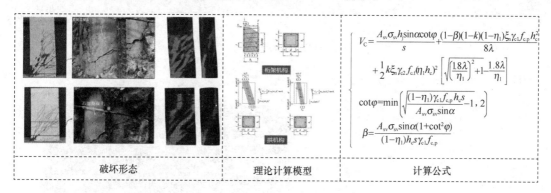

$$V_C = \frac{A_{sv}\sigma_{sv}h_1\sin\alpha\cot\varphi}{s} + \frac{(1-\beta)(1-k)(1-\eta_1)\xi_n\gamma_{c1}f_{c,p}h_c^2}{8\lambda}$$
$$+ \frac{1}{2}k\xi_n\gamma_{c2}f_{ct}(\eta_1h_c)^2\left[\sqrt{\left(\frac{1.8\lambda}{\eta_1}\right)^2+1}-\frac{1.8\lambda}{\eta_1}\right]$$
$$\cot\varphi = \min\left(\sqrt{\frac{(1-\eta_1)\gamma_{c1}f_{c,p}h_cs}{A_{sv}\sigma_{sv}\sin\alpha}-1},\ 2\right)$$
$$\beta = \frac{A_{sv}\sigma_{sv}\sin\alpha(1+\cot^2\varphi)}{(1-\eta_1)h_cs\gamma_{c1}f_{c,p}}$$

破坏形态　　　　理论计算模型　　　　计算公式

图 11-146　标准化预制构件设计理论

2）团队研发了具有损伤可控和安装便捷的新型预制混凝土构件连接技术，提出了多因素耦合作用下基于节点变形控制的承载力计算理论，如图 11-147 所示。

3）基于偏心支撑和延性墙板，团队提出了新型装配式混合结构韧性提升技术，创建了基于损伤控制和抗震韧性理念的新型装配式混合结构体系性能化设计理论，如图 11-148所示，解决了传统装配式结构体系震后损伤严重和抗震韧性差等难题。

4）团队研发了装配式建筑标准化设计、生产、施工一体化智能建造技术，创立了基于标准化预制部件的 BIM 构件库、分类编码及数据交付标准，发明了柔性生产线、运行稳定快速的码垛机及布料厚度检测装置，研发企业资源计划（ERP）与制造执行系统

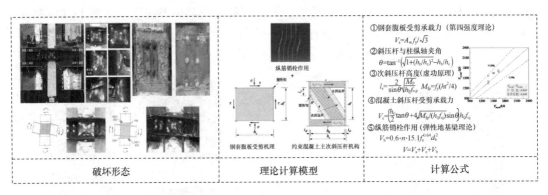

图 11-147　多因素耦合作用下基于节点变形控制的承载力计算理论

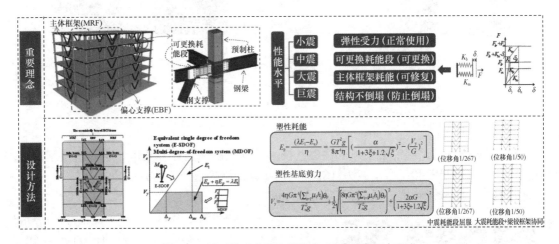

图 11-148　新型装配式混合结构体系性能化设计理论

（MES）相互融合的数据管理系统，如图 11-149 所示。

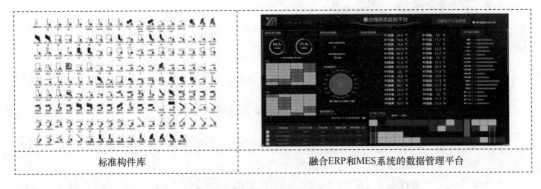

图 11-149　设计、生产、施工一体化智能建造技术研发

4. 结构分析与设计

《天津市装配整体式框架结构技术规程》DB/T 29-291—2021 规定，新型装配式混合结构的抗震性能不低于现浇混凝土结构的抗震性能，因而可以沿用相关规程和规范中关于建筑高度的规定。该体系可用于 6～8 度抗震设防地区的公共建筑、居住建筑以及工业建

筑。6～7度抗震设防地区的钢节点连接装配式混凝土（混合）框架结构房屋的最大适用高度与现浇混凝土（混合）框架结构相同，设防烈度8度地区的装配式混凝土（混合）框架结构房屋的最大适用高度比现浇混凝土（混合）框架结构降低2层。

从安全角度考虑，混合结构的适用高度选用限值较低的钢筋混凝土结构的适用高度。装配整体式混合结构最大层间位移大于钢筋混凝土混合结构最大层间位移，混合结构最大弹性层间位移角处于钢框架与钢筋混凝土框架之间。结构在分析时，可采用与现浇混凝土结构、钢结构相应的计算简图、单元类型、分析方法及相关规定，其构件、截面或各种计算单元的力学本构关系宜符合实际受力情况，可用混凝土结构、钢结构力学模型确定。组合混凝土柱、梁柱节点斜截面受剪承载力计算采用桁架-拱模型。

5. 技术优势

1）基于成熟离心生产工艺，生产线机械化和自动化程度高，综合成本可降低30%以上。

2）节点钢套箍全部在模具内，无需模具调整，实现模具标准化。

3）与普通预制构件相比，预制混凝土管自重根据空心率大小的不同可降低30%～60%。

4）节点采用柱贯通方式，可多层连续预制，并保证节点施工质量；梁柱节点外包钢套箍提升节点承载和变形能力，可实现"强节点"抗震设计原则。

6. 对行业进步的贡献

新型装配式混合结构体系已列入行业标准《矩形钢管混凝土组合异形柱结构技术规程》T/CECS 825—2021、地方标准《天津市装配整体式框架结构技术规程》DB/T 29-291—2021等，如图11-150所示。体系技术获省部级科技进步奖5项，如图11-151所示，授权发明专利8件、实用新型专利17件、软件著作权2件，发表学术论文34篇。项目主要技术成果在河南平舆县高科技防水产业园项目（二期）学生宿舍（图11-152）、中铁建大桥工程局集团建筑装配科技有限公司职工宿舍和食堂（图11-153）、欧微优创园、天津港南疆中部散货堆场防风网工程、天津双青新家园1号地荣畅园、天津生态城中部片区41号地块住宅等多项工程中推广应用，共计21.4万余平方米，有力地推动了建筑工程领域技术进步和产业转型升级，促进了行业可持续健康发展。

图 11-150 CECS、地方标准

图 11-151　省部级科技奖励

图 11-152　平舆县高科技防水产业园项目（二期）学生宿舍

图 11-153　中铁建大桥工程局集团建筑装配科技有限公司职工宿舍和食堂

11.2.16　装配整体式叠合框架体系

1. 研发背景

目前，国内主流装配式结构是以采用灌浆套筒连接构件为主的实心结构体系，经过实践发现存在诸多问题及难点，如预制构件生产自动化程度低，构件自重过大增加起重要求、吊装困难，现场灌浆套筒连接质量管控困难等。各个不利因素综合导致装配式混凝土结构建设效率低、成本高，市场亟需更多技术选择与之形成竞争及互补。因此，三一筑工研发的装配整体式叠合结构体系（SPCS）是一种以工业化思维贯穿设计、生产、施工全建设流程，具有便于制造、易于安装、人工需求低、抗震性能优异等特点的预制框架结构，解决了传统灌浆套筒框架结构存在的弊端，通过多年大量实际项目应用和技术迭代，已取得良好的社会经济效果。

2.体系介绍

研发团队：三一筑工科技股份有限公司

对应标准：《装配整体式钢筋焊接网叠合混凝土结构技术规程》T/CECS 579—2019，等

装配整体式叠合框架体系采用"预制空腔柱＋钢筋连接＋后浇混凝土"的方式，形成框架结构竖向构件，如图 11-154 所示，配合各种预制及现浇楼板，形成与现浇框架等效的建筑结构。该体系是现浇框架体系的工业化替代品，适用于 6～8 度设防烈度、最高结构高度 60m 的商业、办公、医疗、教育、宿舍等居住建筑，也可与现浇剪力墙或预制剪力墙组合应用，形成框架-剪力墙结构或框架核心筒结构。该体系预制空腔柱构件也可采用简化连接方式用于地下工程，并已在实际项目中实践应用。

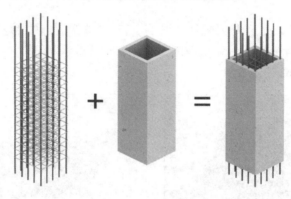

图 11-154　预制空腔柱

预制空腔柱构件是在工厂通过离心或抽孔工艺，制作包含受力钢筋笼的空腔柱构件，柱截面为矩形或圆形，空腔为矩形或圆形，混凝土壁厚一般不小于 60mm，空腔宽度不小于 300mm。钢筋连接，指预制柱纵筋在现场与预留插筋或下层预制柱纵筋连接，可以采用机械连接或搭接方式。钢筋连接后，在预制柱空腔内现场浇筑混凝土，形成整体的叠合受力柱，如图 11-155 所示。

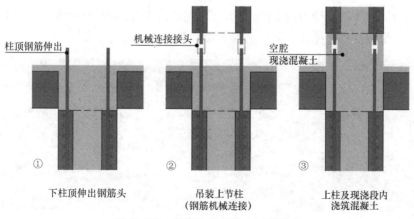

① 下柱顶伸出钢筋头　　② 吊装上节柱（钢筋机械连接）　　③ 上柱及现浇段内浇筑混凝土

图 11-155　预制空腔柱施工过程示意

3. 主要创新点

1）钢筋采用外露式机械连接，操作简便，连接质量容易保证，检测方便。钢筋通过可调接头连接，现场可免去装拆支撑工序，图 11-156 为空腔预制柱构件。

图 11-156　空腔预制柱构件

2）研发配套装备，配合专用模具（图 11-157），遵循独创的工艺流程，可采用离心方式或气囊抽孔方式生产截面为矩形或圆形并含矩形或圆形内孔的预制柱构件，满足不同应用需求，如图 11-158 所示。

图 11-157　空腔预制柱构件生产装备和模具　　　图 11-158　多种形态空腔预制柱

3）采用管线一体化预制，将电盒与柱构件一体预制，并在空腔内预留导管，现场连接。

4）在地下工程和其他受力较小的位置，采用空腔内插筋后浇的连接方式（图 11-159），完全免除套筒、模板及相关操作，简化现场连接操作，大幅提升效率。

图 11-159　插筋后浇柱底连接方式

4. 结构分析与设计

《装配整体式钢筋焊接网叠合混凝土结构技术规程》T/CECS 579—2019 规定，该结构体系适用于抗震设防烈度为 6～8 度的民用建筑；经试验与理论分析证明装配整体式叠合构件的受力、破坏模态与对应的现浇构件一致，具有与现浇结构一致的抗震性能。该体系最大适用高度见表 11-9，该体系可单独采用，也可与钢筋混凝土剪力墙、装配式剪力墙等其他结构体系共同工作形成混合结构体系。经试验验证及专家论证，装配整体式叠合体系可采用与现浇结构相同的设计、分析方法。

叠合结构房屋最大适用高度（m）   表 11-9

结构类型	抗震设防烈度			
	6 度	7 度	8 度（0.2g）	8 度（0.3g）
叠合框架结构	60	50	40	3
叠合框架-剪力墙结构	130	120	100	80
叠合框架-核心筒结构	150	130	100	90

叠合框架梁整体成型钢筋笼是由焊接箍筋网片或弯折成型箍筋网片和梁纵筋组成，梁下部纵向受力钢筋两端伸出预制构件的长度应满足锚固要求，且梁侧面构造纵筋可不伸出预制构件。对于预制空心柱构件宜采用矩形截面，截面边长宜以 50mm 为模数，其宽度不宜小于 500mm 且不宜小于同方向梁宽的 1.5 倍；当采用双层预制空心柱构件时，上下层柱间空心区宜采取临时加强措施，加强措施可采用交叉斜筋等形式。

5. 技术优势

1）体系成熟，配套完善，涵盖设计方法＋设计标准＋设计软件、成套智能装备＋生产工艺、配套现场工装夹具＋施工工法、全流程质量检验和验收标准，用数据贯通设计、生成、施工、运维的全产业链，实现全过程智能建造。

2）基于预制空腔柱重量轻、安装便利的特点，可配套采用面内作业的施工方式，免除外脚手架的搭设，大幅降低现场施工安全隐患，较落地脚手架节约成本 70％，工效提升 50％。

3）大幅减轻预制柱构件重量，有效解决实心预制构件最大痛点，特别在大跨度、高空间、重荷载项目中更具明显优势。

4）构件形态适合工业化生产。离心法生产预制柱，离心机占地面积小可实现快速部署，支持游牧式生产。标准化柱模具通用性强、综合占用时间短，可随生产需求灵活调配，实现最大化利用。

5）构件精度高，可集成设备管线一体化。

6）综合成本低，较传统灌浆套筒剪力墙单立方综合成本可降低 2％～5％。

6. 对行业进步的贡献

装配整体式叠合框架体系已列入《装配整体式钢筋焊接网叠合混凝土结构技术规程》T/CECS 579—2019 等 CECS 规程 3 部、地方标准 2 部、专著 3 部（图 11-160）；授权发明专利 7 项，实用新型专利 70 项。该体系先后获近 20 位中国科学院土木、水利与建筑工程学部院士的肯定，科学成果鉴定表明："该成果集设计、装备、生产、施工于一体，可大量减少现场工作量，结构整体性好，综合效果显著，具有广泛的推广应用前景"。截至

2023 年，该技术已在北京、上海、湖南、重庆、陕西等地大力推广，在 13 个省市落地实施，已建成或在建项目 24 项（图 11-161），总建筑面积 100 余万平方米，取得显著的经济、社会及环境效益。

(a)　　　　　　　　　　　　　　　　　(b)

图 11-160　装配整体式框架体系相关标准

（a）CECS 标准；（b）地方标准

(a)

(b)

图 11-161　装配整体式叠合框架体系部分项目照片

（a）站南片区改造项目幼儿园（山东禹城）；（b）金地商置达闳工业区（上海）

11.2.17　全装配预应力混凝土模块结构体系

1. 研发背景

目前，模块化建筑作为工业化装配式建筑的最高集成形式，受到了越来越多的关注和研究。相比现有装配整体式混凝土结构技术，在生产方面，预制模块模具标准模数化程度更高，不依赖具体项目，周转次数高、摊销费用低；在施工方面，模块化建筑施工现场无支撑、无支模、无湿作业、工序清晰、施工周期短。因此，团队研发了可用于低、多层及高层建筑的全装配预应力混凝土模块结构体系，对推动全国装配式建筑的应用和发展具有重要意义。

2. 体系介绍

研发团队：模块科技（北京）有限公司

对应标准：《全装配预应力混凝土模块结构技术规程（送审稿）》

全装配预应力混凝土模块结构体系（PCMC）是一种可用于高层建筑的混凝土模块结构体系（图 11-162），其核心技术是将桥梁中用于连接预制节段梁的后张预应力连接技术，跨界应用于装配式建筑。后张预应力连接技术是在相邻预制节段梁连接部位设置匹配的凹凸键槽和预应力孔，安装时在连接范围涂抹胶粘剂，待节段梁安装就位后，穿设预应力筋，进行张拉施工，将相邻节段梁挤压在一起，实现节段梁的连接。全装配预应力混凝土模块结构体系将上述预应力连接方式用于相邻模块的连接，包括上下层相邻模块的竖向连接和同层模块的水平连接，使整体结构满足重力荷载、风荷载及地震作用下的受力要求。全装配和预应力技术的组合应用，不仅提升了预制率、施工效率，同时使结构可应用于高层建筑结构中，形成了结构安全、技术可靠且工业化程度最高的装配式建筑。全装配预应力混凝土模块结构体系同时解决了困扰装配式建筑产业发展的主要问题，使结构的安全性、建造成本、建造效率成为评价建筑体系的关键要素。

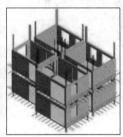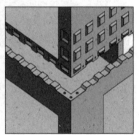

图 11-162 全装配预应力混凝土模块结构体系构造示意图

3. 主要创新点

1）针对全装配预应力混凝土模块结构体系提出了后张预应力装配的结构构造和连接方式，并提出结构体系的实用设计方法，如图 11-163 所示。

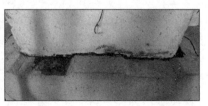

图 11-163 结构体系模块交接处设置键槽连接构造

2）全装配预应力混凝土模块结构体系采用的预应力钢绞线（图 11-164）具有高强度、高韧性、松弛性好等特点，大幅提高结构承载力及延性。采用高强混凝土，在强度、抗冻性、耐腐蚀性、抗冲击性等方面均优于普通混凝土，结构体系接缝力学性能试验如图 11-165 所示。

图 11-164　预应力钢绞线　　　　　　　图 11-165　结构体系接缝力学性能试验

3）采用可调节模具生产模块构件（图 11-166），尺寸可任意调节，具有适应性强、重复利用率高、定位精准等优势，构件产品尺寸误差均为毫米级，具有传统建造方式不可能达到的高精度。

图 11-166　液压可调节模具示意图

4）模块采用装配化装修方案，80％以上的装修工作均在工厂内完成，保证了装修效果、缩短了施工工期。预制模块毫米级的加工质量，大大提高装修精度（精度可达毫米级），实现高品质装修。

4. 结构分析与设计

《全装配预应力混凝土模块结构技术规程（送审稿）》规定：该结构体系可用于 6～8 度抗震设防地区的低、多层及高层结构。模块中墙体顶部和底部设置键槽，内墙外侧底部设置键槽，可根据建筑设计要求留设门窗洞口等。模块混凝土强度等级不低于 C40，钢筋一般采用 HRB400 级。体系上下层模块及左右模块交接处均设有键槽（图 11-163），并涂抹胶粘剂（环氧胶灰等），整楼拼装完成后穿设预应力筋并张拉，将整楼模块挤压在一起，接缝处受剪承载力由键槽抗剪和摩擦抗剪共同提供，必要时设置抗剪螺栓，提高接缝受剪承载力。同时，为保证结构具有良好的延性，采取一系列抗震措施：内墙设置对穿螺栓、提高边缘构件纵筋配筋率及配箍率、一二层设置为底部加强区以及采用与现浇结构相同的内力调整措施等。

全装配预应力混凝土模块结构建筑宜采用空间结构模型进行结构计算分析，计算模型应按实际墙体尺寸、结构平面建模，模块内墙采用双墙建模。计算结构位移时，可采用刚性楼板假定；计算结构内力时，应采用弹性楼板假定；在竖向荷载、风荷载以及多遇地震作用下，上下层模块间墙体按整体建模，模块建筑结构可采用与现浇混凝土结构相同的方法进行内力分析，并应考虑次内力的影响；结构承载能力极限状态和正常使用极限状态的作用效应分析应采用弹性分析方法；在罕遇地震下，计算薄弱层或薄弱部位的弹塑性变形可采用弹塑性时程分析或静力弹塑性分析方法计算。高层模块建筑整体结构弹性分析时，应计入重力二阶效应影响。

5. 技术优势

1）团队提出了后张预应力装配式建造的结构构造、连接方法及结构设计方法，充分发挥预应力混凝土材料的性能优势，实现结构安全耐久。

2）团队采用了标准化模块，降低了预制模块生产成本，同时在生产环节降低了模具的摊销费用，在施工环节完全消除了现浇作业，多方面共同达成了全装配预应力混凝土模块结构体系建造成本低于装配整体式结构体系的优势。

3）全装配预应力混凝土模块结构体系具有全预制装配、现场无湿作业、耐久性好、建造速度快等明显优势，彻底改变了传统现浇结构及装配式混凝土结构体系的做法。

4）将人从依赖低水平劳动力的施工方式中解脱出来，现场的装配跟无人化港口的作业模式一样，可以实现数字自动化建造。

5）全装配预应力混凝土模块结构体系能更好地发挥装配式结构在低碳建造方面的优势。建材及构件生产阶段采用整体模块预制的生产方式，使得碳排放量相比传统装配式体系降低了 6.7%；建造阶段大幅减少现场作业量，使得碳排放量显著低于现浇体系和传统装配式体系，与传统装配式体系相比降低了 82.8%。

6. 对行业进步的贡献

全装配预应力混凝土模块结构体系已列入《全装配预应力混凝土模块结构技术规程（送审稿）》（图 11-167），该体系技术授权多项国家专利（图 11-168）。山东省淄博市开展某产业基地专家公寓项目（图 11-169），项目地上九层，地下一层，建筑总高 27m，总建筑面积 3151m²，采用全装配预应力混凝土模块结构技术体系，充分发挥材料性能优势和技术体系优势，有效降低建筑造价，实现低碳建造，促进新型装配式混凝土建筑技术的发展和应用。

图 11-167　CECS 标准　　　　图 11-168　实用新型专利

11.2.18　混凝土模块化建筑结构体系

1. 研发背景

随着建筑业转型升级，模块化建筑在国内外得到长足的发展，在住宅、宿舍、教学楼、医院、宾馆、公寓等重复性单元构成的建筑中大量应用。因此，研发团队创建混凝土模块化建筑结构体系，与传统建造方式相比，该体系可大幅节约工期，提高建筑品质，改善施工作业环境，有利于实现安全生产和进度管理目标，同时也可显著减少建筑垃圾和资源消耗，符合我国建筑业未来的发展方向，具有广阔的应用前景。

图 11-169　淄博市某产业基地专家公寓项目效果图

2. 体系介绍

研发团队：中建海龙科技有限公司

对应标准：《混凝土模块化建筑技术规程》SJG 130—2023

混凝土模块化建筑结构体系是由多个混凝土箱模组成（图 11-170），混凝土箱模主要将模板、轻质隔墙、底板等非受力构件、叠合板（预制层）、水电集成与装修在工厂一体化集成，现场浇筑剪力墙与连梁等承重结构。其核心特点是混凝土箱模为不承担荷载的空间功能单元，建筑的承重结构仍为现场浇筑，同时混凝土箱模形成了承重结构的现浇围合空间，可作为免拆模板，其力学性能和建筑高度限制与传统混凝土结构建筑基本一致。混凝土箱模运至现场后，仅需要进行模块拼装、承重结构浇筑、屋面施工以及水电管线接驳等作业，现场工作量显著降低、施工工序由繁化简。混凝土箱模中的模板采用高性能混凝土，与现浇承重结构形成双重抗震防线，同时混凝土箱模作为载体，可以实现建筑、设备管线及装饰装修的一体化集成，集成度可达 70％ 以上，极大地减少了现场施工作业量。

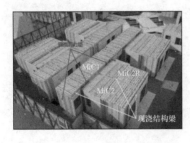
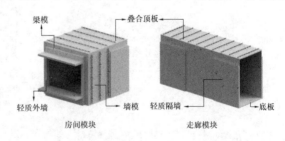

图 11-170　混凝土模块化建筑结构体系示意

3. 主要创新点

1）团队提出混凝土模块化建筑结构体系的结构构造、现浇主体结构与箱模单元的连接方法（图 11-171）及结构设计方法。

2）团队研发了高强度、高韧性的水泥基复合材料（图 11-172），依靠材料自身性能抵抗现浇混凝土侧向压力，图 11-173 所示为材料试验，减少对室内使用面积的占用、降

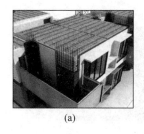
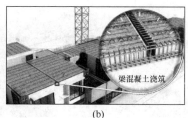
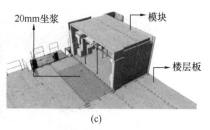

(a)　　　　　　　　　　　(b)　　　　　　　　　　　(c)

图 11-171　混凝土模块化建筑结构节点构造示意

（a）剪力墙模板；（b）梁板连接；（c）模块与楼层板

低箱模单元自重，解决吊装和浇筑过程中的易开裂问题，提升施工效率和建造品质。

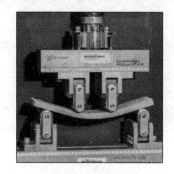

图 11-172　超高韧性水泥基复合材料

图 11-173　免支撑 ECC 材料叠合板试验

3）团队采用全专业协同的 BIM 正向设计方式，实现了设计内容的实时更新和设计工作的协同进行（图 11-174）；利用虚幻引擎技术，搭建了适用于模块集成建筑的超大规模 BIM 模型数据承载管理平台（图 11-175）。

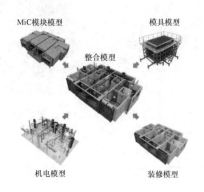

图 11-174　全过程、全专业、设计和深化模型整合

图 11-175　虚幻引擎平台

4）团队采用立体模具生产技术，实现混凝土箱模单元建筑、机电管线、装饰装修等工序的集成（图 11-176），形成标准化、工业化、集成化的预制混凝土箱模产品。

5）团队引入信息化和数字化技术，形成以智能生产（图 11-177）、智能质检、智能调度、智能施工（图 11-178）为核心的模块集成建筑智能建造技术体系，有着部件高效生产、质量安全可靠、调度精准可控、施工安全高效的优点。

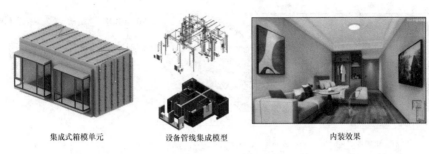

集成式箱模单元　　　　设备管线集成模型　　　　　　　内装效果

图 11-176　混凝土箱模单元一体化集成

图 11-177　智能生产

图 11-178　智能施工

6）团队建立混凝土模块集成建筑绿色建造技术（图 11-179），针对混凝土模块集成建筑，进行全生命周期碳排放核算分析（图 11-180），建立了建筑碳排放量化与评估计算方法和数据库。

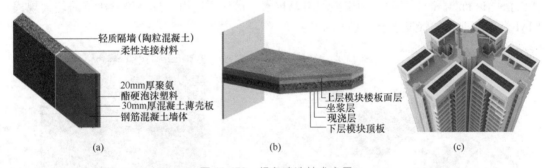

图 11-179　绿色建造技术应用
（a）墙体构造；（b）楼板构造；（c）光伏屋顶

4. 结构分析与设计

《混凝土模块化建筑技术规程》SJG 130—2023 规定，混凝土模块化建筑结构体系（图 11-181）可适用于抗震设防烈度为 6～8 度（0.3g）的地区，建筑高度最高可达 170m（6 度区）。在竖向荷载、风荷载以及多遇地震作用下，混凝土模块化建筑结构体系的结构内力和变形可采用弹性计算方法；设防地震作用下的结构内力和变形也可按弹性方法计算，但宜考虑连梁端部塑性变形引起的内力重分布；罕遇地震下，弹塑性变形可采用弹塑性时程分析或静力弹塑性分析方法计算。

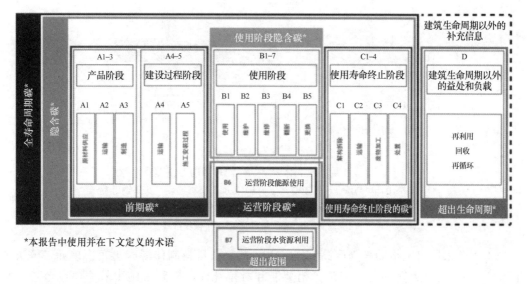

图 11-180　碳排放测算

混凝土模块化建筑结构体系中的剪力墙可采用一字形、L 形和 T 形截面，剪力墙端部应与墙模采用柔性材料分隔，如图 11-182 所示。

混凝土模块化建筑结构体系中模块单元与现浇梁、剪力墙和楼板的连接构造（图 11-183）应符合下列规定：现浇混凝土梁底与梁模之间应设置柔性层；墙模底与结构板之间应设置坐浆层，混凝土砂浆强度等级不小于 C60，且不应小于墙强度等级，坐浆厚度宜取 10～20mm。

5. 技术优势

1）团队提出了混凝土模块化建筑结构体系的结构构造、现浇主体结构与箱模单元的连接方法及结构设计方法，结构耐震性能优、整体性好，建造工期可缩短 60% 以上；

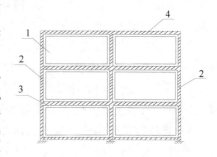

图 11-181　混凝土模块化建筑
结构体系示意图

1—箱模式模块单元；2—现浇剪力墙；
3—现浇梁；4—叠合楼盖

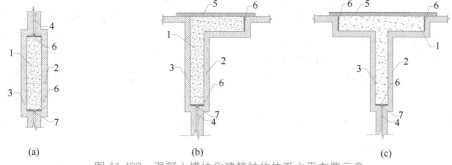

(a)　　　　　　　(b)　　　　　　　(c)

图 11-182　混凝土模块化建筑结构体系水平布置示意

（a）一字形墙；（b）L 形墙；（c）T 字形墙

1—现浇混凝土剪力墙；2—右方箱模式模块单元；3—左方箱模式模块单元；

4—模块接缝；5—浇筑剪力墙时所用模板；6—柔性层；7—防水胶条

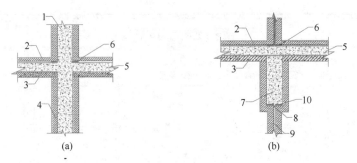

图 11-183　混凝土模块化建筑结构体系竖向连接节点示意

(a)．混凝土模块与墙、楼板连接节点；(b) 混凝土模块与梁、楼板连接节点

1—现浇混凝土剪力墙；2—模块底板；3—模块顶板；4—墙模；5—叠合板后浇混凝土；

6—砂浆层；7—现浇混凝土梁；8—防水胶条；9—模块接缝；10—柔性层

2）团队采用自配给的高强度高韧性的水泥基复合材料制作混凝土箱模单元，解决了箱模易开裂、自重大等问题，取消了桁架筋和对拉螺栓，提升了施工效率，可节约材料30％以上；

3）团队利用虚幻引擎技术，搭建了可承载十亿级三角面的超大规模 BIM 模型承载和管理平台，实现了全专业协同的 BIM 正向设计；

4）团队采用活动式立体模具进行混凝土箱模生产，实现了建筑、机电管线、装饰装修等在工厂集成，集成度可达 70％以上，现场用工量可减少 60％以上；

5）团队形成了以智能生产、智能质检、智能调度、智能施工为核心的智能建造技术，可贯穿项目的全建造过程，并实现数字化交付；

6）通过材料、构造、集成光伏等绿色建造技术，施工过程减少约 25％的材料浪费、75％的建筑垃圾和 30％的能源消耗；团队开发了碳排放量化与评估计算方法和数据库，单位面积运行碳排放相对基准建筑减排率为 25％以上。

6. 对行业进步的贡献

混凝土模块化建筑结构体系已列入《混凝土模块化建筑技术规程》SJG 130—2023，体系技术授权发明专利 3 项，实用新型专利 14 项，软件著作 2 项；该体系获 2022 年工程建设十大新技术（图 11-184）、工程建设行业高推广价值专利大赛——优胜专利（图 11-185）、2022 年"科创中国"系列榜单——先导技术（图 11-186）。中建海龙珠海基地员工宿舍项目（图 11-187a），累计降本 600 余万元，增效 400 余万元，减少工期 60 余天；深圳市龙华樟坑径地块 EPC 项目（图 11-187b），施工过程中减少约 25％的材料浪费、75％的建筑垃圾和 30％的能源消耗，降低噪声及粉尘等污染，总用工量较传统建筑可减少 20％以上（其中现场用工量减少 60％以上），工期缩短 60％。未来建筑工业化将成为建筑行业发展的主流赛道，"高品质、高效率、智能化、绿色低碳"将是未来工程建设的关键要求，混凝土模块化建筑结构体系技术的突破应用也将引领我国建筑业在装配4.0 新时代又前进一大步。

图 11-184 2022 年工程建设
十大新技术

图11-185 工程建设行业
高推广价值专利
大赛——优胜专利

图 11-186 2022 年"科创中国"
系列榜单——先导技术

(a)   (b)

图 11-187 典型项目

(a) 中建海龙珠海基地员工宿舍项目；(b) 深圳市龙华樟坑径地块 EPC 项目

本章小结

现阶段随着科技的进步及建筑工业化技术的发展，建筑行业内的科技工作者以建筑材料、预制构件构造形式、连接方式、生产技术及施工工艺等方面为切入点，对传统装配式混凝土结构体系提出多角度的改进。本章列举了我国目前常见的 18 种新型装配式混凝土结构体系，对各种体系的研发背景、体系介绍、结构创新点、结构分析与设计、技术优势以及对行业的贡献 6 个方面进行了具体介绍。

思考题

1. 请结合专业知识和本章内容，分别简要概述本章内各新型装配式混凝土结构体系的体系特点。

2. 分析各结构体系的结构创新点和技术优势，简述新型装配式混凝土结构与传统装配式混凝土结构体系的区别。

3. 业内还有哪些新型装配式混凝土结构体系？请从"体系的研发背景、体系特点、结构创新点及技术优势"等方面进行简述。

第 12 章　基于 BIM 技术的装配式建筑设计

12.1　概述

BIM 技术是保证装配式建筑项目在设计、生产、运输、施工等各环节信息采集与存储工作的重要手段，能够保障信息在整个装配式建筑全生命周期的全部参与方中进行有效传递。BIM 与装配式的结合无疑是装配式建筑发展的重大趋势。本章将重点介绍 BIM 技术的基本概念、BIM 与装配式建筑的联系、装配式体系 BIM 应用框架、BIM 技术在装配式建筑设计、生产及施工阶段的应用，并以某项目叠合板的拆分及深化设计为案例，使读者更加系统、深入地理解相关知识体系。

12.2　BIM 与装配式建筑

12.2.1　BIM

传统的建筑设计经历了从手绘二维图纸向三维模型的转变，BIM 是建筑信息模型（Building Information Model）的简称，是以三维数字技术为基础，集成了建筑工程项目各种相关信息的工程数据模型，是对工程项目相关信息的详尽表达。不仅包含三维几何形状信息，还包含大量的非几何形状信息，如建筑构件的材料、性能、价格、重量、位置、进度等。同时，BIM 技术具有以下基本特征：可视性、协调性、模拟性、可出图性及优化性。

1. BIM 软件平台

BIM 软件的分类主要有三种：一是设计软件，包括三维建模软件 Revit、Bentley 等，钢结构深化软件 Takle，钢筋软件广联达以及场地道路布置软件 Civil 3D 等；二是应用软件，包括 NavisWorks、Lumion、Fuzor 等，可以进行方案演示，碰撞检查，净空分析，后期渲染，漫游，动态模拟等；三是辅助软件，包括 Premiere、SketchUp 等，可以进行视频剪辑，图片视频处理以及景观布置等操作，如图 12-1 所示。

其中，Revit 作为常规建模软件，对装配式混凝土建筑的设计建模有非常好的支持度，强大的族功能不仅可以提高 BIM 模型的精细度，还可以提升建模效率。同时，Revit 作为行业内普及度最高的 BIM 建模软件，相对于其他建模软件而言具有许多优势，并且非常适合用于装配式混凝土建筑设计建模工作，但它也存在一些局限性，如生成的项目文件较大、运行时占用过多的电脑资源、复杂形体建模功能有待提高等。

2. BIM 的主要功能

BIM 的主要功能可按阶段进行划分说明。概念设计阶段：场地风环境、场地日照、

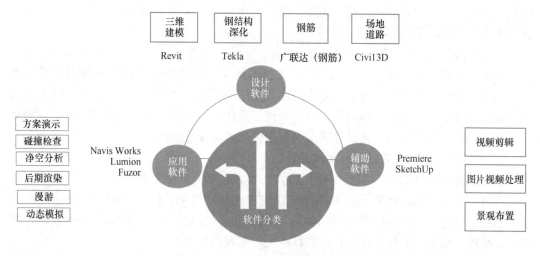

图 12-1　BIM 软件的分类

局部日照分析、光热分析等；方案设计阶段：分配平面空间、能耗分析、方案比选；初步设计阶段：精细化设计、多专业协调、建筑深化设计等；施工阶段：管线综合、碰撞检测、预留孔洞、出施工图、材料统计、支吊架的布置、预制件加工、BIM 模型的管理等。如图 12-2 所示。

图 12-2　BIM 的主要功能

12.2.2　BIM 与装配式建筑

BIM 是以建筑工程项目的各项相关信息数据作为模型基础，进行建筑模型的建立，通过数字信息仿真模拟建筑物所具有的真实信息。BIM 是一个共享的知识资源，可以分享有关设施的信息，并为这个设施从概念到完成的全生命周期中的所有决策提供可靠依据。在不同阶段，相关方通过在 BIM 中插入、提取、修改和更新信息，支持和反映各自职责的协同作业。通过利用 BIM 技术，解决预制装配式建筑方案设计中的复杂问题，并模拟构件生产、安装及装配过程，为施工提供可靠依据。装配式建筑与 BIM 技术的结合将带来事半功倍的效果。

1. BIM 是集成的手段

装配式建筑的核心是"集成"，而 BIM 技术则是"集成"的手段，串联起设计、生产、施工、装修和管理的全过程，服务于装配式建筑全生命周期。BIM 技术的应用为装配式建筑设计提供了强有力的技术保障，实现了设计三维表达，减少了图纸量，有效解决同专业内及专业间各类预制构件在安装时可能出现的碰撞等问题。

2. BIM 是装配式建筑一体化集成设计的工具

装配式建筑设计的核心在于一体化协同技术，包括三方面的协同。一是功能协同技术，即机电系统，结构体系支撑并匹配建筑功能和装修效果；二是空间协同技术，即建筑、结构、机电、装修不同专业空间协调，消除错、漏、碰、缺；三是接口协同技术，即建筑、结构、机电、装修不同专业接口标准化，实现精准吻合。

BIM 技术数字化平台则是装配式建筑一体化集成设计的工具，由于装配式建筑是复杂的工程产品，其设计完成度、设计精准度和设计实现度均大于传统建筑工程设计要求，因此，需要通过 BIM 技术数字化平台实现从装配式建筑的设计模式到工业产品的设计模式，再到三维数字化、信息化设计模式的转变，以保证装配式建筑一体化集成设计。

3. BIM 在装配式建筑设计中的价值

首先，BIM 是设计方法的革命。BIM 将设计从二维平面图上升为三维建筑，储存的是完整的多维数据信息，主要表达方式采用的是三维图形和图像（漫游、动画、仿真与虚拟现实），二维施工图仅作为表达方式的一部分。

其次，BIM 能够改变行业的生产方式和管理模式。

1）改变设计流程与模式，实现项目一体化协同设计，包括土建与机电设计、预制构件设计、装修设计、部品部件深化设计、施工安装模拟设计等。

2）改变设计精度，使其达到毫米计量，全面提升设计完成度。

3）改变设计方式，实现设计全过程三维设计可视化，包括建筑功能可视化、预制构件装配可视化和管线综合可视化等，解决构件之间、钢筋之间、管线之间的碰撞问题，提高设计精准度和设计效率。

4）解决信息共享问题，使建筑项目信息在规划、设计、建造和运行维护全过程充分共享、无损传递，为建筑从概念到拆除的全生命周期中的所有决策提供可靠依据。

最后，BIM 可实现建筑成本节约、设计无差错、减少施工消耗。美国斯坦福大学整合设施工程中心（CIFE）根据 32 个项目总结了使用 BIM 技术的优势：消除 40% 预算外更改；造价估算控制在 3% 精确度范围内；造价估算耗费的时间缩短 80%；通过发现和解决冲突，将合同价格降低 10%；项目工期缩短 7%，及早实现投资回报。

12.3　装配式体系 BIM 应用框架

12.3.1　基于 BIM 的装配式混凝土建筑设计流程

装配式混凝土建筑设计包含技术策划阶段、方案设计阶段、初步设计阶段、施工图设计阶段、预制构件深化设计及生产阶段和施工阶段的全过程，如图 12-3 所示。

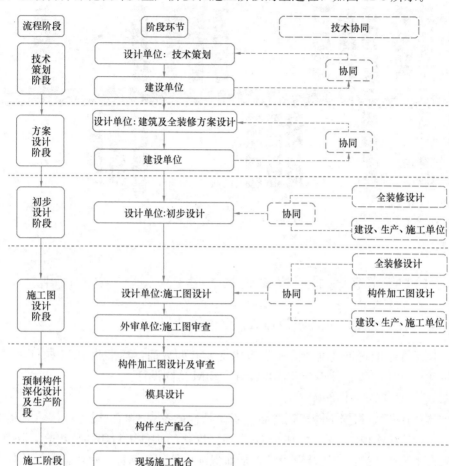

图 12-3　装配式混凝土建筑设计流程

　　BIM 技术贯穿装配式建筑全生命周期管理，引领智慧建造。从设计阶段的建筑设计、设备设计、性能分析、结构设计、工程量统计，到深化设计的 PC 零件库、碰撞检测、动态施工仿真、深化设计自动化，到构件生产的模具设计自动化、生产计划管理、构件质量控制，到物流运输的厂房堆放管理、发货管理、运输物流管理，再到现场施工的现场堆放管理、现场手持设备研发、现场施工管理、远程可视化，最后到物业管理的运维管理，BIM 技术已成为装配式建造过程不可或缺的一部分，贯穿于装配式建筑全寿命周期，如图 12-4 所示。

12.3.2　基于 BIM 的装配式建筑一体化设计

　　基于 BIM 的装配式建筑一体化设计在于：将建筑、结构、机电设计综合模型深化深度和精度满足生产、工艺和施工的条件前置，在建筑、结构、机电、装修、深化、加工及施工阶段形成提资、调整、校审的大闭环，以实现装配式建筑设计的一体化设计。

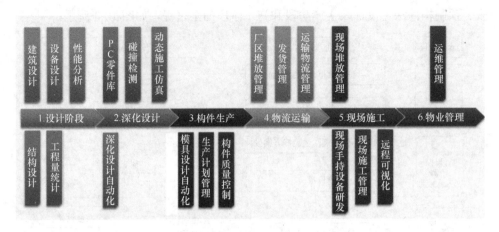

图 12-4　BIM 技术在装配式建筑中应用

12.4　BIM 技术在装配式建筑设计、生产、施工中的应用

12.4.1　BIM 技术在装配式建筑设计阶段的应用

BIM 技术在装配式建筑设计阶段的应用主要有四方面：标准化 BIM 构件库的建立、BIM 可视化设计、BIM 构件拆分及优化设计、BIM 协同设计。

1. 装配式建筑 BIM 构件库

1）结构构件库。根据不同建筑产品、不同结构体系、不同抗震等级，建立相对应标准化的深化设计结构构件。通过构件库里系列标准化的构件进行组拼、组合，快速建模，按照装配式建筑特性进行"组装"设计，从而保证构件的系列标准化，且各个构件满足工厂规模化、自动化加工和现场的高效装配，如图 12-5 所示。

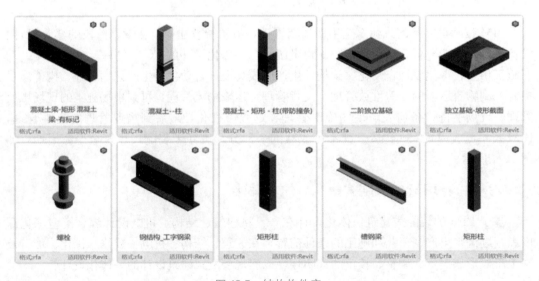

图 12-5　结构构件库

2）门窗标准化构件库。根据不同建筑产品及功能需求，建立相对应的标准化门窗部品，如图 12-6 所示。

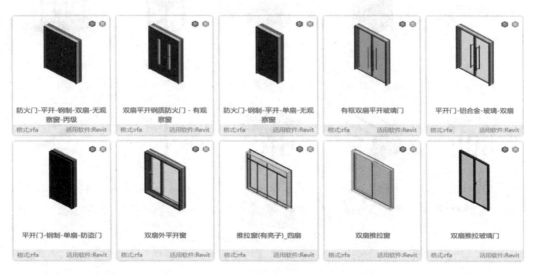

图 12-6　门窗标准化构件库

3）厨卫部品标准化构件库。根据建筑模块功能的要求，按照建筑模数，建立一系列不同尺寸、不同形状的标准化厨房部品和卫生间部品，如图 12-7 所示。

图 12-7　厨卫部品标准化构件库

4）零配件及预埋件标准化构件库。如系列套筒族库、系列预埋吊点族库，如图 12-8 所示。

5）机电管线的标准化构件库，如电气、给水排水、暖通、设备，如图 12-9 所示。

6）生产环节的模具标准化构件库，如与标准化构件或钢筋笼相匹配模具（墙、梁、板、柱、异形构件）。模具宜少规格、多组合，实现同类型模具通过不同组合满足不同构件生产的需要，如图 12-10 所示。

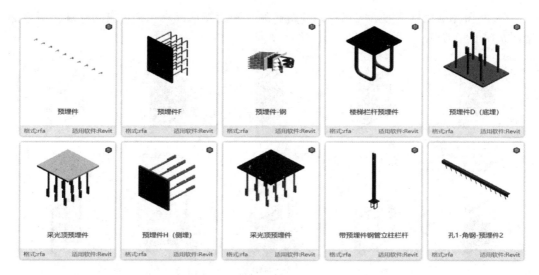

图12-8 零配件及预埋件标准化构件库

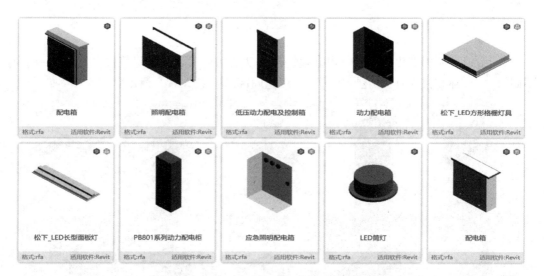

图12-9 机电管线的标准化构件库

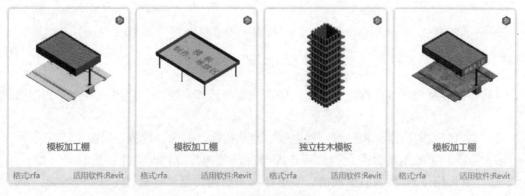

图12-10 生产环节的模具标准化构件库1

7）构件堆放架体、支撑系统标准化构件库，标准化构件相对应的堆放架体、支撑系统，如图 12-11 所示。

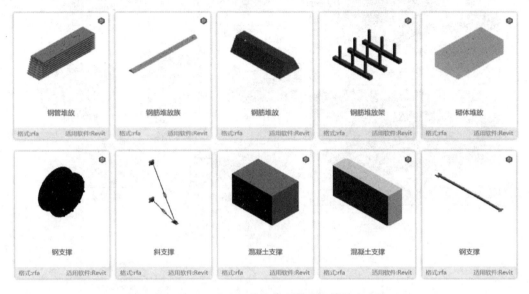

图 12-11　生产环节的模具标准化构件库 2

2. BIM 可视化设计

采用 BIM 的设计方法，可以让建筑师更好地控制建造，有效避免二维图纸理解有误的弊病，通过三维模型可更为直观地表达。同时，利用三维可视化可以实现精确定位，传统的平面设计成果为一张张的平面图，并不直观，工程中的综合管线只有等工程完工后才能呈现出来，而采用三维可视化的 BIM 技术可以使工程完工后的状貌在施工前就呈现出来，表达上直观清楚，如图 12-12 所示。

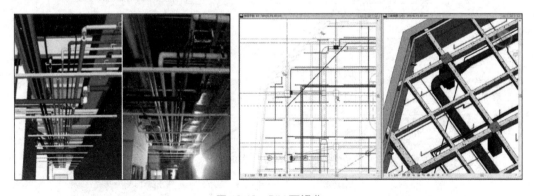

图 12-12　BIM 可视化

3. BIM 构件拆分设计

构件一次拆分深化主要针对构件标准化、生产加工工艺、成品房设计精装点位、开关插座细节深化；构件二次拆分主要辅助塔式起重机布置和选型，使现场施工便利，如图 12-13、图 12-14 所示。

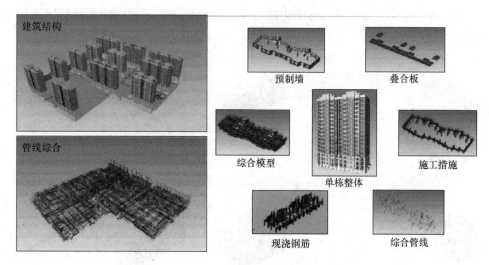

图 12-13 BIM 构件一次深化

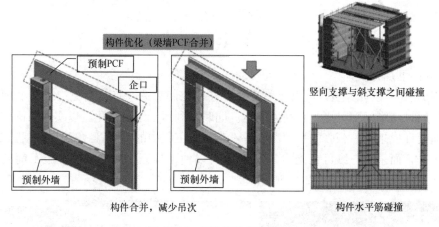

图 12-14 BIM 构件二次深化

4. 基于 BIM 技术的全专业协同设计

基于统一模型，可实现装配式建筑全专业协同设计及优化，如图 12-15 所示。

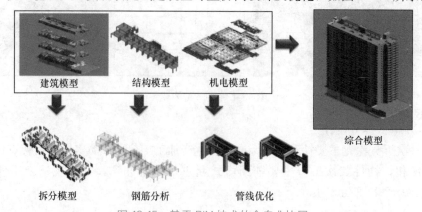

图 12-15 基于 BIM 技术的全专业协同

12.4.2 BIM 技术在装配式建筑生产阶段的应用

设计院根据构件信息和拆分条件进行构件工艺设计，在此基础上再根据构件详图、装配条件及制造条件进行装配设计以及制造方案设计，从而制定出相应的吊装方案、排产方案及配送方案，以提高其生产的效率。

1. 构件工艺设计的流程主要有：

1）建立项目：包括分配权限、建立建筑结构模型、分配楼层、输入项目属性。

2）建立拆分模型：包括导入建筑、结构底图，建立建筑拆分模型，确定拆分节点。

3）工艺拆分模型：对应制图文件内复制建筑模型中建筑元素，编辑其轮廓并预制化等。

4）模型检查：在三维模型中检查构件轮廓，构件间位置关系和碰撞检查。

5）添加钢筋：包括预埋件及其属性设置，预制构件添加钢筋和预埋件并设置属性，编辑构件标号。

6）出图：选用标准出图布局并添加需要的大样图及尺寸。

7）出材料清单（BOM）报告：生成总物料清单，构件物料清单（XML 文件）及钢筋下料清单。

2. 基于 BIM 的智能化加工

基于 BIM 模型的预制构件智能化生产加工过程实现了模型信息直接进入中央控制系统，与加工设备对接，识别设计信息，使设计与加工信息共享，实现设计、加工信息一体化，无需设计信息的重复录入。

3. 基于 BIM 的 CAM 智能化加工

CAM（Computer Aided Manufacturing，计算机辅助制造）主要是指利用计算机辅助完成从生产准备到产品制造整个过程的活动。生产线各加工设备通过基于 BIM 技术形成的可识别的构件设计信息，智能化地完成画线定位、模具摆放、成品钢筋摆放、混凝土浇筑振捣、铝合金刮杆杆平、收毛面、预养护、抹平、养护、拆模、翻转起吊等一系列工序。

1）自动画线与模具安放。画线机和摆模机器手可根据构件设计信息（几何信息）实现自动画线定位和部分模具安放。

2）智能布料。通过对 BIM 构件加工信息的导入，依据特定设备指令，系统能够将混凝土加工信息自动生成控制程序代码，自动确定构件混凝土的体积、厚度以及门窗洞口的尺寸和位置，智能控制布料机中的阀门开关和运行速度，精确浇筑混凝土的厚度及位置。

3）自动振捣。振捣工位可结合构件设计信息（构件尺寸、混凝土厚度等），通过程序自动实现振捣时间、频率的确定，实现自动化振捣。

4）构件养护。可实现环境温度、湿度的设定和控制，以及对各个构件养护时间的计时，设定自动化存取相应构件，实现自动化养护和提取。采用优化的存取配合算法，避免空行程，实时优化码垛机运动路线，智能调度系统控制构件养护时间，减少能源浪费。

5）翻转吊运。翻转起吊工位通过激光测距或传感器配置，实现构件的传运、起吊信息实时传递，安全适时自动翻转。

6）钢筋信息化加工。通过预制装配式建筑构件钢筋骨架的图形特征、BIM 设计信息及钢筋设备的数据交换，加工设备识别钢筋设计信息，通过对钢筋类型、数量、加工成品信息归并，自动加工钢筋成品（箍筋、棒材、网片筋、桁架筋等），无需二次人工操作和输入。

4．基于 BIM 的工厂信息化管理

基于 BIM 的工厂信息化管理包括设计导入生成生产管理信息、生产计划排产管理、材料库存及采购管理、构件堆场管理、物流运输管理、生产全过程信息实时采集。将 BIM 与 CAM 技术相结合实现基于 BIM 的装配式智慧工厂管理平台，将基于 BIM 模型的加工数据与基于施工进度的排产导入生产管理系统以实现基于供应链的优化排产，如图 12-16 所示。

图 12-16　基于 BIM 的装配式智慧工厂管理平台

构件堆场管理。通过构件编码信息，关联不同类型构件的产能及现场需求，自动化排布构件产品存储计划、产品类型及数量，通过构件编码及扫描，快速确定所需构件的具体位置，包括行车自动行走定位、自动寻找库位、自动记录构件库位，可以减少人工录入信息可能造成的错误。实现构件库存信息实时准确、构件查找快捷、出入库便利。

物流运输管理。信息关联现场构件装配计划及需求，排布详细运输计划（具体车辆，运输产品及数量，运输时间，运输人，到达时间等信息）。信息关联构件装配顺序，确定构件装车次序，整体配送。

生产全过程信息实时采集。实时监控生产过程，采集各个生产工序加工信息（作业顺序、工序时间、过程质量等）、构件库存信息及运输信息。信息汇总分析，以供再优化及管理决策。

12.4.3　BIM 技术在装配式建筑施工阶段的应用

在装配式建筑施工阶段，BIM 技术可以进行装配式构件生产指导，并通过 CAM 实现预制构件的数字化制造，从而实现施工现场组织及工序模拟、施工安装、模拟碰撞检测及复杂节点模拟施工，以提高装配式建筑施工的质量和效率，如图 12-17 所示。

1．基于 BIM 的工厂信息化管理

1）构件运输、安装方案的信息化控制。通过构件的预埋芯片，实现基于构件的设计

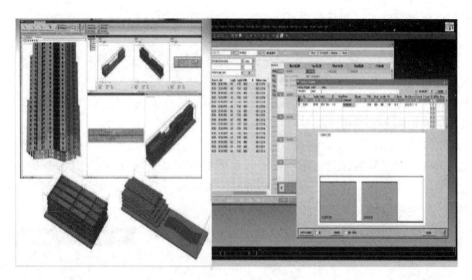

图 12-17 BIM 技术在装配式建筑施工阶段的应用

信息、生产信息、运输信息、装配信息的信息共享，通过安装方案的制定，明确相对应构件的生产、装车、运输计划。依据现场构件吊装的需求和运输情况的分析，通过构件安装计划与运输计划的协同，明确装车、运输构件类型及数量，协同配送装车、协同配送运输，保证满足构件现场及时准确的安装需求。采用二维码技术对 PC 构件进行物流跟踪管理并通过二维码实现批量扫描；在生产、运输、进场、安装等各个环节进行扫描，变更构件状态；通过 BIM 模型汇总物流状态和数据。

2）基于 BIM 模型的现场装配信息化管理

① 预制构件现场管理。装配式建筑因预制构件种类繁多，经常会出现构件丢失、错用、误用等情况，所以对预制构件现场管理务必要严格。

② 现场施工阶段管理。现场装配阶段是装配式建筑全生命周期中建筑物实体从无到有的过程。基于 BIM 的共享、协同核心价值，以进度计划为主线，以 BIM 模型为载体，共享与集成现场装配信息，通过设计信息和工厂生产信息，实现项目进度、施工方案、质量、安全等方面的数字化、精细化和可视化管理。

③ 施工模拟。以动态的三维模式模拟整个施工装配过程，对施工工序的可操作性进行检验。同时分析、对比不同方案的优缺点，及时发现潜在问题，并为优化施工方案、调整施工进度计划提供数据支持。

④ 5D 成本分析。将不同构件及工作子项所需要的人工、材料、机械设备进行分类统计，以实时反映不同阶段的人工、材料的需要量及机械设备的进场时间，动态比较多个可能方案之间的成本差别，通过分析和优化，选择成本最优的方案进行实施。

⑤ 吊装模拟。通过对施工现场和三维虚拟排布，对现场的预制构件和生产资料进行合理规划，有效避免生产资料和储物空间的浪费。

3）施工质量进度成本控制管理。在装配式建筑施工过程中，利用 BIM 技术将施工对象与施工进度数据连接，将 "3D-BIM" 模型转换成 "4D-BIM" 可视化模型，实现施工进度的实时跟踪与监控。在此基础上再引入资源维度，形成 "5D-BIM" 模型，施工方可通过此模型模拟装配施工过程及资源投入情况，建立装配式建筑"动态施工规划"，对质量、进度、成本进行动态管理。

4）装修阶段管理。施工阶段建立的BIM模型可通过转化直接供装修信息管理平台使用，图形数据可导入相关BIM综合平台，属性数据则直接从BIM数据库获取。主要功能有以下两点：一是装修部品产品库的建设；二是物业信息、机电信息、流程信息、库存信息、报修与维护信息可视化。

2. BIM模型与信息化平台对接

在施工现场对预制构件进行贴码，随后采用手持端系统软件通过扫码跟踪其入库/移库及运输信息。按照施工计划，有效规划堆放位置，及时准确地获得构件安装信息，为施工管理提供有效的数据支撑，如图12-18所示。

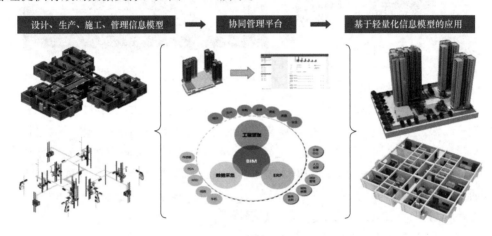

图 12-18　BIM 模型与信息化平台对接

12.5　基于 BIM 的装配式构件深化设计——以构件叠合板为例

12.5.1　楼板拆分与修改

以某装配式项目标准层模型为例进行拆分设计。案例采用构力科技有限公司 BIM-Base 系列软件 PKPM-PC 完成构件深化设计。

首先将模型切换至标准层，做方案设计时一般在标准层中完成，将命令栏切换至方案设计选项框，如图12-19所示。

图 12-19　方案设计命令选项框

楼板的拆分设计主要分为两个步骤，预制属性指定及楼板拆分设计。

1. 预制属性指定

勾选预制板，对于所需的楼板赋予属性，可以通过点选或框选的方式指定楼板的属性，赋予预制属性的楼板颜色将发生变化，如图 12-20 所示。

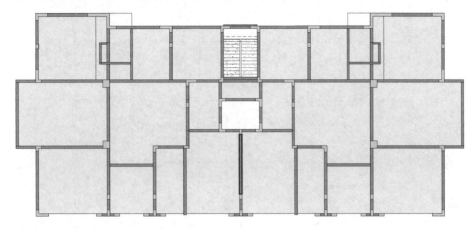

图 12-20　预制板预制属性指定后效果图

深色表示已经赋予预制属性的楼板，浅色表示现浇楼板，一般卫生间和厨房的楼板不能作为预制板。

2. 楼板拆分设计

点击楼板拆分设计命令，通过板拆分对话框，如图 12-21 所示，进行参数设置，进行程序智能化拆分。程序提供的预制楼板有三种，钢筋桁架叠合板，全预制板和钢筋桁架楼承板，以钢筋桁架叠合板为例（图 12-22）进行拆分。

基本参数设定，切换至钢筋桁架叠合板。

① 接缝类型主要有两种形式，拆分为双向板的形式，即为整体式接缝的类型；拆分为单向板的形式，即为分离式接缝的类型，接缝类型的选取可以参考《装规》6.6.3 条。

② 混凝土强度等级可以同主体结构也可以自行选择。

③ 参考《装规》6.6.2 条，预制板的最低厚度为 60mm。

④ 搁置长度，指的是预制板搁置在梁或者墙上的长度，程序默认为 10mm。

3. 拆分参数

1）拆分方式：

① 等分。

图 12-21　板拆分对话框

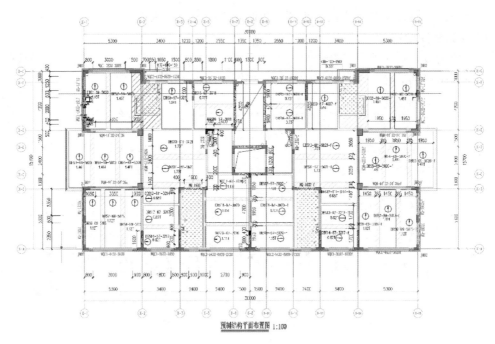

图 12-22　某装配式项目预制结构平面布置图

等分有两种形式，宽度限值和等分数，宽度限值是既保证等分又不超过最大宽度限值，等分数则是将楼板拆分为尺寸相同的板。

② 模数化。

可以自定义输入想要拆分的楼板宽度，程序会拆分为指定宽度的楼板，最后剩余的宽度则默认为现浇的宽度，如果不采用"仅使用上述规格"的话，程序会优先按宽度进行拆分，然后将最后面的一块板拆分为较大的楼板，也可以匹配构件库进行拆分。

2）接缝处的宽度，程序默认接缝处宽度为 300mm，也可自行修改。

3）拆分方向，有平行于长边方向，垂直于长边方向和自定义角度。

4. 构造参数

是否设置倒角；倒角的位置可以设置在仅接缝处或四边；倒角的类型主要有倒角、倒边和直角倒角三种类型，一般来说，双向板只留上倒角不留下倒角，单向板则需要设置上、下倒角。

5. 以某装配式项目进行楼板拆分

1）以等分－等分数方式进行拆分，设置好等分数，接缝宽度参考值与拆分方向即可完成拆分，模数和接缝宽度会同时影响拆分板的宽度，合理调节两参数才能达到好的效果。

2）以模数化－自定义方式进行拆分，并勾选"仅使用上述规格"，但并没有达到想要的拆分方式，这时要使用排列修改命令，点击排列修改，会弹出拆分参数修改设置，如图 12-23 所示，点击拾取构件，增加行，通过修改构件间距和宽度值将板拆分为图纸的样式，最后点击应用即可。最后，由于结构为对称的，可以点击构件复制/镜像选择镜像复制，勾选预制板，选择源文件并右键确认，指定对称轴的两点完成镜像复制，提高拆分的效率。

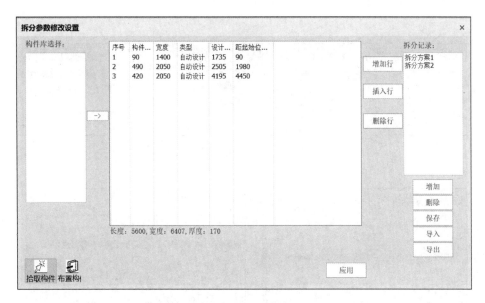

图 12-23　拆分参数修改设置对话框

预制板拆分完成效果如图 12-24 所示。

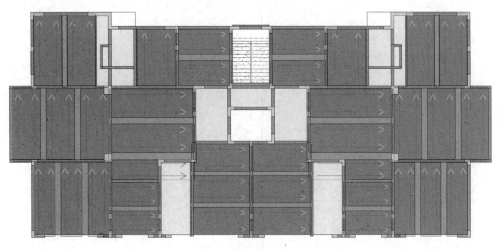

图 12-24　预制板拆分完成效果图

12.5.2　板配筋和埋件设计

楼板的深化设计，包括板配筋和埋件设计及楼板安装方向的设计。深化设计的命令选项框如图 12-25 所示。

1. 楼板配筋设计，切换至深化设计，点击图 12-25 中楼板配筋设计，打开板配筋设计对话框（图 12-26）

1）板配筋值

首先，如图 12-26（a）所示，点击板配筋值，程序会跳至板实配钢筋界面（图 12-26b），程序默认 8@200 的配筋，有两种方法对配筋值进行调整，第一种按计算的方式（图 12-26b

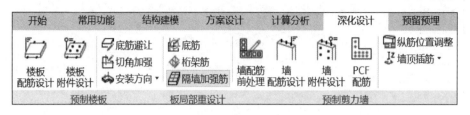

图 12-25 深化设计命令选项框

(a)   (b)

图 12-26 板实配钢筋选项框

中 PKPM 楼板计算按钮），第二种手动录入的方式（图 12-26b 中读取已有结果按钮）。采用第一种接计算的方式需要对整个模型进行计算分析之后，通过 PKPM 楼板计算将楼板配筋结果接力过来；第二种手动录入的方式则是根据已经设计好的楼板施工图将楼板实际配筋结果手动录入，可以双击原位对楼板进行配筋修改，也可以框选批量修改相同配筋结果的配筋值，调整好配筋之后，点击返回配筋修改，返回模型进行第二部分参数的调整。主要包括三栏参数，板底筋参数，桁架参数和板补强钢筋参数。

2）板底筋参数（图 12-27）

① 保护层厚度。

② 底筋排布方式，分为 X 和 Y 方向的排布，包括对称排布和顺序排布，边距/间距固定，两端余数，加强筋单独排列以及自定义排布的方式。对称排布是首先在板中央排布一根钢筋，然后以 200 间距左右对称进行排布，如果点选设置板加强筋，则会在对称钢筋距离板边不足 200 时在板边布置一根加强筋，同时可以设置钢筋强度和直径，否则是布置一根底筋。可以手动输入或者自动调整去控制边距，程序默认自动计算为 10 到 50 之间，并保证钢筋间距为整数。顺序排布是从左往右以 200 间距依次排布，可以调整首根钢筋距板边的距离，以及布置附加筋阈值和边距，附加筋可以采用加强筋的形式布置。

③ 单向叠合板出筋，程序默认单向板左右出筋，上下不出筋，可以通过拆分向支座或所有支座进行上下出筋。针对接缝处钢筋的搭接形式以及长度调整，形式有直线搭接，90°，135°弯钩，弯折搭接，180°圆弧，180°弯折。搭接长度的控制主要有两种方式，勾选搭接长度控制，系统按照规范通过自动计算控制搭接长度；取消勾选，则搭接长度是根据板底筋临近预制板边的距离控制。

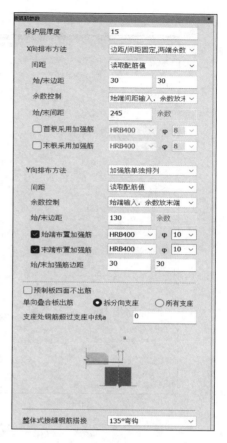

图 12-27　板底筋参数选项框

3）桁架参数（图 12-28）

勾选设置桁架，取消勾选则为不设置桁架（图 12-28a）。桁架排布方向，分为平行于或者垂直于预制板长边方向。桁架和钢筋的相对位置有三种：分布筋放置于红色受力筋与桁架筋放在同一水平面；受力筋放置于下侧，分布筋放置于中间，桁架筋放置于最上面；桁架筋与受力筋放到最下面，分布筋放置于上面。桁架长度模数，为 200，100 和无模数，无模数可以同时控制桁架缩进的距离。桁架规格可以下拉表选择需要的规格，也可以通过附件库来增加桁架的规格，同时桁架规格的参数修改需要进入附件库修改。可以勾选是否桁架钢筋下弦筋深入支座。最后一个参数为桁架排布参数，一般桁架不参与结构计算，主要是构造配筋的形式，程序默认桁架与底筋不相关联，表示桁架不一定布置在底筋的位置。

板补强钢筋（图 12-28b），包括布置隔墙加强筋、洞口钢筋自动处理及布置切角补强钢筋：可以设置是否布置隔墙加强筋以及设置相应的钢筋类型和直径。洞口钢筋自动处理包括：可以设置大小洞临界尺寸；大洞处理方式（有钢筋截断，钢筋拉通和仅截断桁架三种方式）；大洞补强钢筋，可以设置相应的钢筋类型和直径以及选择受力边钢筋是否深入支座；小洞处理方式有钢筋避让和钢筋拉通两种方式。布置切角补强钢筋，设置相应的钢筋类型和直径及补强的类型，有构造补强和截断补强两种方式。

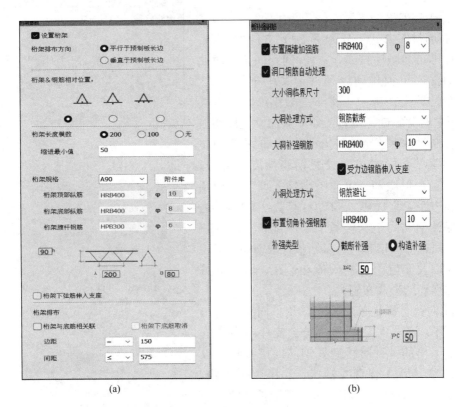

图 12-28　桁架参数设置

（a）板底筋参数选项框；（b）板补强钢筋选项框

2. 点击楼板附件设计，进入埋件设计（图 12-29）

1）吊装埋件类型主要有直吊钩和桁架吊点两种类型。

2）埋件规格，直吊钩有吊钩 1，2 两种规格，桁架吊点有桁架加强筋和无加强筋两种规格，桁架加强筋是直接采用桁架作为吊点，在桁架的波谷两端加上加强筋，可以调整加强筋的规格和长度。

3）埋件排布方式主要有两种：自定义排布，可以通过控制长度和百分比进行控制；自动排布则是自动满足吊装脱模的验算结果。

3. 安装方向，设置安装方向。点击图 12-25 中安装方向，打开预制楼板安装方向对话框（图 12-30）

1）参考标准有全局坐标系和局部坐标系两种，局部坐标系一般是指相对于板长边方向为 X 轴，全局坐标系则相对于整个坐标系。

2）设置安装方向，有上下左右四个方向。

3）设置标记样式，缩放比例。

4）设置生成位置，设置生成范围，有全楼，本层和选中构件三种方式，同时可以点击原位修改对预制楼板进行原位调整。

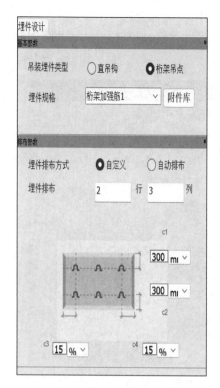

图 12-29 埋件设计选项框　　　图 12-30 预制楼板安装方向对话框

12.5.3 板上钢筋的调整工具

板上钢筋的调整工具主要有四个部分：板钢筋的避让；切角加强；单参修改；属性栏修改。

1. 钢筋避让

点击图 12-25 中底筋避让，打开底筋避让对话框（图 12-31）。

主要针对将楼板拆分为双向板的情况，板与板之间的底筋在后浇带的位置完全重合在一起，需要对楼板进行避让处理，可以直接通过程序的避让功能进行自动避让。在深化设计中，点击底筋避让，可以输入钢筋错缝值，程序默认为 20（图 12-31），钢筋避让的方式主要有两种：相邻板对称移动，如果两根板底筋发生碰撞之后，输入错缝值为 20，则上面一块板的钢筋向右移动 10，下面的板向左移动 10，这样板与板之间的错缝为 20；预制板隔一移一，则下面的板不动，上面的板向右移动 20°，从而实现错缝为 20。同时也可以进行首末钢筋处理，可以选择首根或末根钢筋不移动，也能进行普通钢筋和加强钢筋的增删处理，当边距小于某值时自动删除，大于某值时增加。最后可以将此设置的生效范围应用至全楼、本层或者选择即生效。

2. 切角加强筋调整

点击图 12-25 中切角加强，打开切角加强筋调整对话框（图 12-32）。

1）截断补强，可以调整补强钢筋的规格和直径，布置方式主要有两种：第一种为自定义，可以输入水平和竖向补强钢筋的根数以及间距和边距；第二种为自动计算，则最少布置两根钢筋，同样可以输入补强钢筋的边距和间距。加强钢筋伸出长度，主要有两种控制方式：第一种为自定义方式，可以自定义输入补强钢筋的控制长度，即补强钢筋伸出预制板边的长度，第二种为按支座中心控制。

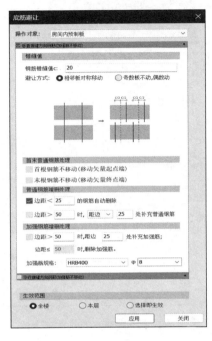

图 12-31　底筋避让对话框

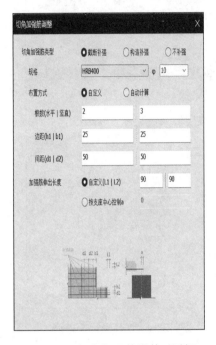

图 12-32　切角加强筋调整对话框

2）构造补强，同样可以自定义输入补强钢筋的规格和直径，同时可以设置阈值，即最边上一根钢筋到切角边的距离超过阈值时会在切角处加一根补强钢筋，同样也可以对这根补强钢筋进行自定义定位，补强钢筋的长度可以通过自动计算或者取消自动计算而手动输入补强钢筋的长度。

3）不补强，则针对切角的位置不增加补强钢筋。

3. 单参修改（图 12-33）

可以通过两种方式对单参修改的命令进行调用，点击图 12-25 中深化设计—编辑—深化编辑—单参修改命令，然后单击对应的楼板，也可以通过双击楼板的方式快速调用楼板的单参，可以在单参中对单块板进行参数修改，包括板参数和板切角的参数。还有一个深化编辑的功能（图 12-34）：点击深化编辑，选择参考的构件，点击 Tab 键进入深化编辑器中，红色楼板则是需要进入深化编辑器的楼板，在深化编辑器中，可以对橙色高亮显示的楼板进行灵活的调整，可以点选或者框选某一部件进行调整，也可以双击对应的一个参数对钢筋的位置进行原位修改，同时，也可以通过上侧的命令栏插入钢筋，包括洞口加强筋，隔墙加强筋和板边加强筋，在插入钢筋时可以自定义选择钢筋、直径、根数、间距和插入点距端头的距离，并设置插入钢筋距离板底的高度和长度、加强筋长度和加强筋方向。还可以自定义插入桁架，并设置规格根数、间距、插入点距端头的距离、距板底高度和长度、方向，还可以设置桁架起始点是从波谷，波峰或者偏移一定的位置作为起始点。在对一块楼板调整好后，可以通过双击切换至其他的楼板进行下一个调整，设置好后保存退出即可。

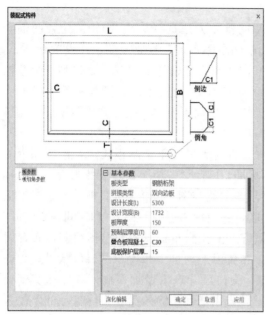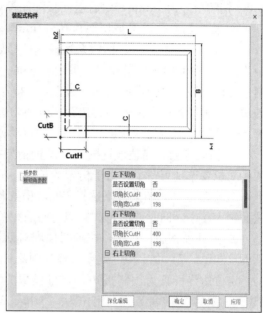

图 12-33 单参修改（板参数及板切角参数）选项框

4. 属性栏的调整工具

选择一块楼板，鼠标右键选择属性栏（图 12-35），可以在左侧属性栏中对所有参数进行调整，还可以通过 Ctrl 键多选对一些参数进行批量的修改。

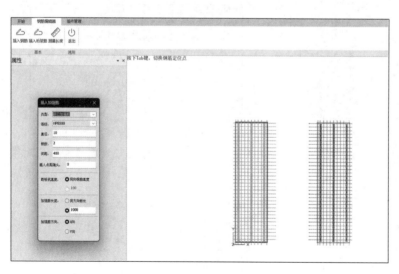

图 12-34 深化编辑器选项框   图 12-35 属性栏选项框

5. 案例（图 12-36）

1）楼板配筋设计。首先在深化设计中点击楼板配筋设计，点击板配筋值，由于已有施工图纸，可以直接输入底筋参数：底筋 BX，BY 都为 $\phi10@150$，表示设置底筋间距为 150，钢筋型号为 10mm，然后返回板配筋设计。

① 板底筋参数，保护层厚度为 15mm，X 向排布方法选择边距/间距固定，两端余数，设置始末边距为 30，同时余数控制选择始端间距输入，余数放末端，并设置始/末间距为 245，取消勾选首根和末根采用加强筋；Y 向排布方法选择加强筋单独排列，余数控制选择始端输入，余数放末端，设置始/末边距为 130，并设置始末布置加强筋以及相应的规格，再设置始末加强筋的边距。取消勾选预制板四面不出筋；整体式接缝钢筋搭接选择 135° 弯钩，勾选搭接长度控制并勾选自动计算；切角钢筋处理选择自定义并默认为 15。

② 桁架参数，勾选设置桁架并设置桁架排布方向为平行于预制板长边，桁架和钢筋的相对位置选择第一个；由于桁架的长度并不标准，因此设置桁架长度模数为无，并设置上下缩进都为 50，桁架规格选择 B90，桁架各项参数均与图 12-36 一样；取消勾选桁架下弦筋深入支座，同时取消勾选桁架与底筋相关联，并设置"边距＝150"和"间距≤575"。

③ 板补强钢筋。首先，在预留预埋对话框下点击孔洞布置，在弹出预留洞口布置对话框（图 12-37）中，构件类型选择为预制板，布置模式为自由布置，洞口形状设置为方洞，定位边界设置为预制板边，定位模数为 1，洞口尺寸点击增加，输入长度和宽度为 150，输入 X 方向和 Y 方向定位为 875 和 465，再点击增加，输入宽度和长度为 86，输入 X 方向和 Y 方向定位为 1185 和 482，2157 和 482，最后设置洞口临界尺寸为 300，当洞口尺寸小于或等于临界尺寸时，钢筋处理方式为钢筋避让，洞边钢筋避让距离为 5；同时取消布置切角补强钢筋。

DBS6-69-5115

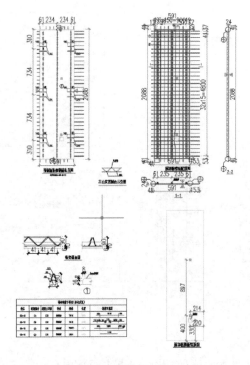

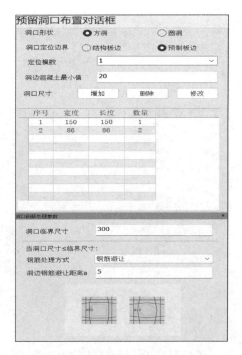

图 12-36　预制板深化图纸　　　　　　　图 12-37　预留洞口布置对话框

2）楼板附件设计

点击深化设计下的楼板附件设计，吊装埋件类型选择桁架吊点并设置埋件规格为桁架加强筋 1，可以在构件库中看到所选规格与使用的一致；埋件排布方式选择自定义，埋件排布为 2 行 3 列，c1、c2 都设置为 150mm，c3、c4 都设置为 760mm。

3）楼板安装方向

点击安装方向，设置为全局坐标系，安装方向为上，生成位置选择为右上，并自定义 X 为 60%，Y 为 40%，生成范围为选中构件，最后生成即可。最后是板上钢筋的调整，由于板钢筋只能设置为某一种类型的间距（例如 10@150），因此有必要进行板底筋的调整。双击楼板的方式快速调用楼板的单参，点击深化编辑，选择参考的构件，点击 Tab 键进入深化编辑界面，对多余钢筋进行删除；对下部钢筋间距进行调整；将上部第一根钢筋进行调整；对吊点的位置进行调整；对加强筋长度进行调整。也可以根据要求插入加强筋和桁架筋，最后点击退出并保存即可。如果担心相邻两板底筋碰撞也可以进行底筋避让处理，点击底筋避让并设置错缝值，选择并生效应用即可；同样也可以进行切角加强，设置切角加强钢筋类型和规格，选择相应的构件即可。最后可以单击该构件调出属性栏，可以直观地看出其参数，同时也可以进行一定的修改（图 12-38），同时在绘图区可看到完成的预制板深化设计平面图（图 12-39）。

图 12-38　预制板属性显示

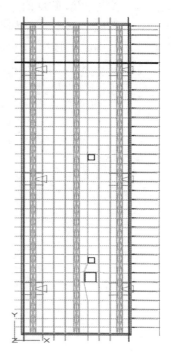

图 12-39　预制板深化设计

本章小结

1. BIM 是以三维数字技术为基础，集成建筑工程项目各种相关信息的工程数据模型，是对工程项目相关信息的详尽表达，具有以下基本特征：可视性、协调性、模拟性、可出图性及优化性。BIM 作为装配式建筑集成化、一体化的工具，能够在装配式建筑中充分发挥其作用。通过 BIM 技术，可解决预制装配式建筑方案设计中的复杂问题，并模拟构件生产、安装及装配过程，为施工提供可靠依据。

2. 介绍了基于 BIM 的装配式设计流程。BIM 技术可贯穿于装配式建筑全寿命周期，覆盖装配式混凝土建筑设计技术策划、方案设计、初步设计、施工图设计、预制构件深化设计、生产及施工全过程，成为装配式建筑设计不可或缺的一部分。

3. 举例说明了 BIM 技术在设计、生产、施工中的主要作用。从设计阶段标准化 BIM 构件库的建立、BIM 可视化设计、BIM 构件拆分及优化设计、BIM 协同设计，到生产阶段基于 BIM 的智能化加工和工厂信息化管理，再到施工阶段基于 BIM 的工厂信息化管理和信息化平台对接，BIM 技术为装配式建造提供了强有力的支持。

4. 通过 BIM 软件，以某装配式项目为例进行了叠合板的拆分及深化设计，展现了 BIM 技术在设计阶段的重要作用。

思考题

1. 简述 BIM 软件的主要分类。
2. 简述 BIM 技术是如何与装配式建筑紧密结合起来的。
3. 举例说明 BIM 技术在装配式建筑设计、生产、施工、管理中的应用。
4. 基于 BIM 的装配式结构深化设计实例中，方案设计和深化设计的主要内容有哪些？试列出其主要步骤。

第 13 章　装配式建筑碳排放计算与碳减排

13.1　概述

建筑碳排放计算的基本目标是明确建筑全生命期中碳排放的主要来源，了解各阶段与过程的碳排放水平、特征，分析建筑减排的潜力与措施。现行国家标准《建筑节能与可再生能源利用通用规范》GB 55015 已明确将建筑碳排放计算作为强制要求。我国于 2019 年已颁布实施了《建筑碳排放计算标准》GB/T 51366—2019，对碳排放计算的基本方法做了规定。本章将重点介绍建筑碳排放计算的基本概念与方法、基于构件的装配式建筑全生命期碳排放计算方法、软件工具，以及装配式建筑碳减排策略，并结合典型案例，使读者更加系统、深入地理解相关知识体系。

13.2　建筑碳排放计算的基本概念与方法

13.2.1　基本概念

1）建筑全生命期：建筑材料生产、建筑施工、建筑使用和建筑报废阶段的完整过程。

2）建筑碳排放：建筑在全生命期产生的温室气体排放的总和，以二氧化碳当量表示，记为 CO_2e。

3）建筑物化碳排放：建筑材料生产、建筑施工阶段产生的直接和间接碳排放总量。

4）建筑运行碳排放：由建筑日常使用中利用能源而产生的直接或间接碳排放。

5）建筑隐含碳排放：建筑全生命期中除运行碳排放外，建筑物产生的直接或间接碳排放。

6）活动水平：建筑全生命期中直接或间接产生碳排放的生产或消费量，如各种化石燃料消耗量、原材料使用量、电力和热力的购入量等。

7）碳排放因子：表征当前单位活动水平碳排放量的系数。

8）建筑碳排放指标：按照规范化计算方法与功能单位得到的碳排放量数值。

9）建筑碳汇：在划定的建筑项目范围内，绿化、植被等从空气中吸收及存储的二氧化碳量。

13.2.2　系统边界

系统边界是指建筑全生命期碳排放计算所规定的考查范围和约定条件，一般分为空间边界、技术边界和时间边界。

空间边界根据尺度范围分为建筑构件、主体结构、单体建筑、建筑群、区域建筑业等。

技术边界将系统边界分为"考虑全部因素""考虑关键因素"和"考虑差异化因素"单个级别，分别适用于全面的建筑碳排放计算、建筑碳排放水平及减排潜力的一般性分析、不同设计与技术方案的碳排放对比与优化。

时间边界是建筑全生命期碳排放的各阶段与子阶段的集合。在国际标准《建筑和土木工程的可持续性－建筑产品和服务的环境产品声明的核心规则》ISO 21930 中，将建筑全生命期分为 4 个阶段，包括，生产阶段、施工阶段、使用阶段和报废阶段。每个阶段又被划分为若干个子阶段，如图 13-1 所示。

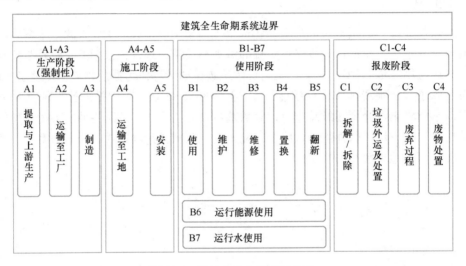

图 13-1　建筑全生命期系统边界

1. 生产阶段。首先原材料被开采并运输到材料生产厂，然后工厂进行材料的生产与加工，完成养护、贮存与包装等工作，并将工厂生产的材料与构件运送至施工现场；对于装配式建筑，这一阶段还会在工厂中完成预制构件的制作。该阶段主要的产品流为原材料、能源的输入及材料、构件的输出。值得注意的是，钢材、水泥、木材、玻璃等材料生产的碳排放在相应的生产、加工及运输等环节中产生，并不是在建筑现场产生，而是由于消耗了材料间接计入了这些材料的生产及运输碳排放，因此，从消费者视角，生产阶段的碳排放对于建筑物来说属于间接碳排放。

2. 施工阶段。将运送至施工现场的材料与构件，通过现场加工、施工安装等工程作业，建设形成建筑物。在这一阶段中，除各类复杂施工工艺（如混凝土浇筑、钢筋加工、起重吊装）的能源及服务使用外，临时照明、生活办公等用能也不可忽略。该阶段主要的产品流为材料、构件、能源及服务的输入，以及建筑施工废弃物的输出。

3. 使用阶段。包括建筑日常使用及建筑的维修和维护等过程。建筑日常使用一般涵盖建筑运行所需的供电、照明、采暖、制冷、通风、热水、电梯等系统，以及业主的其他用能活动（如办公及家用电器设备、炊事活动）；而维修和维护既包含维持建筑功能与可靠性要求的"小修小改"，又包括功能与可靠性增强所需的"大修大改"。此外，运行阶段还应考虑可再生能源利用的减碳量与建筑碳汇系统的固碳量。该阶段的主要产品流为能源及维修、维护材料的输入，以及日常使用、维修维护过程的废弃物输出。

4. 报废阶段。建筑物被拆除并进行大构件的破碎，将拆除废弃物运输至指定位置后，进行建筑场地的平整，而废弃物被进一步分拣，其中可回收材料用于再加工、再利用，不可回收材料被填埋或焚烧处理。该阶段的主要产品流为能源、服务的输入，以及建筑废弃物和再生资源的输出。

建筑全生命期是包含多样化产品（服务）流与单元过程的复杂产品系统。受计算目的、数据可获取性与计算复杂度所限，通常来说，建筑碳排放计算不可能完整考虑所有碳排放源与汇。因此，需要在碳排放计算前对系统边界作合理、可靠的简化与决策。现行国家标准《建筑碳排放计算标准》GB/T 51366 规定的系统边界就属于简化的边界，主要包括建材生产、建筑施工、建筑使用及建筑报废阶段。

根据碳排放计算目标的不同，建筑全生命期的系统边界可分为"从摇篮到工厂""从摇篮到现场"和"从摇篮到坟墓"等几类。"从摇篮到工厂"的系统边界包含原材料开采到建筑材料或部件成品离开工厂为止的上游过程；"从摇篮到现场"的系统边界在前者的基础上，增加了建筑材料与部件运输、建筑现场施工与吊装，以及施工废弃物处理等过程；而"从摇篮到坟墓"的系统边界在前两者的基础上，考虑了后续建筑使用和报废阶段，即通常意义上的建筑全生命期。

13.2.3 建筑碳排放计算方法

建筑全生命期碳排放的计算，应根据系统边界与清单数据合理选择计算方法。现行国家标准《建筑碳排放计算标准》GB/T 51366 采用基于过程的生命期评价方法建立了碳排放计算的基本框架，可用于工程项目碳排放的一般性分析。下文将对建筑生命期碳排放计算方法进行介绍。

根据建筑生命期的四个基本阶段，采用基于过程的计算方法可得碳排放总量为：

$$C_{LIFE} = C_{SC} + C_{SG} + C_{SY} + C_{BF} \tag{13-1}$$

式中　C_{LIFE}——建筑生命期碳排放总量（$kgCO_2e$）；

　　　C_{SC}——建材生产阶段碳排放总量（$kgCO_2e$）；

　　　C_{SG}——建筑施工阶段碳排放总量（$kgCO_2e$）；

　　　C_{SY}——建筑使用阶段碳排放总量（$kgCO_2e$）；

　　　C_{BF}——建筑报废阶段碳排放总量（$kgCO_2e$）。

1. 建材生产阶段

$$C_{SC} = \sum_{i=1}^{n} M_i F_i \tag{13-2}$$

式中　C_{SC}——建材生产阶段碳排放总量（$kgCO_2e$）；

　　　M_i——第 i 种主要建材的消耗量；

　　　F_i——第 i 种主要建材的碳排放因子（$kgCO_2e$/单位建材数量）。

2. 建筑施工阶段

$$C_{SG} = \sum_{i=1}^{n} M_i D_i T_i + E_{JZ,i} EF_i \tag{13-3}$$

式中　C_{SG}——建筑施工阶段碳排放总量（$kgCO_2e$）；

　　　M_i——第 i 种主要建材的质量（t）；

D_i——第 i 种建材从生产工厂到施工现场的平均运输距离（km）；

T_i——第 i 种建材的运输方式下，单位质量运输距离的碳排放因子 $[kgCO_2e/(t \cdot km)]$；

$E_{JZ,i}$——建筑建造阶段第 i 种能源总用量（kWh 或 kg）；

EF_i——第 i 类能源的碳排放因子（$kgCO_2e/kWh$ 或 $kgCO_2e/kg$）。

3. 建筑使用阶段

$$C_{SY} = \left[\sum_{i=1}^{n} (E_i EF_i) - C_p \right] y \tag{13-4}$$

$$E_i = \sum_{j=1}^{n} (E_{i,j} - ER_{i,j}) \tag{13-5}$$

式中　C_{SY}——建筑使用阶段碳排放总量（$kgCO_2e$）；

E_i——建筑第 i 类能源年消耗量（单位/a）；

EF_i——第 i 类能源的碳排放因子；

$E_{i,j}$——第 j 类系统第 i 类能源消耗量（单位/a）；

$ER_{i,j}$——第 j 类系统消耗由可再生能源系统提供的第 i 类能源量（单位/a）；

C_p——建筑绿地碳汇系统年减碳量（$kgCO_2e/a$）；

i——建筑消耗终端能源类型，包括电力、燃气、石油、市政热力等；

j——建筑用能系统类型，包括暖通空调、照明、生活热水系统等；

y——建筑设计寿命（a）。

4. 建筑报废阶段

$$C_{BF} = \sum_{i=1}^{n} E_{BF,i} EF_i + \sum_{j=1}^{m} M_j D_j T_j \tag{13-6}$$

式中　C_{BF}——建筑报废阶段碳排放总量（$kgCO_2e$）；

$E_{BF,i}$——建筑报废阶段第 i 种能源总用量（kWh 或 kg）；

EF_i——第 i 类能源的碳排放因子（$kgCO_2e/kWh$ 或 $kgCO_2e/kg$）；

M_j——第 j 种建筑垃圾的质量（t）；

D_j——第 j 种建筑垃圾运输距离（km）；

T_j——第 j 种建筑垃圾的运输方式下，单位质量运输距离的碳排放因子 $[kgCO_2e/(t \cdot km)]$。

13.3　基于构件的装配式建筑碳排放计算方法

13.3.1　装配式建筑碳排放计算的特点

构件是构建建筑的基本物质组成单元，以构件为核心的建筑设计是通过在设计过程中研究构件的生产、运输、定位、连接、成型、使用、再利用等状态，从微观到宏观，以控制构件的方式构建起建筑设计与建造方式的关联性。以构件为核心的建筑设计方法在工业化设计与建造中具有显著的优势，尤其适用于装配式建筑。这种方法建立了清晰的设计逻辑，有助于提高建筑设计的效率和质量。同时，它为装配式建筑提供了有效的工具，帮助创建建筑定量数据信息，使 BIM 技术能够更高效、更精确地反映实际项目的工程信息，从而推动建筑的可持续发展。

如果把建筑物看成是一个产品，那么建筑构件就是这个产品中的零件。构件作为建筑的基本物质构成，承载相应的空间和功能，位于装配式建筑产品设计的起始点。因此，对于装配式建筑的碳排放计算，应该适应以构件为核心的装配式建筑设计方法，基于构件进行碳排放的计算。

13.3.2 装配式建筑碳排放计算的系统边界

工业化预制装配模式的建造理念区别于传统的现场建造理念，采用产业化方式在工厂制造各种建筑构件，再通过工业化装配技术在现场科学合理地组织施工，机械化水平的提高减少了繁重、复杂的手工劳动和湿作业。

由于施工现场作业向预制构件厂的转移，建筑碳排放计算范围也随之发生改变，即由"建筑施工阶段碳排放"细化扩展为"建材生产"＋"构件生产阶段"＋"构件运输阶段"＋"装配施工阶段＋建筑使用＋改造再利用＋建筑报废"7 个阶段，所以需要综合分析工厂加工及施工装配工艺的规律和特点，有利于建立符合工业化预制装配模式特点且边界明晰的碳排放模型，如图 13-2 所示。通过传统建筑与装配式建筑全生命期对比研究，建立符合工业化建造特点的装配式建筑全生命期阶段划分。

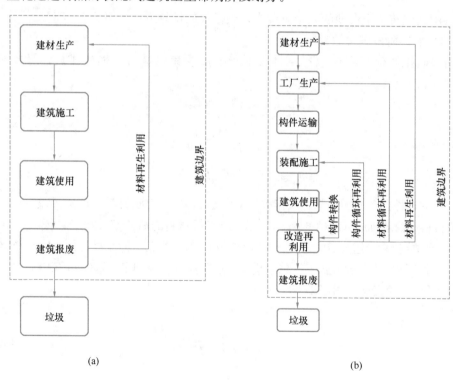

图 13-2 传统建筑与装配式建筑全生命期对比
(a) 传统建筑；(b) 装配式建筑

根据装配式建筑的特征与建筑预制构件的特殊性，装配式建筑的生命期可划分为 7 个阶段，分别是：

1. 建材生产阶段，指使用各种设备和技术手段将原材料（如铁矿石、石灰石、铝土矿、铜矿、木材和石油等）开采、加工用作施工材料（如钢铁、水泥、铝和塑料）的阶段、包括原材料的开采、运输、制备环节。

2. 构件生产阶段，指工厂制作预制构件阶段，例如结构构件、门窗和复合墙板、建筑设备等产品，包括厂内的材料和构件周转环节。

3. 构件运输阶段，指预制构件检验合格后运送到施工现场，并完成卸货堆场的过程。该阶段涉及预制构件装车、运输、产品保护、卸货堆场等环节。

4. 装配施工阶段，指在起重机械、转运设备等工具辅助支持下，构件由堆场按照施工组织方案进行现场装配到交付环节。

5. 建筑使用阶段，指从建筑交付给业主开始，贯穿建筑正常使用过程，包括各种日常维修和设备维护等。

6. 改造再利用阶段，指为延长建筑寿命，减少无谓的重建，对建筑进行更新改造的过程，需要对部分构件进行拆除以及重新安装。

7. 建筑报废阶段，指整栋建筑拆除为构件级别后，经质量评估鉴定重新用于其他建造项目中，以及整体性拆除后在异地重新建设的过程。

13.3.3　装配式建筑碳排放计算的方法

在装配式建筑全生命期的 7 个阶段中，碳排放的计算方法如下：

1. 建材生产阶段碳排放计算

该阶段碳排放计算主要包括原材料生产碳排放和原材料运输碳排放，可按照下式计算：

$$C_{SCL} = C_{YCL} + C_{YSL} \tag{13-7}$$

$$C_{YCL} = \sum_{i=1}^{n} M_{sc,i} R_{sc,i} \tag{13-8}$$

$$C_{YSL} = \sum_{i=1}^{n} M_{sc,i} D_{sc,i} F_{sc,i} \tag{13-9}$$

式中，C_{SCL} 为构件生产所需原材料碳排放（$kgCO_2e$）；C_{YCL} 为原材料生产碳排放（$kgCO_2e$）；C_{YSL} 为原材料运输碳排放（$kgCO_2e$）；$M_{sc,i}$ 为第 i 种原材料的消耗量（kg，t，或 m^2，m^3 等）；$R_{sc,i}$ 为第 i 种原材料的碳排放因子（$kgCO_2e$/单位）；$D_{sc,i}$ 为第 i 种原材料的运输距离（km）；$F_{sc,i}$ 为第 i 种原材料的运输方式下，单位重量运输距离碳排放因子 $[kgCO_2e/(t \cdot km)]$。

2. 构件生产阶段碳排放计算

$$C_{SC} = C_{SB} + C_{FH} \tag{13-10}$$

$$C_{SB} = \sum_{i=1}^{n} \sum_{j=1}^{m} (T_{i,j} R_{i,j}) \tag{13-11}$$

$$C_{FH} = \sum_{i=1}^{n} m_i F_i \tag{13-12}$$

式中，C_{SC} 为构件生产过程的碳排放（$kgCO_2e$）；C_{SB} 为构件设备运行过程中产生的碳排放（$kgCO_2e$）；C_{FH} 为构件生产过程中消耗的辅材、耗材产生的碳排放（$kgCO_2e$）；$T_{i,j}$ 为第 i 种构件生产第 j 种机械设备运行时间（台班）；$R_{i,j}$ 为第 i 种构件生产第 j 种机械设备机械台班碳排放因子（$kgCO_2e$/台班）；F_i 为第 i 种辅材、耗材的碳排放因子（$kgCO_2e$/单位）；m_i 为第 i 种辅材、耗材的消耗量（kg，t，或 m^2，m^3 等）。

3. 构件运输阶段碳排放计算

考虑到货车运输需要往返多趟，货车从施工现场返回时一般为空荷运输，已有研究表明，空载环境负荷是满载时的 0.67 倍，空车返回系数（α）为 1.67。货车运输考虑空载返回时的运输距离使用空车返回系数（α）进行修正。

$$C_{YS} = \sum_{i=1}^{n} \alpha Q_{ys,i} D_{ys,i} F_{ys,i} \tag{13-13}$$

式中，C_{YS} 为构件运输过程产生的碳排放（$kgCO_2e$）；α 为空车返回系数；$Q_{ys,i}$ 为第 i 种构件运输的质量（t）；$D_{ys,i}$ 为第 i 种构件运输的距离（km）；$F_{ys,i}$ 为第 i 种原材料的运输方式下，运输碳排放因子 $[kgCO_2e/(t \cdot km)]$。

4. 装配施工阶段碳排放计算

$$C_{SG} = C_{S,SB} + C_{S,FH} \tag{13-14}$$

$$C_{S,SB} = \sum_{j=1}^{m} T_{s,j} R_{s,j} \tag{13-15}$$

$$C_{S,FH} = \sum_{i=1}^{n} m_{s,i} F_{s,i} \tag{13-16}$$

式中，C_{SG} 为构件装配施工过程产生的碳排放（$kgCO_2e$）；$C_{S,SB}$ 为施工过程中机械设备产生的碳排放（$kgCO_2e$）；$C_{S,FH}$ 为施工过程所需辅材、耗材消耗产生的碳排放（$kgCO_2e$）；$R_{s,j}$ 为第 j 种机械设备的运行时间（台班）；$T_{s,j}$ 为第 j 种机械设备的机械台班碳排放因子（$kgCO_2e$/台班）；$m_{s,i}$ 为第 i 种构件装配施工过程所需辅材、耗材的消耗量（kg，t，或 m^2，m^3 等）；$F_{s,i}$ 为第 i 种构件装配施工所需辅材、耗材的碳排放因子（$kgCO_2e$/单位）。

将上述子阶段的碳排放进行累加即可得到建筑物化阶段的碳排放，公式为：

$$C_{EM} = C_{SCL} + C_{SC} + C_{YS} + C_{SG} \tag{13-17}$$

式中，C_{EM} 为建筑物化阶段碳排放（$kgCO_2e$）。

5. 建筑使用阶段碳排放计算

根据已有研究，装配式建筑使用阶段中的日常维修和维护分别占物化阶段碳排放量之和的 1.05% 和 0.2%，故建筑使用阶段的碳排放量计算公式为：

$$C_{SY} = C_{Y,SB} + C_{Y,FH} \tag{13-18}$$

$$C_{Y,SB} = \sum_{j=1}^{m} T_{y,j} R_{y,j} \tag{13-19}$$

$$C_{Y,FH} = \sum_{i=1}^{n} m_{y,i} F_{y,i} \tag{13-20}$$

式中，C_{SY} 为建筑使用阶段碳排放（$kgCO_2e$）；$C_{Y,SB}$ 为使用过程中由于维修维护机械设备产生的碳排放（$kgCO_2e$）；$C_{Y,FH}$ 为使用过程中维修维护所需辅材、耗材消耗产生的碳排放（$kgCO_2e$）；$R_{y,j}$ 为第 j 种机械设备的运行时间（台班）；$T_{y,j}$ 为第 j 种机械设备的机械台班碳排放因子（$kgCO_2e$/台班）；$m_{y,i}$ 为第 i 种构件使用过程维修维护所需辅材、耗材的消耗量（kg，t，或 m^2，m^3 等）；$F_{y,i}$ 为第 i 种构件使用过程中维修维护所需辅材、耗材的碳排放因子（$kgCO_2e$/单位）。

6. 改造再利用阶段碳排放计算

$$C_{GZ} = C_{G,SB} + C_{G,FH} - \frac{y_a - y_p}{y_p} C_{EM} \tag{13-21}$$

$$C_{G,SB} = \sum_{j=1}^{m} T_{g,j} R_{g,j} \tag{13-22}$$

$$C_{G,FH} = \sum_{i=1}^{n} m_{g,i} F_{g,i} \tag{13-23}$$

式中，C_{GZ} 为构件改造再利用过程中产生的碳排放（$kgCO_2e$）；$C_{G,SB}$ 为改造再利用过程中机械设备产生的碳排放（$kgCO_2e$）；$C_{G,FH}$ 为改造再利用过程中所需辅材、耗材消耗产生的碳排放（$kgCO_2e$）；y_a 为建筑实际使用年限；y_p 为建筑计划使用年限；$R_{g,j}$ 为第 j 种机械设备的运行时间（台班）；$T_{g,j}$ 为第 j 种机械设备的机械台班碳排放因子（$kgCO_2e$/台班）；$m_{g,i}$ 为第 i 种构件改造再利用过程所需辅材、耗材的消耗量（kg，t，或 m^2，m^3 等）；$F_{g,i}$ 为第 i 种构件改造再利用过程所需辅材、耗材的碳排放因子（$kgCO_2e$/单位）。

7. 建筑报废阶段碳排放计算

（1）拆除阶段碳排放计算

$$C_{CC} = C_{C,SB} + C_{C,FH} \tag{13-24}$$

$$C_{C,SB} = \sum_{j=1}^{m} T_{c,j} R_{c,j} \tag{13-25}$$

$$C_{C,FH} = \sum_{i=1}^{n} m_{c,i} F_{c,i} \tag{13-26}$$

式中，C_{CC} 为拆除阶段产生的碳排放（$kgCO_2e$）；$C_{C,SB}$ 为第 i 种构件拆除过程中机械设备产生的碳排放（$kgCO_2e$）；$C_{C,FH}$ 为第 i 种构件拆除过程中所需辅材、耗材消耗产生的碳排放（$kgCO_2e$）；$R_{c,j}$ 为第 j 种机械设备的运行时间（台班）；$T_{c,j}$ 为第 j 种机械设备的机械台班碳排放因子（$kgCO_2e$/台班）；$m_{c,i}$ 为拆除第 i 种构件所需辅材、耗材的消耗量（kg，t，或 m^2，m^3 等）；$F_{c,i}$ 为拆除第 i 种构件所需辅材、耗材的碳排放因子（$kgCO_2e$/单位）。

（2）垃圾运输阶段碳排放计算

$$C_{LYS} = \sum_{i=1}^{n} Q_{lys,i} D_{lys,i} F_{lys,i} \tag{13-27}$$

式中，C_{LYS} 为垃圾运输过程产生的碳排放（$kgCO_2e$）；$Q_{lys,i}$ 为第 i 种垃圾运输的质量（t）；$D_{lys,i}$ 为第 i 种垃圾运输的距离（km）；$F_{lys,i}$ 为第 i 种垃圾运输方式下，运输碳排放因子 $[kgCO_2e/(t \cdot km)]$。

（3）回收阶段碳排放计算

$$C_{HS} = 0.5 m_{hs,i} F_{hs,i} \tag{13-28}$$

式中，C_{HS} 回收阶段减碳量（$kgCO_2e$）；$m_{hs,i}$ 为第 i 种回收材料的量（kg，t，或 m^2，m^3 等）；$F_{hs,i}$ 为第 i 种回收材料的碳排放因子（$kgCO_2e$/单位）；0.5 取自现行国家标准《建筑碳排放计算标准》GB/T 51366 中 6.2.5 条规定。

将上述子阶段的碳排放进行加减即可得到建筑报废阶段的碳排放，公式为：

$$C_{BF} = C_{CC} + C_{LYS} - C_{HS} \tag{13-29}$$

式中，C_{BF} 为建筑报废阶段产生的碳排放（$kgCO_2e$）。

13.4　基于 BIM 的装配式建筑碳排放计算平台

为了有效实施《联合国气候变化框架公约》并监管控制建筑业的碳排放，许多国家强调建筑碳排放的定量计算，进行了建筑全生命期各阶段计算方法的相关研究，并积极研发用于建筑碳排放计算分析的专用软件。

现阶段，国内外基于 BIM 的建筑碳排放计算软件主要包括：

1）芬兰：One Click LCA（Life Cycle Assessment）；

2）美国：Tally BIM 插件；

3）中国：衔尾龙 BIM 建筑碳排放计算软件、PKPM-CES 建筑碳排放计算分析软件。

表 13-1 对比分析了芬兰 One Click LCA、美国 Tally BIM、中国衔尾龙 BIM 以及 PKPM-CES的功能、系统边界、使用的数据库及应用的阶段等方面。

基于 BIM 装配式建筑碳排放计算软件对比分析　　　　　　　　表 13-1

软件名称	One Click LCA	Tally BIM	衔尾龙 BIM	PKPM-CES
软件类型	网页/Revit 插件	Revit 插件	网页/Revit 插件	软件
信息输入	Revit 文件导出，允许在没有模型的情况下手动输入	Revit 文件导出，不可在没有模型的情况下手动输入	Revit 文件导出，手动建模导入数据	手动建模导入数据
系统边界	A1-A5、B4-B5、C2-C3	A1-A4、B2、B5、C2-C4、D	A1-A5、B1-B7、C1-C4、D	A1-A5、B6、C1-C2
添加或修改信息	用户可以在网页中随时添加修改信息	对族类型、数量体积或面积更改需在 Revit 中完成，然后在 Tally 中刷新	用户可以在 Revit 或网页中随时添加修改信息	需先在模型中更改，然后再导入数据
数据库	多种 LCI 数据源，One Click 建材数据库，制造商特定 EPD	材料清单可导入 EC3	GB/T 51366—2019；CBCED；CPCD	GB/T 51366—2019《建筑全生命期碳足迹》
应用阶段	方案设计	施工图设计	方案设计、施工图完成	施工图完成

One Click LCA 在数据导入方面相对更加灵活，既可以通过 Revit 文件导入，也可以通过手动输入数据的方式，并且用户可以随时在网页中修改信息。Tally BIM 相较之无法通过手动输入的方式来导入数据，受到一定限制。衔尾龙 BIM 建筑碳排放计算软件由西安建筑科技大学开发，可以基于 GB/T 51366—2019、ISO 21930—2017 等国内外建筑碳排放计算标准进行完整生命周期的碳排放计算，集成了国内最大的装配式构件碳排放因子数据库，可针对方案设计和施工图设计，使建模和生命周期碳排放同步实时计算，从而辅助设计师有针对性地进行降碳优化设计。

13.5　装配式建筑减排策略

1. 建材生产阶段

1）优化生产工艺

在材料的开采和加工过程中，会发生一定的损耗，减少这些损耗可以有效地降低材料生产的碳排放。以水泥为例，在水泥生产过程中采用节能工艺技术，如变频技术、预粉磨技术、采用热管技术的排气系统、煤粉喷腾燃烧技术等，可以显著提高水泥生产的能源利用效率。采用这些技术不仅可以降低碳排放，还能促使水泥生产过程进行结构优化和技术升级，使其更科学、自动化和节能化，从而为建筑业提供更高质量的建筑材料，提高建材生产行业的环保价值。

2）低碳建材

采用低碳建材是一个重要的策略，可以有效降低建筑业的碳排放。例如高强度、高性能混凝土和轻集料混凝土的研发，以及减少水泥和混凝土的使用，配合使用木结构和钢结构。这种转变可以提高建筑物的质量，延长其使用寿命，减少建筑维修和重建所产生的能源浪费。

3）提高材料利用率

建筑材料在运输、堆放和使用的过程中可能会产生一定的浪费，可以采取一些措施提高这些材料的有效利用。这包括改进建筑材料的包装，确保运输规范，妥善保管，合理安排堆放场地，以减少不必要的浪费。此外，还可以通过减少二次运输、增加周转材料的周转次数，以及执行严格的限额领料制度等方式来提高建筑材料的利用率。这些措施有助于最大限度地减少浪费，降低资源消耗，实现可持续建筑材料管理。

2. 构件生产阶段

预制构件在生产过程中的减排策略可以从生产流程和生产规模两个方面来考虑。

1）规范生产流程

预制构件在装配式建筑产业链中扮演关键角色。构件生产遵循特定的工艺流程，通常是规范化、流水线式的作业，鼓励自动化和机械化。通过合理安排各个工序、统一技术标准和规范，不仅可以减少材料浪费，还能降低工人和施工机械的闲置时间，提高工作效率，减少资源和能源的浪费。

2）扩大生产规模

工业化生产模式强调了规模优势的重要性，即通过扩大产量来降低成本。对于具备良好结构性能和高效率的预制构件，要在市场上保持竞争力，最好的方式是提升工艺水平，以提高复杂生产的效率和确保高质量的生产。规模优势理论的核心观点是，随着生产商品数量的增多，生产质量也会更好。标准化生产制造是建立在稳定、规模化生产的基础上，而规模化生产制造则是标准化生产的实现方式。只有通过实现规模化生产制造，预制构件才能在经济竞争中取得优势，从而实现大规模快速推广。

3. 构件运输阶段

运输方式通常包括公路运输、铁路运输、航空运输和水路运输四种方式。运输过程中，会因能源的消耗而产生碳排放，但不同的运输方式耗用单位能源的使用量不同，从而对应单位的碳排放量也随之不同。

1）缩短运输距离

根据不同的施工地点、建筑物结构和不同运输单位的能力，建筑材料的运输距离可能不同。一般来说，需要通过实地考察来进行运输工作的合理安排。缩短运输距离是降低碳排放的最直接策略之一。在其他条件相近的情况下，首选选择距离施工现场较近的材料供应厂，以减少运输机械的能源消耗。运输功率体现了卡车在不同状态下的实际运输消耗情况。因此，在规划卡车运输路线时，需要考虑道路状况，选择道路状况较好的主要运输干线。此外，可以通过减少卡车在重载状态下爬坡的次数来降低道路行驶的能量消耗。因此，在实际运输过程中，需要全面考虑卡车自身特性和道路环境因素的影响。还应该根据天气和气温等环境因素调整运输策略，更精细化地反映卡车的实际运输状态。通过优化运输车辆的行驶路径，最大限度减小运输能耗，也能有效降低碳排放。

2）合理选择运输方式

针对大多数建筑材料，在选择合适的运输方式时，应优先考虑能耗较低的水路运输，其次是铁路运输，而公路运输则是最后的选择。航空运输成本较高，通常在实际生产中不被考虑。此外，应根据材料的特性，如密度等，选择适当的运输设备，采取合适的建材堆放方法，提高车辆的装载率。同时，还应致力于提高车辆的返程利用率，以尽量减少空载情况的发生。

4. 装配施工阶段

1）优化施工规划

在制定施工方案时，通常侧重于工程质量、进度和成本目标，忽视了施工过程中的能源消耗。为了实现绿色施工，可以采用科学管理和技术进步，来指导施工方案的设计。这包括优化施工组织设计，考虑节水、节电、节能等因素。在总体方案制定时，应充分考虑绿色施工要求，合理规划施工组织，避免或减少二次运输。通过项目管理软件如 Project 等，可以合理规划施工，最大限度地利用现场资源，提高设备效率，降低能源消耗。

2）强化施工管理

建设项目的各方，特别是施工方，应强化现场施工管理，加强对绿色施工的宣传和培训，提高现场管理人员和工人的环保意识，减少浪费。这包括建立科学系统的管理体系，完善施工设备管理制度，定期维护和检修设备，优化施工工艺，减少不必要的材料和机械消耗，提高工人工作效率，规范作业，尽量避免返工，制定节材措施，减少建筑垃圾，增加可循环材料的使用。

3）推进绿色施工

绿色施工强调资源节约和环境保护。这包括在选择施工机械时考虑高效和节能，合理安排施工工序以减少机械低负荷运转，淘汰旧的高能耗机械设备，采用新技术和新设备，利用自然水源，降低用电量，减少材料损耗，合理堆放和保管材料，注重环境保护，减少噪声、光污染和大气污染。

4）采用合理的建筑结构

建筑结构设计应满足承受各种荷载作用和变形的要求，而不会发生破坏，同时在正常使用期内具备良好的工作性能。过于复杂的建筑结构和追求不必要的造型设计会增加建筑材料的用量和碳排放量。因此，需要强调建筑物的合理性和经济性设计，减少不必要的结构负荷，以降低建材的使用量和碳排放。

5）提高建材回收率

建筑垃圾中材料有很高的回收利用潜力。例如，木材可以用于生物燃料，金属材料可以部分回收。因此，提高建材回收率是一项高效的节能和资源节约措施。建筑垃圾应根据可回收性和处理方式进行分类处理，以提高回收利用率并降低处理难度。一些废弃材料可以通过加工实现再次利用，如木材和纸板可以用于造纸，钢筋可以回炉重熔。需要特别注意处理易污染的废弃物，如油漆、沥青、废旧包装和石膏，应由专业人员进行分拣和回收处理。

6）利用建筑垃圾进行回填和绿化

建筑垃圾中的一部分建筑渣土可以用于回填、堆造假山等绿化工程。这种方法既简单又实用，能够有效减少垃圾填埋，同时不会对环境造成污染。对于那些不适合回收和回填的建筑垃圾，如混凝土块、碎砖和混合废弃物，可以送往垃圾处理场进行填埋或资源化再生产。

7）利用信息化技术进行管理

随着信息化技术的发展，物联网、监测和信息传输等技术可以应用于建筑拆除过程的管理。这将有助于制定更科学和绿色的拆除方案，提高施工效率，减少能源消耗。通过信息化技术，可以实现施工现场的实时监测和管理，从而更好地控制碳排放。

5. 建筑报废阶段

在建筑报废阶段，制定详细的拆除计划可以显著减少碳排放。例如，可以采用分层次拆除的策略，根据不同高度的特点将高层建筑分层拆除，采用切割和吊装方法对高层部分进行拆解，然后使剩余低层结构整体倒塌，从而控制结构倒塌范围，减小振动和扬尘影响。

13.6　案例分析

13.6.1　工程概况

本工程为南京市某办公楼（图 13-3），用地面积 11700m²，总建筑面积 28840.9m²，

图 13-3　项目总效果图及建筑平面图

其中地上建筑面积 14050m², 地下建筑面积 14790.9m²。主体结构为装配整体式框架结构, 预制构件类型包括预制柱、预制梁、叠合楼板和加气混凝土墙板等。预制率为 31.67%, 预制装配率为 56.52%。

13.6.2 建筑全生命期碳排放计算

1. 物化阶段碳排放计算

基于 BIM 对该办公建筑建模, 并通过汇总计算得到材料、预制构件、施工机械台班等的消耗量。

(1) 建材生产阶段

根据施工现场提供的数据, 可得到每立方米叠合楼板和预制楼梯的主要材料消耗量。其中, 每立方米叠合楼板的混凝土消耗量为 0.982m³, 钢筋消耗量为 0.172t, 材料生产阶段碳排放因子为 718.02kgCO₂e/m³; 每立方米预制楼梯的混凝土消耗量为 0.980m³, 钢筋消耗量为 0.112t, 材料生产阶段碳排放因子为 584.85kgCO₂e/m³; 每立方米预制梁的混凝土消耗量为 0.990m³, 钢筋消耗量为 0.197t, 材料生产阶段碳排放因子为 775.97kgCO₂e/m³; 每立方米预制柱的混凝土消耗量 0.996m³, 钢筋消耗量为 0.193t, 材料生产阶段碳排放因子为 769.21kgCO₂e/m³; 每立方米的加气混凝土墙板 PO42.5 水泥消耗量为 0.909t, 粉煤灰消耗量为 96.775kg, 材料生产阶段碳排放因子为 836.45kgCO₂e/m³。再结合预制构件工程量可求出各类预制构件的材料总消耗量。根据实际运输距离, 原材料生产厂家到构件生产厂家同城运输距离为 30km, 异城运输距离为 150km。混凝土采用混凝土罐车 (容量 8m³) 运输, 其他材料采用柴油货车运输。

根据式 (13-7) ~式 (13-9) 计算得建材生产阶段碳排放为 1149.156tCO₂e, 具体见表 13-2~表 13-4。

1m³ 构件原材料生产阶段碳排放因子　　　　　　　　　　　表 13-2

构件名称	材料名称	材料消耗量单位	材料消耗量	材料碳排放因子 (kgCO₂e/单位)	构件原材料生产阶段碳排放因子 (kgCO₂e/m³)
叠合楼板	混凝土 C30	m³	0.982	344.44	718.02
	钢筋	t	0.172	2208	
预制楼梯	混凝土 C30	m³	0.980	344.44	584.85
	钢筋	t	0.112	2208	
预制梁	混凝土 C30	m³	0.990	344.44	775.97
	钢筋	t	0.197	2208	
预制柱	混凝土 C30	m³	0.996	344.44	769.21
	钢筋	t	0.193	2208	
加气混凝土墙板	PO42.5 水泥	t	0.909	920.03	836.45
	粉煤灰	kg	96.775	0.0015	

1m³构件原材料运输阶段碳排放因子　　　　　　　　　　　表 13-3

构件名称	材料名称	材料消耗量单位	材料消耗量	运输方式	材料运输碳排放（kgCO₂e）	构件原材料运输阶段碳排放因子（kgCO₂e/m³）
叠合楼板	混凝土 C30	m³	0.982	混凝土罐车	7.34	10.35
	钢筋	t	0.172	柴油货车	3.01	
预制楼梯	混凝土 C30	m³	0.980	混凝土罐车	7.32	9.28
	钢筋	t	0.112	柴油货车	1.96	
预制梁	混凝土 C30	m³	0.990	混凝土罐车	7.40	10.85
	钢筋	t	0.197	柴油货车	3.45	
预制柱	混凝土 C30	m³	0.996	混凝土罐车	7.44	10.82
	钢筋	t	0.193	柴油货车	3.38	
加气混凝土墙板	PO42.5 水泥	t	0.909	柴油货车	15.91	17.61
	粉煤灰	t	0.097	柴油货车	1.70	

建材生产阶段碳排放计算　　　　　　　　　　　表 13-4

构件名称	构件消耗量（m³）	构件材料生产阶段碳排放因子（kgCO₂e/m³）	构件材料运输阶段碳排放因子（kgCO₂e/m³）	建材生产阶段碳排放因子（kgCO2e/m³）	建材生产阶段碳排放（kgCO₂e）
叠合楼板	336.194	718.02	10.35	728.37	244873.62
预制楼梯	40.297	584.85	9.28	594.13	23941.66
预制梁	880.811	775.97	10.85	786.57	692819.51
预制柱	240.402	769.21	10.82	780.03	187520.77
加气混凝土墙板	277.689	836.45	17.61	854.06	237163.07
碳排放量合计（tCO₂e）：1386.319					

（2）构件生产阶段

构件生产阶段碳排放主要来源于构件生产过程中加工机械运行所产生的碳排放。由于辅材、耗材消耗产生的碳排放较小且难以统计，故忽略不计。构件生产阶段碳排放可按式（13-10）～式（13-12）计算，具体见表13-5。

构件生产阶段产生的碳排放　　　　　　　　　　　表 13-5

构件名称	消耗量（m³）	能源消耗量（kWh/m³）	能源碳排放因子（kgCO₂e/kWh）	构件生产阶段碳排放因子（kgCO₂e/m³）	碳排放量（kgCO₂e）
叠合楼板	336.194	12.00	0.5703	6.84	2299.57
预制楼梯	40.297	14.00	0.5703	7.98	321.57
预制梁	860.811	13.00	0.5703	7.41	6378.61
预制柱	240.402	13.00	0.5703	7.41	1781.38
加气混凝土墙板	277.689	2	0.5703	1.14	316.57
碳排放量合计（tCO₂e）：11.098					

（3）构件运输阶段

预制构件采用柴油货车进行运输，且均为异城运输，运输距离取 150km，构件运输阶段碳排放可按式（13-13）计算，具体见表 13-6。

构件运输阶段产生的碳排放 表 13-6

构件名称	重量 （t）	运输距离 （km）	空车返回系数 α	运输碳排放因子 [kgCO$_2$e/(t·km)]	碳排放量 （kgCO$_2$e）
叠合楼板	823.675	40	1.67	0.1168	6426.51
预制楼梯	99.131	40	1.67	0.1168	773.44
预制梁	2126.203	40	1.67	0.1168	16589.15
预制柱	596.197	40	1.67	0.1168	4651.67
加气混凝土墙板	279.355	40	1.67	0.1168	2179.59
碳排放量合计（tCO$_2$e）：30.620					

（4）装配施工阶段

构件的施工阶段碳排放主要来自施工机械消耗能源所产生的碳排放。叠合楼板、预制楼梯、预制梁和预制柱均采用塔式起重机进行吊装，装配施工阶段产生的碳排放可按式（13-14）～式（13-16）计算，见表 13-7、表 13-8。

1m^{3}构件装配施工阶段碳排放 表 13-7

构件名称	施工机械	台班消耗量	单位台班能源消耗量 （kWh/台班）	能源碳排放因子 （kgCO$_2$e/kWh）	碳排放量 （kgCO$_2$e）	构件装配施工碳排放因子 （kgCO$_2$e/m^3）
叠合楼板	交流电焊机30（kV·A）	0.106	87.20	0.5703	5.27	35.04
	自升式塔式起重机	0.058	900.00	0.5703	29.77	
预制楼梯	自升式塔式起重机	0.045	900.00	0.5703	23.10	23.10
预制梁	自升式塔式起重机	0.042	900.00	0.5703	21.56	21.56
预制柱	自升式塔式起重机	0.044	900.00	0.5703	22.58	22.58
加气混凝土墙板	自升式塔式起重机	0.035	900.00	0.5703	17.96	17.96

装配施工阶段产生的碳排放 表 13-8

构件名称	消耗量 （m^3）	构件装配施工碳排放因子 （kgCO$_2$e/m^3）	碳排放量 （kgCO$_2$e）
叠合楼板	336.194	35.04	11780.24
预制楼梯	40.297	23.10	930.86
预制梁	860.811	21.56	18559.09
预制柱	240.402	22.58	5428.28
加气混凝土墙板	277.689	17.96	4987.29
碳排放量合计（tCO$_2$e）：41.686			

综上，装配式建筑预制部分物化阶段碳排放为 1469.723tCO$_2$e，按照传统建筑碳排放的计算方法，计算得现浇部分物化阶段碳排放为 10461.687tCO$_2$e，故该装配式住宅建筑物化阶段碳排放为 11931.410tCO$_2$e。

2. 建筑使用及改造再利用阶段碳排放计算

建筑使用阶段和改造再利用阶段主要计算由于建筑维修和设备维护以及构件改造所产生的碳排放，根据现有研究，建筑使用阶段中的维修和维护碳排放分别占建筑物化阶段碳排放的 1.05%、0.2%，每次改造再利用产生的碳排放为物化阶段碳排放的 10%。依据现行行业标准《办公建筑设计标准》JGJ/T 67—2019，由于案例建筑为普通办公建筑，设计年限定为 25 年，改造次数定为一次，经改造后实际使用年限按照 30 年计算。

计算可得建筑使用阶段建筑维修、设备维护和构件改造碳排放为：

$$(1.05\% + 0.25\%) \times 12015.616 = 156.203 \ tCO_2e$$

计算可得改造再利用阶段碳排放为：

$$10\% \times 12015.616 \times 1 - (30-25)/25 \times 12015.616 = -1201.562 \ tCO_2e$$

3. 建筑报废阶段碳排放计算

由于项目尚未进入报废阶段，无法根据实际情况获取这个阶段的碳排放，因此对建筑报废碳排放进行简化测算。根据学者研究，拆除阶段碳排放可按施工阶段碳排放的 90% 计算，现浇部分和预制部分施工碳排放分别为 345.098 tCO$_2$e 和 41.686tCO$_2$e，故拆除阶段碳排放为 (345.098+41.686) × 90% = 348.106 tCO$_2$e。垃圾运输阶段，预制部分按构件运输阶段碳排放计算即 114.826tCO$_2$e，现浇部分按建材运输阶段计算即 326.440tCO$_2$e，总计 441.266tCO$_2$e。回收阶段，预制部分中钢材按 50% 回收，即回收减碳为 (127.678 +9.965+ 383.131 + 102.446) × 50% = 311.610tCO$_2$e，现浇部分回收减碳经计算为 2582.776tCO$_2$e，总计 2894.386tCO$_2$e，见表 13-9。

建筑报废阶段碳排放   表 13-9

子阶段	碳排放（tCO$_2$e）
拆除阶段	348.106
垃圾运输	441.266
回收利用	−2894.386

碳排放量合计（tCO$_2$e）：−2105.014

将建筑单体物化阶段、使用阶段、改造再利用阶段和报废阶段的碳排放量进行汇总，得到建筑全生命期碳排放 29906.637 tCO$_2$e，如表 13-10 所示。

建筑全生命期碳排放   表 13-10

阶段	碳排放（tCO$_2$e）
物化阶段	11931.410
使用阶段	156.023
改造再利用阶段	−1201.562
报废阶段	−2160.466

碳排放量合计（tCO$_2$e）：8725.405

13.6.3 建筑碳减排策略分析

1. 材料生产阶段

由案例建筑可以看出，在整个物化阶段中，材料生产阶段的碳排放最多，其碳排放占比超过90%。其中，混凝土、钢材等材料所占比率较高，是该阶段碳排放的主要贡献者。建筑材料较高的碳排放的主要与材料生产工艺等因素有关。可以从以下方面提出减排策略：

一是优化生产工艺，可以通过淘汰高耗能的生产方式和落后的机械设备，优化混凝土、钢材和水泥等材料的生产工艺，改进或引用先进的生产设备，可降低这些材料生产过程中所产生的碳排放。二是改进能源转换技术，能源转换包括能源发电、能源供热以及能源炼油等，而能源发电是能源转换的主要构成部分。因此，需要调整电源结构，改进电能转换技术，加大以天然气、核能和水能为原料的转换方式，从而提高能源利用率。

2. 材料运输阶段

此外，在整个物化阶段中，材料运输阶段是仅次于材料生产阶段和施工阶段之外的第三大碳排放阶段，其中，混凝土和钢材运输过程产生的碳排放最多，应重点关注这些材料的运输。可通过采取以下两个方面的减排措施来降低该阶段的碳排放：

第一，在保证工程质量的情况下，可采用轻质材料对混凝土等高消耗材料进行替换，以减少运输荷载，从而降低碳排放。第二，运输距离的长短影响材料运输阶段碳排放量的大小，运输距离越长，材料运输阶段碳排放越多。案例中运输距离主要为30km和150km，可通过选取距离施工现场和预制厂较近的材料厂，缩短材料运输距离，以降低运输阶段碳排放。

3. 构件生产阶段

案例建筑表明，叠合楼板生产所产生的碳排放是该阶段的碳排放主要贡献者。可通过提高预制厂的自动化程度，采用新设备替换高能耗旧生产机械设备，提高机械设备的使用率，来减少叠合楼板等预制构件生产阶段的碳排放。

4. 构件运输阶段

案例中，构件的运输距离为150km，运输距离相对较远，可通过选取距离施工现场较近的预制厂进行预制构件的生产，以缩短运输距离，减低碳排放。此外，在确定预制厂的前提下，需要对运输方案进行优化，选取最佳运输路线和运输方式，尽量避免二次运输及运输工具低荷载使用，充分发挥运输的效率。

5. 装配施工阶段

在整个物化阶段中，施工阶段碳排放较多，仅次于建材生产阶段，建筑单体和各个户型的施工阶段碳排放占比均超过5.3%，因此有必要对该阶段开展节能减排工作。该阶段的减排策略如下：

第一，对于施工机械设备，可优先选用节能机械，提高施工机械的利用效率，这样能有效减少施工阶段碳排放。第二、楼梯、楼板和墙等建筑构件应尽可能标准化和工业化，减少施工操作过程，降低施工阶段碳排放。第三，加强施工现场管理，建立科学系统的施工管理体系，注重对环境的保护、减少污染。

6. 建筑报废阶段

案例建筑的拆除碳排放较少，低于使用阶段和物化阶段，但该阶段的二氧化碳主要在短期内集中排放，单位时间内碳排放强度较大，因此其节能减排工作仍不可忽视。该阶段的减排策略如下：

第一，在建筑拆除过程中，优化拆除方式，提高机器设备的拆除技术，用拆解代替拆除，使各类材料能被充分回收及循环利用，减少建筑垃圾的产生。第二，对于建筑拆卸物的运输，采取就近处理原则，通过缩短拆卸物的运输距离来减少拆卸物运输处理过程中产生的碳排放。

本章小结

1. 装配式建筑全生命期包括建材生产、构件生产、构件运输、装配施工、建筑使用、改造利用和建筑报废七个阶段，前三个阶段又统称为物化阶段。装配式建筑碳排放计算主要关注生命期各个阶段由于能源和材料消耗产生的碳排放。

2. 装配式建筑是一种工业化建造方式，这种建造方式具有设计、生产、施工一体化的特点，"构件"是贯穿其中的一个核心元素。装配式建筑碳排放计算方法通过研究"构件"的全生命期各个阶段状态，来建立清晰的碳排放计算逻辑。

3. 本章详细阐述了装配式建筑碳排放计算方法，并对国内外现有的装配式建筑碳排放计算平台的功能特点进行介绍和对比，分析了装配式建筑全生命期各个阶段可应用的减排策略。

4. 以南京某装配式办公建筑为例，对其全生命期碳排放进行计算，并提出了有针对性的减排策略。

思政小结

气候变化带来的严峻挑战成为各国普遍关心的重要议题。2020 年 9 月，我国郑重宣告："将力争于 2030 年前实现二氧化碳排放达到峰值、2060 年前实现碳中和"。实现"双碳"目标是我国着力解决资源环境约束突出问题、实现中华民族永续发展的必然选择。"双碳"目标催生专业人才需求，我国亟需大量复合型交叉创新的"双碳"专业人才。党的二十大报告中强调，加快实施一批具有战略性全局性前瞻性的国家重大科技项目，增强自主创新能力，努力破解技术和创新难题，争取形成"产学研用"紧密结合的学科发展特色。目前，我国主要采用传统的现浇建筑模式，该模式通常使用湿法施工，导致工人作业环境差，建设周期长，并且会产生大量碳排放，对环境造成不良影响。因此，传统的粗放型建筑模式已经无法满足新时代的发展需求。在此背景下，装配式建筑凭借其高度的建设精确度、少量废弃物产生、高效的施工速度以及较低的人工成本等优势，在我国迅速崛起。结合装配式建筑设计、生产、建造特点，本章重点介绍了以基于"构件"的装配式建筑碳排放计算方法，旨在为装配式建筑碳排放提供科学的计量方法，提高装配式建筑碳排放计算的透明性和准确性，从而为建筑领域的节能降碳提供指导方向。

思考题

1. 简述建筑碳排放计算的内涵及意义。
2. 简述装配式建筑碳排放计算的系统边界。
3. 简述以构件为核心的装配式建筑碳排放计算方法。
4. 简述装配式建筑生命周期各阶段碳排放特征。
5. 简述装配式建筑碳减排策略。

第 14 章　装配率的概念与计算方法

14.1　概述

装配率是指单体建筑室外地坪以上的主体结构、围护墙和内隔墙、装修和设备管线等采用预制部品部件的综合比例。《装配式建筑评价标准》GB/T 51129—2017（以下简称《评价标准》）的编制和实施，促进了采用装配率来评价装配式建筑的装配化程度。近年来，部分省市结合自身装配式建筑特色及实际技术运用情况，颁布了相应的装配式建筑评价标准或装配率计算细则，并设定了新建项目的装配率要求与装配式建筑发展目标。本章将重点介绍行业标准关于装配率的基本规定与计算方法，并给出典型案例，使读者能更加系统、深入的理解相关知识体系。

14.2　基本规定

14.2.1　适用范围

《评价标准》适用于采用装配式方式建造的民用建筑评价，包括居住建筑和公共建筑；对于一些与民用建筑相似的单层和多层厂房等工业建筑，如精密车间、洁净车间等，当符合本标准的评价原则时，可参照执行。

14.2.2　相关术语

装配率（Prefabrication Ratio）：单体建筑室外地坪以上的主体结构、围护墙和内隔墙、装修和设备管线等采用预制部品部件的综合比例。

全装修（Decorated）（图 14-1）：所有功能空间的固定面装修和设备设施全部安装完成，达到建筑使用功能和建筑性能的状态。

图 14-1　全装修

集成厨房（Integrated Kitchen）（图14-2）：由工厂生产的楼地面、吊顶、墙面、橱柜和厨房设备及管线等集成并主要采用干式工法装配而成的厨房。

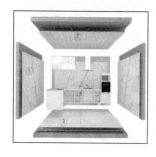  

图14-2 集成厨房

集成卫生间（Integrated Bathroom）（图14-3）：由工厂生产的楼地面、墙面（板）、吊顶和洁具设备及管线等集成并主要采用干式工法装配而成的卫生间。

  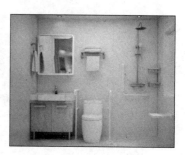

图14-3 集成卫生间

干式工法（Non-wet Construction）（图14-4）：采用干作业施工的建造方法。

图14-4 干式工法

14.2.3 装配率计算和装配式建筑等级评价单元的规定

1. 装配率计算和装配式建筑等级评价应以单体建筑作为计算和评价单元。
2. 单体建筑应按项目规划批准文件的建筑编号确认。
3. 建筑由主楼和裙房组成时，主楼和裙房可按不同的单体建筑进行计算和评价。
4. 单体建筑的层楼不大于3层，且地下建筑面积不超过500m²时，可由多个单体建筑组成建筑组团作为计算和评价单元。

14.2.4　装配式建筑评价的规定

1. 设计阶段宜进行预评价，并应按设计文件计算装配率。
2. 项目评价应在项目竣工验收后进行，并应按竣工验收资料计算装配率和确定评价等级。

14.2.5　装配式建筑的要求

装配式建筑宜采用装配化装修，应同时满足下列要求：
1. 主体结构部分的评价分值不低于 20 分；
2. 围护墙和内隔墙部分的评价分值不低于 10 分；
3. 采用全装修；
4. 装配率不低于 50%。

14.3　装配率计算

14.3.1　装配率计算公式与评分表

装配率应根据表 14-1 中评价项分值按式（14-1）计算：

$$P = \frac{Q_1 + Q_2 + Q_3}{100 - Q_4} \tag{14-1}$$

式中　P——装配率；
　　　Q_1——主体结构指标实际得分值；
　　　Q_2——围护墙和内隔墙指标实际得分值；
　　　Q_3——装修和设备管线指标实际得分值；
　　　Q_4——评价项目中缺少的评价项分值总和。

装配式建筑评分表　　　　　表 14-1

评价项		评价要求	评价分值	最低分值
主体结构 Q_1 (50分)	柱、支撑、承重墙、延性墙板等竖向构件	35%≤比例≤80%	20~30*	20
	梁、板、楼梯、阳台、空调板等构件	70%≤比例≤80%	10~20*	
围护墙和内隔墙 Q_2 (20分)	非承重围护墙非砌筑	比例≥80%	5	10
	围护墙与保温、隔热、装饰一体化	50%≤比例≤80%	2~5*	
	内隔墙非砌筑	比例≥50%	5	
	内隔墙与管线、装修一体化	50%≤比例≤80%	2~5*	
装修和设备管线 Q_3 (30分)	全装修	—	6	6
	干式工法楼面、地面	比例≥70%	6	—
	集成厨房	70%≤比例≤90%	3~6*	
	集成卫生间	70%≤比例≤90%	3~6*	
	管线分离	50%≤比例≤70%	4~6*	

注：表中带"*"项的分值采用"内插法"计算，计算结果取小数点后1位。本章后续表中"*"意义同此。

14.3.2 主体结构指标得分值 Q_1

1. 柱、支撑、承重墙、延性墙板等主体结构竖向构件主要采用混凝土材料时，预制部品部件的应用比例应按式（14-2）计算，并通过表14-1计算指标得分值：

$$q_{1a} = \frac{V_{1a}}{V} \times 100\%$$ (14-2)

式中 q_{1a}——柱、支撑、承重墙、延性墙板等主体结构竖向构件中预制部品部件的应用比例；

V_{1a}——柱、支撑、承重墙、延性墙板等主体结构竖向构件中预制混凝土体积之和；

V——柱、支撑、承重墙、延性墙板等主体结构竖向构件混凝土总体积。

2. 当符合下列规定时，主体结构竖向构件间连接部分的后浇混凝土可计入预制混凝土体积 V_{1a}：

1）预制剪力墙板之间宽度不大于600mm的竖向现浇段和高度不大于300mm的水平后浇带、圈梁的后浇混凝土体积；

2）预制框架柱和框架梁之间柱梁节点区的后浇混凝土体积；

3）预制柱间高度不大于柱截面较小尺寸的连接区后浇混凝土体积。

3. 梁、板、楼梯、阳台、空调板等构件中预制部品部件的应用比例应按式（14-3）计算，并通过表14-1计算指标得分值：

$$q_{1b} = \frac{A_{1b}}{A} \times 100\%$$ (14-3)

式中 q_{1b}——梁、板、楼梯、阳台、空调板等构件中预制部品部件的应用比例；

A_{1b}——各楼层中预制装配梁、板、楼梯、阳台、空调板等构件的水平投影面积之和；

A——各楼层建筑平面总面积。

4. 预制装配式楼板、屋面板的水平投影面积 A_{1b} 可包括：

1）预制装配式叠合楼板、屋面板的水平投影面积；

2）预制构件间宽度不大于300mm的后浇混凝土带水平投影面积；

3）金属楼承板和屋面板、木楼盖和屋盖及其他在施工现场免支模的楼盖和屋盖的水平投影面积。

14.3.3 围护墙和内隔墙指标得分值 Q_2

1. 非承重围护墙中非砌筑墙体的应用比例应按式（14-4）计算，并通过表14-1计算指标得分值：

$$q_{2a} = \frac{A_{2a}}{A_{w1}} \times 100\%$$ (14-4)

式中：q_{2a}——非承重围护墙中非砌筑墙体的应用比例；

A_{2a}——各楼层非承重围护墙中非砌筑墙体的外表面积之和，计算时可不扣除门、窗及预留洞口等的面积；

A_{w1}——各楼层非承重围护墙外表面总面积，计算时可不扣除门、窗及预留洞口等的面积。

2. 围护墙采用墙体、保温、隔热、装饰一体化的应用比例应按式（14-5）计算，并通过表 14-1 计算指标得分值：

$$q_{2b} = \frac{A_{2b}}{A_{w2}} \times 100\%$$ （14-5）

式中　q_{2b}——围护墙采用墙体、保温、隔热、装饰一体化的应用比例；

A_{2b}——各楼层围护墙采用墙体、保温、隔热、装饰一体化的墙面外表面积之和，计算时可不扣除门、窗及预留洞口等的面积；

A_{w2}——各楼层围护墙外表面总面积，计算时可不扣除门、窗及预留洞口等的面积。

3. 内隔墙中非砌筑墙体的应用比例应按式（14-6）计算，并通过表 14-1 计算指标得分值：

$$q_{2c} = \frac{A_{2c}}{A_{w3}} \times 100\%$$ （14-6）

式中　q_{2c}——内隔墙中非砌筑墙体的应用比例；

A_{2c}——各楼层内隔墙中非砌筑墙体的墙面面积之和，计算时可不扣除门、窗及预留洞口等的面积；

A_{w3}——各楼层内隔墙墙面总面积，计算时可不扣除门、窗及预留洞口等的面积。

4. 内隔墙采用墙体、管线、装修一体化的应用比例应按式（14-7）计算，并通过表 14-1计算指标得分值：

$$q_{2d} = \frac{A_{2d}}{A_{w3}} \times 100\%$$ （14-7）

式中　q_{2d}——内隔墙采用墙体、管线、装修一体化的应用比例；

A_{2d}——各楼层内隔墙采用墙体、管线、装修一体化的墙面面积之和，计算时可不扣除门、窗及预留洞口等的面积。

14.3.4　装修和设备管线得分值 Q_3

1. 根据表 14-1，采用全装修的建筑，全装修指标可得 6 分。

2. 干式工法楼面、地面的应用比例应按式（14-8）计算，并通过表 14-1 计算指标得分值：

$$q_{3a} = \frac{A_{3a}}{A} \times 100\%$$ （14-8）

式中　q_{3a}——干式工法楼面、地面的应用比例；

A_{3a}——各楼层采用干式工法楼面、地面的水平投影面积之和。

3. 集成厨房的橱柜和厨房设备等应全部安装到位，墙面、顶面和地面中干式工法的应用比例应按式（14-9）计算，并通过表 14-1 计算指标得分值：

$$q_{3b} = \frac{A_{3b}}{A_k} \times 100\%$$ （14-9）

式中　q_{3b}——集成厨房干式工法的应用比例；

A_{3b}——各楼层厨房墙面、顶面和地面采用干式工法的面积之和；

A_k——各楼层厨房的墙面、顶面和地面的总面积。

4. 集成卫生间的洁具设备等应全部安装到位，墙面、顶面和地面中干式工法的应用比例应按式（14-10）计算，并通过表 14-1 计算指标得分值：

$$q_{3c} = \frac{A_{3c}}{A_b} \times 100\% \tag{14-10}$$

式中　q_{3c}——集成卫生间干式工法的应用比例；

$\quad\quad$ A_{3c}——各楼层卫生间墙面、顶面和地面采用干式工法的面积之和；

$\quad\quad$ A_b——各楼层卫生间墙面、顶面和地面的总面积。

5. 管线分离比例应按式（14-11）计算，并通过表 14-1 计算指标得分值：

$$q_{3d} = \frac{L_{3d}}{L} \times 100\% \tag{14-11}$$

式中：q_{3d}——管线分离比例；

$\quad\quad$ L_{3d}——各楼层管线分离的长度，包括裸露于室内空间以及敷设在地面架空层、非承重墙体空腔和吊顶内的电气、给水排水和采暖管线长度之和；

$\quad\quad$ L——各楼层电气、给水排水和采暖管线的总长度。

14.3.5　评价项目中缺少的评价项分值 Q_4

评价项目中缺少的评价项分值指建筑物中的某一项建筑功能缺项，而非应用装配式技术分项的缺项。

14.3.6　部分省市装配率计算规定

全国各地装配式建筑发展情况不同，部分省市结合自身装配式建筑特色及实际技术运用情况，颁布了相应的装配式建筑评价标准或装配率计算细则，这些文件均是基于所属地区装配式技术发展现状而制定的，有助于推动装配式建造技术的发展。

1. 北京市装配率计算方法——《装配式建筑评价标准》DB11/T 1831—2021

1）装配率计算公式

装配率应根据表 14-2 中评价项分值按式（14-12）计算：

$$P = \frac{Q_1 + Q_2 + Q_3}{(100 - Q_4)} \times 100\% + \frac{Q_5}{100} \times 100\% \tag{14-12}$$

式中　P——装配率；

$\quad\quad$ Q_1——主体结构指标实际得分值；

$\quad\quad$ Q_2——围护墙和内隔墙指标实际得分值；

$\quad\quad$ Q_3——装修和设备管线指标实际得分值；

$\quad\quad$ Q_4——建筑功能中缺少的评价项分值总和；

$\quad\quad$ Q_5——加分项分值总和。按装配式建筑进行评价时不得计入装配率 P 得分；在装配式建筑等级评价时，可计入装配率 P 得分。

2）装配式建筑评分表

北京市装配式建筑评分表 $\hfill$ 表 14-2

评价项		评价要求	评价分值	最低分值
主体结构 Q_1 （45 分）	柱、支撑、承重墙、延性墙板等竖向构件	35%≤比例≤80%	20~30*	15
	梁、楼板、屋面板、楼梯、阳台、空调板等构件	70%≤比例≤80%	10~15*	

续表

评价项		评价要求	评价分值	最低分值
围护墙和 内隔墙 Q_2 （20分）	围护墙非砌筑非现浇	比例≥60%	5	10
	围护墙与保温、装饰一体化	50%≤比例≤80%	2~5*	
	内隔墙非砌筑	比例≥60%	5	
	内隔墙与管线、装修一体化	50%≤比例≤80%	2~5*	
装修和 设备管线 Q_3 （35分）	全装修		—	5	5
	公共区域装修 采用干式工法　公共建筑	比例≥70%	3	6
	居住建筑	比例≥60%		
	干式工法楼面、地面	70%≤比例≤90%	3~6*	
	集成厨房	70%≤比例≤90%	3~6*	
	集成卫生间	70%≤比例≤90%	3~6*	
	管线分离　电气管线	60%≤比例≤80%	2~5*	
	给（排）水管线	60%≤比例≤80%	1~2*	
	供暖管线	70%≤比例≤100%	1~2*	
加分项 Q_5 （6分）	信息化技术应用	设计、生产、 施工全过程应用	3	—
	绿色建筑评价星级等级	二星级	2	—
		三星级	3	—

2. 广东省装配率计算方法——《装配式建筑评价标准》DBJ/T 15—163—2019

1）装配率计算公式

装配率应根据表14-3中评价项分值按式（14-13）计算：

$$P = \frac{Q_1 + Q_2 + Q_3 + Q_5}{100 - Q_4} \times 100\% + \frac{Q_6}{100} \times 100\% \qquad (14\text{-}13)$$

式中　P——装配率；

　　　Q_1——主体结构指标实际得分值；

　　　Q_2——围护墙和内隔墙指标实际得分值；

　　　Q_3——装修和设备管线指标实际得分值；

　　　Q_4——评价项目中缺少的评价项分值总和，不含Q_5；

　　　Q_5——细化项实际得分值；

　　　Q_6——鼓励项实际得分值。

2）装配式建筑评分表

广东省装配式建筑评分表 表 14-3

评价项			评价要求	评价分值	最低分值
主体结构 Q_1 （50分）	Q_{1a}	柱、支撑、承重墙、延性墙板等竖向构件	35%≤比例≤80%	20~30*	20
	Q_{1b}	梁、板、楼梯、阳台、空调板等构件	70%≤比例≤80%	10~20*	

续表

评价项			评价要求	评价分值	最低分值
围护墙和内隔墙 Q_2 (20分)	Q_{2a}	非承重围护墙非砌筑	比例≥80%	5	10
	Q_{2b}	围护墙与保温、隔热、装饰集成一体化	50%≤比例≤80%	2～5*	
	Q_{2c}	内隔墙非砌筑	比例≥50%	5	
	Q_{2d}	内隔墙与管线、装修集成一体化	50%≤比例≤80%	2～5*	
装修和设备管线 Q_3 (30分)	Q_{3a}	全装修	—	6	6
	Q_{3b}	干式工法楼面、地面	比例≥70%	6	—
	Q_{3c}	集成厨房	70%≤比例≤90%	3～6*	
	Q_{3d}	集成卫生间	70%≤比例≤90%	3～6*	
	Q_{3e}	管线分离	50%≤比例≤70%	4～6*	
细化项 Q_5 (22分)	Q_{51}	主体结构竖向构件细化项 Q_{51a}	5%≤比例<35%	7～10*	—
		预制外墙板 Q_{51b}	5%≤比例≤15%	7～10*	
	Q_{52} 围护墙和内隔墙细化项	围护墙与保温、隔热集成一体化	50%≤比例≤80%	1～2.5*	
		内隔墙与管线集成一体化	50%≤比例≤80%	1～2.5*	
	Q_{53} 装修和设备管线细化项	干式工法楼面、地面	50%≤比例<70%	1～2*	
		集成厨房	50%≤比例<70%	1～1.5*	
		集成卫生间	50%≤比例<70%	1～1.5*	
		管线分离	30%≤比例<50%	1～2*	
鼓励项 Q_6 (8分)	Q_{61} 标准化设计鼓励项	平面布置标准化	—	1	—
		预制构件与部品标准化		1	
		节点标准化		1	
	Q_{62} 绿色与信息化应用鼓励项	绿色建筑	取得绿色建筑评价1星	0.5	—
			取得绿色建筑评价2星	1	
			取得绿色建筑评价3星	1.5	
		BIM应用	满足运营、维护阶段应用要求	1	
		智能化应用	—	0.5	
	Q_{63} 施工与管理鼓励项	绿色施工	绿色施工评价为合格	1	—
			绿色施工评价为优良	1.5	
		工程总承包	一家单位/联合体单位	0.5	

3. 湖南省装配率计算方法——《湖南省装配式建筑评价标准》DBJ 43/T 542—2022

1）装配率计算公式

装配率应根据表14-4中评价项分值按式（14-14）计算：

$$P = \frac{Q_1 + Q_2 + Q_3 + Q_4 + Q_5}{100 - Q_6} \times 100\% \tag{14-14}$$

式中　P——装配率；

Q_1 ——主体结构评价项的得分值；

Q_2 ——围护墙和内隔墙评价项的得分值；

Q_3 ——装修与设备管线评价项的得分值；

Q_4 ——标准化、信息化、智能化应用评价项的得分值；

Q_5 ——加分项评价项的得分值；

Q_6 ——评价项目中缺少的评价项分值总和。

2）装配式建筑评分表

湖南省装配式建筑评分表　　　　　　　　　　　表 14-4

评价项			评价要求	评价分值	最低分值
主体结构 Q_1 （50分）	柱、支撑、承重墙、延性墙板等竖向构件	A. 采用预制构件	35%≤比例≤80%	15～25*	20
			15%≤比例≤35%	5～15*	
		B. 采用新型模板或免拆模板施工工艺	比例≥85%	3	
	梁、板、楼梯、阳台、空调板等水平构件	A. 采用预制构件	70%≤比例≤80%	10～20*	
			50%≤比例＜70%	5～10*	
		B. 采用免拆模板施工工艺	60%≤比例≤80%	6～8*	
	预制水平构件集成化	C. 预制楼板与保温一体化	50%≤比例≤70%	3～5*	
围护墙和内隔墙 Q_2 （20分）	非承重围护墙	A. 非承重围护墙非砌筑	比例≥80%	5	10
		B. 采用新型模板施工工艺的全现浇外墙	比例≥85%	5	
	外围护墙体集成化	A. 非砌筑围护墙与保温、隔热、装饰一体化	50%≤比例≤80%	2～5*	
		B. 预制围护墙与保温、隔热一体化	50%≤比例≤80%	2～5*	
		C. 采用干式工法保温装饰一体板施工	比例≥80%	3	
	内隔墙非砌筑		比例≥50%	5	
	内隔墙集成化	A. 内隔墙与管线、装修一体化	50%≤比例≤80%	2～5*	
		B. 内隔墙与管线一体化	50%≤比例≤80%	1.4～3.5*	
装修与设备管线 Q_3 （20分）	全装修	A. 全装修	—	6	—
		B. 公共建筑中仅公区和确定使用功能区域装修	—	3	
	干式工法的楼面、地面		50%≤比例≤70%	2～4*	
	集成厨房		比例≥70%	3	
	集成卫生间		比例≥70%	3	
	管线分离		比例≥70%	4	

续表

评价项		评价要求	评价分值	最低分值
标准化、信息化、智能化应用 Q_4 (10分)	标准化设计	A. 平面布置标准化 比例≥50%	2	—
		B. 部品部件标准化 50%≤比例≤70%	3~5*	
	智能建造平台应用	项目全流程采用湖南省装配式全产业链智能建造平台	—	2
	BIM技术与信息化管理应用	设计阶段应用BIM技术	BIM文件通过施工图审查	3
加分项 Q_5 (6分)	采用产品化建造方式	采用工程总承包、全过程工程咨询、建筑师负责制等一体化工程组织模式	—	2
		采用模块化的建筑产品交付模式	—	3
	地下室部分采用装配式结构	比例≥50%	3	
	采用具备供暖(制冷)功能的模块化保温部品	比例≥70%	2	
	采用高品质绿色建造模式	—	2	
	公共建筑机电系统集成	—	2	
	创新技术项应用	—	2	

4. 辽宁省装配率计算方法——《辽宁省装配式建筑装配率计算细则2022版（试行）》

1）装配率计算公式

装配率应根据表14-5～表14-7中评价项分值按式（14-15）计算：

$$P = \left(\frac{Q_1 + Q_2 + Q_3}{100 - Q_5} + \frac{Q_4}{100} \right) \times 100\% \tag{14-15}$$

式中　P ——装配率；

　　　Q_1 ——主体结构指标实际得分值；

　　　Q_2 ——围护墙和内隔墙指标实际得分值；

　　　Q_3 ——装修和设备管线指标实际得分值；

　　　Q_4 ——加分项实际得分值总和；

　　　Q_5 ——计算项目中缺少的评价项分值总和。

2）装配式建筑评分表

沈阳市、大连市装配式建筑评分表   表 14-5

评价项		评价要求	评价分值	最低分值
主体结构 Q_1 (50分)	柱、支撑、承重墙、延性墙板等竖向构件	35%≤比例≤50%	20~30*	20
		15%≤比例≤35%	10~20*	
	梁、板、楼梯、阳台、空调板等水平构件	(居住建筑)50%≤比例≤70% (公共建筑)40%≤比例≤60%	10~20*	

续表

评价项		评价要求	评价分值	最低分值
围护墙和 内隔墙 Q_2 （20分）	非承重围护墙非砌筑 （非承重围护墙免抹灰）	50%≤比例≤80% （比例≥80%）	2～5* （5）	10
	围护墙与保温、隔热、 装饰一体化	50%≤比例≤80%	2～5*	
	内隔墙非砌筑 （内隔墙免抹灰）	比例≥50% （比例≥80%）	5	
	内隔墙与管线、装修一体化	50%≤比例≤80%	2～5*	
装修与 设备管线 Q_3 （20分）	全装修	—	6	6
	干式工法楼面、地面	比例≥70%	6	—
	集成厨房	70%≤比例≤90%	3～6*	
	集成卫生间	70%≤比例≤90%	3～6*	
	管线分离	50%≤比例≤70%	4～6*	

辽宁省其他市装配式建筑评分表　　　　　　　　　　表 14-6

评价项		评价要求	评价分值	最低分值
主体结构 Q_1 （50分）	柱、支撑、承重墙、延性墙板等 竖向构件	15%≤比例≤50%	10～30*	10
	梁、板、楼梯、阳台、空调板等 水平构件	30%≤比例≤60%	5～20*	
围护墙和 内隔墙 Q_2 （20分）	非承重围护墙非砌筑 （非承重围护墙免抹灰）	50%≤比例≤80% （比例≥80%）	2～5* （5）	10
	围护墙与保温、隔热、装饰一体化 （围护墙与保温一体化）	50%≤比例≤80%	2～5* （1～3*）	
	内隔墙非砌筑 （内隔墙免抹灰）	30%≤比例≤50% （比例≥80%）	2～5* （5）	
	内隔墙与管线、装修一体化 （内隔墙与管线一体化）	50%≤比例≤80%	2～5* （1～3*）	
装修与 设备管线 Q_3 （20分）	全装修	—	10	—
	干式工法楼面、地面	50%≤比例≤70%	3～5*	
	集成厨房	70%≤比例≤90%	3～5*	
	集成卫生间	70%≤比例≤90%	3～5*	
	管线分离	50%≤比例≤70%	3～5*	

辽宁省加分项评分表　　　　　　　　　　表 14-7

加分项		评价要求	评价分值
标准化 （3分）	标准化户型	比例≥50%	1
	标准化构件	比例≥50%	1
	标准化门窗	比例≥50%	1

续表

加分项		评价要求	评价分值
技术管理创新 （12分）	工程承包方式	—	2
	建筑师负责制	—	2
	信息化管理	按阶段得分	2
	新型模板	—	1
	BIM 技术	按阶段得分	3
	装配式临时建筑	比例≥70%	1
	组合成型钢筋制品	比例≥50%	1
高品质建筑 （6分）	绿色建筑	按星级得分	1～4
	超低能耗建筑	—	1～2
建筑节碳 （4分）	碳排放分析	—	1
	固体废弃物制备预制构件	按项得分	1～3

5. 陕西省装配率计算方法——《装配式建筑评价标准》DBJ 61/T 168—2020

1）装配率计算公式

装配率应根据表 14-8 中评价项分值按式（14-16）计算：

$$P = \frac{Q_1 + Q_2 + Q_3}{100 - Q_4} \times 100\% + \frac{Q_5}{100} \times 100\% \tag{14-16}$$

式中　P ——装配率；

　　　Q_1 ——主体结构指标实际得分值；

　　　Q_2 ——围护墙和内隔墙指标实际得分值；

　　　Q_3 ——装修和设备管线指标实际得分值；

　　　Q_4 ——评价项目中缺少的评价项分值总和；

　　　Q_5 ——加分项指标实际得分值。

2）装配式建筑评分表

陕西省装配式建筑评分表　　　　　　　　表 14-8

评价项			评价要求	计算分值	
主体结构 Q_1 （50分）	柱、支撑、 承重墙、延 性墙板等 竖向构件	应用预制部件	35%≤比例≤80%	20～30*	30
		（现场采用高精度模板 或免拆模板）	（比例≥80%）	（6～10）	
		（现场采用成型钢筋）	（35%≤比例≤80%）	（3～6*）	
	梁、板、楼梯、阳台、空调板等构件		70%≤比例≤80%	10～20*	
围护墙和 内隔墙 Q_2 （20分）	围护墙	非承重围护墙非砌筑	比例≥80%	5	5
		围护墙与保温、隔热、装饰 一体化	50%≤比例≤80%	2～5*	
		（围护墙与保温、隔热、一体化）	（50%≤比例≤80%）	（2～4*）	
	内墙隔	内隔墙非砌筑	比例≥50%	5	5
		内隔墙与管线、装修一体化	50%≤比例≤80%	2～5*	
		（内隔墙与管线一体化）	（50%≤比例≤80%）	（2～4*）	

续表

评价项			评价要求	计算分值	
装修和 设备管线 Q_3 (30分)		全装修	—	6	
		干式工法楼面地面	比例≥70%	6	
		集成厨房	70%≤比例＜90%	3～6*	
		集成卫生间	70%≤比例＜90%	3～6*	
	管线分离	竖向布置管线与墙体分离	50%≤比例＜70%	2～3*	6
		水平向布置管线与楼板和 湿作业楼面垫层分离	50%≤比例＜70%	2～3*	
加分项 Q_5 (10分)	标准化 设计	平面布置标准化	—	1	2
		预制构件与部品标准化	—	1	
	绿色与信 息化技术	绿色建筑	三星级	5	
			二星级	1	
		BIM技术	满足设计生产施工要求	2	
	施工管理	工程总承包模式	—	1	

14.4 评价等级划分

14.4.1 装配式建筑等级评价要求

当评价项目满足本章14.2.3节规定，且主体结构竖向构件中预制部品部件的应用比例不低于35%时，可进行装配式建筑等级评价。

14.4.2 装配式建筑等级划分

装配式建筑评价等级应划分为A级、AA级、AAA级并应符合下列规定：

1. 装配率为60%～75%时，评价为A级装配式建筑；
2. 装配率为76%～90%时，评价为AA级装配式建筑；
3. 装配率为91%及以上时，评价为AAA级装配式建筑。

14.5 案例分析

14.5.1 典型案例一：剪力墙结构

第14章 案例图纸

1. 项目概况

本项目为某安置小区，位于陕西省西咸新区，地上建筑面积17714.71m²。建筑结构类型为钢筋混凝土剪力墙结构。项目应用的装配式部品部件有预制混凝土外墙板（夹心保温外墙）、预制混凝土内墙板、桁架钢筋混凝土叠合板、预制钢筋混凝土板式楼梯、预制钢筋混凝土阳台板、预制钢筋混凝土空调板、预制钢筋混凝土女儿墙、预制夹心保温墙板、蒸压轻质混凝土内隔墙板。

2. 装配式建造技术

本项目采用的装配式建造技术有：预制承重墙、预制叠合楼板、预制楼梯、预制阳台板、预制空调板、非承重围护墙非砌筑、围护墙与保温、隔热、装饰一体化、内隔墙非砌筑、全装修、干式工法楼面、地面、集成厨房、集成卫生间、管线分离。

3. 标准层建筑平面图（图 14-5）

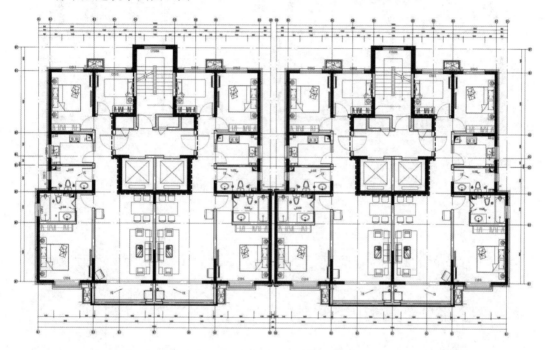

图 14-5 案例一标准层建筑平面图

4. 装配率计算

1）主体结构 Q_1

① 柱、支撑、承重墙、延性墙板等主体结构竖向构件得分

项目采用预制混凝土剪力墙外墙板与预制混凝土剪力墙内墙板，其布置情况如图 14-6 所示，经统计主体结构竖向构件中预制混凝土体积 V_{1a} 之和为 1071.5m³，主体结构竖向构件混凝土总体积 V 为 1537.8m³，通过式（14-2）计算，主体结构竖向构件中预制部品部件的应用比例 q_{1a} 为 69.7%，根据表 14-1 进行插值计算，此项可得 27.7 分。

② 梁、板、楼梯、阳台、空调板等水平构件得分

该项目采用桁架钢筋混凝土叠合板、预制钢筋混凝土板式楼梯、预制钢筋混凝土阳台板、预制钢筋混凝土空调板，其布置情况如图 14-7 所示，经统计各楼层中预制装配梁、板、楼梯、阳台、空调板等构件的水平投影面积之和 A_{1b} 为 286.9m²，各楼层建筑平面总面积 A 为 388.8m²，通过式（14-3）计算，梁、板、楼梯、阳台、空调板等构件中预制部品部件的应用比例 q_{1b} 为 73.8%，根据表 14-1 进行插值计算，此项可得 13.8 分。

2）围护墙和内隔墙 Q_2

① 非承重围护墙非砌筑得分

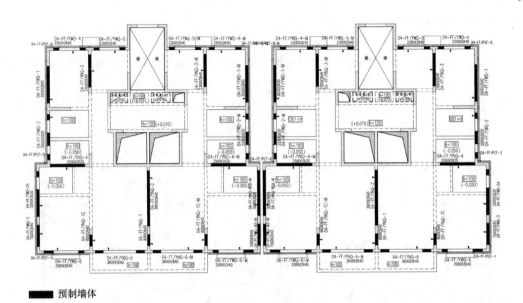

■ 预制墙体

图 14-6　案例一标准层竖向构件布置图

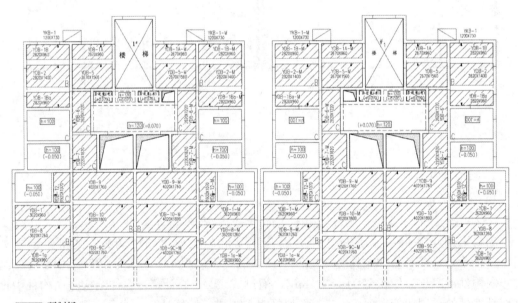

▨ 预制板

图 14-7　案例一标准层水平构件布置图

项目采用夹心保温外墙，其布置情况如图 14-8 所示，经统计各楼层非承重围护墙中非砌筑墙体的外表面积之和 A_{2a} 为 1470.1m²，各楼层非承重围护墙外表面总面积 A_{w1} 为 1470.1m²，通过式（14-4）计算，非承重围护墙中非砌筑墙体的应用比例 q_{2a} 为 100%，根据表 14-1 进行插值计算，此项可得 5 分。

② 围护墙与保温、隔热、装饰一体化得分

项目采用预制夹心保温墙板，其布置情况如图 14-8 所示，经统计各楼层围护墙采用

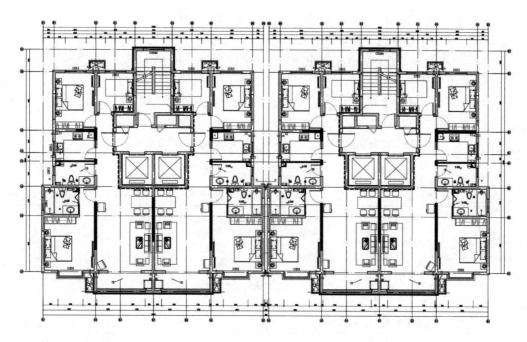

■■■ 内隔墙非砌筑

图 14-8 案例一标准层围护墙和内隔墙布置图

墙体、保温、隔热、装饰一体化的墙面外表面积之和 A_{2b} 为 2583.6m^2，各楼层围护墙外表面总面积 A_{w2} 为 3223.2m^2，通过式（14-5）计算，围护墙采用墙体、保温、隔热、装饰一体化的应用比例 q_{2b} 为 80.2%，根据表 14-1 进行计算，此项可得 5 分。

③ 内隔墙非砌筑得分

项目采用蒸压轻质混凝土内隔墙板，其布置情况如图 14-8 所示，经统计各楼层内隔墙中非砌筑墙体的墙面面积之和 A_{2c} 为 1655.8m^2，各楼层内隔墙墙面总面积 A_{w3} 为 2935.8m^2，通过式（14-6）计算，内隔墙中非砌筑墙体的应用比例 q_{2c} 为 56.4%，根据表 14-1 进行计算，此项可得 5 分。

④ 内隔墙与管线、装修一体化得分

项目未采用内隔墙与管线、装修一体化技术，根据表 14-1，此项得 0 分。

3）装修和设备管线 Q_3

① 全装修得分

项目采用全装修，根据表 14-1，此项得 6 分。

② 干式工法楼面、地面

项目采用干式工法楼面、地面，根据表 14-1，此项得 6 分。

③ 集成厨房

项目采用集成厨房，根据表 14-1，此项得 6 分。

④ 集成卫生间

项目采用集成卫生间，根据表 14-1，此项得 6 分。

⑤ 管线分离

项目采用设备管线分离技术，根据表 14-1，此项得 6 分。

4）评价项目中缺少的评价项 Q_4

本项目不存在建筑功能缺项，根据 14.3.5 节的说明，此项得 0 分。

5. 装配式建筑等级评价

表 14-9 统计了典型案例一的各装配式评价项得分，根据式（14-1）计算可知，主体结构项 Q_1 为 41.5 分，围护墙和内隔墙项 Q_2 为 15 分，装修和设备管线项 Q_3 为 30 分，典型案例一项目最终装配率为 86.5 分，可评价为 AA 级装配式建筑。

案例一装配率计算评分表　　　　　　　　　　　　　　表 14-9

评价项		评价要求	评价分值	最低分值	实施比例	应得分值
主体结构 Q_1 （50 分）	柱、支撑、承重墙、延性墙板等竖向构件	35%≤比例≤80%	20～30*	20	69.7%	27.7
	梁、板、楼梯、阳台、空调板等构件	70%≤比例≤80%	10～20*		73.8%	13.8
围护墙和内隔墙 Q_2 （20 分）	非承重围护墙非砌筑	比例≥80%	5	10	100%	5
	围护墙与保温、隔热、装饰一体化	50%≤比例≤80%	2～5*		80.2%	5
	内隔墙非砌筑	比例≥50%	5		56.4%	5
	内隔墙与管线、装修一体化	50%≤比例≤80%	2～5*		—	0
装修和设备管线 Q_3 （30 分）	全装修	—	6	6	—	6
	干式工法楼面、地面	比例≥70%	6		—	6
	集成厨房	70%≤比例≤90%	3～6*		—	—
	集成卫生间	70%≤比例≤90%	3～6*		—	6
	管线分离	50%≤比例≤70%	4～6*		—	6
总分						86.5

注：表中带"*"项的分值采用"内插法"计算，计算结果取小数点后 1 位。

14.5.2　典型案例二：框架结构

1. 项目概况

本项目为某工业园综合楼，位于陕西省铜川市，地上建筑面积 2926.68m²。建筑结构类型为框架结构。项目应用的装配式部品部件有预制混凝土框架柱、预制混凝土叠合梁、桁架钢筋混凝土叠合板、预制钢筋混凝土板式楼梯、预制钢筋混凝土空调板、预制钢筋混凝土女儿墙、蒸压轻质混凝土墙板。

2. 装配式建造技术

本项目采用的装配式建造技术有：预制柱、预制梁、预制叠合楼板、预制楼梯、预制空调板、非承重围护墙非砌筑、围护墙与保温、隔热、装饰一体化、内隔墙非砌筑、全装修、干式工法楼面、地面、集成卫生间、管线分离。

3. 标准层建筑平面图（图 14-9）

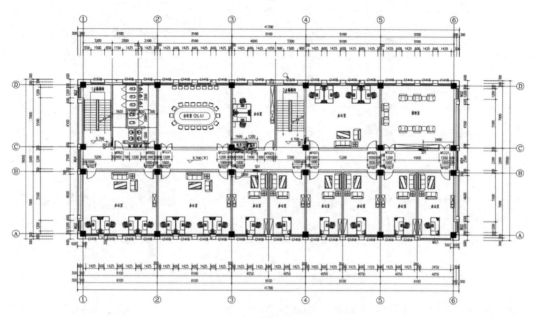

图 14-9 案例二标准层建筑平面图

4. 装配率计算

1) 主体结构 Q_1

① 柱、支撑、承重墙、延性墙板等主体结构竖向构件得分

项目采用预制混凝土框架柱，其布置情况如图 14-10 所示，经统计主体结构竖向构件中预制混凝土体积 V_{1a} 之和为 100.43m³，主体结构竖向构件混凝土总体积 V 为 153.36m³，通过式（14-2）计算，主体结构竖向构件中预制部品部件的应用比例 q_{1a} 为 65.5%，根据表 14-1 进行插值计算，此项可得 26.8 分。

② 梁、板、楼梯、阳台、空调板等水平构件得分

该项目采用预制混凝土叠合梁、桁架钢筋混凝土叠合板、预制钢筋混凝土板式楼梯、预制钢筋混凝土空调板，其布置情况如图 14-11 所示，经统计各楼层中预制装配梁、板、楼梯、阳台、空调板等构件的水平投影面积之和 A_{1b} 为 2447.2m²，各楼层建筑平面总面积 A 为 2858.6m²，通过式（14-3）计算，梁、板、楼梯、阳台、空调板等构件中预制部品部件的应用比例 q_{1b} 为 85.6%，根据表 14-1 进行插值计算，此项可得 20 分。

2) 围护墙和内隔墙 Q_2

① 非承重围护墙非砌筑得分

项目采用 ALC 墙板，其布置情况如图 14-12 所示，经统计各楼层非承重围护墙中非砌筑墙体的外表面积之和 A_{2a} 为 1501.5m²，各楼层非承重围护墙外表面总面积 A_{w1} 为 1501.5m²，通过式（14-4）计算，非承重围护墙中非砌筑墙体的应用比例 q_{2a} 为 100%，根据表 14-1 进行插值计算，此项可得 5 分。

② 围护墙与保温、隔热、装饰一体化得分

项目采用 ALC 墙板，其布置情况如图 14-12 所示，经统计各楼层围护墙采用墙体、

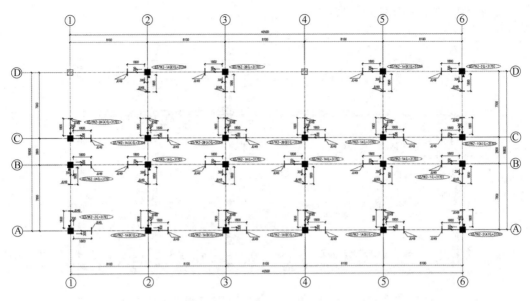

图 14-10　案例二标准层竖向构件布置图

保温、隔热、装饰一体化的墙面外表面积之和 A_{2b} 为 1501.5m^2，各楼层围护墙外表面总面积 A_{w2} 为 1501.5m^2，通过式（14-5）计算，围护墙采用墙体、保温、隔热、装饰一体化的应用比例 q_{2b} 为 100%，根据表 14-1 进行计算，此项可得 5 分。

③ 内隔墙非砌筑得分

项目采用蒸压轻质混凝土内隔墙板，其布置情况如图 14-12 所示，经统计各楼层内隔墙中非砌筑墙体的墙面面积之和 A_{2c} 为 1730.6m^2，各楼层内隔墙墙面总面积 A_{w3} 为 2269.1m^2，通过式（14-6）计算，内隔墙中非砌筑墙体的应用比例 q_{2c} 为 76.3%，根据表 14-1 进行计算，此项可得 5 分。

④ 内隔墙与管线、装修一体化得分

项目未采用内隔墙与管线、装修一体化技术，根据表 14-1，此项得 0 分。

3）装修和设备管线 Q_3

① 全装修得分

项目采用全装修，根据表 14-1，此项得 6 分。

② 干式工法楼面、地面

项目采用干式工法楼面、地面，根据表 14-1，此项得 6 分。

③ 集成厨房

项目未采用集成厨房，根据表 14-1，此项得 0 分。

④ 集成卫生间

项目采用集成卫生间，根据表 14-1，此项得 6 分。

⑤ 管线分离

项目采用设备管线分离技术，根据表 14-1，此项得 6 分。

4）评价项目中缺少的评价项 Q_4

本项目为工业园综合楼，无厨房，存在建筑功能缺项，根据 14.3.5 节的说明，此项

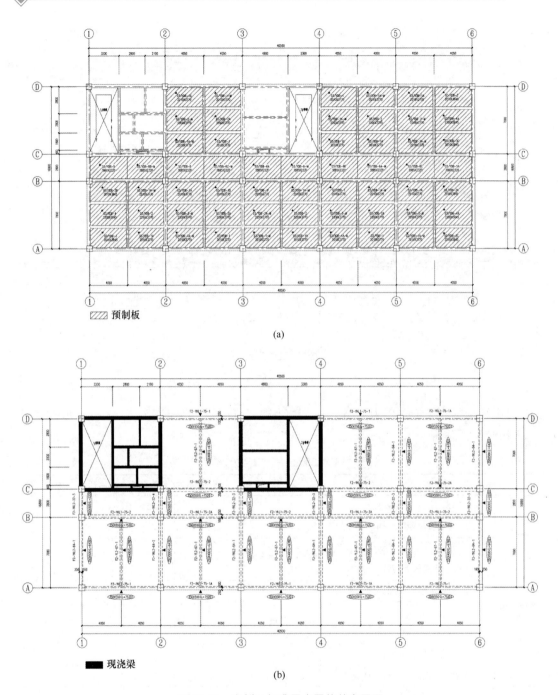

图 14-11 案例二标准层水平构件布置图

（a）桁架钢筋混凝土叠合板布置图；（b）预制梁布置图

得 6 分。

5. 装配式建筑等级评价

表 14-10 统计了典型案例二的各装配式评价项得分，根据式（14-1）计算可知，主体结构项 Q_1 为 46.8 分，围护墙和内隔墙项 Q_2 为 15 分，装修和设备管线项 Q_3 为 24 分，评

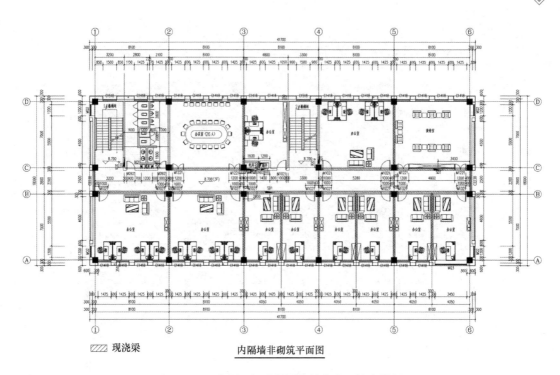

☑ 现浇梁　　　　　　　内隔墙非砌筑平面图

图 14-12　案例二标准层围护墙和内隔墙布置图

价项目中缺少的评价项 Q_4 为 6 分，典型案例二项目最终装配率为 91.8 分，可评价为 AAA 级装配式建筑。

案例二装配率计算评分表　　　　　　　　　　表 14-10

评价项		评价要求	评价分值	最低分值	实施比例	应得分值
主体结构 Q_1 （50分）	柱、支撑、承重墙、延性墙板等竖向构件	35%≤比例≤80%	20～30*	20	65.5%	26.8
	梁、板、楼梯、阳台、空调板等构件	70%≤比例≤80%	10～20*		85.6%	20
围护墙和内隔墙 Q_2 （20分）	非承重围护墙非砌筑	比例≥80%	5	10	100%	5
	围护墙与保温、隔热、装饰一体化	50%≤比例≤80%	2～5*		100%	5
	内隔墙非砌筑	比例≥50%	5		76.3%	5
	内隔墙与管线、装修一体化	50%≤比例≤80%	2～5*		—	0
装修和设备管线 Q_3 （30分）	全装修	—	6	6	—	6
	干式工法楼面、地面	比例≥70%	6		—	6
	集成厨房	70%≤比例≤90%	3～6*	—	—	0
	集成卫生间	70%≤比例≤90%	3～6*		—	6
	管线分离	50%≤比例≤70%	4～6*		—	6
总分						85.8

注：表中带"＊"项的分值采用"内插法"计算，计算结果取小数点后 1 位。

本章小结

1. 《评价标准》旨在促进装配式建筑的发展、规范装配式建筑的评价，以系统性的指标体系进行综合打分，并采用装配率来评价装配式建筑的装配化程度，对装配式建筑实施科学、统一、规范的评价。该标准适用于采用装配式方式建造的民用建筑评价，包括居住建筑和公共建筑。

2. 本章概述了装配式评价的基本规定，包括装配率计算和装配式建筑等级评价单元的规定、装配式建筑评价的规定与装配式建筑的要求；当被评价建筑满足装配式建筑的规定，且主体结构竖向构件中预制部品部件的应用比例不低于 35% 时，可进行装配式建筑等级评价，分为 A 级、AA 级、AAA 级。

3. 本章总结了《评价标准》的装配率计算方法，并对评分方式进行了说明，梳理了部分省市的装配式建筑评价标准与装配率计算细则。

4. 结合两项工程案例，本章介绍了装配式剪力墙结构和框架结构的装配率计算与评价方法。

思政小结

随着我国城镇化建设迈入新的发展阶段，装配式建造方式已经成为其重要抓手，住房和城乡建设部印发的《"十四五"建筑业发展规划》中，指出要加快智能建造与新型建筑工业化协同发展、健全建筑市场运行机制、完善工程质量安全保障体系。相比于传统建筑，装配式建筑具有不同的设计、生产、运输和施工方式，其在建设效率、建设品质、施工安全、经济效益与节约资源等方面存在明显优势。

为促进装配式建筑实现绿色健康发展，需要建立适合我国国情的装配式建筑评价体系，对其实施科学、统一、规范的评价。习近平总书记在党的二十大报告中强调，深入实施新型城镇化战略，以城市群、都市圈为依托构建大中小城市协调发展格局，推进以县城为重要载体的城镇化建设，提高城市规划、建设、治理水平，实施城市更新行动，加强城市基础设施建设，打造宜居、韧性、智慧城市。

装配式建筑存在巨大的发展空间，目前我国已经出台相关政策以规范装配式建筑市场，并不断鼓励政府、科研单位、企业紧密结合，构建适合我国国情的装配式建筑评价体系，进一步推动装配式建筑高质量发展与新型城镇化建设进程。

思考题

1. 简述装配式建筑评价标准的适用范围。
2. 简述建筑被评价为装配式建筑的要求。
3. 简述装配式建筑评价等级的划分原则。
4. 简述建筑装配率的主要评价项所包含的内容。
5. 简述装配式剪力墙结构与框架结构可采用的装配式建造技术，并简要介绍其装配率计算过程。

6. 查找具有代表性的地方装配式建筑评价标准或装配率计算细则，简述其与现行国家标准《装配式建筑评价标准》GB/T 51129 装配率计算方法的异同。

第15章　装配式建筑发展

15.1　概述

装配式建筑随着 BIM、3D 打印、5G、物联网、大数据、云计算等新兴信息技术的发展，也搭上了信息化、智能化、集成化的快车。社会发展的需求和科技的进步推动建筑业朝着更高效、智能化、创新和可持续的方向发展。本章将重点介绍装配式建筑发展涉及的 5 大方面技术，即装配式建筑超低能耗技术、地下装配式结构、装配式技术与减隔震技术相结合、3D 打印装配式建筑及装配式建筑智能化技术。

15.2　装配式建筑超低能耗技术

超低能耗建筑是指采用保温隔热性能和气密性更好的房屋结构，以及高效新风技术，尽量少地消耗能源的建筑，比普通建筑节能 90％以上。装配式超低能耗建筑是装配式建筑在"双碳"目标下的绿色低碳发展的必然趋势。与装配式钢结构超低能耗建筑、装配式木结构超低能耗建筑相比，装配式混凝土结构超低能耗建筑工程应用较为广泛，成为目前建筑工程研究关注的热点。如 2020 年 9 月交付的北京焦化厂公租房项目三栋高层超低能耗被动房（图 15-1），是国内首批高层超低能耗装配式建筑，采用了超低能耗和装配式进行建设，通过采用被动门窗、新型保温材料、新风系统等，即便没有空调和暖气，居民入住后同样可以享受到自然空气带来的冬暖夏凉。

图 15-1　国内首批高层超低能耗装配式建筑（北京市焦化厂公租房项目）

装配式超低能耗建筑的两个重要指标为：一个是建造方式的工业化程度指标，另一个是建筑运营过程能耗的控制指标。两个指标既相互独立又在构造上相互交叉，因此，有效融合装配式工业化技术与建筑节能技术是装配式超低能耗建筑的关键之处。装配式建筑超低能耗技术一般包括：

1. 建筑规划及单体的性能优化；
2. 建筑主体围护结构构件与高保温性能构造层的安全有效结合；
3. 建筑外门窗（幕墙）高性能的保温、隔热、气密、水密性能；
4. 新风热回收与通风系统；
5. 建筑整体气密性保持系统；
6. 无热桥构造设计要求；
7. 高效的冷、热源供给系统；
8. 环境质量、电气设备、能源消耗实时监控系统；
9. 可再生能源的有效利用系统。

目前，装配式混凝土结构超低能耗建筑的关键点在于"建筑主体围护结构构件与高保温性能构造层的安全有效结合"，其分为"外围护承重墙与外保温层一体化复合构件"和"外围护自承重墙与外保温层一体化复合构件"，其构造设计、加工、运输及安装连接技术仍为装配式建筑研究关注的重点。

现行国家标准《近零能耗建筑技术标准》GB/T 51350 明确了"超低能耗建筑""近零能耗建筑""零能耗建筑"的定义和能效指标，对我国今后中长期建筑节能标准提升提供积极引导。其中，"超低能耗建筑"定义为：超低能耗建筑是近零能耗建筑的初级表现形式，其室内环境参数与近零能耗建筑相同，能效指标略低于近零能耗建筑；其建筑能耗水平应较现行国家标准《公共建筑节能设计标准》GB 50189 和现行业标准《严寒和寒冷地区居住建筑节能设计标准》JGJ 26、《夏热冬冷地区居住建筑节能设计标准》JGJ 134、《夏热冬暖地区居住建筑节能设计标准》JGJ 75 降低 50％以上。

根据"超低能耗建筑"定义，寒冷地区外墙平均传热系数降低一半以上，这意味着外墙外保温材料厚度增加一倍以上。如通常采用的石墨聚苯乙烯板（GEPS）或石墨挤塑板（GXPS）厚度不小于 200mm，VIP（Vacuum Insulation Panels，简称 VIP）真空绝热板加岩棉板厚度不小于 140mm，这使得预制夹心"三明治"保温外墙构件的厚度及连接件长度超出常规设计尺寸，因此，在实践中装配式超低能耗建筑的外围护墙做法分 3 种构造情况分步推进。

15.2.1　装配式外墙＋外保温超低能耗保温系统

如 2021 年建成的北京住总集团通州新城 3 标段，共有 4 栋装配式超低能耗住宅楼（200mm 厚石墨聚苯乙烯板外墙保温），如图 15-2 所示，以及北京市焦化厂公租房 17 号

图 15-2　北京住总集团通州新城 3 标段 4 栋装配式超低能耗住宅楼

楼（140mm厚VIP真空绝热板加岩棉板外墙保温），均是在装配式混凝土结构主体完成后，在外围护墙上增加外保温构造层。

15.2.2 装配式夹心外墙保温系统＋内保温层超低能耗保温系统

以中建科技成都绿色建筑产业园研发中心办公楼为例，如图15-3所示，装配式复合外挂墙板（140mm钢筋混凝土＋100mm发泡混凝土），加内保温层（20mm HVIP板），是国内首例装配式结合被动式的超低能耗工业化和智能化的绿色建筑。该项目于2018年竣工，是中德合作的高能效建筑示范项目，中美清洁能源合作二期示范项目，"十三五""近零能耗建筑关键技术"示范项目、四川省住建厅建筑科技示范项目。

图15-3 中建科技成都绿色建筑产业园研发中心

15.2.3 装配式夹心外墙保温超低能耗系统

以中建科技湖南产业基地综合办公楼项目为例（图15-4），其是中南地区首座装配式加被动式超低能耗绿色建筑、中建未来大厦的先行试点建筑、国家"十三五"课题装配式建筑高效施工示范工程、建筑节能的最高等级示范工程等。综合楼所用的预制构件近1100多个，综合装配率达72%，部分楼体装配率接近80%。装配式夹心外挂墙板（60mm钢筋混凝土外叶板＋90mm硬质聚氨酯保温层＋100mm钢筋混凝土内叶板）构成超低能耗外墙保温系统。

图15-4 中建科技湖南产业基地综合办公楼

2020年，中国工程建设标准化协会发布了《装配式混凝土结构超低能耗居住建筑技术规程》T/CECS 742—2020，开启了"装配式混凝土结构超低能耗建筑"技术的规范化应用，其关键技术就是"装配式夹心外墙保温超低能耗系统"。

1. 装配式夹心外墙板由主体钢筋混凝土内叶墙板、保温层、构造混凝土外叶墙板组成。装配式夹心外墙板根据内、外叶墙板的连接构造可以分为组合墙板与非组合墙板。组合墙板的内、外叶墙板可通过拉结件的连接共同工作；非组合墙板的内、外叶墙板不共同受力，外叶墙板仅作为荷载，通过拉结件作用在内叶墙板上。

由于我国对于装配式夹心外墙板的科研成果与工程实践较少，目前在实际工程中，通常采用非组合式墙板。在设计非组合墙板时，需要拉结件具有一定的变形能力，在面内、外荷载作用下，内、外叶墙板能够独立工作，使保温层得到很好的保护，不易受到外部环境的影响。因此，较传统粘锚外保温构造，装配式夹心保温更具有良好的耐久性和耐火性，可以做到与主体结构同寿命。

2. "专用超长连接件"应具有较外叶墙板更好的耐久性、耐火性、锚固性能，在外叶墙板与保温层的自重、风荷载及地震作用下，具有一定的变形能力，在内、外叶墙板非组合受力及温度作用下，外叶墙板不会开裂。

3. "装配式夹心外墙保温构件"之间的连接或与现浇混凝土墙体之间连接，应保证接缝处的防水、密闭处理。连接处保温材料应为 A 级防火的高密度保温板材，防水材料应具有透气性能，内叶墙板间应做好隔汽处理，使隔汽性能达到超低能耗建筑要求，进而保证整个建筑的气密性能达标。夹心保温剪力墙的节点及安装示意如图 15-5 所示。

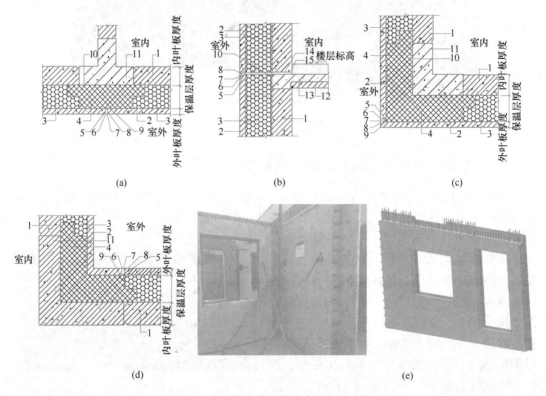

图 15-5　夹心保温剪力墙节点及安装示意图

(a) 竖向板缝节点；(b) 水平板缝节点；(c) 阳角节点；(d) 阴角节点；(e) 夹心保温剪力墙

1—钢筋混凝土内叶墙板；2—钢筋混凝土外叶墙板；3—预制外叶墙板保温层；
4—现场铺装 A 级防火保温层；5—现场铺装柔性防火保温条；6—自膨胀密封条；
7—耐候密封胶；8—防水空腔；9—现场粘贴密封胶带；10—隔离层；
11—现浇钢筋混凝土墙体；12—钢筋混凝土预制楼板；13—钢筋混凝土现浇楼板；
14—预制外叶墙板底部坐浆；15—砂浆封堵

正常情况下，装配式剪力墙结构建筑，对于结构承重剪力墙也可做成"装配式夹心外墙保温构件"内叶墙板，其剪力墙之间应采用整体式接缝连接，楼层处应设置后浇圈梁或连续水平后浇带。在建筑整体抗震设计时，应根据建筑设防类别、抗震设防烈度、结构类型和建筑高度采用适宜的抗震措施，结构构件、节点应进行承载能力极限状态及正常使用极限状态设计。除此之外，装配式混凝土结构超低能耗建筑在建筑外门窗（图 15-6）选择、安装方面，其保温性能、气密性能、水密性能、抗风压性能等均应达到超低能耗建筑要求。另外，无热桥设计也是装配式混凝土结构超低能耗建筑的设计要点。

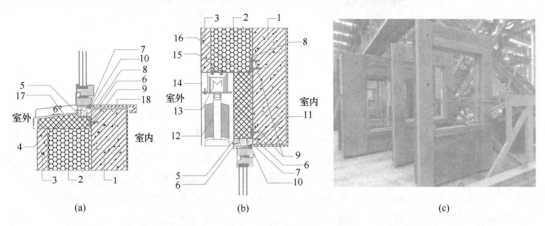

图 15-6　标准化外门窗系统安装示意

（a）窗口下边安装节点；（b）窗口上边带遮阳系统安装节点；（c）标准化外窗
1—钢筋混凝土内叶墙板；2—钢筋混凝土外叶墙板；3—预制外叶墙板保温层；
4—后铺装 A 级防火保温层；5—防水透汽膜；6—隔热垫片；7—防水隔汽膜；
8—附框安装固定支架；9—固定锚栓；10—连接配件；11—附框；12—遮阳
百叶叶片；13—电机；14—窗帘盒；15—安装螺栓；16—窗帘盒固定支架；
17—披水板；18—窗台板

15.3　减隔震技术在装配式结构中的应用

15.3.1　建筑结构减隔震技术

传统的抗震结构体系通过增强结构本身的性能来抵御地震作用，依靠构件的塑性变形来耗散地震能量以满足结构的抗震设防要求。但由于地震强度与发生时间的不可预测性，结构的抗震性能不具备自我调节与控制能力，过大的安全储备往往导致建造成本偏高。为寻求新的建筑结构抗震防灾方法，减隔震技术应运而生。现有工程实例验证了减隔震技术提高结构抗震性能的有效性，可保证建筑结构在强地震作用下的结构性能与人员安全。

1. 建筑结构隔震技术

建筑结构隔震技术是指通过专设隔震装置将上部结构与下部结构分离，从而减少地震动能量的向上传递。通过隔震层的变形，消耗和缓冲地震时地面的振动，以减少上部结构的损伤，延长整体结构的自振周期。

按隔震部位划分，隔震结构可以分为基底隔震、层间隔震、高位隔震和局部隔震；按隔震装置形式划分，隔震装置又可以分为普通橡胶隔震支座、铅芯橡胶隔震支座、高阻尼橡胶隔震支座、滚珠隔震装置、摩擦摆隔震支座、悬挂隔震装置、摇摆隔震支座和滑动隔震支座等，如图 15-7、图 15-8 所示。

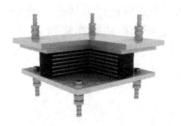

铅芯

图 15-7　四川普通橡胶隔震支座　　　图 15-8　铅芯橡胶隔震支座

2. 建筑结构减震技术

将结构的一些非承重构件（如支撑、剪力墙、连接件等）设置成变形能力强的消能构件，或在结构某些部位（层间、节点处、连接缝等）装设消能装置，以达到消能减震作用。这些变形耗能能力强的构件被称作消能器，通过构造的设计以及特殊材料的使用，可保证消能器具有较高的耗能性能及大变形下较高的承载力保证率。在地震作用中，消能器是第一道防线，其在结构变形中能持续有效地变形耗能，从而保护主体结构的抗震安全。

消能器是决定减震性能的关键，不同的减震装置应用于不同的结构体系会有不同的效果。消能器按照耗能原理的不同，可以划分为位移相关型消能器、速度相关型消能器、复合消能器等，如图 15-9、图 15-10 所示。

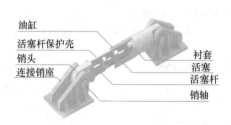

油缸
活塞杆保护壳
销头
连接销座
衬套
活塞
活塞杆
销轴

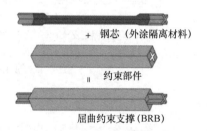

+ 钢芯（外涂隔离材料）

约束部件

= 屈曲约束支撑(BRB)

图 15-9　速度相关型消能器　　　图 15-10　位移相关型消能器

目前，减隔震技术已广泛应用于有抗震需求的建筑结构中。根据有关统计，目前全国累计已建成隔震建筑超过 10000 栋，减震建筑超过 4000 栋。其中，依据建筑要求的不同，减震应用形式多种多样，有传统支撑式、墙墩式的减震结构，以及提高减震效率的肘节式、伸臂端放大式的减震结构，还有利用剪力墙连梁、高层连廊、超高层伸臂桁架等部位设置减震单元的应用布置方式。典型工程应用减隔震技术如图 15-11～图 15-14 所示。

图 15-11　四川芦山县人民医院　　　图 15-12　北京大兴机场

图 15-13   中国人民革命军事博物馆   图 15-14   中国移动信息港

15.3.2   减隔震技术与装配式结构的结合

减隔震技术在现浇结构中通过预埋连接件以及连接构件发挥减震作用，这与装配式结构部品模块化思想浑然天成。减隔震体系完全可以作为可装配部品构件，可成为装配式结构组装成型过程中的一个自然融入环节。而且，装配式结构相对现浇结构可提供更大的变形，更加有利于减隔震技术效果的充分展现。在地震作用下由于减震装置消耗了大量能量，装配式主体结构的安全性亦可得到有效保障。

装配式结构的抗震性能可以通过设置减震装置来改善，例如在结构中设置阻尼器，或设置隔震层。国内有学者在装配式混凝土框架结构中梁柱节点处设置扇形铅黏弹性阻尼器，形成一种新型预制装配式消能减震的结构体系，通过黏弹性阻尼器的往复剪切变形来滞回耗能，具有良好的耗能减震的效果。

15.3.3   装配式混凝土结构减隔震技术实例

国内有学者以一预制装配式混凝土二层框架结构为研究对象开展振动台试验，如图 15-15 所示，在其足尺结构模型中的二层纵横两方向分别设置了黏滞阻尼器，采用斜支撑的形式将黏滞阻尼器与结构进行连接，如图 15-16 所示。通过对 8 度多遇，8 度设防，8 度罕遇以及 9 度罕遇作用下的动力响应结构分析，论证了在装配式混凝土结构中采用增设阻尼器实现结构减震的有效性，为装配式结构提升抗震性能提供了另一种思路。阻尼器的滞回曲线如图 15-17 所示。

图 15-15   预制装配式混凝土二层框架结构   图 15-16   框架结构中应用的消能减震技术

国内某学者基于一个无其他抗震设防措施的装配式混凝土多层框架办公楼 [五层，高

16.5m，设防烈度为8度（0.2g）]，建立模型进行地震响应分析，后在原结构柱底加入16个铅芯橡胶隔震支座，8个橡胶隔震支座，如图15-18所示，将原结构和隔震结构进行分析对比。通过对顶层加速度反应谱曲线（图15-19）对比发现，隔震结构的反应谱峰值明显降低，且峰值周期由低周段向高周段移动；在低周期时（0~0.65s），隔震结构的反应谱曲线被原结构的反应谱曲线包络，表明隔震支座对上部结构的隔震效果显著。结构滞回曲线如图15-20所示。其中，隔震层铅芯为结构提供刚度，并且耗能能力稳定，可以有效减小上部装配式框架体系的损伤变形，保证结构有充足的安全裕度。隔震技术应用于装配式框架结构能够起到提升其抗震能力的效果。

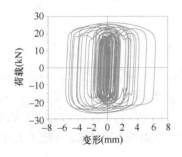

图 15-17　阻尼器的滞回曲线

图 15-18　装配式混凝土多层框架结构中应用隔震技术

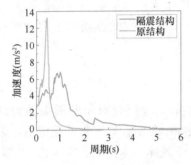

图 15-19　结构顶层加速度反应谱

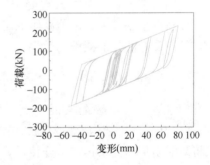

图 15-20　滞回曲线

15.4　地下装配式结构

近年来，随着城市建设的发展，诸如单建式地下车库、综合地下商业开发、隧道工程以及地铁车站等地下工程项目逐年增多。地下结构的设计施工中普遍存在着造价高、施工质量控制难、环境影响大等问题。解决工程建设中的速度、质量、效益问题始终是人们关注的焦点。装配式结构在缩短工期、降低成本、提高工业化程度和改善施工环境方面具有明显优势，逐渐在地下工程领域崭露头角。

15.4.1　概念

在地下工程使用预制构件建造的结构通称为地下装配式结构。地下装配式结构主要具有如下优势：

1) 钢筋、混凝土结构能够快速拼装闭合为整体、快速受载，减少围岩或基坑暴露时间，降低施工风险；

2) 构件采用标准化预制成型与养护，混凝土质量高；

3) 采用机械化拼装，无需现场支模，作业时间短，节约工期；

4) 能适用于高寒、软弱围岩等特殊地质环境。

15.4.2 分类

同地面装配式结构类似，地下装配式结构也有多种不同的分类方式，常见的分类方式主要有 5 种：按使用功能分、按预制形式分、按装配率分、按建筑材料分和按土方施工方法分。

1. 按使用功能分，如图 15-21 所示。

图 15-21 地下装配式结构按使用功能分类

2. 按预制形式分

按预制形式可将地下装配式结构分为整体预制地下结构、分块预制地下结构和叠合板混合预制地下结构。

3. 按装配率分

按装配率可将地下装配式结构分为全预制装配式地下结构和部分预制装配式地下结构。

4. 按建筑材料分

按建筑材料可将地下装配式结构分为钢制装配式地下结构、混凝土装配式地下结构和复合材料装配式地下结构。

5. 按土方施工方法分

按土方施工方法可将地下装配式结构分为明挖地下装配式结构、暗挖地下装配式结构、装配式顶管结构、沉管结构等。

15.4.3 发展前景

与地面建筑相比，除盾构法隧道外，地下工程在装配式建造技术方面的研究和应用起步较晚，尤其在大型地下工程领域近乎处于空白状态。2012 年起，长春地铁 2 号线率先开展了明挖地铁车站装配式建造技术的研究和应用工作，开启了国内装配式地铁车站建设的先河。随后北京、济南、上海、广州、哈尔滨、青岛、深圳和无锡等城市也从不同的角度开展了装配式地铁车站建造技术的研究和应用工作，已实施的车站数量近40座，如图 15-22所示。

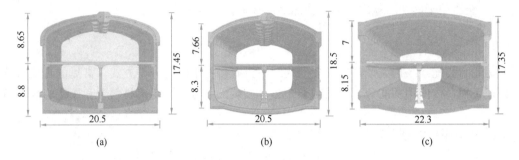

图 15-22　装配式地铁车站（单位：m）
（a）长春地铁装配式车站；（b）青岛地铁装配式车站；（c）深圳地铁装配式车站

随着国内地下装配式技术的发展，越来越多的地下工程采用装配式结构建造。2018年全国首个预制装配沉井式地下机械停车库——福建省厦门市海沧区行政中心周边沉井式地下机械停车库项目建设完成，如图 15-23 所示；2021 年亚洲最大装配式地下污水处理厂——上海白龙港污水处理厂开工建设，如图 15-24 所示。

图15-23　厦门市海沧区行政中心地下车库　　图 15-24　上海白龙港污水处理厂

地下工程的预制拼装结构不同于地上建筑，地下工程施工环境及工艺复杂，对结构防水及抗震性能要求苛刻。目前预制装配式技术在国内地下工程中的应用尚处在起步阶段，未形成成熟设计理论，构件划分与结构形式选择尚不明确，接头形式及性能、结构抗震性能以及防水性能尚需探索，政策导向尚不充分。随着城市地下空间建设的不断发展，预制化、工业化水平的不断提高，地下预制装配式结构必将成为地下工程的发展趋势，需加强试验研究，出台相关的法规及技术规程，推动我国地下工程预制装配式技术快速、持续、健康发展。

15.5　装配式建筑智能化技术

建筑业与新一代信息技术的深度融合是行业转型升级的必然趋势，目前业界对新一代信息技术在装配式建筑的应用研究中存在以下趋势：在设计过程中引入强化学习和智能优化算法，获得最优化的设计方案；在质量检测过程中引入基于计算机的非接触智能检测技术，提高施工质量；在施工过程中引入机器人技术，以提供持续不断的低成本优质劳动力，同时让施工过程更加安全、智能与高效。

15.5.1　装配式建筑智能设计技术

装配式建筑智能化设计利用新一代信息技术将"意识人体、数字虚体、物理实体"有机结合起来，如图 15-25 所示，通过 BIM 将建筑要素转化为量化的数据参数，建立信息基础，构建数字化模型。该模型不仅包括建筑的几何形状，还涵盖了各个构件的物理特性、材料属性以及与其他要素的关联关系，引入强化学习、群智能算法等人工智能手段、模拟设计过程、根据设计结果进行不断调整，以实现对装配式建筑中各个组件尺寸、形状和材料等设计参数的优化，选取最优或近似最优的参数以提高整体结构的性能。整个过程形成闭环反馈系统，"建筑要素的数字表示—数字模型的构建—设计参数的智能优化"，不仅为建筑全过程提供直观的可视化工具，且能够促使设计、施工、运营等各个环节更好地协同合作。

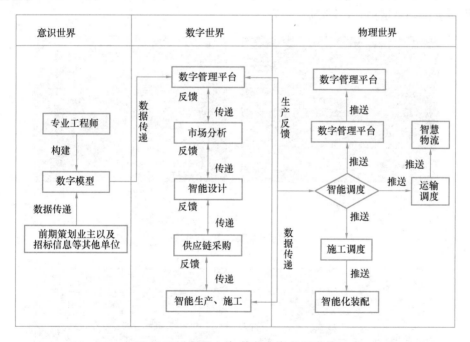

图 15-25　意识人体-数字虚体-物理实体

智能设计过程能够在虚拟环境中对建筑的结构、材料、布局等进行模拟和优化，提升设计效率，帮助设计人员更深入地理解设计方案的实际效果，从而更准确地做出符合需求的决策。同时智能化设计对装配式建筑的工厂化生产和施工均发挥着关键作用。智能化设计使得建筑要素能够以标准化、模块化的形式呈现，更好地适应装配式建筑的生产需求，在数字模型的指导下，工厂能够更精准地进行生产计划和工序控制，实现定制化生产，减少浪费，提高生产效率。通过数字模型，施工团队能够在虚拟环境中模拟施工过程，及早识别潜在的冲突和问题，提前采取解决措施，有助于减少实际施工中的错误和变更，提高施工质量，缩短工期。装配式建筑智能设计技术的蓬勃发展，将为未来建筑行业带来更多创新和升级。

15.5.2　装配式建筑智能检测技术

质量检测是建筑工程中的重要环节，高效的质量检测能够保证建筑整体的施工质量。然而，目前对于建筑构部件的质量检测仍以人工为主，存在效率低且测量结果主观性大等问题，而基于计算机视觉的非接触智能检测技术是解决该问题的可行方案。基于计算机视觉的非接触智能检测技术主要包括基于图像的方法和基于点云数据的方法，其中检测对象主要包括混凝土表面质量和混凝土构部件外观尺寸。

1. 基于图像的检测方法

基于图像的检测方法在装配式建筑工程质量检测中发挥着重要作用，该方法借助计算机视觉和图像处理技术，通过对建筑施工现场的图像进行分析和识别，实现对构件对齐、连接点准确性的质量检测，可以对装配式建筑在制造过程中的预留孔位进行目标检测、多目标跟踪和计数定位，如图 15-26 所示；还可以对装配式建筑构件表面的缺陷、裂缝、瑕疵或损伤进行检测定位，如图 15-27 所示。

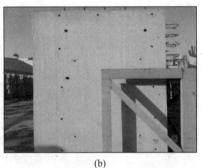

(a)　　　　　　　　　　　　　(b)

图 15-26　预留孔工装与构件检测

（a）预留孔工装；（b）构件成品

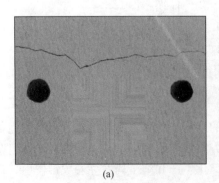
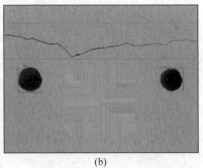

(a)　　　　　　　　　　　　　(b)

图 15-27　墙体裂缝与缺陷检测

（a）墙体裂缝与缺陷；（b）目标检测结果

基于图像的检测方法通过摄像机、监控设备等图像采集工具，实时捕捉装配图像信息，为质量检测提供了直观、全面的数据基础，该方法的具体应用如下：

1）实时监测：通过实时图像处理技术，系统能够在建筑施工过程中实时监测和分析关键步骤，如构件对齐、连接点的准确性等。这使得装配过程中的问题能够及时发现和纠正。

2）缺陷检测：利用图像分析算法，系统能够检测出可能存在的缺陷，如错位、损坏或缺失的部分。这种智能化的缺陷检测大大提高了效率，减轻了人工质检的负担。

3）质量评估：通过分析建筑图像数据，系统能够对构件的准确性、连接的牢固性等进行评估，确保每个构件都符合设计要求，提高整体建筑工程的质量。

基于图像的检测方法通过实时监测、缺陷检测和质量评估等手段，为装配式建筑的质量管控提供了强有力的检测工具。

2. 基于点云数据的检测方法

基于点云数据的检测方法作为一种三维数据获取和处理的方法，在装配式建筑工程质量检测中具有广泛应用前景。该方法通过点云数据获取、预处理、轮廓提取、连接和拟合可以将生成的轮廓图进行可视化，如图 15-28 所示，便于更直观地理解装配式建筑的外形和结构。

(a)   (b)

图 15-28　预制混凝土外墙板实物与轮廓点云数据

(a) 预制混凝土外墙板；(b) 预制混凝土外墙板点云数据

点云数据通过激光扫描仪等设备高效准确地采集建筑几何形状、结构和构件细节等三维信息点云数据，为质量检测提供了丰富、立体的数据基础，该方法在装配式建筑智能检测中的主要应用如下：

1）构件匹配和对齐：通过对比设计模型与实际建筑的点云数据，可以检测到构件的偏差、错位及构件缺陷。这种实时、全方位的检测方式，相较于传统的测量手段，更加精确高效。

2）装配式建筑变形分析：通过对比不同时间点的点云数据，可以监测建筑结构的变形情况，及时发现并解决由于材料变化、外力作用等原因引起的结构问题，确保装配式建筑的安全性和稳定性。

3）构件表面缺陷检测：通过高密度的点云数据，可以更全面地了解建筑表面的缺陷，如裂缝、漏水等状况，提前预警潜在问题，有针对性地进行维护和修复。

基于点云数据的检测方法具有高效、全面、精确的特点，不仅提高了检测速度和精度，也拓宽了检测维度和深度，在未来，随着点云数据技术的不断发展和应用，将进一步推动装配式建筑的智能化和质量水平的提升。

15.5.3　装配式建筑智能化施工装备

随着科技的不断进步，建筑行业也在不断寻求创新，自动化已然成为未来建筑不可或缺的一部分，以建筑机器人为代表的智能化施工装备受到了极大关注。2022年1月，住房和城乡建设部印发《"十四五"建筑业发展规划》，提出重点推进与装配式建筑相配套的建筑机器人应用，辅助和替代"危、繁、脏、重"施工作业。

图15-29　机器人木构预制建造装备原型

建筑个性化设计需求和产业标准化需求之间的矛盾是装配式建筑发展的瓶颈之一，与大规模工业化住宅生产相比，建筑的批量定制建造具有构件品类多、复杂度高等特点，而通过建筑机器人能够有效应对装配式建筑大批量、柔性的生产需求。同济大学袁烽教授以木构建筑的机器人装配式建造为例，诠释面向批量定制的装配式建筑数字建造技术体系的内涵，如图15-29所示。上海中森建筑与工程设计顾问有限公司将BIM设计端模型转换生成PCXML数据格式，导入生产端机器人控制软件进行读取、解析后，输出可执行指令到机器人端执行，以实现BIM模型数据驱动机器人设备进行自动化装配的方案。

装配式建筑采取"标准化设计－工厂化制造－现场装配"的工业化生产模式。根据主体结构材料不同，分为木结构、钢结构、PC结构三大体系。钢构件制造主要涉及切割与焊接；木构件生产类似机械加工；PC构件生产包括钢筋加工、绑扎、焊接、布模、混凝土浇筑、密实成型、整平、饰面铺设、混凝土养护、拆模、检验等基本工序。大界机器人的Robim Weld智能焊接机器人可应用在建筑、桥梁等领域的型钢组立工件，单机效率约为传统人工焊接的1.8倍，如图15-30（a）所示。同济大学机器人木构预制建造平台原型先后在多个装配式木构建造项目中得到示范应用，包括深圳Design Society展览参展项目"机器人木缝纫展亭"装置、2019—2020年深港城市\建筑双城双年展参展项目"游木（目）"等，展现了机器人预制建造平台对多样化的装配式木构建造系统的高度适应能力，如图15-30（b）所示。

(a)　　　　　　　　　　　　　(b)

图15-30　大界Robim Weld智能焊接机器人和"游木（目）"装置外观实景

Sommer 公司的多功能布模机器臂（图 15-31a），除能基于 CAD/BIM 数据自动布（拆）模外，还可自动喷洒脱模剂、粘贴标签、标绘不可自动制模区。对于 PC 构件表面的抹平处理，普遍利用直角坐标机器人带动抹平终端作业。Vollert 公司的抹平机器人跨度很大，可同时负责多个模台，如图 15-31（b）所示。

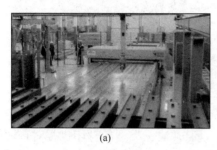 

(a) (b)

图 15-31　Sommer 公司的布/拆模机器人和 Vollert 公司的表面抹平机器人

15.6　3D 打印装配式建筑

15.6.1　3D 打印混凝土技术的发展

3D 打印混凝土技术是近几年来建筑技术的新方向，它具有建造速度快、成本低、能耗低等优势，对我国建筑业从高能耗、重污染和高劳动强度向低能耗、绿色化和高技术含量的转变具有重要的意义。3D 打印混凝土技术不仅能够降低人工成本和环境污染，而且还能提高施工效率，实现从传统建筑到数字化建造的转变。

3D 打印混凝土技术是以 3D 打印技术为基础的一种新型混凝土建造技术。其基本原理是建立一个打印结构的三维实体形状或边界模型，设计模型的截面类型，规划各层的打印路径，再用 3D 软件控制挤压设备，根据预先设定的打印步骤，由挤压喷头打印混凝土砂浆，最终得到所需的混凝土构件。3D 打印混凝土不需要传统混凝土成型中的模板支撑过程，可以自行通过层层堆积的方式成型。到目前为止该技术相对成熟，报道比较广泛的主要有 3 种大型的 3D 打印系统：D-Shape 打印技术、3D 打印混凝土技术、3D 轮廓打印技术。其中 3D 轮廓打印技术和 3D 打印混凝土技术在建造的过程中可以使用水泥砂浆进行 3D 打印。

美国南加利福尼亚大学的 Berokh Khoshnevis 教授发明了 3D 打印轮廓技术。轮廓工艺用 CAD 或者其他建模软件进行设计建模，然后采用混凝土或者水泥砂浆作为材料，通过机械手臂和喷嘴实现水泥砂浆的分层堆积打印，形成预先设计好的混凝土结构构件，最后由机械手臂完成建筑的基本框架。该工艺的主要特点是不需使用模具，喷嘴大且喷嘴两边都附带有铲子，因而多应用于大型建筑的打印，但也由于喷嘴大这一特点，导致其打印精度不高。通过多年的发展，轮廓工艺已经可以通过 3D 打印实现大规模乃至整个建筑的自动化生产。该团队认为，这项技术有望应用于外太空人类居住区的 3D 打印，打印流程如图 15-32 所示。

3D 打印混凝土技术是由英国拉夫堡大学 Buswell 和 Lim 提出的一种采用混凝土材料

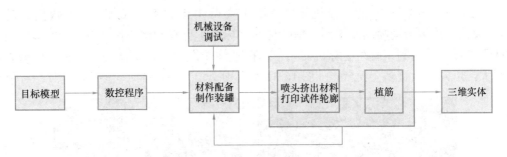

图 15-32　轮廓工艺打印流程

进行 3D 打印建造的技术，与轮廓工艺相似。该技术的工作原理是通过将在一定时间内具有流动性的 3D 打印混凝土材料放入打印机中，通常这一类型的打印机相对普通打印机体型较大，在外部挤压作用下将机器内的混凝土打印出来，并层层堆叠，直至达到建造要求，在混凝土自身化学以及物理作用下凝固成型。混凝土 3D 打印工艺仍然处于逐步发展完善的阶段，其打印结构构件的质量也在逐步提高，将其应用在形状较为复杂的结构建造过程中，具有广阔的发展前景。该工艺的主要特点在于打印材料多为混凝土，因而打印的建筑类型范围相对较窄，且其喷嘴多为小喷嘴，打印精度较高，因而多应用于小型及形状不规则建筑打印，打印流程如图 15-33 所示。

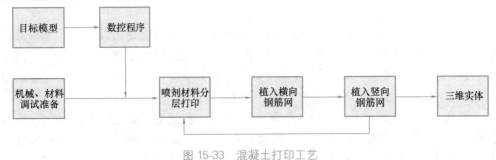

图 15-33　混凝土打印工艺

15.6.2　3D 打印技术在装配式建筑中的应用

目前，我国采用的装配式建筑大部分还是延续了传统的建筑模式，只是把加工地点从现场转移到了工厂。以装配式建筑板为例，生产工序为钢模制作→钢筋绑扎→混凝土浇筑→脱模，用相似的制作方式把相应的构件全部制作完成后运输到施工现场，以类似于"堆积木"的形式组建房屋。装配式建筑相对传统建筑而言，建造速度快、受气候条件的制约小、节约劳动力、提高了建筑质量，而且对现场环境的影响也降到最低。但此类装配式建筑也有不利之处，当所有构件都需要在工厂预制再装配，定位需准确，标高测量等也要精确，否则尺寸偏差超过允许范围，预制构件便难以安装。若构件间裂缝较大，则需重新支模再筑造，增加了不必要的成本；且对预留孔洞精度要求也较高。如在原有预制装配式建筑的基础上，加入 3D 打印技术，不仅可以解决普通装配式建筑放线、孔洞预留等难点，而且更节能、更环保，房屋的稳定性和保温性能也有显著的提高。

为了使 3D 打印装配式建筑更加牢固，在墙和墙中间还可以使用钢筋水泥进行二次打印灌注，从而使结构连成一体，最终制造拼接成整个整体建筑物。3D 打印机在打印前，就可以通过 BIM 技术可视化的特点展示、协调、模拟优化，避免 3D 打印机在实际施工过程中出现预留孔洞不精准、管线分布不合理、结构尺寸不协调等问题。

3D 打印装配式建筑所采用的原料有很多，主要来源是建筑垃圾和工业垃圾。首先把建筑垃圾分离、粉碎加工完成后，结合水泥、钢筋和特殊的材料形成打印所需的"油墨"。打印"油墨"具有可塑性强、可循环打印、快速凝固成型的特点。这种打印方式实现了建筑垃圾二次回收利用的原则，有效利用了原本应该废弃的建筑垃圾，新建建筑也不会产生新的建筑垃圾，更节能、更环保。

15.6.3 3D 技术在装配式建筑中的工程应用实例

3D 打印混凝土有施工速度快、节约成本和节能环保的优势。因此 3D 打印技术目前已被广泛用于建筑行业特别是打印异形建筑、打印民用低层建筑以及桥梁建筑等。虽然 3D 打印混凝土技术还处于研发阶段，但已经出现了许多有价值的建筑物。目前 3D 打印混凝土技术在装配式建筑的工程实例中的应用以房屋建筑和桥梁为主，房屋建筑结构体系以配筋砌体结构为主。

2015 年 1 月 18 日，盈创公司完成了全球最高的 3D 打印建筑，共六层，打破了 3D 打印技术不能打印高层的说法，如图 15-34 所示。该建筑主体采用框架式结构，因施工和安装要求，被切分成不同构件最终拼装而成，是 100% 装配式建筑。这座六层楼高的房屋占地面积为 865m²，由于采用的是 3D 打印混凝土技术，在施工速度上得到了很大提升，实现了 5 天一层楼的施工速度。

图 15-34 3D 打印居住楼

2019 年 10 月 21 日，装配式混凝土 3D 打印"赵州桥"在河北工业大学校园内落成，如图 15-35 所示。3D 打印"赵州桥"由该院土木与交通学院马国伟教授智能建造团队自主设计建造，桥长 28.10m，单拱跨度 18.04m，桥宽 4.20m，为目前世界上规模最大的 3D 打印步行桥。装配式 3D 打印"赵州桥"的成功落成，推进了智能建造关键技术的快速发展，对建筑行业实现绿色化、工业化、智能化建造，乃至对我国建筑工业化进程具有里程碑式的意义。

图 15-35 3D 打印"赵州桥"

2023年7月中交一公院西安科技产业园3D打印围墙项目顺利完成，如图15-36所示。该项目利用3D打印技术为科技产业园"打印"出769根形态各不相同的立柱，组成长304m的围墙，以及4座由200多块预制构件组成的门房，总打印量达300t，总打印时长约625h，是国内少有的大型3D打印建设项目。

图15-36   3D打印围墙

本章小结

1. 装配式超低能耗建筑是装配式建筑在"双碳"目标下的绿色低碳发展必然趋势。超低能耗建筑是指采用保温隔热性能和气密性更好的房屋结构，以及高效新风技术，尽量少地消耗能源的建筑，比普通建筑节能90％以上。

2. 减隔震技术在现浇结构中通过预埋连接件以及连接构件发挥减震作用，这与装配式结构部品模块化思想浑然天成。建筑结构隔震技术是指通过专设隔震装置将上部结构与下部结构分离，从而减少地震动能量的向上传递。通过隔震层的变形，消耗和缓冲地震时地面的振动，延长整体结构的自振周期；建筑结构减震技术是指将结构的一些非承重构件设置成变形能力强的消能构件，或在结构某些部位（层间、节点处、连接缝等）装设消能装置，以达到消能减震作用。减隔震体系完全可以作为可装配部品构件，可成为装配式结构组装成型过程中的一个自然融入环节。

3. 地下结构的设计施工中普遍存在着造价高、施工质量控制难、环境影响大等问题。装配式结构在构件质量、建筑工期、建造成本、施工安全、工业化程度和改善施工环境方面具有明显优势，同时，预制构件易实现较好的内部空间效果，易解决防水问题，能适用于高寒、软弱围岩等特殊地质环境，因此，装配式结构逐渐在地下工程领域崭露头角。

4. 装配式建筑智能化设计利用新一代信息技术将"意识人体、数字虚体、物理实体"有机结合起来，通过BIM将建筑要素转化为量化的数据参数，建立信息基础，构建数字化模型。整个过程形成闭环反馈系统，不仅为建筑全过程提供直观的可视化工具，且能够促使设计、施工、运营等各个环节更好地协同合作。

5. 3D打印混凝土技术是以3D打印技术为基础的一种新型混凝土建造技术。其基本原理是建立一个打印结构的三维实体形状或边界模型，设计模型的截面类型，规划各层的打印路径，再用3D软件控制挤压设备，根据预先设定的打印步骤，由挤压喷头打印混凝土砂浆，最终得到所需的混凝土构件。目前3D打印混凝土技术在装配式建筑的工程实例中的应用以房屋建筑和桥梁为主，房屋建筑结构体系以配筋砌体结构为主。

思考题

1. 谈谈你对智慧建造的理解。
2. 简述地下装配式结构与地上装配式混凝土结构有何不同。
3. 简述 3D 打印装配式建筑的特点和优势。
4. 试阐述未来装配式建筑还有哪些发展趋势或可能涉及的方面。

参 考 文 献

[1] 中华人民共和国住房和城乡建设部．装配式混凝土结构技术规程：JGJ 1—2014[S]．北京：中国建筑工业出版社，2014．

[2] 中华人民共和国住房和城乡建设部．装配式混凝土建筑技术标准：GB/T 51231—2016[S]．北京：中国建筑工业出版社，2017．

[3] 中华人民共和国住房和城乡建设部．建筑节能与可再生能源利用通用规范：GB 55015—2021[S]．北京：中国建筑工业出版社，2022．

[4] 中华人民共和国住房和城乡建设部．混凝土结构设计标准：GB/T 50010—2010(2024 年版)[S]．北京：中国建筑工业出版社，2024．

[5] 中华人民共和国住房和城乡建设部．钢筋锚固板应用技术规程：JGJ 256—2011[S]．北京：中国建筑工业出版社，2012．

[6] 中华人民共和国住房和城乡建设部．钢筋焊接网混凝土结构技术规程：JGJ 114—2014[S]．北京：中国建筑工业出版社，2014．

[7] 中国工程建设标准化协会．钢筋桁架混凝土叠合板应用技术规程：T/CECS 715—2020[S]．北京：中国建筑工业出版社，2020．

[8] 中华人民共和国住房和城乡建设部．混凝土结构用钢筋间隔件应用技术规程：JGJ/T 219—2010[S]．北京：中国建筑工业出版社，2011．

[9] 中华人民共和国住房和城乡建设部．钢筋套筒灌浆连接应用技术规程：JGJ 355—2015[S]．北京：中国建筑工业出版社，2015．

[10] 中华人民共和国住房和城乡建设部．钢筋连接用灌浆套筒：JG/T 398—2019[S]．北京：中国标准出版社，2020．

[11] 中华人民共和国住房和城乡建设部．钢筋机械连接技术规程：JGJ 107—2016[S]．北京：中国建筑工业出版社，2016．

[12] 中华人民共和国住房和城乡建设部．钢筋连接用套筒灌浆料：JG/T 408—2019[S]．北京：中国标准出版社，2020．

[13] 中华人民共和国住房和城乡建设部．普通混凝土拌合物性能试验方法标准：GB/T 50080—2016[S]．北京：中国建筑工业出版社，2017．

[14] 中华人民共和国住房和城乡建设部．水泥基灌浆材料应用技术规范：GB/T 50448—2015[S]．北京：中国建筑工业出版社，2015．

[15] 中华人民共和国国家质量监督检验检疫总局．混凝土外加剂匀质性试验方法：GB/T 8077—2012[S]．北京：中国标准出版社，2013．

[16] 中华人民共和国住房和城乡建设部．高层建筑混凝土结构技术规程：JGJ 3—2010[S]．北京：中国建筑工业出版社，2011．

[17] 中华人民共和国住房和城乡建设部．建筑抗震设计标准：GB/T 50011—2010(2024 年版)[S]．北京：中国建筑工业出版社，2024．

[18] 中华人民共和国住房和城乡建设部．钢结构设计标准：GB 50017—2017[S]．北京：中国建筑工业出版社，2017．

[19] 中华人民共和国住房和城乡建设部. 混凝土结构工程施工规范：GB 50666—2011[S]. 北京：中国建筑工业出版社，2012.

[20] 中华人民共和国住房和城乡建设部. 建筑结构荷载规范：GB 50009—2012[S]. 北京：中国建筑工业出版社，2012.

[21] 中华人民共和国住房和城乡建设部. 预制带肋底板混凝土叠合楼板技术规程：JGJ/T 258—2011[S]. 北京：中国建筑工业出版社，2012.

[22] 中国工程建设标准化协会. 钢管桁架预应力混凝土叠合板技术规程：T/CECS 722—2020[S]. 北京：中国计划出版社，2020.

[23] 中华人民共和国住房和城乡建设部. 混凝土结构工程施工质量验收规范：GB 50204—2015[S]. 北京：中国建筑工业出版社，2015.

[24] 中国建筑标准设计研究院. 桁架钢筋混凝土叠合板（60mm厚底板）：15G 366-1[S]. 北京：中国计划出版社，2015.

[25] 中华人民共和国住房和城乡建设部. 钢筋焊接及验收规程：JGJ 18—2012[S]. 北京：中国建筑工业出版社，2012.

[26] 陕西省住房和城乡建设厅. 装配式建筑评价标准：DBJ 61/T 168—2020[S]. 北京：中国建材工业出版社，2020.

[27] 陕西省住房和城乡建设厅. 轻质蒸压砂加气混凝土板墙体构造图集：陕 2014 TJ 023[S]. 陕西：陕西省建筑标准设计办公室，2014.

[28] 中国建筑标准设计研究院. 预制钢筋混凝土板式楼梯：15G367—1[S]. 北京：中国计划出版社，2015.

[29] 中国建筑标准设计研究院. 预制钢筋混凝土阳台板、空调板及女儿墙：15G368—1[S]. 北京：中国计划出版社，2015.

[30] 中国建筑标准设计研究院. 混凝土结构施工图平面整体表示方法制图规则和构造详图（现浇混凝土框架、剪力墙、梁、板）：22G101—1[S]. 北京：中国标准出版社，2022.

[31] 中华人民共和国国家质量监督检验检疫总局. 优质碳素结构钢冷轧钢板和钢带：GB/T 13237—2013[S]. 北京：中国标准出版社，2014.

[32] 中华人民共和国住房和城乡建设部. 建筑工程施工质量验收统一标准：GB 50300—2013[S]. 北京：中国建筑工业出版社，2014.

[33] 山东省住房和城乡建设厅. 装配式混凝土结构工程施工与质量验收标准：DB 37/T 5019—2021[S]. 北京：中国建筑工业出版社，2021.

[34] 中华人民共和国住房和城乡建设部. 建筑施工起重吊装工程安全技术规范：JGJ 276—2012[S]. 北京：中国建筑工业出版社，2012.

[35] 中华人民共和国住房和城乡建设部. 建筑施工高处作业安全技术规范：JGJ 80—2016[S]. 北京：中国建筑工业出版社，2016.

[36] 中华人民共和国住房和城乡建设部. 建筑工程绿色施工评价标准：GB/T 50640—2010[S]. 北京：中国计划出版社，2011.

[37] 中华人民共和国住房和城乡建设部. 普通混凝土配合比设计规程：JGJ 55—2011[S]. 北京：中国建筑工业出版社，2011.

[38] 中华人民共和国住房和城乡建设部. 高强混凝土应用技术规程：JGJ/T 281—2012[S]. 北京：中国建筑工业出版社，2012.

[39] 中华人民共和国住房和城乡建设部. 钢结构焊接规范：GB 50661—2011[S]. 北京：中国建筑工业出版社，2012.

[40] 中华人民共和国住房和城乡建设部. 低多层螺栓拼接装配式混凝土墙板建筑技术规程 T/CECS

1408—2023[S]. 北京：中国建筑工业出版社，2023.

[41] 中华人民共和国住房和城乡建设部. 再生混凝土结构技术标准：JGJ/T443—2018[S]. 北京：中国建筑工业出版社，2019.

[42] 北京市住房和城乡建设委员会. 多层建筑单排配筋混凝土剪力墙结构技术规程：DB 11/T 1507—2017[S]. 北京：中国标准出版社，2018.

[43] 中国工程建筑标准化协会. 装配式叠合混凝土结构技术规程：T/CECS 1336—2023[S]. 北京：中国建筑工业出版社，2023.

[44] 中国工程建筑标准化协会. 村镇装配式承重复合墙结构居住建筑设计标准：T/CECS 580—2019[S]. 北京：中国计划出版社，2019.

[45] 陕西省住房和城乡建设厅. 装配式复合墙结构技术规程：DBJ 61/T 94—2015[S]. 北京：中国建材工业出版社，2015.

[46] 安徽省住房和城乡建设厅. 盒式螺栓连接多层全装配式混凝土墙—板结构技术规程：DB 34/T 3822—2021[S]. 合肥：安徽省工程建设标准设计办公室，2021.

[47] 中国工程建筑标准化协会. 竖向分布钢筋不连接装配整体式混凝土剪力墙结构技术规程：T/CECS 795—2021[S]. 北京：中国计划出版社，2021.

[48] 中国工程建筑标准化协会. 装配整体式钢筋焊接网叠合混凝土结构技术规程：T/CECS 579—2019[S]. 北京：中国计划出版社，2019.

[49] 中国工程建筑标准化协会标准. 纵肋叠合混凝土剪力墙结构技术规程：T/CECS 793—2020[S]. 北京：中国建筑工业出版社，2020.

[50] 河北省住房和城乡建设厅. 装配式纵肋叠合混凝土剪力墙结构技术标准：DB13(J)/T8418—2021[S]. 北京：中国建材工业出版社，2021.

[51] 中国工程建筑标准化协会. 装配整体式齿槽剪力墙结构技术规程：T/CECS 1014—2022[S]. 北京：中国建筑工业出版社，2022.

[52] 中国工程建筑标准化协会. 装配式组合连接混凝土剪力墙结构技术规程：T/CECS 1133—2022[S]. 北京：中国建筑工业出版社，2022.

[53] 陕西省住房和城乡建设厅. 装配式组合连接混凝土剪力墙结构技术标准：DB 61/T 5012—2021[S]. 北京：中国建材工业出版社，2021.

[54] 中华人民共和国住房和城乡建设部. 聚苯模块保温墙体应用技术规程：JGJ/T 420—2017[S]. 北京：中国建筑工业出版社，2017.

[55] 中国工程建筑标准化协会. 预应力压接装配混凝土框架应用技术规程：T/CECS 992—2022[S]. 北京：中国建筑工业出版社，2022.

[56] 中华人民共和国住房和城乡建设部. 预制预应力混凝土装配整体式框架技术规程：JGJ 224—2010[S]. 北京：中国建筑工业出版社，2010.

[57] 江苏省住房和城乡建设厅. 预制预应力混凝土装配整体式结构技术规程：DGJ 32/TJ 199—2016[S]. 南京：江苏凤凰科学技术出版社，2016.

[58] 中国工程建筑标准化协会. 矩形钢管混凝土组合异形柱结构技术规程：T/CECS 825—2021[S]. 北京：中国建筑工业出版社，2021.

[59] 中国工程建筑标准化协会. 装配整体式叠合混凝土结构施工及质量验收规程：T/CECS 1180—2022[S]. 北京：中国建筑工业出版社，2022.

[60] 中华人民共和国住房和城乡建设部. 建筑碳排放计算标准：GB/T 51366—2019[S]. 北京：中国建筑工业出版社，2019.

[61] 湖南省城乡和住房建设厅. 湖南省装配式建筑评价标准：DBJ 43/T 542—2022[S]. 北京：中国建筑工业出版社，2022.

［62］ 中华人民共和国住房和城乡建设部．近零能耗建筑技术标准：GB/T 51350—2019［S］．北京：中国建筑工业出版社，2019．

［63］ 中华人民共和国住房和城乡建设部．公共建筑节能设计标准：GB 50189—2015［S］．北京：中国建筑工业出版社，2015．

［64］ 中华人民共和国住房和城乡建设部．严寒和寒冷地区居住节能设计标准：JGJ 26—2010［S］．北京：中国建筑工业出版社，2010．

［65］ 中华人民共和国住房和城乡建设部．夏热冬冷地区居住节能设计标准：JGJ 134—2016［S］．北京：中国建筑工业出版社，2010．

［66］ 中华人民共和国住房和城乡建设部．夏热冬暖地区居住节能设计标准：JGJ 75—2012［S］．北京：中国建筑工业出版社，2012．

［67］ 中国工程建筑标准化协会．装配式混凝土结构超低能耗居住建筑技术规程：T/CECS 742—2020［S］．北京：中国建筑工业出版社，2020．